"十二五"普通高等教育本科国家级规划教材
2007年度普通高等教育精品教材
高校土木工程专业指导委员会规划推荐教材
（经典精品系列教材）

房 屋 建 筑 学

（第五版）

同济大学　西安建筑科技大学
东南大学　重庆大学　　合编

中国建筑工业出版社

图书在版编目(CIP)数据

房屋建筑学/同济大学等编. —5 版. —北京:中国
建筑工业出版社,2016.8(2022.12重印)
高校土木工程专业指导委员会规划推荐教材
ISBN 978-7-112-19046-1

Ⅰ.①房… Ⅱ.①同… Ⅲ.①房屋建筑学-高等学
校-教材 Ⅳ.①TU22

中国版本图书馆 CIP 数据核字(2016)第 012263 号

责任编辑:朱首明 李 明 李 阳
责任校对:陈晶晶 刘梦然

"十二五"普通高等教育本科国家级规划教材
２００７年度普通高等教育精品教材
高校土木工程专业指导委员会规划推荐教材
(经典精品系列教材)

房 屋 建 筑 学

(第五版)

同济大学 西安建筑科技大学
　　　　　　　　　　　　　合编
东南大学 重庆大学

*

中国建筑工业出版社出版、发行(北京西郊百万庄)
各地新华书店、建筑书店经销
北京红光制版公司制版
北京云浩印刷有限责任公司印刷

*

开本:787×960 毫米 1/16 印张:32¾ 字数:676 千字
2016 年 7 月第五版 2022 年 12 月第十五次印刷
定价:**59. 00** 元(含光盘)
ISBN 978-7-112-19046-1
(28269)

出 版 说 明

  1998 年教育部颁布普通高等学校本科专业目录，将原建筑工程、交通土建工程等多个专业合并为土木工程专业。为适应大土木的教学需要，高等学校土木工程学科专业指导委员会编制出版了《高等学校土木工程专业本科教育培养目标和培养方案及课程教学大纲》，并组织我国土木工程专业教育领域的优秀专家编写了《高校土木工程专业指导委员会规划推荐教材》。该系列教材 2002 年起陆续出版，共 40 余册，十余年来多次修订，在土木工程专业教学中起到了积极的指导作用。

  本系列教材从宽口径、大土木的概念出发，根据教育部有关高等教育土木工程专业课程设置的教学要求编写，经过多年的建设和发展，逐步形成了自己的特色。本系列教材投入使用之后，学生、教师以及教育和行业行政主管部门对教材给予了很高评价。本系列教材曾被教育部评为面向 21 世纪课程教材，其中大多数曾被评为普通高等教育"十一五"国家级规划教材和普通高等教育土建学科专业"十五"、"十一五"、"十二五"规划教材，并有 11 种入选教育部普通高等教育精品教材。2012 年，本系列教材全部入选第一批"十二五"普通高等教育本科国家级规划教材。

  2011 年，高等学校土木工程学科专业指导委员会根据国家教育行政主管部门的要求以及新时期我国土木工程专业教学现状，编制了《高等学校土木工程本科指导性专业规范》。在此基础上，高等学校土木工程学科专业指导委员会及时规划出版了高等学校土木工程本科指导性专业规范配套教材。为区分两套教材，特在原系列教材丛书名《高校土木工程专业指导委员会规划推荐教材》后加上经典精品系列教材。各位主编将根据教育部《关于印发第一批"十二五"普通高等教育本科国家级规划教材书目的通知》要求，及时对教材进行修订完善，补充反映土木工程学科及行业发展的最新知识和技术内容，与时俱进。

高等学校土木工程学科专业指导委员会

中国建筑工业出版社

2013 年 2 月

第 五 版 前 言

本次修订保留了第1～4篇的基本构架，但根据现行规范的规定以及一些新颁工程技术规程的要求，在内容上对多处进行了修改，同时还补充介绍了一些较新的构造做法。对于一些目前在新建项目中已经较少采用或正在减少使用的建筑材料及房屋建造技术，例如黏土砖、钢筋混凝土预制多孔板以及砖墙承重的混合结构建筑等，由于还有大量存世的、正处于使用周期内的建筑物，特别是住宅，先前都是由这样的营造方式所建造的，对其进行维修、装修或改造的过程中必然需要运用到相关的知识，因此这部分内容依然予以保留。第5～6篇工业建筑部分主要加强了钢结构厂房及环境保护方面的建筑设计与构造内容。

由于选用这本教材的学校相对较多，而各地的情况不一，因此本版教材内容还是坚持做到尽量全面，建议大家可以结合自身情况和需要有选择地使用。此外，本次修订还对附带的多媒体课件进行了全面更新，使得文字更简洁明了，素材更新、更丰富，而且更方便结合教学过程动态播放。希望使用本教材的师生能够充分利用这一资源，并在使用过程中不断地加以补充和完善。

本版的主编为同济大学刘昭如教授和西安建筑科技大学张树平教授，分别负责主编第1～4篇以及第5～6篇的内容。同济大学孟刚副教授协助对第1～4篇、西安建筑科技大学张树平教授对第5～6篇的校对和统合做了许多工作。负责编写各章节内容的执笔人分别是：第1篇1～2章为同济大学刘昭如；第2篇1～2章为同济大学刘昭如，第3章为同济大学来增祥、刘昭如，第4章为同济大学刘昭如；第3篇1～3章为同济大学刘昭如；第4篇1～2章为东南大学唐厚炽和同济大学刘昭如，第3～4章为同济大学刘昭如，第5章为东南大学唐厚炽，第6章为同济大学刘昭如，第7章为同济大学孟刚，第8～10章为同济大学刘昭如，第11章为同济大学颜宏亮；第5篇第1章为西安建筑科技大学张树平，第二章为张树平、闫增峰，第3章为西安建筑科技大学郭华、赵西平、岳鹏，第4章为西安建筑科技大学何梅；第6篇第1章为重庆大学王雪松和西安建筑科技大学万杰，第2章为重庆大学王雪松和西安建筑科技大学张树平，第3章为西安建筑科技大学张树平。多媒体课件的制作人，第1～4篇为同济大学刘昭如、林怡；第5～6篇分别由各执笔人制作，赵丹研究生对第5～6篇课件统合做了大量工作。

限于我们的经验和能力，在教材的修订方面一定还会存在不少问题，恳请各位在使用本教材的过程中，能够继续对其不足提出批评和建议，我们将不胜感激并努力改进！

第 四 版 前 言

　　本次修订对篇幅及内容作了较大的修改，主要是为了适应目前课程设置的需要以及房屋建造技术的发展。此外，为了帮助学生克服由于对工程实践不熟悉，因而对课程内容不容易理解的困难，本次修订时增添了一个多媒体教学课件，里面提供许多由本书参编人员自行拍摄和收集的工程的实景照片以及模拟施工过程的动画，给使用本教材的师生在教学时作为参考。

　　本版的主编为同济大学刘昭如教授和西安建筑科技大学张树平教授，分别负责主编第1~4篇以及第5~6篇的内容。负责编写各章节内容的执笔人分别是：第1篇1~2章及第2篇1~4章为同济大学来增祥、刘昭如；第3篇1~3章为同济大学刘昭如；第4篇1~2章为东南大学唐厚炽、同济大学刘昭如，第3章为同济大学刘昭如、颜宏亮，第4章为同济大学刘昭如，第5章为东南大学唐厚炽，第6章为同济大学刘昭如，第7章为同济大学孟刚，第8章为同济大学刘昭如、颜宏亮；第9~10章为同济大学刘昭如；第11章为同济大学颜宏亮，第5篇第1章为西安建筑科技大学张树平，第2章为西安建筑科技大学闫增峰、赵西平，第3章为西安建筑科技大学武六元、郭华，第4章为西安建筑科技大学何梅、岳鹏；第6篇第1~2章为重庆大学王雪松，第3章为西安建筑科技大学万杰，第4章为西安建筑科技大学赵西平。参加光盘相应内容的收集和制作的还有同济大学林怡及重庆大学的温江、袁渊、高露、张洁。另外，光盘的制作过程中还得到同济大学陈伟莹同学和西安建筑科技大学白磊、刘元同学的帮助。

　　本版教材的主审人为同济大学傅信祁教授。

　　对于这次不再参加编写的老教授们，本版教材的所有编写人员想借前言的一角向你们表示敬意，感谢你们几十年来对教育事业的孜孜追求以及对本教材不断修订完善所作出的不懈努力，希望你们对本教材保持关注并多提出宝贵意见。同样，对于一直给予本教材以关怀的各方人士，对教材内容以及编写方面存在的不足，也恳请能够不吝赐教。

第 三 版 前 言

这次修订对主体部分未作大的变动，主要是更新了部分内容和插图，以便适时地跟上科学技术的发展。为了充分照顾到各校所处地区和学校特点的不同，在内容安排仍保留了原版的规模，以便各校结合具体情况酌情选用。

本教材由同济大学傅信祁教授和西安建筑科技大学广士奎教授主编，分别负责主编民用建筑和工业建筑两大部分。其中第三版各章节的编写执笔人为：第一篇第一、二、三、四章为同济大学来增祥；第五、六章为东南大学唐厚炽；第七章为东南大学唐厚炽、杨维菊；第八章为同济大学刘昭如；第九章为同济大学傅信祁、施承继；第十、十一章为同济大学赵莲生、孟刚；第十二章为同济大学傅信祁、颜宏亮；第二篇第十三章为西安建筑科技大学万杰；第十四章为西安建筑科技大学赵西平；第十五、十八章为西安建筑科技大学广士奎；第十六、十九章为西安建筑科技大学王丽娜；第十七章第一节为西安建筑科技大学刘玉书，第二节为西安建筑科技大学广士奎；第二十章第一节为西安建筑科技大学成炎，第二十章第二节、第二十二章为重庆建筑大学穆雅君；第二十一、二十三章为重庆建筑大学黄冠文；第二十四章为西安建筑科技大学武六元及同济大学陈申源；第二十五章一、二、三、四节同济大学陈申源；第五节为西安建筑科技大学广士奎。

限于我们的水平和资料不足，还有许多不合宜之处，希望提出批评指正。

第三版教材由华南理工大学赵伯仁教授主审。

这次修订中承蒙有关院校和单位给予大力支持，许多同志在提供资料和绘制插图等给予热情的帮助。同济大学刘昭如老师和西安建筑科技大学成炎老师在该教材统稿方面协助主编做了不少工作。刘昭如老师还为审稿会议做了许多工作，谨此表示感谢。

第 二 版 前 言

本书自 1980 年出版以来，经有关院校教学使用，反映较好。根据各院校使用者的建议，以及近年来教学改革的动态和科学技术的发展，我们对本教材进行了修订。

这次修订对原有篇、章不做大的变动，而是在内容和插图上进行了较为大量的修改、重写和充实工作，使修订后的教材有一个崭新的面貌出现。

本教材由同济大学傅信祁教授和西安冶金建筑学院广士奎教授主编，分别负责主编民用建筑和工业建筑两大部分。其中各章节的编写执笔人：第一篇第一、二、三、四章为同济大学来增祥，第五、六、七章为东南大学唐厚炽；第八章为同济大学钟金梁；第九章为同济大学傅信祁和施承继；第十、十一章为同济大学赵莲生；第十二章为同济大学傅信祁；第二篇第十三章为西安冶金建筑学院武克基；第十四章、第十五章为西安冶金建筑学院广士奎；第十六章为西安冶金建筑学院刘丙炎；第十七章第一节为西安冶金建筑学院刘玉书，第二节为西安冶金建筑学院广士奎；第十八章第一节为西安冶金建筑学院刘丙炎，第二节为西安冶金建筑学院广士奎；第十九章为西安冶金建筑学院刘丙炎；第二十章第一节为西安冶金建筑学院夏云，第二节为重庆建筑工程学院刘撷琼；第二十一章为西安冶金建筑学院刘丙炎和重庆建筑工程学院王月嫦；第二十二章为重庆建筑工程学院刘撷琼；第二十三章为重庆建筑工程学院王月嫦；第二十四章为同济大学陈申源，第二十五章第一、二、三、四节为同济大学陈申源，第五节为西安冶金建筑学院广士奎。

第二版教材由华南理工大学胡荣聪教授，贾爱琴、杨宝晟副教授主审。

限于我们的水平和资料不足，还有许多不合宜之处，希提出批评指正。

这次修订中承蒙有关院校和单位给予大力支持，许多同志在提供资料和绘制插图等给予热情的帮助，谨此表示感谢。

第 一 版 前 言

本书系高等学校"工业与民用建筑"专业试用教材,是经过有关院校教师多次讨论,结合当前教学大纲要求编写的。书中阐述了民用和工业建筑设计与构造的基本原理及应用知识,包括建筑物理的有关内容,反映了我国建筑工程方面的新成就,吸取了国外建筑设计及构造方面的一些有益经验,并选用了国内某些工程的设计方案和构造详图供参考。全书分二篇:第一篇为民用建筑设计原理与构造,第二篇为工业建筑设计原理与构造。内容较为丰富,各院校可按各校的具体情况选用。

限于我们的水平和调查研究不够,还有不少漏编和不当之处,希在使用中提出批评指正。

本书为集体编写。同济大学、西安冶金建筑学院为主编单位。其中各章节的编写执笔人:第一篇第一、二、三、四章为同济大学来增祥;第五、六、七章为南京工学院唐厚炽;第八、九、十、十一章为同济大学傅信祁;第二篇第十二章为西安冶金建筑学院武克基;第十三章为西安冶金建筑学院广士奎,刘丙炎;第十四章、十七章第二节为西安冶金建筑学院广士奎;第十五章、十七章第一节为西安冶金建筑学院刘丙炎;第十六章为西安冶金建筑学院刘玉书;第十八章为西安冶金建筑学院夏云;第十九章、第二十一章第一节为重庆建筑工程学院王月嫦;第二十章为重庆建筑工程学院刘撷琼;第二十二章为同济大学陈申源;第二十三章为西安冶金建筑学院夏云和同济大学陈申源。

本书由华南工学院邹爱瑜主审。华南工学院的魏彦钧,肖裕琴参加了审阅。

在编写过程中承蒙有关院校和各设计、施工单位大力支持,不少同志在提供资料和绘制部分插图等方面给了热情帮助,谨此表示感谢。

目　　录

第1篇　概　　论

第2篇　建筑空间构成及组合

第1篇 概 论

第1章 房屋建筑学研究的主要内容

房屋建筑学是适合土木工程类专业人员了解和研究建筑设计的思路和过程、建筑物的构成和细部构造以及它们与其他相关专业，特别是与结构专业之间密切联系的一门专业基础课程。其内容广泛、综合，涉及建筑功能、建筑艺术、环境规划、工程技术、工程经济等诸多方面的问题。而且，这些问题之间又因共存于一个系统中而相互关联、制约和影响。随着人类物质生活水平的不断提高以及社会整体技术力量，特别是工程技术水平的不断发展，作为该系统中的各个层面都会不断发生变化，它们之间的相关关系也会随之发生变化。此外，近年来，人类将目光更多地关注到其自身生存环境的可持续发展方面，在建造和使用建筑物的过程中更是要求做到正确处理人、建筑、环境的相互关系，使之有利于自然和社会的可持续发展。因此，在学习这门课程的过程中，应当带有系统的眼光和发展的眼光。

1.1 建筑设计的内容

建筑设计包括两方面的内容。主要是指对建筑空间的研究以及对构成建筑空间的建筑物实体的研究。

建筑空间是供人使用的场所，它们的大小、形态、组合及流通关系与使用功能密切相关，同时往往还反映了一种精神上的需求。例如人类的祖先在远古时代开始营穴居时，是找寻可以容身的洞穴（空间）以遮挡风雨或躲避野兽的侵袭。他们随之学会了利用树枝、土块、石块这样一些容易获得的天然材料来搭建简易的建筑物（图 1-1-1-1），并且开始建造一些原始的宗教建筑如石环、石台等等（图 1-1-1-2）。时至今日，我们依然可以从这些遗迹中发现其空间的围合方式、空间的尺度等方面都带有强烈的精神方面的指向，并反映着当时人类宗教活动的痕迹。就是现代最为普通的建筑类型——住宅，在考虑其空间组合时，也是不但需要满足居住者使用上的方便，例如将厨房和餐厅就近安排等等，还要注意保证卧室的私密性等与人的精神生活有关的内容（图 1-1-1-3）。因此，对建筑空间的研究，是建筑设计的核心部分，是设计人员首先关心的问题。本教材将在第 2 篇

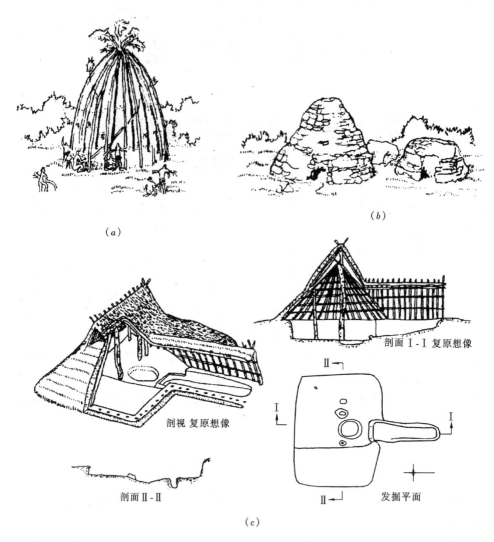

(a)

(b)

剖视 复原想像

剖面 I-I 复原想像

剖面Ⅱ-Ⅱ

Ⅱ

Ⅱ

I

I

发掘平面

(c)

图 1-1-1-1　原始建筑物

(a) 树枝棚；(b) 石屋；(c) 陕西半坡村原始社会的建筑物

中介绍与此相关的知识。

　　但是，所有的空间都是需要围合分隔才能形成的。作为人类栖息活动的场所，建筑物还应满足许多其他方面的物质需求，例如防水、隔热、保温等。因此在建筑设计的过程中，设计人员还必须注重对建筑物实体的研究。建筑物实体同时具有利用价值和观赏价值。其利用价值是指对空间的界定作用；而其观赏价值则是指对建筑形态的构成作用。例如图 1-1-1-4 所示的澳大利亚悉尼歌剧院，是邻水的建筑，整个形体像层层扬起的风帆，比较符合这一建筑物的环境特征。本教材的主要篇幅将针对土木工程类专业的特点，从常用的建筑类型与结构支承系

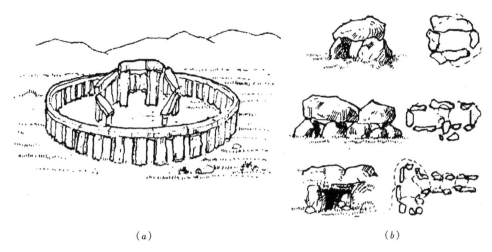

(a) (b)

图 1-1-1-2　原始宗教与纪念性建筑物

(a) 石环；(b) 石台

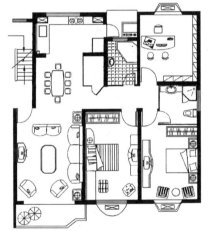

图 1-1-1-3　某住宅平面　　　　图 1-1-1-4　澳大利亚悉尼歌剧院

统之间的关系、建筑物的围护、分隔系统的构成以及它们的细部构造等几方面介绍对建筑物的实体进行研究时所涉及的方方面面。

1.2　建筑物的分类及主要组成部分

1.2.1　建筑物的分类

建筑物根据其使用性质，通常可以分为生产性建筑和民用建筑两大类。

生产性建筑可以根据其生产内容的区别划分为工业建筑和农业建筑。

生产类建筑的形式和规模往往由产品的生产工艺决定。但是一旦生产内容或生产工艺需要发生变化时，建筑往往也需要随之改变。有一些生产类建筑可以在一定范围内设计为通用型的，例如一些通用型的多层轻型厂房，可以满足多种加工类的产品的生产需要。又如一些现代化的农业生产基地，就往往选用成体系化建造的棚舍，以利于现代化的科学管理，并且能够适应经常的变动。

民用建筑可以划分为居住建筑和公共建筑两部分，其中居住建筑包括住宅和宿舍。

住宅可以说是占民用建筑中比例最高的部分。随着我国人民生活水平的不断提高，城镇居民对住宅的需求量逐年上升，住宅的单体和环境质量也日趋改良和提高。而且，随着人类对环境可持续发展的认识的逐步提高，许多生产过程中需要高能耗或会对环境造成破坏的建筑材料和建造方式也都逐步被更加合适和合理的材料及生产方式所替代，例如，过去最大量使用的多层砖混结构住宅，由于传统的黏土砖已被限制使用，因此许多新型、高效、节能的建筑材料都成为了我们研究、开发和使用的对象，住宅建设的过程也正在逐步从劳动密集型转而向工业化和产业化的方向转变。这些变化的趋势都是值得我们予以关注的。

公共建筑所涵盖的面较广，按其功能特征，大致可分为：

教育建筑：如幼儿园、托儿所、学校、图书馆等；

办公建筑：如各类政府机构用房、办公楼等；

科研建筑：如研究所、科研试验场馆等；

文化建筑：如展览馆、博物馆、电视台、广播电台、影剧院、音乐厅、杂技场等；

商业建筑：如商场、旅馆、菜场、邮局等；

体育建筑：如各类体育竞技场馆、体育训练场馆等；

医疗建筑：如医院、诊所、疗养院等；

交通建筑：如空港码头、汽车站、地铁站等；

司法建筑：如法院、监狱等；

纪念建筑：如纪念堂、陵园等；

园林建筑：如公园、动物园、植物园、各类城市绿化小品等；

综合建筑：指兼有居住、商业、办公、文娱等2种及2种以上使用功能的建筑。

公共建筑是为公众服务的场所，往往会有大量的人流，其完善的使用功能和安全性能是首先需要关注的问题。此外，许多公共建筑往往还与当地群众的政治、文化生活有关，而且有可能建造在城市的重要部位，并具有相当规模的体量，因此对其造型、外观和内部装修的要求也不容忽视。

1.2.2　建筑物的主要组成部分

建筑物通常由楼地层、墙或柱、基础、楼电梯、屋盖、门窗等几部分组成。

楼地层：其主要作用是提供使用者在建筑物中活动所需的各种平面，同时将由此而产生的各种荷载，例如家具、设备、人体自重等荷载传递到支承它们的垂直构件上去。其中建筑物底层地坪可以直接铺设在天然土上，也可以架设在建筑物的其他承重构件上。楼层则可以单由楼板构成，或者也包括梁和楼板。它除了具有提供活动平面并传递水平荷载的作用外，还起着沿建筑物的高度分隔空间的作用。对于高层建筑而言，楼层是对抗风荷载等侧向水平力的有效支撑。

墙或柱：在不同结构体系的建筑中，屋盖、楼层等部分所承受的活荷载以及它们的自重，分别通过支承它们的墙或柱传递到基础上，再传给地基。在房屋的有些部位，墙体不一定承重。但无论承重与否，墙体往往还具有分隔空间的功能或对建筑物起到围合、保护的作用。

基础：基础是建筑物的垂直承重构件与支承建筑物的地基直接接触的部分。基础的状况既与其上部的建筑状况有关，也与其下部的地基状况有关。

楼电梯：楼电梯是解决建筑物上下楼层之间联系的交通枢纽。特别是楼梯，由于使用时存在高差，对其安全性能应予以足够重视。

屋盖：除了承受由于雨雪或屋面上人所引起的荷载外，屋盖主要起到围护的作用，其防水性能及隔热或保温的热工性能是主要问题。同时，屋盖的形式往往对建筑物的形态起着非常重要的作用。

门窗：门窗用来提供交通及通风采光的方便。设在建筑物外墙上的门窗还兼有分隔和围护的作用。

1.3　建筑物的构成系统分析

从上节关于建筑物的主要组成部分的分析中不难看到，它们可以分属于不同的子系统，即建筑物的结构支承系统和围护、分隔系统。有的组成部分兼有两种不同系统的功能。除了这两个子系统之外，与建筑物主体结构有关的其他子系统，例如设备系统等，也会对建筑物的构成产生重要的影响。本节将着重讨论这些子系统的系统特征及其相关关系，以说明在设计建筑物时应如何从全局及细部两方面去考虑问题。

1.3.1　建筑物的结构支承系统

建筑物的结构支承系统指建筑物的结构受力系统以及保证结构稳定的系统，例如上节所讨论的使用荷载以及建筑物的自重经由屋盖、楼（地）层传至结构柱或墙，再经过基础传给地基。

结构支承系统是建筑物中不可变动的部分,建成后不得随意拆除或削弱。设计时首先要求明确属于结构支承系统的主体部分,做到构件布局合理,有足够的强度和刚度,并方便力的传递,使结构变形控制在规范允许的范围内。

1.3.2   建筑物的围护、分隔系统

建筑物的围护、分隔系统指建筑物中起围合和分隔空间的界面作用的系统。例如上节中所提到的某些不承重的隔墙、门窗等等,它们可以用来分隔空间,也可以提供不同空间(包括建筑物的内部和外部)之间的联系。此外,许多属于结构支撑系统的建筑组成部分由于其所处的部位,也需要满足其作为围护结构的要求,例如楼板和承重外墙等。

属于建筑物的围护、分隔系统的建筑构、部件,即使不同时属于支承系统,可以应不同时期的使用要求而发生位置、材料、形式等的变动,但因其自重仍需传递给其他支承构件,而且还需同时考虑安装时与周边构件连接的可能性及稳定问题,所以在设计时应首先考虑满足这一层次的需要。

其次,作为围护、分隔构件,在其围合、分隔空间的作用中也包括对使用空间的物理特性,例如防水、防火、隔热、保温、隔声等要求的满足;还包括对建筑物某些美学要求,例如形状、质感等要求的满足。因此在设计时必须综合考虑各种因素的可能性及共同作用,创造安全、舒适、合理的环境。

1.3.3   与建筑物的主体结构有关的其他系统

在建筑物中,还有一些设备系统,例如电力、电信、照明、给排水、供暖、通风、空调、消防等等,需要建筑提供主要设备的安置空间,还会有许多管道需要穿越主体结构或是其他构件,它们同样会占据一定的空间,还会形成相应的附加荷载,需要提供支承。因此在设计时必须兼顾这一子系统对主体结构的相应要求,做到合理协调,留有充分的余地。

第2章 建筑设计的程序及要求

2.1 建筑设计的程序

对于建设项目，建设方通常都要经过前期策划和可行性研究，经主管部门许可立项后，通过项目设计招标来确定承揽设计任务的设计方；在项目设计的过程中，还需要通过初步设计方案和施工图的审批，再经由施工招标、施工建设、施工验收等一系列的过程，才能够最终实现目标。与之相对应，具有与该项目等级相匹配的设计资质的设计单位，除了在前期策划的阶段可以为建设方提供相应的咨询、设计服务外，对于符合国家规定的工程建设项目招标范围和规模标准规定的各类项目，一般情况下还应通过设计投标来赢得承揽设计的资格。只有在接受了建设方的委托，并依法与之签订相关的合同之后，设计单位才能在有关部门的监督下，由参与设计的各个工种之间密切配合，完成设计任务。归纳起来，我国当前的建筑设计程序一般可分为方案设计、初步设计和施工图设计三个阶段。

2.1.1 方案设计阶段

方案设计阶段主要包含概念性方案设计和方案设计。其中概念性方案设计系指建设项目前期策划期间为建设单位所提供的咨询设计，而方案设计则包含方案投标设计以及获得项目设计权后为达到正式规划申报所要求的方案调整和优化。如果确有需要的话，随后还有可能进行方案深化设计，这部分设计属于非标准化的服务项目。

1. 概念性方案设计

鉴于当前我国建设项目前期策划过程中所涉及的选址、投资、效益和发展前景等项研究通常会由建设方会同其他的一些咨询机构来共同解决，因此需要设计单位提供的咨询服务主要包括：对有可能影响建设的因素以及建设项目对环境的影响等方面进行评估；在建筑产品策划、技术策划等方面提出建议；提交概念性方案设计；协助完成各种行政手续等。

概念性方案设计是一种需要在调查分析的基础上完成符合规划设计条件和法规规范要求、并满足业主利益最大化的概要性空间解决方案。其内容包括：设计概念、总平面图、功能分区、空间体量、交通流线、环境设计、技术经济指标、开发进度计划、技术要点难点以及建议的咨询顾问团队等。需提交的设计文件有：总平面图及主要技术经济指标；现状环境、功能布局、道路交通、景观绿化、建设分期等分析;主要平、立、剖面图;建筑外观设计及表现;建筑设计说明以及有关结构、设备、电气等的技术支撑方案的说明等。

2. 方案设计

在方案设计阶段,设计单位通过设计竞赛、投标,为建设方提供方案比较和选择,为其投资、立项和进行可行性研究提供策略依据,也为设计单位争取获得设计权。

通常,在进行投标之初,设计单位会认真收集项目的商务资料(包括业主状况、项目背景、市场需求、经济效益、社会效益以及竞争对手和自身的相关条件比对等)和设计的基础资料(包括项目批准文件、主管部门意见、选址报告及可行性分析报告、项目策划报告、设计标书、设计任务书、地形图、气象和地质资料、市政资料、环境评价、概念设计成果以及评审意见等),进行相关的商务评审以及技术评审后决定是否参与投标。

在进行投标方案设计的过程中,设计单位需要组织设计团队,对设计基础材料进行认真分析和实地调研,还会借鉴功能、定位、规模、环境相近的典型案例进行分析研究,以明晰设计标的,形成针对市场定位和目标要求的轮廓性建筑空间环境提案,并在此基础上对建筑功能、造价、法规、进度、技术要求等要素及其限制条件进行整合,达到优化方案、明确构思、形成"卖点"的目标。

当获得项目设计权后,设计单位需要进一步优化、细化投标方案,令其满足法律法规的相关要求,并研究其可实施性,以完成正式规划申报及为初步设计打下基础。

方案设计所需提交的文件包括设计说明、主要技术经济指标、图纸、效果图、模型或视频文件等其他对设计效果的表达。

其中,设计说明包括:项目设计概况(含项目名称、建设地点、建设方名称、建设规模与性质、总用地面积、建筑面积、建筑特征、总投资控制、分期建设情况等)、设计依据和要求(含主要依据的文件,如立项批文、城市控制性详细规划、可行性研究报告、规划设计条件、设计任务书或招标书、地形图、用地红线图、环境评估报告等的名称、文号、日期,以及设计所执行的主要法规和技术标准)、建筑构思说明(对设计理念和指导思想、地域及环境分析、建设方的情况、社会效益、经济效益以及可持续发展的情况等的说明)、总平面设计说明(对场地现状特点、周边城市或自然环境情况、建筑总体布局、分期建设规划、道路与交通、竖向设计、景观设计、环境保护等方面的说明)和建筑设计说明(对建筑布置与分区、建筑平面布局和功能分析、交通组织、建筑空间构成及立面设计、主要建筑材料或新技术的使用、建筑节能、消防、环保、特殊技术等方面的说明)。

主要技术经济指标包括:用地面积、总建筑面积、建筑容积率、覆盖率、绿化率、停车数量等方面的内容及初步的经济估算。

图纸包括：总图（含场地区域位置图、场地现状图、总平面图、总平面功能分区、交通分析图、环境景观分析图、日照分析图等）、建筑设计图（含各层平面图、主要立面图和剖面图）和其他分析图或详图（含建筑功能分析图、室内交通分析图、室内景观分析图、建筑声学分析图、视线分析图、采光通风分析图、重要节点构造详图等），并应达到国家规定的图纸深度。

2.1.2　初　步　设　计　阶　段

初步设计阶段是在原有设计的基础上，实现综合性解决方案的过程。在此过程中，需要对设计方案进行性能上的适用性、技术上的可行性以及经济上的合理性等方面的论证，以达到满足编制施工招标文件、主要设备材料订货以及编制施工图设计文件的需要。

初步设计阶段的主要工作包括：按照项目批准文件、城市规划及工程建设强制性标准等方面的要求，对原设计方案进行修改、完善和深化；确定建筑物的精确尺寸和空间形态；对各专业的设计进行全面整合，确定技术路线，在整体上达到基本完整、各专业配合良好、基本无冲突的效果；控制工程造价、工期与品质，在规定的期限内完成工程概算；配合业主完成行政审批；配合设备采购和施工准备以及商务洽谈等。

在进入初步设计阶段后，设计人员首先应当重新熟悉各项设计基础资料以及对设计方案的评审意见，认真对照有关的法律、法规、政策、标准以及业主的要求和咨询建议等，对建筑性能和各项参数，以及包括建筑环境和建筑平面、空间、造型等在内的各项设计进行进一步的确认和修正，尤其是建筑、结构、水、暖、通风、电气等各专业需协同设计，通过相互提出条件、方案和不断进行协调、整合，以及互校、会签等各个步骤，生成和整合技术方案，最终确定建筑产品的技术支撑、设备系统以及需要进行专项设计和提交评审的消防、人防、环保、节能等各专篇方面的内容。

初步设计所需要提供的设计文件有：设计说明、技术经济指标、建筑用料表、设计图纸等。

其中，设计说明包括：设计项目概况（含项目名称、建设地点、建设方名称、建设规模与性质、建筑主要功能、建筑类别、总用地面积、建筑面积、建筑特性、建筑使用年限、总概算、分期建设情况等）、设计依据和设计要求（含国家和地方有关的政策、法规名称，主要依据文件如立项批文、政府主管部门对项目批示的规划许可条件，可行性研究报告，设计任务书，经批准的设计方案，地形图、用地红线图，环评报告，项目所在地的气象、地理条件、气候分区，建设场地的过程地质条件等）、初步设计说明（含设计范围与设计分工、需要建设方在初步设计审批时提供或解决的问题、执行的设计规范与标准）、总平面设计说明（含场地概述、地形地貌、用地现状、规划要点、总平面设计原则与特点、建筑布置与环境、交通组织、绿化与景观环境、主要技术经济指标)以及建筑设计说明(含建筑平面布置,各层功能分区及内容,水平和垂直交通组织,剖面和建筑造型设计,建筑用料和设施,室内装修,楼电梯,地下、屋面、室内防水做法,无障碍设计部位和设计标准等)。

设计图纸中建筑专业图纸有:总平面图(含区域位置图,总平面图,竖向设计图,交通、绿化、日照分析图),平、剖、立面图(含轴网定位图、组合平面图、各层平面图、平面大样图、防火分区图、规定部位及空间复杂位置的剖面图、立面图、典型节点详图)。图纸须标明建筑的定位轴线和轴线尺寸、总尺寸、建筑标高、总高度以及与技术工种有关的一些定位尺寸。结构专业图纸有房屋结构的布置方案图、初步计算说明以及结构构件的断面基本尺寸。各设备专业则应提供相应的设备图纸、设备估算数量及说明书。

初步设计文件在按照国家规定的设计深度完成并得到建设单位的认同后,应当经由建设单位报请建设工程的城市规划许可以及各项行政审批,听取规划、环保、消防、绿化、交警、卫生防疫等部门的审查意见。

2.1.3   施工图设计阶段

初步设计的文件和建筑概算获准后,设计单位可以着手进行建筑施工图设计。

施工图阶段的主要任务是编制出完整、准确、详细的用以指导施工的文件,以满足行政管理审批的要求,用作项目土建施工和设备采购、加工、安装的依据,并为建设方组织建造、使用、维修或改建建筑产品提供依据。

鉴于施工图文件对于实际建造过程的上述重要作用,施工图设计更重视解决技术层面的问题,特别要求各专业之间有良好的技术配合和协调,做到细致、恰当、准确、周全。近年来,为了在设计过程中能更好地实行专业之间的协调,同时对项目建造过程中可能发生的问题进行预判和改进,从而达到优化设计、提高效率的目的,许多项目在传统的计算机辅助设计的基础上,进一步运用了建筑信息模型(即 Building Information Modeling,缩写为 BIM)这一数据化工具,以建筑工程项目的各项相关信息数据作为基础来建立模型,通过数字信息仿真来模拟建筑物所具有的真实信息。例如,在施工图设计的阶段,利用 BIM 可视化的特点,通过 BIM 模拟实际的建筑工程建设行为,能够较为清晰地对各专业的碰撞问题进行检查,生成协调数据,从而使设计得到合理的修正和优化,减少在建筑施工实施阶段可能发生的错误损失和返工的可能性。事实上,BIM 不单可以用于建设项目的策划、设计阶段,在项目建造、运营到维护的整个过程中,都可以有效应用这项技术。例如,BIM 可以进行日照、热能传导、地震人员逃生、消防人员疏散等专项的模拟;对一些难度比较大的异型和特殊设计,可以通过BIM 提供的几何、物理、规则等信息,实现对复杂项目的优化,并带来显著的工期和造价改进。此外，BIM 还可以被利用来模拟施工的组织设计和实际施工，从而确定合理的施工方案，用于指导施工、实现成本控制等。目前，对 BIM 的应用正在从一些大型或比较复杂的建设项目逐步推广到中小型的项目，并逐渐覆盖到建设项目的全生命周期。

在施工图设计阶段，所需要提供的设计文件有：设计说明，技术经济指标，建筑用料表，设计图纸、围护结构热工性能计算书或权衡判断等。

其中，设计说明包括：设计项目概况，设计依据性文件及设计规范标准，涉及范围及设计分工，设计坐标与高程系统及单位，基本说明及要求，施工放线说明，总平面设计，防火设计，节能设计，无障碍设计，墙体、楼板、屋面、门窗工程设计，用料说明，室内外装修，防水工程，幕墙工程与特殊屋面工程，电梯工程、卫生器具的设置要求，噪声控制设计，新技术及新材料的做法说明，有关专业的特殊说明等。

设计图纸中建筑专业图纸有：总平面图，竖向设计图（可与总图合并），土方图（视设计需要），绿化与小品布置图，管线综合图，总平面详图，轴线定位图，组合平面图，各层平面图，防火分区示意图，平面详图，屋顶平面图，立面图，立面详图，剖面图，剖面详图以及其他需要说明的部位的详图（如外墙、楼梯、阳台、电梯、卫生间、公共厨房、住宅厨房、门窗、幕墙等）。其他各专业则亦应提交相关的详细的设计图纸及其设计依据，例如结构专业的详细计算书等。

与前阶段相比，施工图的图纸除了必须标明建筑物所有构配件的详细定位尺寸及必要的型号、数量，交代清楚工程施工中所涉及的各种建筑细部外，还应说明实现建筑性能要求的各项建造细则，包括引用国家现有的设计规范和设计标准、对施工结果的性能要求、使用材料的规格和构配件的安装规格等，并以符合逻辑、方便查阅的方式加以编排，达到可以按图施工的深度。

施工图文件完成后，设计单位应当将其经由建设单位报送有关施工图审查机构，进行强制性标准、规范执行情况等内容的审查。审查内容主要涉及：建筑物的稳定性、安全性，包括地基基础和主体结构是否安全可靠；是否符合消防、卫生、环保、人防、抗震、节能等有关强制性标准、规范；施工图是否达到规定的深度要求；是否损害公共利益等几个方面。施工图经由审图单位认可或按照其意见修改并通过复审后，可提交相关部门审批。建设方如果要求设计方在施工图设计阶段提供施工图预算，设计方应当予以配合。

2.2 建筑设计的要求和依据

设计方在进行建筑设计的过程中，主要是面向业主（建设单位）、政府各行政主管部门（审批单位）和土建施工及各分包单位提供服务，以满足各方达成建设目标、规范和指导建设以及实施施工过程的要求，原则上应做到：

1. 满足建筑功能的需求

功能要求是建筑最基本的要求。因为为人们的生产和生活活动创造良好的环境，是建筑设计的首要任务。例如设计学校，首先要满足教学活动的需要，其中教室设置应做到合理布局，使各类活动有序进行、动静分离、互不干扰；教学区应有便利的交通联系和良好的采光及通风条件，同时还要合理安排学生的课外和体育活动空间以及教师的办公室、卫生设备、储藏空间等等。又如工业厂房，首先应该适应生产流程的安排，合理布置各类生产和生活、办公及仓储等用房，使得人流、物流能方便有效地运行，同时还要达到安全、节能等各项标准。

2. 符合所在地规划发展的要求并有良好的视觉效果

规划设计是有效控制城镇发展的重要手段。所有建筑物的建造都应该纳入所在地规划控制的范围。例如城镇规划通常会给某个建筑总体或单体提供与城市道路连接的方式、部位等方面的设计依据。同时，规划还会对建筑提出形式、高度、色彩等方面的要求。人们通常会将建筑比作凝固的乐章，在这方面，建筑设计应当做到既有鲜明的个性特征、满足人们对良好视觉效果的需求，同时又是整个城市空间和谐乐章中的有机部分。

3. 符合建筑法规、规范和一些相应的建筑标准的规定

建筑法规、规范和一些相应的建筑标准是对行业行为和经验的不断地总结，具有指导性的意义，尤其是其中一些强制性的规范和标准，具有法定的意义。建筑设计人员在发挥创造力的同时，还必须做到有理有据，使设计的各个环节和设计作品都在相关的建筑规范、标准所允许的范围之内。

4. 采用合理的技术措施

采用合理的技术措施能为建筑物安全、有效地建造和使用提供基本保证。随着人类社会物质文明的不断发展和生产技术水平的不断提高，可以运用于建筑工程领域的新材料、新技术层出不穷。根据所设计项目的特点，正确地选用相关的材料和技术，尤其是适用的建筑结构体系、合理的构造方式以及可行的施工方案，可以做到高效率、低能耗，兼顾建筑物在建造阶段及较长使用周期中的各种相关要求，达到可持续发展的目的。例如建筑物的门窗，看似只与通风、采光的需要有关，但因其要开启，有缝隙，故而涉及防风、防水的密闭性能的问题；同时对于建筑物的围护结构构件而言，门窗又是热工性能的薄弱环节。因此，在我国的北方地区，常常选用导热系数低的工程塑料来制作门窗框和门窗扇的主体部分，又采用双层玻璃以及合适的门窗构造做法来保证其适应密闭和节能的需求。

5. 提供在投资计划所允许的经济范畴之内运作的可能性

工程项目的总投资一般是在项目立项的初始阶段就已经确定。在设计的各个阶段之所以要反复进行项目投资的估算、概算以及预算，就是要保证项目能够在

给定的投资范围内得以实现或者根据实际情况及时予以调整。作为建设项目的设计人员，应当具有建筑经济方面的相关知识，特别是应当了解建筑材料的近期价格以及一般的工程造价，在设计过程中做到切实根据投资的可能性选用合适的建材及建造方法，合理利用资金，避免浪费不必要的人力和物力。这样，既体现了向建设单位负责，同时也是向国家和人民的利益负责。

第2篇 建筑空间构成及组合

从本质上看，建筑设计的过程是一个创造性工作的过程，设计人员按照建设任务的目的要求，经过创造性的构思，制定出相关的方案和计划，同时以图纸及文字说明（必要时包括模型及视频）等方式予以表达，使其作为营造建筑物的依据，最终能够据此进行施工建造，完成和实现建设的目标。在上一篇里我们已经介绍过，建筑空间、建筑物实体以及正确处理人、建筑和环境的相互关系是建筑设计所需关注的主要问题，本篇将具体介绍建筑空间构成的基本原理以及空间组合的一些基本方法。

第1章 建筑平面的功能分析和平面组合设计

一幢建筑物的平、立、剖面图，是这幢建筑物在不同方向的外形及剖切面的正投影，这几个面之间是有机联系的。建筑设计中将二维的平、立、剖面综合在一起，用来表达建筑物三维空间的相互关联及整体效果。

其中，平面图应该是建筑物各层的水平剖切图，是从各层标高以上大约直立的人眼的高度将建筑物水平剖切后朝下看所得的该层的水平投影图。建筑平面图既表示建筑物在水平方向各部分之间的组合关系，又反映各建筑空间与围合它们的垂直构件之间的相关关系。由于建筑平面通常最能表达建筑的功能要求，因此建筑设计往往最先从平面设计入手。但是在平面设计中，始终需要从建筑整体空间组合的效果来考虑问题，应该紧密联系剖面和立面设计的可能性和合理性，不断调整、修改平面，反复深入，才能取得好的效果。

从组成平面各部分空间的使用性质来分析，主要可以归纳为使用和交通联系两部分。

使用部分是指满足主要使用功能和辅助使用功能的那部分空间。例如住宅中的起居室、卧室等起主要功能作用的空间和卫生间、厨房等起次要功能作用的空间，工业厂房中的生产车间等起主要功能作用的空间和仓库、更衣室、办公室等起次要功能作用的空间，都属于建筑物中的使用部分。

交通联系部分是指专门用来连通建筑物的各使用部分的那部分空间。例如许多建筑物的门厅、过厅、走道、楼梯、电梯等等，都属于建筑物中的交通联系部分。

建筑物的使用部分、交通联系部分和结构、围护分隔构件本身所占用的面积之和，就构成了建筑物的总建筑面积。

1.1　建筑物使用部分的平面设计

建筑物内部的使用部分，主要体现该建筑物的使用功能，因此满足使用功能的需求是确定其平面面积和空间形状的主要依据。其中包括：

需使用的设备及家具所需占用的空间；

人在该空间中进行相关活动所需的面积（包括使用活动及进行室内交通的面积）。

图 2-1-1-1 分别是学校中的一间教室和住宅中的一间卧室的室内使用面积构成示意。对于民用建筑而言，建筑设计人员除了需要了解一些常用的设备和家具的基本尺寸外，还需要了解人体的基本尺寸及与其活动有关的人体工效学方面的基本知识。对于生产性的建筑而言，由于不同的生产工艺需要不同的设备和生产流程，因此建筑设计人员只有与主管生产工艺的人员紧密合作，充分了解在生产过程中人员的活动情况，才能作出正确的判断。

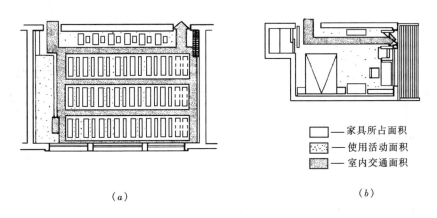

（a）　　　　　　　　　　　　　　　　　（b）

图 2-1-1-1　教室及卧室中室内使用面积分析示意

（a）教室；（b）卧室

图 2-1-1-2 给出了部分民用建筑常用的家具尺寸。图 2-1-1-3 则从人体尺度及其活动所需的空间大小说明人体工效学在建筑设计中的作用。图 2-1-1-4 是人体工效学原理在上述教室及住宅卧室等空间中家具布置与面积使用构成当中的应用。

应当说明的是，相关研究所能提供的一般是起码的要求，许多尺寸与当时的经济条件、使用者的需要等都有关系。例如我国住宅的套面积近年来发生了很大的变化，就是与人民生活水平的大幅度提高，以及住宅供应的市场化运作有着密切关系的。为此，国家的有关部门通过大量的调查研究，不断累积经验，经常对各类建筑规范作出适时的修改，其中也包括对各类建筑物中面积指标限额的修改。这是建筑设计人员在进行设计时应当实行的可靠依据。此外，规范中提出的

图 2-1-1-2　民用建筑常用家具尺寸

一些面积指标，特别是公共建筑的面积指标，往往折算到人均面积，例如食堂可以按照用餐人数和用餐部分及厨房部分的规定人均面积分别估算其总面积，但是在进行建筑设计时，仍然需要按照实际的使用需求来确定其使用的方式、流线及

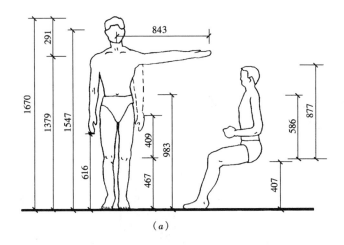

（a）

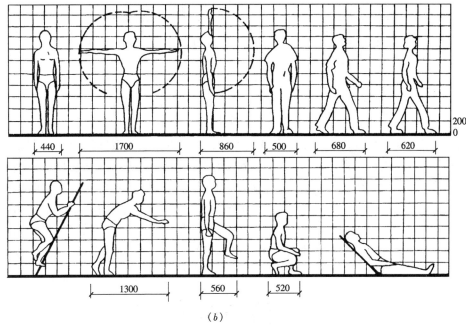

（b）

图 2-1-1-3　人体尺度和人体活动所需的空间尺度

（a）人体尺度；（b）人体活动所需空间尺度

其平面形状。

与建筑物使用空间的平面形状有关的因素包括：

（1）该空间中设备和家具的数量以及布置方式；

（2）使用者在该空间中的活动方式；

（3）采光、通风及热工、声学、消防等方面的综合要求。

仍以中小学的教室为例，影响其平面形状的首要因素是课堂中所需容纳的学

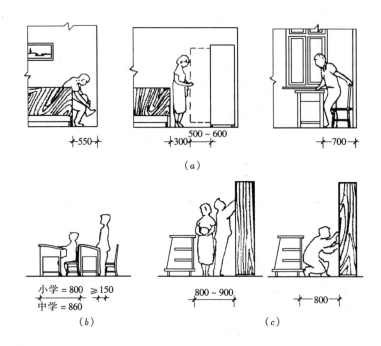

图 2-1-1-4   教室、卧室、营业厅中家具近旁必要尺寸
(a) 卧室中；(b) 教室中；(c) 营业厅中

生人数以及课桌椅的排列方式。同样是 50 座的教室，虽采取同样大小的课桌椅和同样的排间距以及通道的宽度，不同的布置方式仍然会形成大不相同的平面形状（图 2-1-1-5）。但是如果考虑学生上课时的视听质量，按照学生在上课时座位离黑板的最大距离小学不大于 8.0m、中学不大于 9.0m，且边座与黑板的夹角不小于 30°的视线要求，则图 2-1-1-6 又可给出几种相同面积的教室的平面形状的可能性。再综合考虑教室经过组合后单、双侧自然采光对教室中照度及其均匀性的要求，可以分别做出图2-1-1-7中所示的各种教室平面。

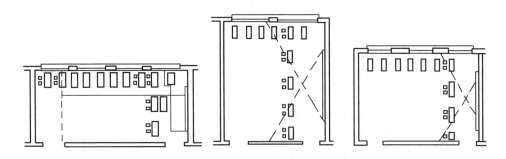

图 2-1-1-5   50 座矩形平面教室的布置

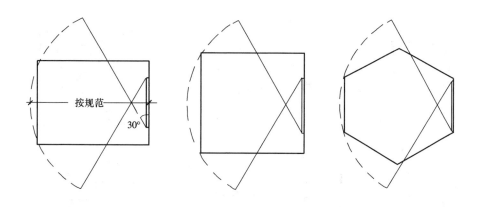

图 2-1-1-6   教室中基本满足视听要求的平面范围和形状的几种可能性

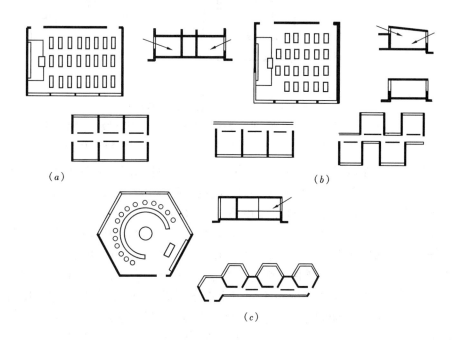

图 2-1-1-7   不同因素对教室平面设计的影响

(*a*) 沿外墙长向布置矩形教室的平面组合；(*b*) 双侧采光方形

教室的平面组合；(*c*) 某专用学校六角形教室的平面组合

根据同样的道理，图 2-1-1-8 中所摘录的几个不同形状的音乐教室的平面，也是综合使用人数、使用方式以及各种其他因素，例如视线、声学效果等等所设计出来的成果。

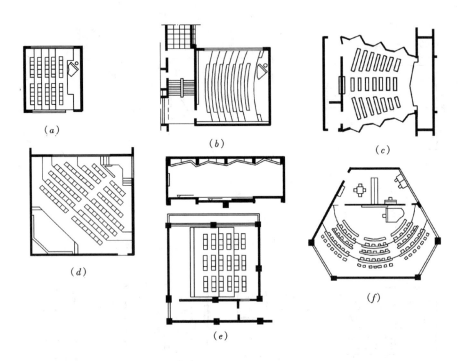

图 2-1-1-8   不同形状的音乐教室平面

(*a*) 50 座阶梯式音乐教室；(*b*) 两个班级阶梯式音乐教室；(*c*) 两个班级扇形音乐教室
(*d*) 102 座音乐兼视听教室；(*e*) 54 座下沉式音乐教室；(*f*) 66 座菱形音乐教室

　　一般说来，在矩形的平面中分隔构件与承重构件之间较容易取得协调或一致，布置家具不会因为平面的相邻界面之间成角度或者界面成曲线而需要特殊处理，平面之间的组合也比较方便，因而是采用最多的平面形式。

　　对于建筑物使用部分中的辅助用房，其平面的面积和形状设计方法也与起主要功能作用的房间相类似，可以按照辅助用房中设备所需空间和人活动所需空间的大小、人的活动方式以及其他相应的综合要求来确定其平面的面积和形状。图 2-1-1-9 给出了卫生间中常用的单个的卫生设备所需要的平面使用尺寸，还给出了它们组合使用所需的间距。以这样的尺寸为参照，结合通道等尺寸可以决定卫生间的平面图（图 2-1-1-10）。应该指出，许多辅助用房因为安放设备的关系以及许多使用上的特殊要求，会给其平面设计带来许多不同一般的要求。例如公共建筑厕所的设计除了满足设备安装和人的使用要求外，还需要带有隐秘性。图 2-1-1-11 中的公共建筑的厕所平面，开门不正对电梯厅，而且相互间也不存在不经意间瞥见内部情况的尴尬，隐秘性较好。诸如此类，是需要在设计时予以充分注意的。此外，对于辅助用房，相关规范中所给出的往往是其中每若干人所应有的设备个数。掌握上述设计方法，满足规范要求也不难。

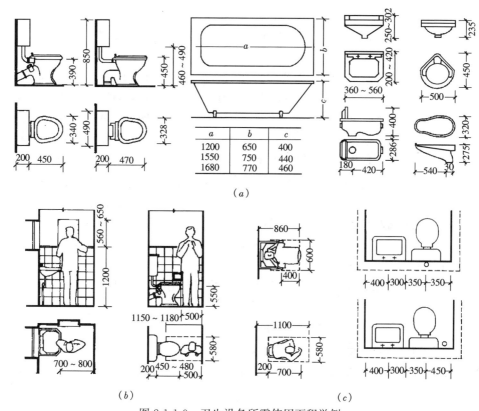

（a）

（b）　　　　　　　　　　　　　　　　　　　（c）

图 2-1-1-9　卫生设备所需使用面积举例

（a）单个卫生设备尺寸举例；（b）单个卫生设备所需使用面积；（c）卫生设备组合间距

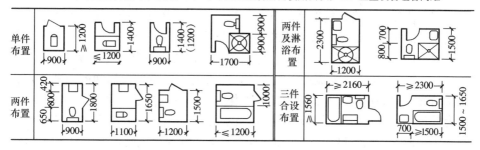

图 2-1-1-10　卫生间平面布置及所需使用面积举例

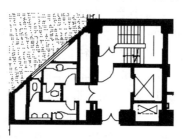

图 2-1-1-11　某公共建筑卫生间

1.2   建筑物交通联系部分的平面设计

建筑物的各个使用部分，需要通过交通联系部分来加以连通。在紧急情况例如火灾发生的条件下，人员需要通过交通部分进行紧急疏散，这时建筑的交通部分会相对拥挤。即便在正常使用的情况下，交通部分也会因时间段的不同而呈现不同的使用状况。例如办公楼和生产性建筑的上下班高峰时段，某些交通部分会有集中的人流。此外，在兼有人流和货流存在的建筑物中，例如厂房、商店、邮局等等，应该视情况需要安排人流和货流的不同通道以避免交叉，或是可以安排合理的错开时间段使用。对于某些有特殊安全需要的建筑物，例如银行、医院等等，为了钱物的储备、运送或人的健康安全，应该特别慎重地布置其交通联系系统。

一般说来，建筑物的交通联系部分的平面尺寸和形状的确定，可以根据以下方面进行考虑：

(1) 满足使用高峰时段人流、货流通过所需占用的安全尺度；

(2) 符合紧急情况下规范所规定的疏散要求；

(3) 方便各使用空间之间的联系；

(4) 满足采光、通风等方面的需要。

下面将对建筑物各交通联系部分的平面设计作分别论述。

1.2.1   走   道

走道是建筑物中最大量使用的交通联系部分。各使用空间可以分列于走道的一侧、双侧或尽端。走道的宽度应符合人流、货流通畅和消防安全的要求。根据人体工效学的研究，通常单股人流的通行宽度为 550~600mm。因此考虑两人并列行走或迎面交叉，走道的净宽度，包括消防楼梯的最小净宽度一般都不得小于 1100mm。而对于有大量人流通过的走道，或者对于有特殊使用功能的建筑，根据使用情况，相关规范都对其走道的宽度作出了详细的要求。例如，考虑到青少年行为的特点以及人员使用密集的情况，民用建筑中中小学的设计规范规定，中小学校内每股人流的宽度应按 600mm 计算，其疏散通道宽度最少应为 2 股人流，并应按 600mm 的整数倍增加疏散通道宽度；当走道为内廊，也就是两侧均有使用房间的情况下，其净宽度不得小于 2400mm；而当走道为外廊，也就是单侧连接使用房间，并为开敞式明廊时，其净宽度不得小于 1800mm。又如，考虑到使用的特殊性，医院的设计规范规定，通行推床的室内走道，其净宽不应小于 2100mm；利用走道单侧候诊者，其走道净宽不应小于 2100mm，而两侧候诊者，其净宽不应小于 2700mm（即按再增加一股人流计算），等等。在实际使用中，如果走道还兼有其他使用功能，例如中小学的外廊也兼供学生进行课间活动时，则除了必须的交通宽度外，还应添加其他使用功能所需的尺度。此外，有些建筑物，例如政府部门所在地、医院、养老院、图书馆、影剧院、七层及七层以上的住宅等，凡设置电梯的民用建筑的公共交通部位，必须全部或局部满足下肢或视力残障人士的使用要求，在进行设计时，无障碍设计规范也是重要的设计依据。例如，需满足无障碍设计规范规定的室内走道，除了宽度不应小于 1200mm（人流较多或较集中的大型公共建筑不宜小于 1800mm）外，还应注意在门扇内外应留有直径不小于 1500mm 的轮椅回转的空间的要求（图 2-1-2-1），等等。

走道的长度对消防疏散的影响最大。这里的长度是指到达消防出口，例如到达消防楼梯间或直接对外的出口门之间的距离。因为走道的长度直接影响火灾时紧急疏散人员所需要的时间，而这个时间限度又是与建筑物的耐火等级有关的。另外，走道的平面布置形式也影响疏散时人员的选择，例如两端有出口的走道和只有一端有

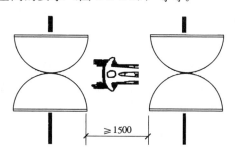

图 2-1-2-1　无障碍设计对走道尺度的影响

出口的所谓"袋形"的走道，在疏散人员时可提供的选择可能性不同，因此相关的防火规范要求设计人员根据建筑物的耐火等级、走道的布置方式和建筑物的使用性质来决定其走道的长度。表 2-1-2-1 是按现行防火规范，关于公共建筑安全疏散距离的一般规定。从中不难看出，对于不同性质的建筑物，这项要求是不一样的。这是因为其中使用者的活动能力及判断能力均有差别。此外所谓的疏散距离是指使用房间对疏散走道的疏散门到达安全出口之间的距离，在设计走道时可以依据此项规定来确定其长度。

直通疏散走道的房间疏散门至最近安全出口的距离（m）　　　表 2-1-2-1

名　　称			位于两个安全出口之间的疏散门			位于袋形走道两侧或尽端的疏散门		
			耐火等级			耐火等级		
			一、二级	三级	四级	一、二级	三级	四级
托儿所、幼儿园、老年人建筑			25	20	15	20	15	10
歌舞娱乐放映游艺场所			25	20	15	9	—	—
医疗建筑	单层或多层		35	30	25	20	15	10
	高层	病房部分	24	—	—	12	—	—
		其他部分	30	—	—	15	—	—
教学建筑	单层或多层		35	30	25	22	20	10
	高层		30	—	—	15	—	—

续表

名　　称		位于两个安全出口之间的疏散门			位于袋形走道两侧 或尽端的疏散门		
		耐火等级			耐火等级		
		一、二级	三级	四级	一、二级	三级	四级
高层旅馆、展览建筑		30	—		15		
其他 建筑	单层或多层	40	35	25	22	20	15
	高层	40			20		

走道的平面形状，特别是其平面走向，在很大程度上决定了建筑内部的交通组织，从而也决定了建筑物的平面形状，有关这方面的内容，将在讨论建筑平面的组合设计的章节中一并陈述。

1.2.2　门厅和过厅

门厅是在建筑物的主要出入口处起内外过渡、集散人流作用的交通枢纽。过厅一般位于体型较复杂的建筑物各分段的连接处或建筑物内部某些人流或物流的集中交汇处，起到缓冲的作用。导向性明确，是门厅和过厅设计中的重要问题。因为只有当使用者在门厅或过厅中能够很容易就发现其所希望到达的通道、出入口或楼梯、电梯等部位，而且能够很容易选择和判断通往这些处所的路线，在行进中又较少受到干扰，门厅和过厅作为交通枢纽的集散作用才能很好发挥，而且在遇有紧急疏散的情况下，才较为安全。图2-1-2-2所示的旅馆门厅，旅客一进门就能够发现楼梯和总台的位置，办理手续后又很容易到达电梯厅，人流在其中往返上下很少干扰，交通路线较为明确。

有时，在一些公共建筑中，门厅内还会设置接待问讯台、休息座、会客处、小卖部等具有非交通功能的区域。例如图2-1-2-3中的某学校综合楼的门厅，除了交通功能外，还兼有图书检索和借阅的功能，其中布置的一些休息空间可以提供师生之间的交往。像这样兼有其他用途的门厅仍然应当将供交通的部分明确区分开来，不要同其他功能部分互相干扰，同时有效地组织其交通的流线。特别是用作交通部分的面积和用作通行部分的宽度，都应该根据该建筑物人流集中时所需要的尺度来进行设计，以保证紧急情况下疏散的安全。例如某些剧院观众厅侧边的休息厅，如果在散场时同时有若干股人流在此汇集，则其宽度不得小于观众厅通往这里的所有门的宽度之和。建筑出口处门的总宽度，也必须遵守同一规则。

对于许多公共建筑而言，门厅和过厅的内部空间组织和所形成的体形、体量，往往可以成为建筑物设计中的活跃元素，或者是复杂建筑物形态中的关节点。例如许多大型商厦的门厅被处理为具有整个建筑高度的中庭，上面覆盖采光

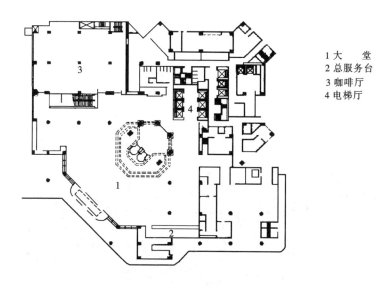

1 大　　堂
2 总服务台
3 咖啡厅
4 电梯厅

图 2-1-2-2　某旅馆底层门厅

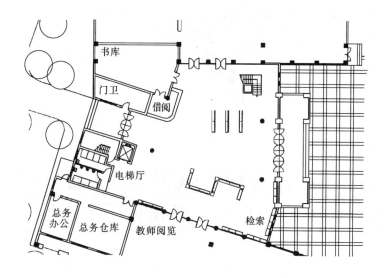

图 2-1-2-3　某学校综合楼门厅

天窗，四周环绕多层购物空间，使得视觉通透，光线充足，形成良好的内部环境
（图 2-1-2-4）。又如某些多段式的建筑物，可利用过厅部分的体型变化，既避免
呆板，又形成了特殊的韵律和节奏（图 2-1-2-5）。当然，像上述商厦中庭那样的
大空间，会对消防的防火分区造成一定的困难，可以采用烟感系统、自动喷淋、
防火卷帘等自动控制的系统来加以解决，同时还必须切实加强对人流疏散路线的
设计和处理。

图 2-1-2-4   某商业建筑门厅中庭透视

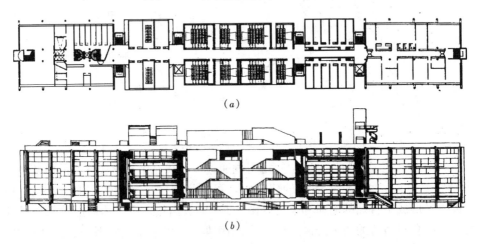

图 2-1-2-5   某教学楼过厅结合楼梯的设置对建筑体型的影响

(a) 平面图；(b) 立面图

1.2.3　楼　梯　和　电　梯

楼梯和电梯是建筑物中起垂直交通枢纽作用的重要部分。在日常使用中，快速、方便地到达各使用层面是对楼、电梯设计的首要要求。因此它们的数量、容量和平面分布是首先应该关注的问题。

在一般情况下，楼、电梯应靠近建筑物各层平面人流或货流的主要出入口布置，使其到达各使用部分端点的距离较为均匀，这样使用较为方便快捷。在垂直运输方面，针对一些高层或超高层建筑物的特殊情况，为了合理控制电梯的运行速度，避免过多的等候时间，可以运用现代的数学方法优选电梯的台数及其停靠的层数和方式，例如将不同的电梯分层或分段停靠，能够取得使用的高效率。

另外，使用安全也是垂直交通枢纽设计的重要方面。尤其是楼梯，在紧急的情况下，当电力供应受到限制时，往往是逃生和救援的惟一或重要通道。因此楼、电梯的数量和分布还需要综合建筑物的防火等级、使用性质、各层人数和消防分区等因素来确定。国家制定的防火规范和各类建筑的设计规范中对于楼梯间的设置及其构造要求都有十分具体明确的规定。例如，防火规范规定，医疗、旅馆、老年人建筑，设置歌舞娱乐放映游艺场所的建筑，商店、图书馆、展览建筑、会议中心及类似使用功能的建筑以及 6 层及以上的其他多层公共建筑的疏散楼梯，除与敞开式外廊直接相连者之外，均应采用封闭楼梯间，要求在楼梯间入口处设有分隔设施，如自闭式的防火门等，防止烟和热气进入。规范还规定，楼梯间应能天然采光和自然通风，并宜靠外墙设置；当不能自然通风时，应按防烟楼梯间的要求设置，即在楼梯间的入口处设置防烟前室等设施，用机械设备辅助等方法来防止烟和热气进入。再有，防火规范要求，建筑物楼梯间的首层应设置直通室外的安全出口，或在首层采用扩大的封闭楼梯间或防烟楼梯间，等等。这些规定，在设计时都应该严格参照执行。

关于建筑物中楼梯、电梯和一些台阶、坡道的设计方法，在本书第 4 篇第 6 章中有详细介绍，此处不再赘述。

1.3　建筑平面的组合设计

在本章的前两节中，我们已经了解到建筑物主要分为使用部分和交通联系部分，建筑物的各个使用部分，需要通过交通联系部分来加以连通。但是，究竟应该如何将这些部分有机地组合起来，取得较好的设计效果，是建筑平面设计中的一项重要任务。本节将主要针对这一问题，就建筑物的各部分之间在水平方向的组合方法进行阐述。

1.3.1　建筑物使用部分的功能分区

对建筑物的使用部分而言，它们相互间往往会因为使用性质的不同或使用要求的不同而需要根据其关系的疏密进行功能分区。在建筑设计时，设计人员一般会首先借助功能分析图，或者称之为气泡图来归纳、明确使用部分的这一功能分区。例如一栋普通的中小学校教学楼中，往往需要同时组织安排教室、实验室、教师办公室和卫生间等不同功能的空间。按照一般的教学模式，可以将它们划分为教学区、办公区和辅助用房三大部分。在教学区中，又可以进一步划分为普通教室、有特殊功能的教室和实验室几部分。有特殊功能的教室，按照具体项目要求，可以是会产生较大音响的音体教室、有特殊采光要求的美术教室、可以容纳多个班级同时上课的阶梯教室，或是需要特殊设备的多媒体教室、电脑房，等等。这样，就有必要根据诸如减少干扰、利用朝向、集中使用设备及管线等等原则，再作细化的归类。例如音乐教室和体操房等有较大声响的教室可以集中安排在教学楼的一隅，以避免影响其他课程的教学及教师的日常工作；美术教室则应该集中安排在朝北的有良好天然采光条件的场所，以充分利用自然光线并避免眩光；出于线路安排及洁净方面的原因，电脑房、多媒体教室等教学用房可以和教师的多媒体课件制作用房等组合在一起……。图 2-1-3-1 是学校教学楼的功能分析图及平面实例。从所给出的实例中可以看出，它们的平面形状虽然各不相同，但遵循功能分区的原则是一致的。

应该指出的是，我们在对建筑物的各使用部分进行功能分区时，经常会受到各种技术因素的制约，除了上文所提及的采光、管线布置等因素外，最重要的乃是建筑的结构传力系统的布置。例如在学校教学楼的设计中，经常可以看到将一组不同教学内容的实验室上下对齐，与普通教室分开布置，而不是将它们集中设在某一层。这主要是因为单个教学实验室的面积要大于普通教室，把它们集中在一层布置与其上下的普通教室要取得结构布置上的一致性，往往需要作特殊处理。因此，功能分区并不只是简单地使用性质的归类，还应兼顾其他的可能性。一般说来，空间的平面面积大小及空间高度，也直接影响其归类。

1.3.2　建筑物各部分的使用顺序和交通路线组织

研究建筑物中各部分的使用顺序和交通路线的组织，实际上是研究流线的组织问题。所谓流线组织，在建筑设计中主要是指对于人流和物流的合理组织。其主要原则是保证使用的方便和安全。

人流和物流进入建筑物，首先起始于建筑物的入口部分，因此建筑物的主要入口门厅和各个次要入口布置应该考虑迎向人流和物流的主要来源或有利于它们之间的分流。例如某学校的图书馆位于校园的东部，其西侧及北侧均是教学楼，其南侧是行政办公楼。考虑师生使用图书馆的人流来源方向，图书馆的主要进口

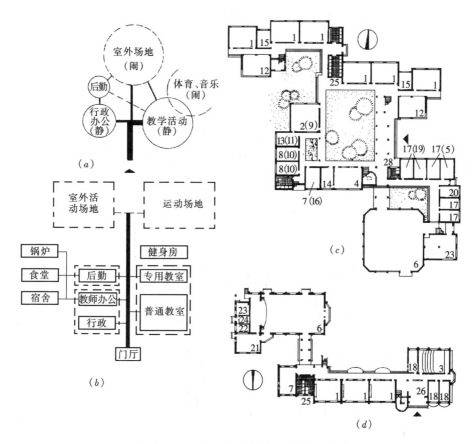

图 2-1-3-1　教学建筑使用功能分析组合实例

（a）教学楼功能分析；（b）学校校区平面功能组合；（c）教学楼平面实例一；（d）教学楼平面实例二
1—普通教室；2—自然教室；3—合班教室；4—音乐教室；5—微型计算机室；6—健身房兼礼堂；7—体育器械室；8—科技活动室；9—学生阅览室；10—教师阅览室；11—书库；12—展览厅；13—准备室；14—乐器室；15—教师休息室；16—广播室；17—行政办公室；18—教师办公室；19—会议室；20—配电间；21—餐厅；22—备餐间；23—厨房；24—库房；25—厕所盥洗；26—门厅

注：括号内标注为二层使用情况。

应该设在其西面，这样可以最大限度地方便出入。但是为了不使书库日常进出书籍会有车辆或运输行为堵塞人流出入口，可以将书库设在图书馆的东北侧，另在相关位置设图书的专用出入口。这样既避免了人流和物流的交叉，又为书库安排了一个避免过量光照的环境，还为在内部布置一个方便联系读者又易于连通书库的借阅台提供了良好的基础。

在建筑物内部，各使用部分的分布应该尽量使得使用频率较高的房间靠近主要入口或交通核布置。例如教学楼的普通教室是使用最频繁的部分，应当能够做到很方便出入，这样也在相当程度上满足了紧急情况下人流疏散的要求。另外有许多类型的建筑物，对于流线的组织还有各自特别的需要。例如医院的门诊楼，出于卫生安全方面的需要，应该在安排各类科室时，注意防止病人或医患间的交叉感染。

又如交通类的建筑物，其流线组织应当十分明确。至于生产性质的建筑，更是必须首先满足产品生产工艺流程的需要。图 2-1-3-2 所举的几个例子可以提供参考。

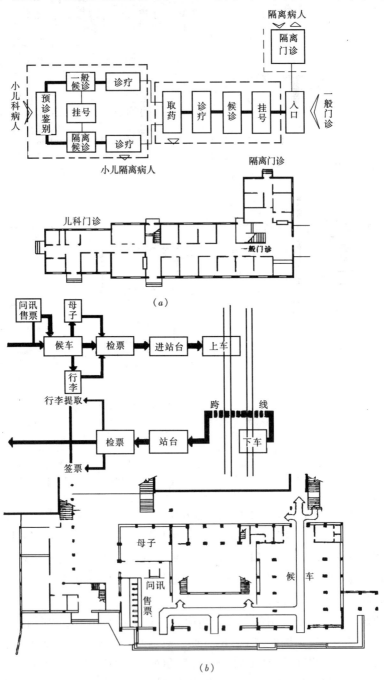

（a）

（b）

图 2-1-3-2   平面组合房间的使用顺序

（a）门诊所；（b）火车站

1.3.3　建筑物平面组合的几种方式

在对建筑物的各使用部分进行功能分区及流线组织的分析后，交通联系的方式及其相应的布置和安排成为实现目标的关键。一般说来，建筑物的平面组合方式有如下几种：

1. 串连式组合

这种组合方式将各使用部分之间互相串通。通常可见于空间的使用顺序和连续性较强，或使用时联系相当紧密，相互间不需要单独分隔的情况。例如某些工厂的生产车间、某些展览馆的展室、车站、商场等等（图 2-1-3-3）。

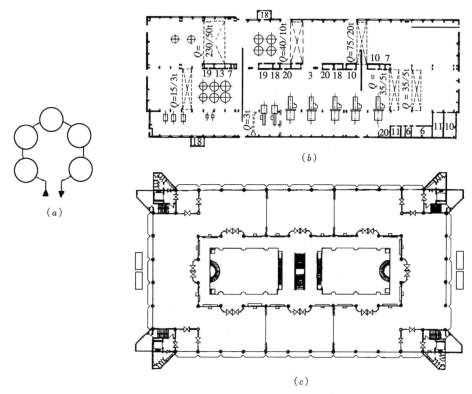

图 2-1-3-3　串连式平面组合的建筑实例

（a）串连式组合的交通方式；（b）某厂房按照生产流水线连续
布置车间；（c）某展览厅按照连续布展的方式组合空间

2. 并联式组合

这种组合方式是通过走道或一个处在中心位置的公共部分，连接并联的各个使用空间。在这种情况下，各使用空间互相独立，使用部分和交通部分的功能明确，是使用最多最常见的一种组合方式。例如大部分旅馆、住宅、教学楼等等（图 2-1-3-4）。

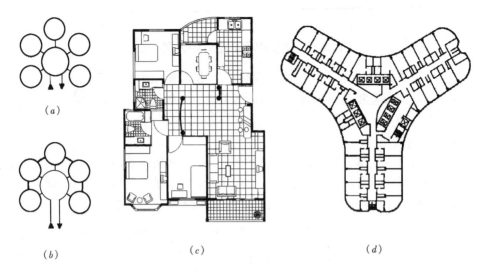

图 2-1-3-4   并联式平面组合的建筑实例

(a) 用公共中心连接各并联部分；(b) 用走道连接各并联部分；(c) 用起居
室连接各其他房间的典型住宅平面；(d) 某旅馆用内走道连接各间客房

3. 混合式组合

这种组合方式混合使用以上两种方法，往往根据需要，在建筑物的某一个局
部采用一种组合方式，而在整体上以另一种组合方式为主。例如图 2-1-3-5 所示
的托幼建筑中，班活动室、卧室及卫生间通常用串连的方式组合，而后各组团间
通过走道联系。

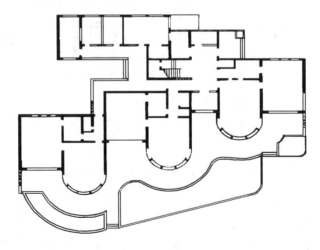

图 2-1-3-5   混合式平面组合的建筑实例

应该指出，建筑物的平面组合不只是平面几何图形之间的有序排列，组合后
的建筑平面还涉及通风、采光等许多问题。例如我国有关部门对于绿色生态住宅

小区各系统的建议设计指标要求住宅中有自然通风的房间占房间总数的 80%，还要求室内自然采光的房间数也达到 80%。如果住宅平面组合后没有足够的外墙可供开窗通风采光，或者在组合后室内空气不能形成对流，也是无法达到标准的。这些问题需要在实践中不断积累经验，妥善解决。

第 2 章　建筑物各部分高度
的确定和剖面设计

建筑物的各部分除了在水平方向有明确的组合关系外，在垂直方向也存在一定的组合关系。类似于建筑平面的面积和形状的确定，建筑物在各部分空间的高度、建筑层数等方面，也有许多问题需要解决。因此，在建筑设计的过程中，需要进行对建筑剖面的研究，即通过在适当的部位将建筑物从上至下垂直剖切开来，令其内部的结构得以暴露，得到该剖切面的正投影图，就是剖面图，以便使设计人员能够通过它对其高度方向的问题进行直观的研究。

2.1　建筑物各部分高度的确定

2.1.1　建筑物的标高系统

在建筑设计中，建筑物各部分在垂直方向的位置及高度是由一个相对标高系统来表示的。一般是将建筑物底层室内某指定地面的高度定为±0.000，单位是米（m），高于这个标高的为正标高，反之则为负标高。例如某建筑物室内外高差为 0.60m，层高为 3.600m，则其室外地面标高为 - 0.600，二层标高为3.600，三层标高为 7.200，其他依此类推。

需要指出的是，建筑设计人员所获得的基地红线图及土质、水文等资料所标注的都是绝对标高，在设计时涉及建筑物的各部分都应当换算为相对标高进行标注，以免混淆。

此外，建筑标高是指完成面的标高，又称光面标高，结构标高一般应较建筑标高扣除面层材料的厚度。屋面因构造层次较多，而且有一定的排水坡度，因此屋面标高取檐口部位的标高，经注明一般用结构标高代替建筑标高。

2.1.2　建筑物各部分的高度的确定

建筑物每一部分的高度是该部分的使用高度、结构高度和有关设备所占用高度的总和。这个高度一般即为层高，就是建筑物内某一层楼（地）面到其上一层楼面之间的垂直高度。例如某个房间上部有结构梁通过，梁底以下又有空调等设备管道及吊顶，那么楼板和结构梁的高度，加上梁底到吊顶面之间的垂直距离，再加上该房间所应有的使用高度，就是楼层在该处的层高。

一般说来，结构构件本身的高度以及设备所占用的空间高度是在给定的条件下通过计算予以确定的，因此建筑物各部分的使用高度是控制建筑层高的制约因素。使用高度一般用净高来表示，即建筑物内某一层楼（地）面到其上部构件或吊顶底面的垂直距离。

决定建筑物某部分净高的因素有以下几种：

1. 家具、设备的安置和使用高度

这和建筑平面设计中对家具、设备平面尺寸的考虑出于同样目的，只是在空间向度上更换成另一个方向的维度。如图 2-2-1-1 所示，跳台的高度加上运动员的起跳高度和安全附加量就成为跳台处建筑净高的控制高度，而看台最后一排处的净高是由该处所需的看台升起高度加上人的使用高度所控制的。又如有些工业厂房的车间需要很高的净高，是因为上部还设有行车，除了其本身的设备高度外，还需要留出物品起吊所需的安全高度。

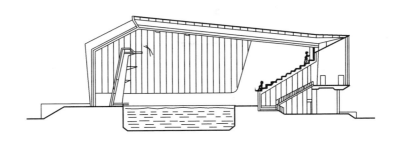

图 2-2-1-1　某室内游泳馆剖面

2. 人活动所需要的使用高度

这同样可以对照本篇第 1 章中图 2-1-1-3 人体尺度和人体活动所需的空间尺度来判断其所需要的最低限度。例如规范规定楼梯梯段上部的最小净空不得低于 2200mm，就是以人体的尺度和人体活动所需的空间尺度作为判断依据的。但在大部分情况下，人的活动并不仅仅限于四肢所能触及的范围。例如儿童经常做抛玩具等游戏，就需要一定的室内高度。特别是人的视线，会随人体头部的运动而需要较大范围的视野。四周都存在界面的空间，如果净高过小的话，会令使用者产生压抑的心理感觉。因此，一般考虑面积较大、使用者较多的房间可以适当选取较大的室内净高，而面积较小的房间，就可以适当减小净高。如果是教室、观众厅等对视线有特殊要求的建筑空间，在设计时还必须进行视线和声线的分析来确定其净高及剖面的形状（图 2-2-1-2、图 2-2-1-3）。当然像这样的剖面形状如果都要求通过结构构件的组合来构成的话，会给结构带来很多麻烦，也不利于同其他空间的再组合，在一般的情况下，往往会在形状较为规整的空间中通过吊顶等装修手段来实现。

3. 满足生理、心理要求的其他标准

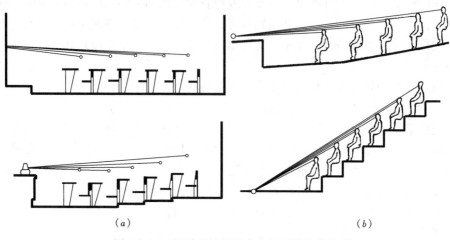

图 2-2-1-2   视线无遮挡要求和剖面形状的关系

(a) 阶梯教室内学生视线分析;(b) 观演建筑内观众视线分析

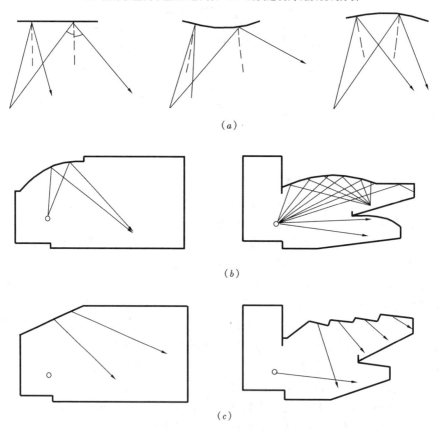

图 2-2-1-3   音质要求和剖面形状的关系

(a) 声音反射方式示意;(b) 剖面形式不当,使声音反射不均匀,有聚焦;(c) 剖面形式较好,声音反射较均匀

人在建筑物内部活动，需要
适当的换气量以及充足的自然光
线。建筑空间的净高涉及室内空
气的容量和开窗的高度，直接与
建筑设计规范所规定的许多卫生
标准有关。图 2-2-1-4 所示为单侧
采光的房间室内照度变化的情况。
提高窗上沿的高度，对于改善室
内照度的均匀性效果明显。例如
6m 进深单侧采光的教室，窗上沿

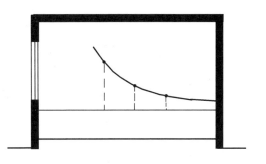

图 2-2-1-4　单侧采光室内照度变化示意

每提高 100mm，室内最不利位置的照度可提高 1%。图 2-2-1-5 以学校教室的采
光为例，说明室内净高与开窗高度的关系。图 2-2-1-6 显示局部设气楼或气窗的
建筑有良好的通风效果。

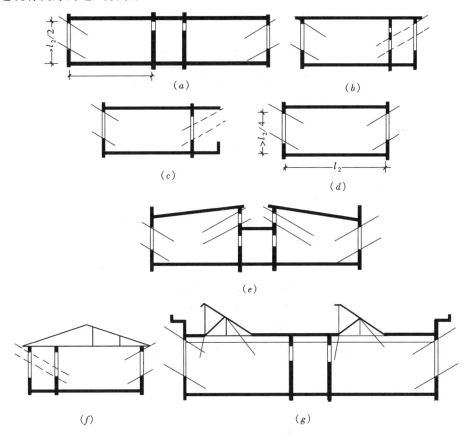

图 2-2-1-5　学校教室的采光方式

(a)、(b) 内廊式组合的单侧窗采光；(c) 外廊式组合的双侧窗采光；(d) 双侧窗采光
(e) 中廊式组合顶层房间的双侧窗采光；(f)、(g) 内廊式组合顶层房间的单侧窗及顶部采光

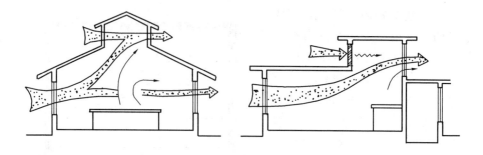

图 2-2-1-6　设气楼的厨房剖面

4. 节能要求

可持续发展是当今一项全球性的战略，对资源的合理利用被放置在十分重要的地位。因此在决定建筑净高的时候，不应该盲目追求所谓的"高大宽敞"，只要能够满足上述的各项标准要求，并不是所有场所都越高越好。过高的室内空间需要消耗大量的能源，这在使用空调等现代生活方式下尤甚。此外，高大的空间意味着增加每层的结构高度。在总高度相同的情况下，这相当于增加了结构的自重；而在相同总高度的情况下，这相当于减少了使用空间的容量，是不足取的。

总之，只有综合考虑以上各项因素，充分权衡利弊，才能正确确定建筑物各部分的合适高度。

2.2　建筑物层数和总高度的确定

在民用建筑中，建筑高度大于 27m 的住宅建筑和 2 层及 2 层以上、建筑高度大于 24m 的其他民用建筑，均为高层建筑。

建筑物的层数及总高度对于其等级划分、对设计人员的资质要求等都有重要影响。例如，在民用建筑中，除了建筑面积、投资额等因素外，100m 以上的一般公共建筑列入特级工程的范围；50m 以上至 100m 的一般公共建筑或 20 层以上的住宅及宿舍列入一级工程的范围；24～50m 的一般公共建筑或 12～20 层的住宅及宿舍列入二级工程的范围；24m 及以下的一般公共建筑或 12 层以下的住宅及宿舍（其中砌体建筑均不得超过抗震规范高度的限值要求）列入三级工程的范围，等等。对不同级别的工程项目，目前我国规定应由持有相应等级的执业资格证书的注册建筑师来设计。

影响确定建筑物层数和总高度的因素很多，大致有以下几种：

（1）城镇规划的要求。考虑城镇的总体面貌，城镇规划对每个局部的建筑群体都有高度方面的设定。例如在某些风景区附近不得建造高层建筑，以免破坏自然景观。又如在邻近飞机场附近的一些建筑，为了飞机起降的原因，也有限高的规定。另外城镇规划必须从宏观上控制每个局部区域的人口密度，通过调整住宅层数来调整居住区的容积率，也是有效的手段。

（2）建筑物的使用性质。有些建筑物的使用性质决定其层数必须控制在一定的范围内。例如幼儿园为了使用安全及便于儿童与室外活动场地的联系，当为独立建造且建筑防火等级为一、二级时，层数不能超过 3 层；当设置在建筑防火等级为一、二级的其他建筑内时，也只能设在 4 层以下的部位。

（3）选用的建筑结构类型和建筑材料。由于高层建筑必须考虑风荷载等水平荷载的作用，而高度较低的建筑则无此必要，因此不同的建筑结构类型和所选用的建筑材料因其适用性不同，对建造的建筑层数和总高度也会产生影响。

（4）所在地区的消防能力。城镇消防能力体现在对不同性质和不同高度的建筑有不同的消防要求。例如各类建筑防火规范对建筑的耐火等级、允许层数、防火间距、细部构造等都作了详细的规定。这些规定直接影响建筑的用地规划、设备配置、平面布局和经济指标，从而也就成为在确定建筑物的层数和总高度时不可忽略的因素。

2.3　建筑剖面的组合方式和空间的利用

2.3.1　建筑剖面的组合方式

建筑物各部分在垂直方向的组合应尽量做到结构布置合理，有效利用空间，建筑体型美观。一般情况下可以将使用性质近似、高度又相同的部分放在同一层内；空旷的大空间尽量设在建筑顶层，避免放在底层形成"下柔上刚"的结构或是放在中间层造成结构刚度的突变。此外，利用楼梯等垂直交通枢纽或过厅、连廊等来连接不同层高或不同高度的建筑段落，既可以解决垂直的交通联系，又可以丰富建筑体型，是建筑设计中常用的手法。以下将具体介绍几种剖面的组合方式：

1. 分层式组合

分层式组合是指将使用功能联系紧密而且高度一样的空间组合在同一层。这样可以有效地控制每层的层高，不会因为层间个别空间的突出高度而影响到该层的层高。这样做同时还有利于总体结构的布置和楼梯等垂直交通部分的处理。例如许多高层建筑下面几层的层高和使用功能都与其上部的主体部分不同，下部往往被用作商业用途而上部具有办公或居住等功能（图 2-2-3-1）。分层组合既方便了使用，又明确了结构的布置，是常见的剖面组合方式。不过，在将不同功能和层高的空间进行归类分层组合的时候，往往会遇到上下空间大小不一的矛盾。例如上图的高层建筑中商场部分需要开敞的大空间，而住宅部分却有许多分隔墙和垂直的管道需要下落。这时应当充分注意调整建筑平面组合和剖面设计中的相关关系，做到既能满足使用要求，又令结构布置合理。

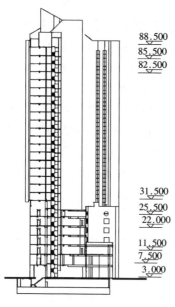

88.500
85.500
82.500

31.500
25.500
22.000

11.500
7.500
3.000

图 2-2-3-1   某高层建筑剖面

2. 分段式组合

分段式组合是指在同一层中将不同层高的空间分段组合，而且在垂直方向重复这样的组合。这样就相当于在结构的每一个分段可以进行较为简单的叠加。例如某些工业厂房的生产车间需要较高的层高，而生产人员的更衣、办公等空间只需要满足人体尺度及活动所需的基本层高要求，我们在设计时就可以通过分段组合，利用一个车间的层高上下布置两个更衣室，或者令上下三个更衣室的层高之和等于两个车间叠加后的高度。这样大、小空间组织得当，使用也很方便（图 2-2-3-2）。如果多次叠加后在同一楼层上形成了不同的楼面标高，我们就把这种设计称之为错层设计（图 2-2-

3-3）。错层设计所要解决的主要是同一层不同标高的楼面之间的交通问题。通常可以通过在这二者之间布置楼梯或坡道来解决。错层设计往往可以得到较为活泼的建筑体型。有些住宅套型设计中特意将会客等空间与家庭内部使用的空间进行错层组合，以赢得较好的住宅私密性（图 2-2-3-4）。但要注意错层组合交通组织不应太过复杂，而且在抗震设防地区也应该采取相应的抗震措施来解决错层对结构刚度可能造成的影响。

2.3.2   建筑空间的有效利用

在对建筑剖面进行研究时，往往会发现有许多可以充分利用的建筑空间，其中最典型的例子是一些观演类建筑，例如体育场馆观众席底下的空间，由于观众席升起比较多，下面会有相当的高度可以利用，因此在体育场馆的设计中，通常会利用这些空间来布置小型的运动员训练场地，或是休息、办公等其他功能的用房（图 2-2-3-5）。此外，坡屋顶建筑的屋顶下面、底层楼梯的半平台下面，也常常是有效利用空间的合适部位（图 2-2-3-6）。在一些大跨的建筑中，还可以利用一些结构的空间，作为通道或放置设备（图 2-2-3-7）。

有时候，有效利用建筑空间不一定表现为做"加法"，在可能的条件下削减多余的部分建筑空间，也会给建筑造型带来创造的契机。例如本章图 2-2-1-1 游泳场馆的建筑剖面中，由于以跳台处为制高点，对剖面的高度进行了非等高的设计，就可以创造出富有变化的建筑体型。

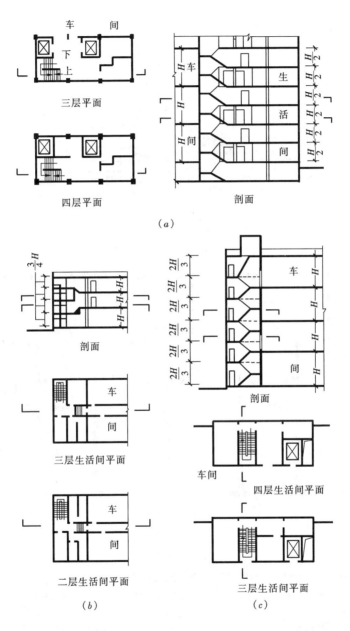

图 2-2-3-2　工厂生产车间与生活间有机结合

(a) 生产车间和生活间层数比 1∶2；(b) 生产车间和生活间层数比 3∶4；(c) 生产车间和生活间层数比 2∶3

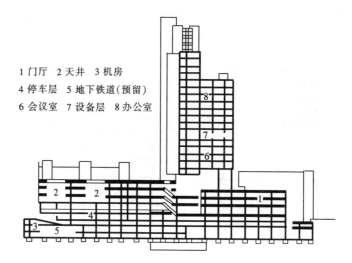

1 门厅 2 天井 3 机房
4 停车层 5 地下铁道(预留)
6 会议室 7 设备层 8 办公室

图 2-2-3-3   某银行总部大楼底部错层组合

图 2-2-3-4   某住宅套内进行错层布置

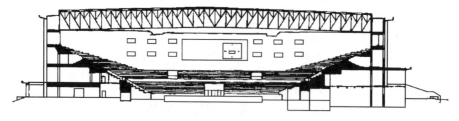

图 2-2-3-5   体育馆剖面中不同高度房间的组合

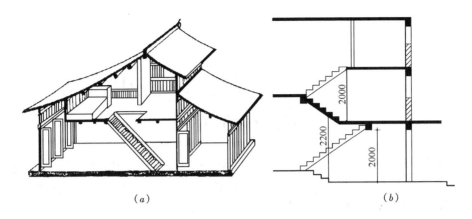

（a）　　　　　　　　　　　　　　　　　（b）

图 2-2-3-6　坡屋顶和楼梯上、下部空间的利用

（a）利用坡屋顶下部空间做阁楼；（b）楼梯上、下部空间的利用

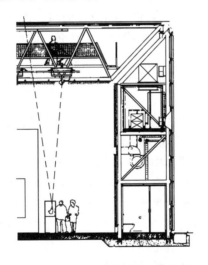

图 2-2-3-7　有效利用结构空间

第3章 建筑物体型组合和立面设计

建筑物在满足使用要求的同时，它的体型、立面以及内外空间的组合，还会在视觉和精神上给人们带来某种感受。例如我国古典建筑中故宫、天坛的雄浑、壮丽，江南园林建筑的秀美、典雅，各地地方民居的淳朴、亲切，以及一些当代高层建筑的伟岸、挺拔……凡此种种，无一不令人相信，建筑物的确可谓是静止的音符。是它们的千姿百态，勾勒出了人类活动的万千景象。它们的存在的确反映了社会的经济基础、文化生活和人的精神面貌。因此，我们在进行建筑设计时，尤其是在进行建筑物各部分的组合时，还必须注重其体型和立面的美观。

3.1 建筑体型和立面设计的要求

对建筑物进行体型和立面的设计，应满足以下几方面的要求：

1. 符合基地环境和总体规划的要求

建筑单体是基地建筑群体中的一个局部，其体量、风格、形式等都应该顾及周围的建筑环境和自然环境，在总体规划所策划的范围之内做文章。例如许多地方的建筑群体，都是在长期的过程中逐步形成的，往往具有特定的历史渊源及人文方面的脉络。在其中进行建设，应当要尊重历史和现实，妥善处理新、旧建筑之间的关系。即便是进行大规模的地块改造和建筑更新，也应该从系统的更高层次上去把握城市规划对该地块的功能和风貌方面的要求，以取得更大规模的整体上的协调性。此外，建筑基地上的许多自然条件，例如气候、地形、道路、绿化等等，也会对新建建筑的形态构成影响。譬如在以东南风为夏季主导风向的较炎热环境中，建筑开口应该迎向主导风向。如果反其道而行之，将最高大的体量放在东南面，就会造成对其他部分的遮挡，影响通风采光，不是好的选择。图2-3-1-1中的建筑物，如果夏季主导风向来自道路一侧，其较低的部分会受到一定的影响。

2. 符合建筑功能的需要和建筑类型的特征

不同使用功能要求的建筑类型，具有不同的空间尺度及内部空间组合特征。因此在对建筑物进行体型和立面设计时，应当注意建筑类型的个

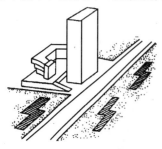

图 2-3-1-1　体型与环境的关系

性特征。例如对有些大型办公楼所作的成片玻璃幕墙的立面处理，就不适用于住宅建筑。因为住宅的房间往往开间较小，而且必须有自然通风，住户还需要自行对套内的外门窗进行保洁，所以住宅建筑立面上往往不开成片的大窗，而且还会根据居住活动的需要，布置许多阳台（图 2-3-1-2）。此外，建筑的体型和立面设计还应顾及其所属类型的文化内涵。例如某些娱乐性建筑较为活泼的外观，就不适用于较为严肃的纪念性建筑。

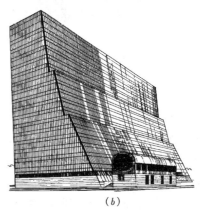

（a）　　　　　　　　　　　　　　　（b）

图 2-3-1-2　居住建筑与办公楼不同的立面处理方式
（a）某居住建筑立面有大量门窗及阳台；（b）某办公楼立面全部覆盖玻璃幕墙

3. 合理运用某些视觉和构图的规律

建筑物的体型和立面既然要给人以美的享受，就应该讲究构图的章法，遵循某些视觉的规律和美学的原则。因此在建筑的体型和立面的设计中，常常会用到诸如讲究建筑层次、突出建筑主体、重复运用母题、形成节奏和韵律、掌握合适的尺度比例、在变化中求统一等手法。所谓建筑的层次，是指建筑物各个段落之间的排列顺序及相互间的视觉关系。所谓突出主体部分，是指应当注意形成视觉的中心。所谓重复使用母题，是指重复使用某一种设计元素，例如一个 1/4 的圆柱体，令其像乐曲中的某一段旋律一样，可以反复出现，或者经过变奏，达到加深主题的目的。所谓节奏和韵律，是指一种有规律的变化。而合适的尺度比例，则是指符合视觉规律的建筑物各向度之间及细部的尺度关系。在下面两节介绍建筑体型及建筑立面的设计要领的过程中，将通过实例对这些手法进行具体的说明，此处不再赘述。

4. 符合建筑所选用结构系统的特点及技术的可能性

每种结构体系，都有其固有的力学特点，而且选用的建筑材料也各不相同。例如，砖石砌筑的建筑，墙体由于材料的原因，不可能开很大的门窗洞，否则窗间墙过窄，不利于受力，还容易倒塌。而用钢筋混凝土的骨架作为承重系统的建筑物，因为墙体不承重，就没有这样的限制（图 2-3-1-3）。又如某些以大型的空

(a) (b)

图 2-3-1-3　建筑结构体系对建筑造型的影响
(a) 某砖石结构建筑；(b) 某骨架结构建筑

间结构作为屋盖系统的建筑，其屋盖系统的形态特征往往就构成了建筑物的主要体型特征（图 2-3-1-4）。此外，各种构造方面的要求和施工技术及其可能性，也都会对建筑物的体型和立面的形成造成影响。例如很多建筑物成片玻璃幕墙上的玻璃从外观上看好像并不透明，主要是出于解决热工性能方面问题的构造需要。一则能够隔离部分紫外线，二则可以不至于暴露安装在其背后的保温材料。又如一些用工业化的施工方法在现场快速组装工厂预制构件的装配式建筑，其体型、体量以及立面上构件的大小和分割，都会显示出工业化体系的特征（图 2-3-1-5）。

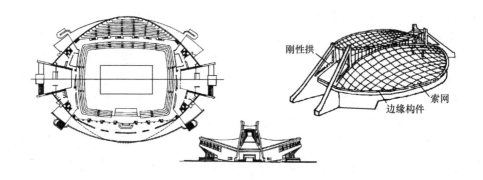

刚性拱

索网

边缘构件

图 2-3-1-4　某体育馆建筑

5. 掌握相应的设计标准和经济指标

建筑活动往往需要大量的投资，在设计时不能片面追求建筑物豪华的外观效果而滥用资金。无论建设资金的来源如何，设计人员都应该掌握适度设计的原则，在满足相关的规范所规定的建筑设计标准的基础上，充分发挥智慧和创造力，争取投资和效果的圆满结合。

图 2-3-1-5　用工业化建筑体系设计和建造的房屋的表面特征

3.2　建筑体型的组合

　　建筑物内部的功能组合，是形成建筑体型的内在因素和主要依据。但是，建筑体型的构成，并不仅仅是这种组合的简单表达，更何况一栋建筑物的内部功能组合，往往并不是只存在一种可能性。例如对工程项目的设计进行招标，就是要进行多方案的比较。因此通过对建筑体型进行组合方式的研究，可以帮助设计人员反过来进行平面功能组合方面的再探讨，从而不断完善设计构思，以尽量达到建筑内部空间处理和外形设计的完美结合。

　　建筑体型的组合有许多方式，但主要可以归纳为以下几种：

　　（1）对称式布局。这种布局的建筑有明显的中轴线，主体部分位于中轴线上，主要用于需要庄重、肃穆感觉的建筑，例如政府机关、法院、博物馆、纪念堂等（图 2-3-2-1）。

图 2-3-2-1　某历史博物馆使用对称式布局的建筑体型

（2）在水平方向通过拉伸、错位、转折等手法，可形成不对称的布局。用不对称布局的手法形成的不同体量或形状的体块之间可以互相咬合或用连接体连接，还需要讲究形状、体量的对比或重复以及连接处的处理，同时应该注意形成视觉中心。这种布局方式容易适应不同的基地地形，还可以适应多方位的视角。在本章上一节中所提及的构图原理，都可以根据建筑和环境的特点合理采用。下面仅介绍几个实例：

图 2-3-2-2 中所示的建筑实例，各部分体块之间比例关系得当，布局错落有致，利用较低的中心部分连接整个群体，产生良好的聚合力。

图 2-3-2-2   某建筑群在中心部分用连接体连接各个体块

图 2-3-2-3 所示的建筑实例中各有一个典型的造型母题，起到活跃或协调群体整体效果的作用。

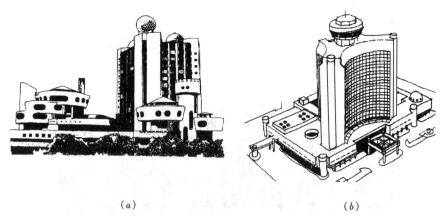

（a）   （b）

图 2-3-2-3   建筑物使用造型母题的实例

（a）某青少年活动中心用同一个活泼的造型母题形成强烈的个性特征

（b）某建筑物多次使用圆柱形的母题，起到协调整个群体的作用

　　图 2-3-2-4 中所示的建筑实例以相似的体形多次重复，形成了韵律感，从而富有感染力。

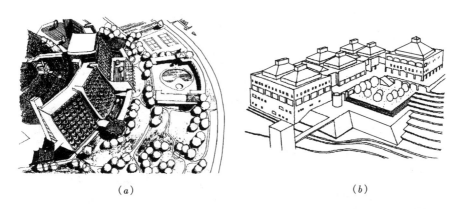

　　(a)　　　　　　　　　　　　　　　　　　(b)

图 2-3-2-4　建筑物以重复相似体形的方法造成韵律感
(a) 某饭店将基本体型呈扇面散开；(b) 某学校教学楼重复使用近似体量的立方体

　　图 2-3-2-5 中所示的建筑实例有明显的插入体，像楔子一样统合各分部，并形成视觉中心。

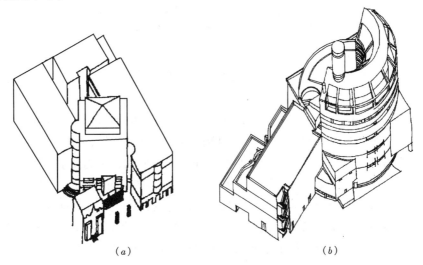

　　(a)　　　　　　　　　　　　　　　　　　(b)

图 2-3-2-5　建筑物用插入体楔合各个段落
(a) 某建筑物在各段落间插入旋转 45° 的立方体；
(b) 某建筑物用圆柱形的体块统合各段落

　　(3) 在垂直方向通过切割、加减等方法来使建筑物获得类似"雕塑"的效果。这种布局需要按层分段进行平面的调整，常用于高层和超高层的建筑以及一些需要在地面以上利用室外空间或者需要采顶光的建筑（图 2-3-2-6）。

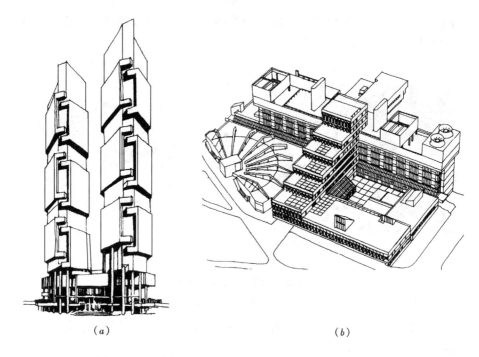

(a)　　　　　　　　　　　　　　　　　　*(b)*

图 2-3-2-6　建筑物在垂直方向对体型进行切割、加减处理

(a) 某金融机构大楼在垂直方向有强烈的雕塑感；*(b)* 某学校教学楼在中间段进行退台处理

3.3　建筑立面的设计

相对建筑物的体型设计主要是针对建筑物各部分的形状、体量及其组合所做的研究，建筑立面设计则偏重于对建筑物的各个立面以及其外表面上所有的构件，例如门窗、雨篷、遮阳、暴露的梁、柱等等的形式、比例关系和表面的装饰效果等进行仔细的推敲。在设计时，通常是根据初步确定的建筑内部空间组合的平、剖面关系，例如房间的大小和层高、构部件的构成关系和断面尺寸、适合开门窗的位置等等，先绘制出建筑物各个立面的基本轮廓，作为下一步调整的基础。然后再在进一步推敲各个立面的总体尺度比例的同时，综合考虑立面之间的相互协调，特别是相邻立面之间的连续关系，并且对立面上的各个细部，特别是门窗的大小、比例、位置，以及各种突出物的形状等进行必要的调整。最后还应该对特殊部位，例如出入口等作重点的处理，并且确定立面的色彩和装饰用料。由于立面的效果更多地表现为二维的构图关系，因此要特别注意以下一些方面：

1. 注重尺度和比例的协调性

这是立面设计所要解决的首要问题。首先立面的高宽比例要合适。其次立面上的各组成部分及相互之间的尺寸比例也要合适，并且存在呼应和协调的关系。

再有所取的尺寸还应符合建筑物的使用功能和结构的内在逻辑。例如图 2-3-3-1
中的建筑物立面上各个分段和窗门、洞口之间的尺度比例关系较好，而且由于充
分表现了建筑结构的构成关系，使得建筑尺度有着力学上的可信度，给人舒适
感。图 2-3-3-2 中的建筑物立面上高耸部分与水平拉伸的部分之间大的比例关系
协调，但在高耸部分的细部中却运用了扁平的比例因子，而在水平拉伸部分的细
部中则运用了细高的比例因子。虽然二者属于错位运用，但相互呼应，结果总体
效果良好。由于在实际生活中，建筑物的立面被观看时总是带有透视效果的，因
此利用带型窗和连续遮阳板等长条的水平构件或壁柱等连续的垂直构件，可以在
视觉上加强建筑物水平或垂直方向的尺度感觉（图 2-3-3-3）。

图 2-3-3-1　某建筑各部分比例合适并表现了结构的逻辑

图 2-3-3-2　某建筑各部分交替使用构图方式和比例因子

2. 掌握节奏的变化和韵律感

　　建筑立面上的节奏变化和所形成的韵律感在门窗的排列组合、墙面构件的划
分方面表现得较为突出。一般来说，如果门窗的排列较为均匀，大小也接近，立
面就会显得比较平板；如果门窗的排列有松有紧，而且疏密有致并存在规律性，
就可以形成一定的节奏感。另外，墙面上一些线条的划分或者一些装饰构件的排
列，也会对立面节奏和韵律的形成起到重要的作用。例如图 2-3-3-4 所示的建筑
物除了进口处以外的三段墙面，从左到右分别由柱间的方形大窗、带壁柱的小窗
和柱间连续的的拱形门，用相同的分割比例形成了相同的韵律。但由立柱和小窗

图 2-3-3-3   水平和垂直线条对建筑体量在视觉上的影响

图 2-3-3-4   某住宅门窗的韵律感

构成的部分显得节奏较为平缓，而由三扇大型落地窗和连续拱门构成的部分就显得节奏较为紧凑。像这样在统一中求变化的例子并不少见。又如图 2-3-3-5 所示的建筑物，立面上由于开窗方式的不同，明显构成了上下两个段落。仔细研究可以发现承重结构构件所在的位置并没有改变，但通过墙面线条的划分造成了一些视线上的错觉，从而使整个墙面显得比较轻巧，同时又将上下两段窗门成矩形的布阵方式和成三角形的布阵方式统一了起来。

3. 掌握虚实的对比和变化

在立面上的门窗洞口和实墙面之间、墙面凹进去的部分和突出来的部分之间，往往会因为材质所造成的通透与封闭之间的对比或者光影所造成的明与暗之间的对比，给人以虚、实不同的感觉。一般说来，立面上开窗的面积较大，容易显得建筑物较为轻盈、开敞，而实墙面较多，则容易显得建筑物较为坚实、厚

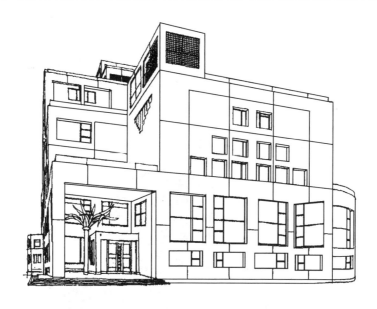

图 2-3-3-5　某住宅门窗和墙面线条的分割艺术

重。在设计时可以结合建筑物的性质特征和通风、采光等要求来做出合适的选择。例如，图 2-3-3-6 中的法学院建筑立面较为封闭，给人以职业上的严肃的感觉。又如图 2-3-3-7 中某报社建筑立面上用大片玻璃与实墙面组合，造成一种

图 2-3-3-6　某法学院立面

"层层剥笋"的印象，暗示了新闻机构的性质。实际上，建筑立面上虚、实部分的比例关系和变化，也是值得认真推敲的，否则造成诸如头重脚轻、不稳定等错觉，就会影响美观。图 2-3-3-8 中某宾馆建筑立面的上、下两部分按照很好的比例关系进行虚实对比，而且顶层部分又进行退台处理，实墙面部分也有局部的变化，立面效果就比较好。

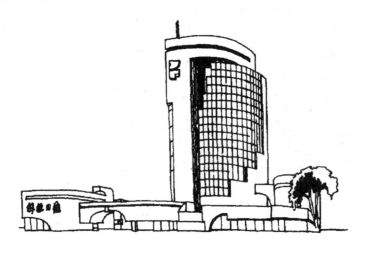

图 2-3-3-7　某报社立面

图 2-3-3-8　某宾馆立面

4. 注意材料的色彩和质感

不同的色彩会给人的感官带来不同的感受，例如白色或较浅的色调会使人觉得明快、清新；深色调容易使人觉得端庄、稳重；红、褐等暖色趋于热烈；而蓝、绿等冷色使人感到宁静……不过建筑物的色彩总体上应当相对较为沉稳，色调因建筑物的性质而异，或者根据建筑物所处的环境来决定取舍。特别鲜亮的色彩一般只用在屋顶部分或是只用作较小面积的点缀。另外，同一建筑物中不同色彩的搭配也要讲究协调、对比等效果。例如处在绿树环抱中的住宅群，墙面颜色一般比较淡雅。在接近地面的部分可以贴石材或者色彩较深的面砖，使得建筑物显得底盘较稳重。而屋顶则可以选用与环境对比较为强烈的色彩，以与绿树相映衬，并突出建筑的轮廓。

　　建筑表面的材料质感主要涉及视觉和触觉方面的评价。表面粗糙的石质块材、混凝土等一般显得较为厚重粗犷，而平整光滑的金属装饰材料、玻璃等则显得较为轻巧华贵；天然竹、木手感较好，令人易于亲近，而用石粒、石屑等装修的表面则使人保持距离，等等。图 2-3-3-9 的实例中某信托机构用石材装饰复古式样的建筑立面，而某银行大楼则暴露钢结构，二者在表现建筑功能所应具有的力度方面具有异曲同工之妙。图 2-3-3-10 则为在建筑立面上用不同质感的材料进行强烈对比的实例。

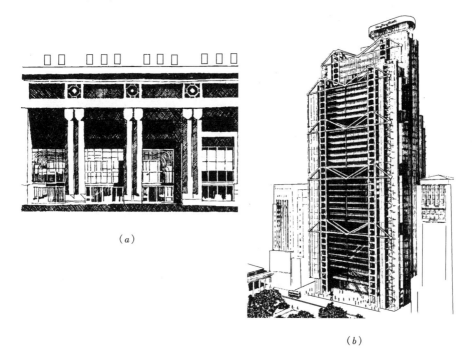

(a)

(b)

图 2-3-3-9　材料质感对力度的表达
(a) 某信托机构立面；(b) 某银行立面

图 2-3-3-10   立面上材料质感的对比

第4章 建筑在总平面中的布置

在工程项目中，无论是对单栋建筑物还是对多栋建筑物的设计，都会牵涉在基地上如何布置的问题。建筑物在基地总平面中的布置，既影响建成后环境的整体效果，又反过来成为建筑物的单体在设计之初时所必须考虑的外部条件。本章将就其中一些可依循的基本法则和原理作大致介绍。

4.1 总平面设计的基本方法和过程

在建设项目所在的基地上，除了需要布置符合基地使用性质及建设项目立项所要求的各个建筑物单体之外，还需要布置人行、车行道路和消防通道，基地中应该有内部道路与城市道路相连接。此外，各类供活动、停车和消防回车用的场地以及满足规划要求和景观绿化配套指标的其他用地也都需要一并进行安排处理。例如，中小学校的设计规范规定，中小学校用地应包括建筑用地、体育用地、绿化用地、道路及广场、停车场用地。其中，如设置 400m 跑道，则运动场地将可能占据基地中相当大部分的面积。如图 2-4-1-1 所示的某寄宿制高中，虽然除了常规的教学用房外，还需要布置学生宿舍以及配套的生活用设施等，但运动场地在总平面图中仍然占据了相当可观的部分。再加之许多运动场地，其长轴需要沿南北向布置，而且运动场地必须与教室保持一定的距离，因此在中小学校设计的过程中，运动场地的布置往往会对建筑的设计和布局起到至关紧要的作用，在设计一开始就应该予以充分的重视。

建筑总平面的设计过程与建筑单体设计有相类似的地方，首先要确定基地出入口的位置。基地出入口应当能够与城市道路相连，其个数、间距以及与城市道路的关系应当符合有关法规的规定。其次，如果在基地内有不同性质和使用功能的多个建筑单体的话，可以先将它们进行功能分区，然后分组团进行组合。例如，综合医院的总平面设计通常将门、急诊楼等对外使用频次最高的建筑安排在靠近主要进口的部位，将住院部设置在较为安静的一隅，而将医技楼以及其他办公、服务等设施按照与其他建筑功能联系的疏密以及基地的形状进行合理安排。从图 2-4-1-1 所示的某寄宿制高中的总平面中也可以看到，设计过程中对办公、教学、生活服务以及运动场所等具有不同使用功能的建筑和场地进行了明确的分类组合，同时兼顾相互间关联的逻辑性，例如体育馆贴近运动场地设置，食堂方便全天候的使用，又阻挡了男、女宿舍楼间可能产生的视线干扰，等等。即便像

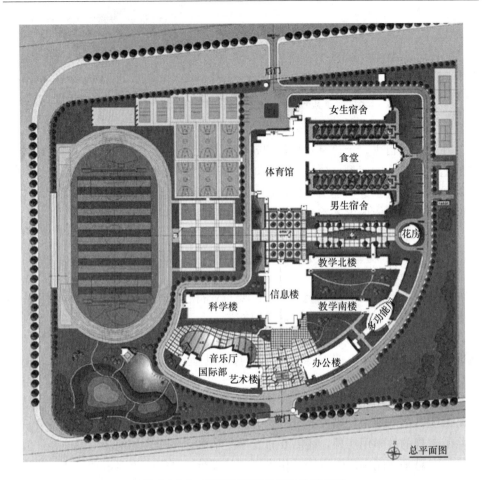

图 2-4-1-1　某寄宿制高中校园总平面图

居住建筑这样功能较为单一的建设项目的总平面，通常也会将住宅和配套的公共设施分成不同的组团后再进行组合，其间还会综合考虑公共设施的服务半径、住宅的采光通风、各种供活动或停车用的场地的穿插以及道路分布的合理性等。

建筑总平面的设计与基地上建筑单体的设计一般需要交叉进行，尤其是建筑单体的体型、高度等，往往会受到总平面布局的限制，但彼此之间的变化和调整，也会为整个设计方案提供多种可能性。因此，在进行建筑和总平面设计的过程中，一般都会进行多方案的比较。目前大部分建设项目在进入正式设计的程序前，都会经过方案招标投标的过程，就是一种体现。

4.2　建筑物与用地红线的关系

用地红线是各类建筑工程项目用地的使用权属范围的边界线，在工程项目立项时，由规划部门在下发的基地蓝图上圈定。如果基地与城市道路接壤，其相邻处的红线应该即为城市道路红线，而其余部分的红线即为基地与相邻的其他基地的分界线。

在规划部门下发的基地蓝图上，用地红线往往在转折处的拐点上用坐标标明位置。要注意该坐标系统是以南北方向为 X 轴，以东西方向为 Y 轴的，数值向北、向东递进。例如某点坐标标明为（x，y），则 x 代表南北方向的坐标位置，而 y 代表东西方向的坐标位置。根据这样的资料，设计人员可以很容易借助计算机等辅助设计手段，确定准确的建筑用地范围。在基地上布置建筑物，首先要受到红线的限制。建筑物与用地红线关系主要应满足如下要求：

1. 退界要求：

（1）建筑物应该根据城市规划的要求，将其基底范围，包括基础和除去与城市管线相连接的部分以外的埋地管线，都控制在红线的范围之内。如果城市规划主管部门对建筑物退界距离还有其他要求，也应一并遵守。

（2）建筑物的台阶、平台不得突出于城市道路红线之外。其上部的突出物也应在规范规定的高度以上和范围之内，才准许突出于城市道路红线之外。

（3）建筑物与相邻基地之间，应在边界红线范围以内留出防火通道或空地。除非建筑物前后都留有空地或道路，并符合消防规范的要求时，才能与相邻基地的建筑毗邻建造。

2. 高度限制：建筑物的高度不应影响相邻基地邻近的建筑物的最低日照要求。

3. 开口要求：紧接基地红线的建筑物，除非相邻地界为城市规划规定的永久性空地，否则不得朝向邻地开设门窗洞口，不得设阳台、挑檐，不得向邻地排泄雨水或废气。

4.3 建筑物与周边环境的关系

建造建筑物的过程，可以看作是物质和能量转移的过程。基地上旧有的一部分物质和能量被迁移或是发生了变化，新的部分添加了进来，这样就构成了新的室外空间关系和生态系统的交换关系。例如房屋之间所围合的空间形状产生了变化、道路的走向与过去有所不同、植被的种类和面积也不一样，等等。建筑设计项目无论是能够自成系统地形成建筑组群，还是只有单栋建筑，我们都应该将其作为开放的系统来看待，充分考虑到建筑物建成后在更大的城市空间以及生态环境中能与周边环境长期和谐共存的可能性。我国现阶段所推行的"绿色建筑"，就是指在建筑的全寿命周期内，能最大限度地节约资源（节能、节地、节水、节材）、保护环境和减少污染，为人们提供健康、适用和高效的使用空间，与自然和谐共生的建筑。本节将分别从物质环境和生态环境两个方面来对这一问题进行讨论。

4.3.1　建筑物与周边物质环境的关系

建筑物与周边物质环境的关系，主要表现在室外空间的组织是否舒适合理，建筑物的排列是否井然有序，有关的基本安全性能是否能够得到保障，等等。

要将这些关系处理得比较好，在进行总平面设计时，应当做到：

1. 符合法定规划控制的建筑密度、容积率和绿地率的要求。

建筑密度是指在一定范围内，建筑物的基底面积总和与占用地面积的比例，而容积率是指在一定范围内，建筑面积总和与用地面积的比值。在满足基地确定容积率条件的前提下，选择做较低的建筑物，建筑密度就会相对较高，而选择做较高的建筑物，建筑占地面积就会较小。一般来说，在一定范围内，建筑密度过高，会影响道路、绿地等的布置，室外空间会显得比较逼仄；而如果单纯追求某一地块内的容积率，则可能造成高楼林立的结果，有可能给在其中活动的人造成一种视觉和空间上的压迫感，并且由于人口相对密集，使得周边的城市交通产生局部压力，甚至在紧急的情况下，给人员疏散带来一定的困难。因此，合理控制各个区域的建筑密度和容积率，是城镇规划的重要任务。在建设项目立项时，规划部门都会下达相关指标，在设计时必须严格执行。

绿化是在人工环境中求得生态平衡的重要手段，在建筑总平面的安排中，首先要按绿地率的要求留出足够的绿化面积，同时还要根据当地的气候条件和植物自然分布特点，尽量栽植多种类型植物，以乔、灌、草结合构成多层次的植物群落，并且尽量为绿色植物的生长提供有利的环境。例如在高层建筑围绕下的绿地，虽然由于高层之间间距大，从平面图上看，绿地的规模似乎不小，很有气派，但实际上建成后由于绿地常年处于建筑物的阴影之下，很多树种难以存活，效果就不一定很好。此外，对于基地上具有保留意义的一些具有一定树龄的老树，也应尽量予以保护。

2. 建筑布局应使建筑基地内的人流、车流与物流合理分流，防止干扰，并有利于消防、停车和人员集散。

建筑布局不仅关系基地上整个空间的形态和秩序，而且直接影响道路系统的构成。便捷、安全是道路系统布置首先考虑的因素。仍以图 2-4-1-1 所示的某寄宿制高中校园总平面为例，其中建筑群与运动场地基本分东、西两侧布置，主要可供车行的道路围绕建筑群周边形成环状，而且与南、北两个连接城市道路的出入口连通且分别设有入口广场。机动车进入校园可以不通过学生日常活动的区域；食堂所需货流和可能车行来访的客流由于食堂和行政楼分别靠近两个入口布置且均可利用入口广场回车而减少了进入主要园区的可能性；校园内部的泊车位也设在紧靠主要入口的部位；加上环形车道在设计时能够满足消防车道所需的宽度、转弯半径和中心线的距离等要求，便可兼用作消防车道，满足消防要求，使得校园的安全得到保障。

图 2-4-3-1 所示的是某些上一世纪后叶所建造的住宅组团的总平面布置图。其中有许多住宅单体体型平板规整，相互间成行列式排列，非但使得室外空间较为单调乏味，而且由于没有预计到居民自备车使用量的增加而缺少车位的设置，因而使得如今泊车多占用路面，小区里道路变得相对狭窄，人车混行，流通不畅，又影响安全。而图 2-4-3-2 所示的几个组团，或将建筑物前后错开搭配，或改变住宅单体的形状，令其呈曲线变化，使得组合后形成的室外空间富有趣味，组团绿地分布合理，大部分住户都能够享有均等的与室外环境的亲和关系。在这样布局的情况下，道路的设置也需要考虑尽量减少对室外活动空间的干扰。例如图 2-4-3-2 (a) 中的一些住宅单体，根据组合的需要，分别进行了南向入口和北向入口的设计，使得车行道尽可能不经过组团间围合的活动场地，从而提升了这些场地的使用安全度和环境质量。在有条件的情况下，在住宅小区设计中实行车行道和步行道分离是很有好处的，特别有利于老人和儿童的活动安全。此外，设计足够的符合消防要求的消防车道以及设计足够的泊车位和合理的泊车位置，也是住宅区设计中所需要考虑的重要问题。

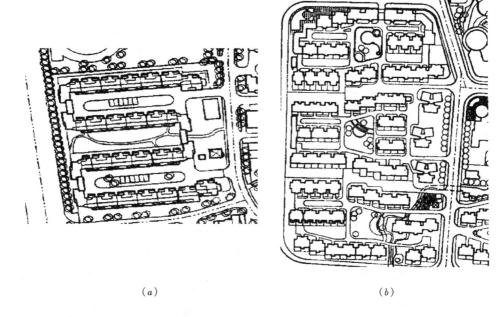

(a)   (b)

图 2-4-3-1   住宅区实例一

3. 建筑间距应符合防火规范的要求。

建筑物之间的距离关系到火灾发生的时候是否容易蔓延到相邻建筑，因此，建筑设计防火规范对于各类建筑物之间的防火间距作了严格的规定，在设计时应该严格遵守。此外，规范还规定了基地上消防车可以通行的道路与建筑物之间的

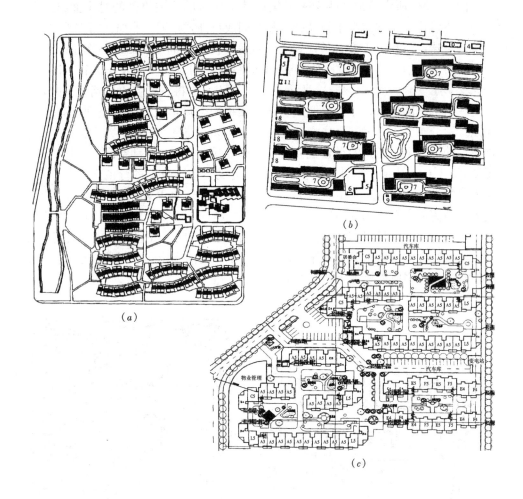

图 2-4-3-2   住宅区实例二

位置关系，也须一并遵守。

4. 应在建筑功能分区、道路布置、建筑朝向、距离以及地形、绿化和建筑物的屏障作用等方面根据噪声源的位置、方向和强度，采取综合措施，以防止或减少环境噪声。

在建筑基地内部及外围，一般总是有道路以及停车场等不同的设施，道路行车会产生噪声及废气。此外，有些厂房等建筑在生产过程中自身也会产生噪声和污染物。因此在进行建筑总平面的设计时，应当充分考虑这些因素。除了选址需慎重，应尽量避开各种污染源外，减少噪声干扰的问题也是需要特别重视的。例如中小学校的建筑设计规范中，规定各类教室的外窗与相对的教学用房或室外运动场地边缘间的距离均不应小于25m。该规范还规定了中小学主要教学用房与周边可能有的铁路及各种交通流量的道路之间的距离。像这类规定，主要是针对噪声问题而设立。在图 2-4-1-1 所示的某寄宿制高中的总平面设计中，教学楼被安排在南进口第二个组团的位置，可以保证与基地南边城市道路的距离，而且远离基地西侧道路的交通噪声，取基地东侧较为安静和有较多绿化的环境，确实是明智之选。至于有些建筑物要是本身就带有噪声源，在设计时更应该在采取局部隔声构造措施的同时，注意从布局上处理好同周边建筑物的关系。

4.3.2　建筑物与周边生态环境的关系

从人与自然和谐共存的角度来看，我们所建造的供生产、生活的人工环境一定要纳入自然生态环境良性循环的系统。建筑与环境的关系应符合下列要求：

1. 建筑基地应选择在无地质灾害或洪水淹没等危险的安全地段。

2. 建筑总体布局应结合当地的自然与地理环境特征，不应破坏自然生态环境。

3. 建筑物周围应具有能获得日照、天然采光、自然通风等的卫生条件。

4. 建筑物周围环境的空气、土壤、水体等不应构成对人体的危害，确保卫生安全的环境。

5. 对建筑物使用过程中产生的垃圾、废气、废水等废弃物应进行处理，并应对声、眩光等进行有效的控制，不应引起公害。

6. 建筑整体造型与色彩处理应与周围环境协调。

7. 建筑基地应作绿化、美化环境设计，完善室外环境设施。

在设计的过程中，可以从建筑的光环境、风环境、卫生绿化条件、节能等方面来进行调控，并且需要提出环评报告。

目前，光环境最基本的衡量标准是建筑获得日照的状况和有效的日照时间。该标准是根据我国所处地理位置的特点，根据建筑物所处的气候区、城市大小和建筑物的使用性质确定的，要求满足在规定的日照标准日（冬至日或大寒日）的有效日照时间范围内，以底层窗台面为计算起点的建筑外窗获得的日照时间。例如，住宅设计标准要求每套居民住宅必须有一间居室获得日照，日照时间为分别在大寒日 2h 或冬至日 1h 连续满窗日照。对那些卫生要求特别高的建筑物，如托儿所、幼儿园、疗养院、养老建筑等，该标准提高为每间活动室或者居室都必须获得日照，而且连续满窗日照时间为 3h。这样，我们在设计的过程中，就应该根据建筑物的特点，除了在平面组合时考虑有关房间的朝向及可能的开窗面积外，在形体组合时还要考虑是否会造成对日照的遮挡，在总平面布置时则要注意基地的方位，建筑物的朝向，以及注意保持建筑物之间的日照间距等。这些问题目前通常可以借助计算机软件来进行辅助分析，提交的设计文件中也应该包括日照分析图。

图 2-4-3-3 描述了太阳的高度角 α 和方位角 β 这两个基本概念。处于不同的方位，前排建筑物对后面建筑物的遮挡情况是不一样的，通常以当地大寒或冬至日正午十二时太阳的高度角 α 作为确定建筑物日照间距的依据。如图，建筑物的日照间距计算公式为：

$$L = H \times \cot\alpha \times \cos\beta$$

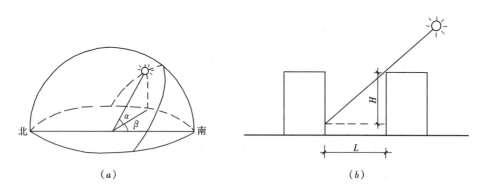

图 2-4-3-3   日照和建筑物的间距
(a) 太阳高度角和方位角；(b) 建筑物的日照间距
∠α—高度角；∠β—方位角

同样，通风状况是否良好也是建筑设计所要考虑的重要标准。为了卫生、舒适、节能的需求，除了建筑物的室内最好能通过开窗的位置和方式组织穿堂风和自通风外，整个基地上建筑物的布置都应该有利于形成良好的气流，并且不要对周边的固有环境造成不良影响。图 2-4-3-4 是建筑设计中常用的风玫瑰图，它是根据气象资料总结的当地常年及夏季的主导风向及其出现的频率。参照风玫瑰图，可以帮助决定建筑物之间的高低错落关系。例如在我国的南方地区，往往不希望受到南向的高大建筑的遮挡。此外，建筑物相互位置之间的疏密远近，对自然风通过时的风向、风速，也会产生局部的影响。例如双面临街的高层建筑，会加快中间风的流速，在寒冷的冬季可能令行人感到不快。我国现行"绿色建筑"的评价标准要求室外风环境有利于建筑通风和冬季人员行走舒适；居住区的风环境有利于冬季行走舒适及过渡季、夏季的自然通风。因此，许多建筑在进行总平面布置时也可以借助计算机软件来对风环境进行模拟分析和计算，必要时还可以通过风洞试验来进行评价。

有时，建筑物之间相互错开来布置，可以同时解决日照、通风、室外空间组织等多方面的问题。图 2-4-3-5 所示的建筑群体关系，表达出一种设计概念，是可以学习的好方法。

对于保持建筑与周边良好生态环境的关系这一课题，不单单是每个建设项目需要面对的，还应该从整个城镇规划和布局的层面予以合理安排。例如上海有一

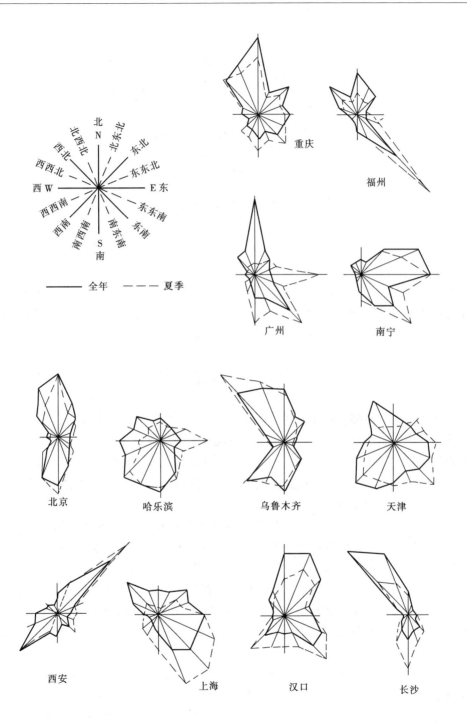

图 2-4-3-4　我国部分城市的风向频率玫瑰图

图 2-4-3-5　某建筑群体布置示意

个废弃的机场，在改为住宅建设用地的过程中，保留了其中惟一的一块城市中仅存的湿地，虽然少建了相当面积的住宅，但保留了可供城市呼吸的珍贵的绿"肺"，为改良城市的生态环境起到了不可低估的作用。

4.4　建筑物与基地高程的关系

任何建筑基地都会存在自然的高差，设计时基地地面的高程应该按照城市规划所确定的控制标高。在一般情况下，基地地面高程应与相邻基地标高协调，不妨碍相邻各方的排水，同时，基地地面最低处高程宜高于相邻城市道路的最低高程，否则应有排除地面水的措施。此外，为了地面排水的需要，基地内还应形成一定的地面高差和坡度。

建筑物的底层地面应该高于其基底外的室外地面约 150mm。如果建筑底层地面架空铺设的话，最好高于室外地面 450～600mm，一般可以在 150～900mm 之间选择。如果室内外高差太大，会对通行带来一些困难。

有一些建筑基地上，本来的自然高差就相当大，这时建筑布置应当考虑建造时土方的平衡、道路的顺畅便利以及建筑物对室外地面排水的影响。图 2-4-4-1 和图 2-4-4-2 分别表示建筑物平行于基地等高线布置和垂直、斜交于基地等高线布置的情况。

一般说来，当基地坡度较小时，建筑可以采取平行于等高线布置的方法。其中坡度较缓，如小于 10% 的时候，可以采用图 2-4-4-1 (a) 中所示的方法，将勒脚部分统一抬高到一个高度，以节省土方。否则可以采取图 2-4-4-1 中其余的方法，或者整理出一部分平台来建房（图 2-4-4-1b），或者令建筑物局部适应基地的高差（图 2-4-4-1c），或者在建筑物的不同高度上分层设出入口（图 2-4-4-1d）。

不过建筑物靠近基地高起部分的房间的通风采光还是应当予以重视，尽量不要以降低这些方面的质量来换取其他利益。

　　当基地坡度较大、建筑物平行于等高线布置对朝向不利时，往往会采取垂直或斜交于等高线布置的方式，这样通风、排水问题都比较容易解决。但是建筑物基础的处理和道路的安排都比平行于等高线时复杂得多。如果基地坡度较陡，建筑物可以顺势像图 2-4-4-2（a）的做法一样，逐层增加面积，也可以利用室外的台阶通达分层各自的出入口。有时建筑物与基地等高线斜交，相当于减小了地面坡度。这时建筑物也可以采用如图 2-4-4-2（b）那样的方法，进行错层设计。

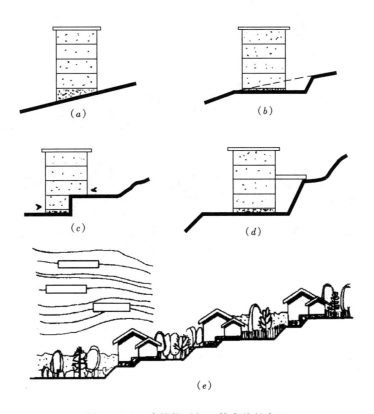

图 2-4-4-1　建筑物平行于等高线的布置

（a）前后勒脚调整到同一标高；（b）筑台；（c）横向错层；

（d）入口分层设置；（e）平行于等高线布置示意

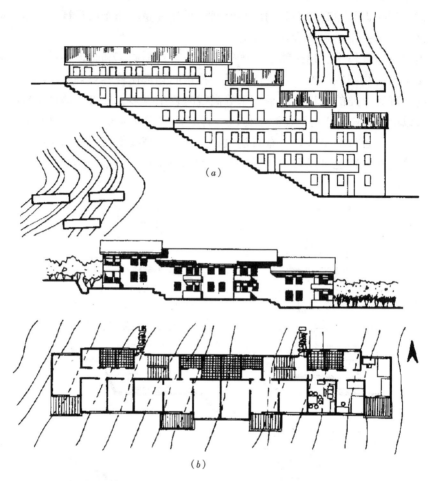

图 2-4-4-2   建筑物垂直或斜交于等高线的布置

（a）垂直于等高线布置示意；（b）斜交于等高线布置示意

第3篇 常用结构体系所适用的建筑类型

在第1篇里，我们已经讨论过建筑物的结构支承系统的主要作用是传递荷载以及保证建筑物在受力、变形等方面的安全可靠性和稳定性。但是不同类型的结构体系，由于其所用材料、构件构成关系以及力学特征等方面的差异，其所适用的建筑类型是不尽相同的。在设计时，除了合理性以及经济方面的考虑外，还应通过比较和优化，尽量使结构方案能够与建筑设计相互协调、相互融合，以便更好地满足建筑物在空间功能以及美学、风格等各方面的要求。本篇将就不同的结构体系所适用的建筑类型及其原理作一个基本的介绍。在实际的工作中，如能注意不断收集和积累经验，对不同的个案作具体深入的分析和研究，将能在此基础上不断加深理解。

第1章 墙体承重结构所适用的建筑类型

墙体承重结构支承系统是以部分或全部建筑外墙以及若干固定不变的建筑内墙作为垂直支承系统的一种体系。根据建筑物的建造材料及高度、荷载等要求，主要分为砌体墙承重的混合结构系统和钢筋混凝土墙承重系统。前者由于抗震的需要主要用于限定高度下的建筑，而后者则适用于各种高度的建筑，特别是高层建筑。因为在钢筋混凝土承重墙系统中适当布置剪力墙，则剪力墙不仅能够承受垂直荷载，还能够承受水平力，为建筑物提供较大的抗侧力刚度，这对于抵抗侧向风力和地震水平分布力的影响都是十分重要的。

墙承重结构支承系统的墙体布置一般可以分为横墙承重、纵墙承重以及纵横墙混合承重几种类型。无论以其中哪种方式支承来自楼面、屋面的荷载，由于有多道承重墙存在，承重墙上不能留有过多的洞口，以及承重墙墙体位置也不得任意更改等原因，墙承重结构支承系统一般适用于那些在使用周期内室内空间功能和尺度都相对固定的建筑物，而不适用于那些需要经常灵活分隔空间的建筑物，也不适用于那些内部空旷的建筑物。本章内容将就墙承重结构支承系统的类型特征及墙体布置对建筑空间分隔和利用所产生的影响分别作出论述。

1.1   砌体墙承重体系的特点及其所适用的建筑类型

混合结构是以砌体墙作为竖向承重体系,来支承由其他材料(例如钢筋混凝土、钢-混凝土组合材料或木构件等)构成的屋盖系统或楼面及屋盖系统的一种常用结构形式。由于墙体材料的来源丰富,施工方便,对建筑平面的适应性强,因此大量应用于低层和多层的民用建筑,特别是住宅、旅馆、学校、托幼、办公用房和一些小型商业用房、工业厂房、诊疗所等的建设中。这些类型的建筑物,有些原本层数就受到限制,例如小学校和托幼等建筑物,考虑使用对象的年龄特征,相关规范规定其层数不得超过3层,因此总高度不会超过抗震规范对于砌体建筑的限制。另外此类建筑常有重复的建筑单元空间,例如教室、旅馆客房、办公室等等,往往需要固定的分隔墙体来划分空间。这些建筑采用混合结构体系,符合砌体以受压为主要力学性能的特征,承重墙布置较为容易,而且施工方便、造价较为低廉。

其中,在考虑承重墙体的布置时,除了兼顾建筑空间分隔的需要以及结构受力的合理性外,还应考虑满足通风采光以及设备布置和走向等方面的需求。一般来说,采用横墙承重的方式,在纵方向可以获得较大的开窗面积,容易得到较好的采光条件,特别是对于采用纵向内走道的建筑平面,由于走道两侧的房间都是单面采光的,开窗面积就显得尤其重要(图3-1-1-1);反之,如果采用纵墙承重的方式,虽然可以减少横墙的数量,对开放室内空间有一定的好处,但其整体刚度往往不如横墙承重的方案好,纵向开窗面积也受到限制,所以在高烈度地震区应慎重对待。在实际工程中,混合结构体系的建筑常常采用纵、横墙混合承重的方案,特别是当楼板为现浇钢筋混凝土时,常常会形成双向板;有的混合结构体系的公共建筑则由于室内单个空间较大,楼层结构需要添加梁,也会形成纵、横墙混合承重的结果,甚至于需要在局部添加墙垛(又叫壁柱)以增加墙体的承载能力及稳定性,或者在建筑物内部局部添加柱子,以形成内框架(图3-1-1-2)。由于混合结构体系的承重墙体由砌体砌筑而成,总高度也被控制在一定的范围

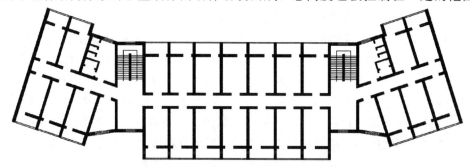

图3-1-1-1   某横墙承重的混合结构宿舍平面图

内，因此在纵、横墙混合承重的情况下，除了建筑物的总长度不应超出规范的要求，同时应有一定数量的纵墙及横墙拉齐以加强建筑物的刚度、满足抗震的要求外，其墙体的布置相对较为自由，就施工而言并无太大的困难，在平面组合方面却获得了交通组织的方便并能够形成较好的采光和通风的条件，尤其适用于民用住宅。例如图 3-1-1-3 所示的住宅平面，部分纵墙或横墙没有拉齐，而是错开布置，使得各个房间都能够有直接对外开启的门或窗，用于户内交通的面积也被控制在适当的范围内。

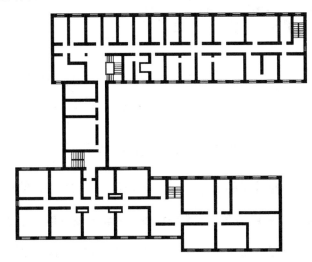

图 3-1-1-2 某纵横墙混合承重的混合结构办公楼平面图

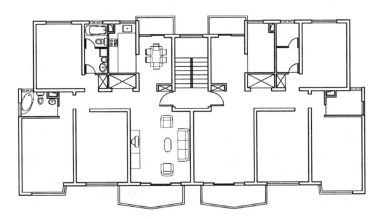

图 3-1-1-3 某混合结构多层住宅

此外，由于混合结构墙承重方案的墙体是由小构件砌筑而成的，墙体可以较为容易地砌成直线或各种其他线形，从而建筑立面或形体也可以变得较为丰富（图 3-1-1-4）。

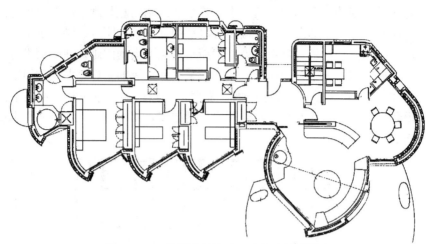

图 3-1-1-4 某混合结构独立式住宅墙多变化

1.2 钢筋混凝土墙承重体系的特点及其所适用的建筑类型

钢筋混凝土墙承重体系的承重墙可以分为预制装配和现浇两种主要形式。

1.2.1 预制装配式钢筋混凝土墙承重体系的特点及其所适用的建筑类型

在预制装配的钢筋混凝土墙承重体系中，钢筋混凝土墙板和钢筋混凝土楼板在工厂预制加工后运到现场安装。构件的分块一般比较大，需要重型设备运输和起吊。由于建造的工业化程度较高，构件需要标准化生产，而且对装配节点有严格的结构和构造方面的要求，因此建筑平面相对较为规整，往往以横墙承重居多，使用不够灵活，但能够适应一般的学校、宿舍、旅馆、住宅、办公等建筑的要求（图 3-1-2-1）。如果加工、运输、施工条件都允许的话，像这类体系还可以在工厂将墙体和楼板预先加工成盒子，再到现场组装（图 3-1-2-2）。

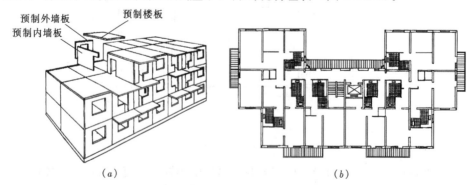

（a）　　　　　　　　　　　　（b）

图 3-1-2-1 预制装配式钢筋混凝土墙承重体系住宅示意

（a）大型板材装配示意图；（b）北京大板住宅

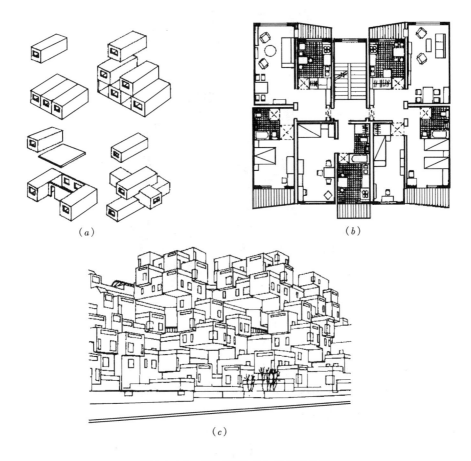

图 3-1-2-2　预制装配式盒子住宅示意

(a) 盒子建筑装配示意图；(b) 俄罗斯盒子装配式住宅；

(c) 加拿大盒子装配式住宅外形

1.2.2　现浇钢筋混凝土墙承重体系的特点及其所适用的建筑类型

现浇的钢筋混凝土墙承重体系建筑主体结构在现场整体浇筑，墙体布置比预制装配的更为灵活，多采用横墙承重以及纵横墙混合承重的方案。由于钢筋混凝土在抗剪、抗弯方面的优越性，这类承重体系往往大量应用于高层建筑，特别是高层的办公楼、旅馆、病房、住宅等建筑中，平面往往呈条形布置。

如果方案采用横墙承重，则除了需要有拉通的纵墙参与抗震外，其余部分内纵墙也可以不做现浇钢筋混凝土，而是可以采用砌体填充墙或者是安装其他的轻质隔墙，这样可以减少结构自重并尽量增加局部空间分隔的灵活性；至于其外墙则可以采用挂板、幕墙等装配式的次体系来完成，立面效果也可以多样灵活（图3-1-2-3）。

图 3-1-2-3　某现浇钢筋混凝土
剪力墙体系办公楼安装幕墙

　　如果是采用纵横墙混合承重的方案，则承重墙布置相对灵活，有利于建筑空间的组合。特别在住宅等建筑类型中，可以体现出与上述混合结构住宅同样的组织交通以及布置采光、通风方面的灵活性（图 3-1-2-4）。

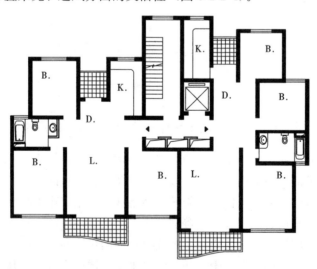

图 3-1-2-4　某剪力墙体系高层住宅平面

　　此外，有一种称之为短肢剪力墙的体系较之长肢的剪力墙体系更能够增加建筑空间在使用过程中变动的可能性。图 3-1-2-5 所示的住宅平面利用现浇钢筋混凝土墙体的便利，使得部分承重的短肢墙在纵横两个方向组合成有如异形柱的形式，其间提供了取消某段墙体的可能性（见图中墙体不涂黑的部分）。因此，图中左右两户住宅结构布置虽然完全对称，但户内空间划分区别较大。像这样可以由使用者参与户型设计或是在使用过程中可以有较大的变更自由的结构形式，在实践中很受欢迎。

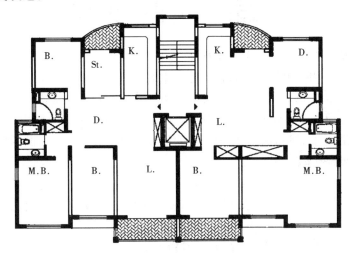

图 3-1-2-5　某短肢剪力墙体系高层住宅平面

第 2 章　骨架结构体系
所适用的建筑类型

骨架承重结构体系与墙承重结构体系对于建筑空间布置的不同在构思上主要在于用两根柱子和一根横梁来取代一片承重墙。这样原来在墙承重结构体系中被承重墙体占据的空间就尽可能地给释放了出来，使得建筑结构构件所占据的空间大大减少，而且在骨架结构承重系统中，内、外墙均不承重，可以灵活布置和移动，因此较适用于那些需要灵活分隔空间的建筑物，或是内部空旷的建筑物，而且建筑立面处理也较为灵活。

2.1　框架体系的特点及其所适用的建筑类型

框架结构体系是骨架承重体系中最常用的一种。其主要结构承重构件为板、梁和柱，也分为横向框架承重、纵向框架承重以及纵横向框架混合承重几种。无论采用哪种承重形式，即便出于结构稳定性方面的需要，结构体本身也总是双向均需由梁搭接，这样就决定了柱网的对位关系。如果建筑平面在小距离内有过多的转折，在转折处需要频繁增加新的梁或柱，即采用梁挑梁的方式或者是在一榀框架中再增加新的柱子以与其他框架形成新的对位关系，那么这些新增的构件无疑会对建筑平面的灵活布置起到一定的影响，也增加了结构布置的麻烦。尤其是像住宅的平面，往往不会太过规整，使用框架结构不一定方便。因此，框架结构对于建筑布局灵活性的意义主要还是体现在那些内部需要较多的大空间，空间平面对位较为规整，空间使用功能经常变更而可能重新分隔，上下楼层之间空间分隔难以一一对应因而很难用墙来承重的公共建筑中，例如商场、办公楼、学校、医院、宾馆、交运站点等等（图 3-2-1-1、图 3-2-1-2）。当然，框架成角度对位或者采用折梁、曲梁等，也会为建筑形态的变化提供方便，或者可以达到既满足建筑设计的需要，又简化结构方案的目的（图 3-2-1-3、图 3-2-1-4）。

除此之外，合理布置框架结构的梁柱还体现在选择合适的柱距以及形成合适的主、次梁的关系。这在结构设计方面有助于控制荷载的分布并达到经济的目的，而在建筑设计方面，则更注重符合使用功能的建筑参数以及变更的可能。例如办公楼经常采用 7.2m 的开间，以便需要时可以分隔成两间宽度较为合适的小办公室。有时，有些有地下停车场的大型的公共建筑，柱网除了应当考虑其上部空间的使用方便及分隔可能性外，还应兼顾地下车库车辆出入、转弯的可能性及

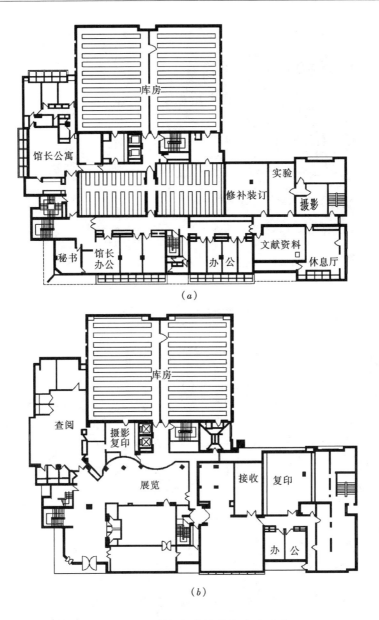

图 3-2-1-1　某框架结构档案馆平面图

(a) 二层平面；(b) 一层平面

停放的经济性。在实在难以协调的情况下，不得已也可以通过结构转换层来解决，但会造成较大的麻烦及经济上的支出。再有结构梁的高度往往是控制建筑层高的制约因素，对其下部的空间在视觉方面也有较大的影响。例如在图 3-2-1-5 所提供的实例中，暴露的结构梁对空间形态的影响以及对使用净高，特别是楼梯上部的净高制约，都是在设计中必须认真考虑的。有的时候许多公共建筑在梁底

图 3-2-1-2 某框架结构商住楼立面及空间灵活处理

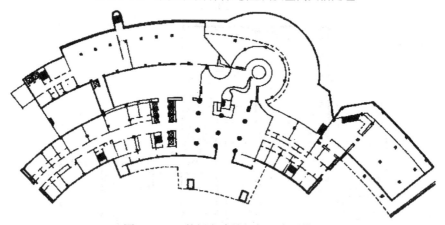

图 3-2-1-3 某饭店建筑框架呈扇形排列

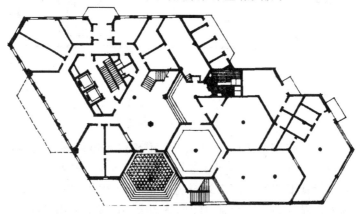

图 3-2-1-4 某银行建筑框架成角度交叉排列

图 3-2-1-5　某大型体育馆室内

下还需设置许多设备，如水、电、空调管道等等，为此常常需要吊顶。例如在图 3-2-1-6 和图 3-2-1-7 所提供的实例中，大量设备管道或者必须穿越梁底的隔墙进入其他空间，或者需要占据结构梁、板之下的许多空间，在此情况下，合理控制结构高度将显得更为重要。

图 3-2-1-6　某教学楼中走道顶部
管道穿越梁底进入教室

图 3-2-1-7　某办公楼底层
商场梁下管道

2.2　框剪、框筒等体系的特点及其所适用的建筑类型

全框架的结构体系在建筑物的空间刚度方面较为薄弱，用于高层建筑时往往需要增加抗侧向力的构件。如果是平面呈条形的建筑物，一般可以通过适当布置剪力墙来解决，通常称之为框剪体系（图 3-2-2-1）。如果是平面为点状的建筑物，

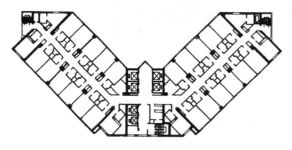

图 3-2-2-1　某框剪体系高层旅馆平面

图 3-2-2-2　某框筒体系
高层办公楼平面

则可以通过周边加密柱距使其成为框筒，或将垂直交通枢纽如楼、电梯等组合布置为刚性的核心筒，在其四周用梁、柱形成外围结构，以在得到大面积的灵活使用空间的基础上取得更加良好的通风和采光条件（图 3-2-2-2）。

对于采用框剪体系的建筑物，剪力墙的布置除了满足结构方面的需要外，最好还能够与建筑空间的布置相协调，尽量发挥框架原有的灵活性。

对于采用框筒等体系的建筑物，筒体在垂直方向的适当变形，可以造成丰富的建筑体型。例如某船厂技术中心大楼外框对称性的弧形走向，造就了建筑外形的独特个性（图 3-2-2-3）。此外，在筒体的平面形状上做文章（图 3-2-2-4），或者利用若干筒体的组

图 3-2-2-3　某船厂技术中心
楼外框在垂直方向有变化

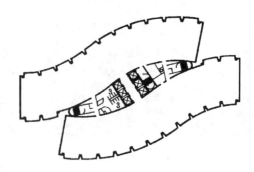

图 3-2-2-4　某框筒结构办公楼
核心筒跟随建筑外形作变化

合以及它们在高度方向上的不同设置（图 3-2-2-5），都会得到不同一般的效果。

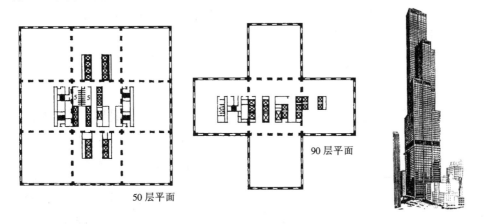

50 层平面

90 层平面

图 3-2-2-5　美国芝加哥西尔斯大厦的束筒框架结构布置及体型变化

2.3　板柱体系的特点及其所适用的建筑类型

板柱体系的特点是直接用柱子来支承楼板。因为取消了结构梁，所以板底平整，减少了建筑对吊顶的需要，也减小了平面结构构件所占据的空间，可以降低层高，而且其内部空间分隔不会受到梁的影响，故而具有相对较大的自由度。但

因为这类结构以接近正方形的双向板为最合理，而且板面活载（均布荷载）在一定的范围内才较经济，所以适用于那些使用荷载合适的商场、图书馆、仓储、多层轻型厂房等类型的建筑物。此外，由于板柱体系结构柱的柱距大约在 5～7m 左右时较为适中，因此也可用于住宅、办公等建筑类型。

板柱结构体系可以有柱帽，也可无柱帽。由于构件受力的特点，纵横两面边跨楼板出挑较为合理，这时建筑立面布置可以较少受到结构柱的限制。图 3-2-3-1 为某

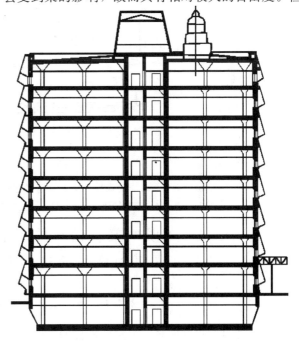

图 3-2-3-1　某现浇板柱体系档案馆剖面

有柱帽板柱结构体系档案馆的剖面图,采用现浇工艺施工。图 3-2-3-2 为某办公楼的平面图,利用装配式的施工工艺,可以部分取消中间的平板,达到室内空间局部跃层的效果,而且立面也能够做到丰富多变。

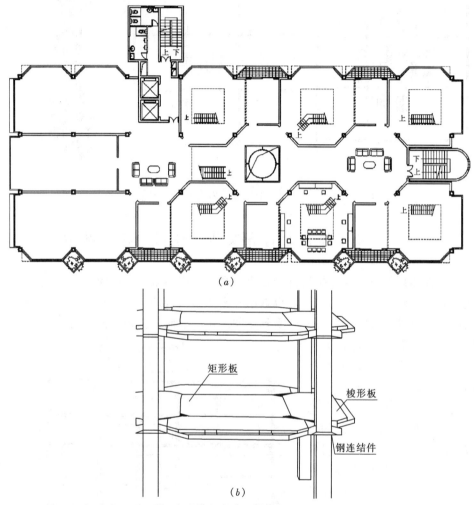

(a)

图 3-2-3-2　某装配式板柱体系办公楼平面及施工工艺示意

(a) 某装配式板柱体系办公楼建筑方案;(b) 某装配式板柱体系办公楼施工方案

2.4　单层刚架、拱及排架体系的特点及 其所适用的建筑类型

2.4.1　单　层　刚　架

单层骨架结构梁柱之间为刚性连接的是刚架,但在梁跨中间可以断开成为铰接,这样就比较容易根据建筑需要布置通长的高出屋面的采光天窗或采光屋脊

（图 3-2-4-1）。另外，刚架在结构上属于平面受力体系，可以将一个建筑物的各榀刚架呈平行或放射状排列，也可以按照一定的规律依次改变同一建筑物的各榀刚架的尺寸，这样生成的建筑造型比较活泼（图 3-2-4-2）。不过刚架结构在平面外的刚度较小，通常适用于跨度不是太大（例如钢筋混凝土刚架在 18m 左右），檐口高度也不是太高（例如钢筋混凝土刚架在 10m 左右）的内部空旷的单层建筑。这类建筑有小型室内体育场馆、展示场所、车船客运站、库房等等（图 3-2-4-1，图 3-2-4-3）。如果在这些建筑内部需要设置起吊设备，则最好采用吨位较小的轻型吊车，以免其制动时对结构造成影响。

图 3-2-4-1　某大学室内体育馆的木构刚架及天窗

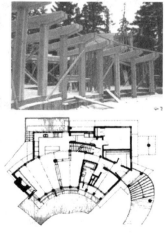

图 3-2-4-2　某住宅刚架呈扇形布置

图 3-2-4-3   某刚架结构车站

2.4.2   拱

刚架结构的梁和柱的作用与成折角的连续梁相仿，如果这样的梁和柱在平面内按照某一曲率成为连续的弯曲构件时，就形成了拱。拱与刚架相似，也可以做成三铰拱、两铰拱和无铰拱。但是拱的受力情况以轴力为主，比刚架更加合理，更能充分发挥材料的性能。因此人类在建筑活动的早期就学会了用拱券来实现对跨度的要求。图 3-2-4-4 是古罗马人常用的拱券形式。直到现在，拱仍是经常出现在建筑物造型中的元素，只是随着建筑材料及结构力学的发展，现代的拱用钢筋混凝土、钢（包括实腹及格构系列）等材料，往往可以做到更大的跨度，甚至可以作为某些大型空间结构屋盖，例如大型体育场馆屋面系统的支撑构件或者周边构件，在整体上造成强有力的视觉中心，实现结构与建筑的完美结合。图3-2-4-5

 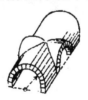 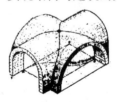

图 3-2-4-4   早期罗马人在建筑中使用的拱券

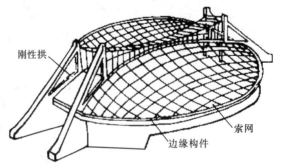

图 3-2-4-5   两片刚性拱支撑屋面索网及其边缘构件

是用两个平行拱作为支承构件来支撑悬索屋面的实例；而图 3-2-4-6 中的两个交叉拱则主要是用作屋面索网的边缘构件的。此外，通过同一建筑物中结构拱排列位置的变化，也可以适应不同的建筑平面，并造就丰富的建筑体型（图3-2-4-7、图 3-2-4-8、图 3-2-4-9）。至于采用拱这种结构方案所产生的水平推力，可以结合建筑方案妥善处理。例如可以将拱脚落地，便于把其水平拉索埋入地下，或用锚固件来支承水平推力，这样可以不影响到地面上空间的使用，或者用其两侧刚度

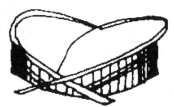

图 3-2-4-6　两片交叉拱作为索网边缘构件

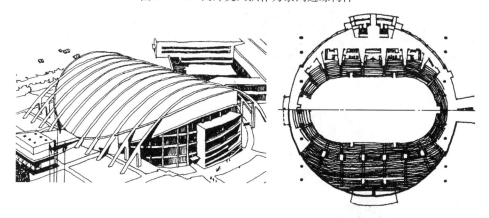

图 3-2-4-7　美国蒙哥马里体育馆用平行拱支承屋面覆盖圆形平面

较大的构件或部件来支承这种推力，像这样的做法常用在建筑物的中庭顶盖等部位（图 3-2-4-10）。

图 3-2-4-8　墨西哥马达莱纳体育中心体育宫用四道
相交的拱支承屋面，覆盖接近正方形的平面

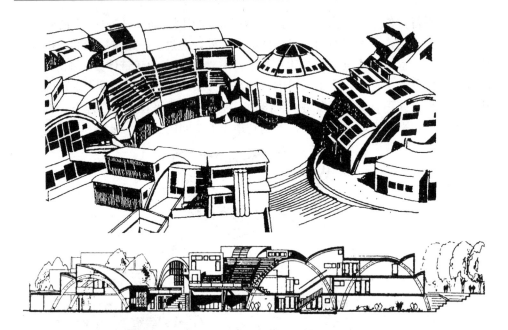

图 3-2-4-9 法国某大学建筑由不断转变排列角度的落地拱生成

图 3-2-4-10 某建筑物中庭部分屋面拱的支承情况

2.4.3 排 架

排架与刚架的主要区别在于其梁或其他支承屋面的水平构件，如屋架等，与柱子之间采用的是铰接的方式。这样一榀榀排架之间在垂直和水平方向都需要选择合适的地方来添加支撑构件，以增加其水平刚度，而且在建筑物两端的山墙部位，还应该添加抗风柱，这使得排架建筑物的轴线定位与一般建筑物都不同。但排架能够承受大型的起重设备运行时所产生的动荷载，因此排架结构常用于重型的单层厂房。鉴于本书第 5 篇第 3 章将对大跨的单层厂房的结构及建筑特征作详细描述，在此不再赘述。

第3章 空间结构体系所适用的建筑类型

空间结构各向受力，可以较为充分地发挥材料的性能，因而结构自重小，是覆盖大型空间的理想结构形式。

3.1 常用的空间结构体系

常用的空间结构体系有薄壳、网架、悬索、膜等等，以及它们的混合形式。

3.1.1 薄　　壳

薄壳属于空间薄壁结构，又可分为曲面壳和折板两种。对建筑而言，结构本身就形成了"面"，而且可以切削。图 3-3-1-1 所示的罗马小体育宫，用 Y 形的

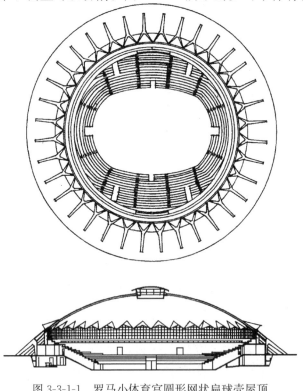

图 3-3-1-1　罗马小体育宫圆形网状扁球壳屋顶

斜柱支撑钢筋混凝土网状扁球壳结构，立面富有韵律感，接近 60m 的顶盖显得较为轻盈。图 3-3-1-2 和图 3-3-1-3 所示的两个餐厅，则分别用相同的薄壳直接落地组合而成，结构干净利落，且富有动感。在图 3-3-1-4～图 3-3-1-6 所示的建筑物中，折板可以用作顶盖，也可以用来作为垂直支承构件。

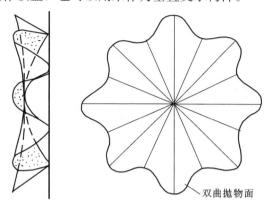

图 3-3-1-2　用八个双曲抛物面薄壳
拼成了洛斯马纳提拉斯餐厅

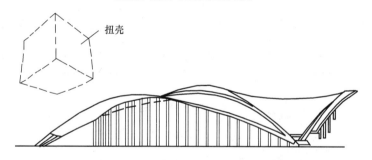

图 3-3-1-3　用三个相同的扭壳构成某疗养所的餐厅

图 3-3-1-4　折板水平铺设用作建筑物的屋面

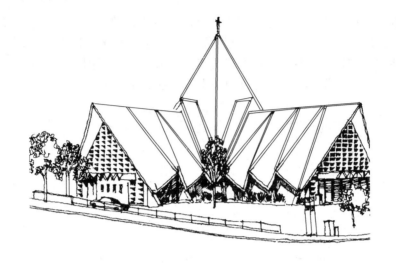

图 3-3-1-5　折板成角度铺设用作建筑物的屋面

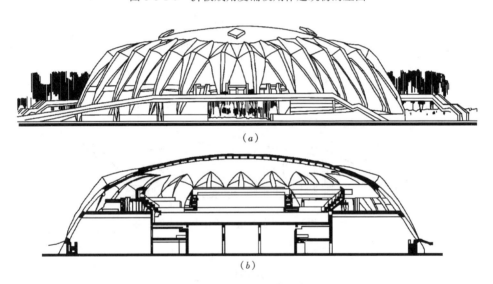

(*a*)

(*b*)

图 3-3-1-6　折板作为支承某体育馆屋顶的垂直构件

(*a*) 立面；(*b*) 剖面

3.1.2　网　　架

网架由许多杆件按照受力的合理性有规律地排列组合而成，可以分为平板网架和网壳两种。网架空间整体性好。平板网架杆件正交、斜交后可以形成不同的平面形状，使用相当灵活，在需要时结构杆件可以暴露，例如图 3-3-1-7 所示的斜向搁置的平板网架，上弦覆盖玻璃，在日照下，杆影流动，取得了良好的感官效果。网壳相当于格构化的薄壳，但由钢杆件组成的网壳一般比混凝土薄壳的自

图 3-3-1-7　用大片网架覆盖的走道形成半室外空间的感觉

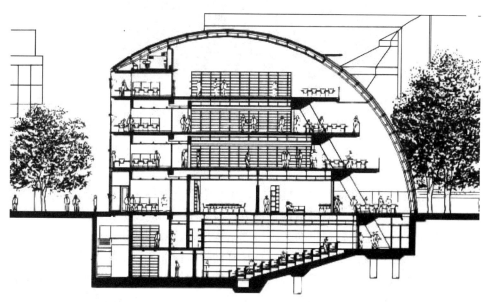

图 3-3-1-8　网壳与主体结构脱开，自成体系地作为围护结构而存在

重要小得多，除了用作大空间的顶盖外，还可以整体化地围合空间（图3-3-1-8）。图 3-3-1-9 所示的是处于上海市科技展馆中心球形网壳中的视觉印象，由于球体对光的反射作用，杆件在玻璃上的投影非常美丽。

图 3-3-1-9   上海科技展馆中心球形网壳内部空间

3.1.3   悬   索

悬索结构利用钢材良好的受拉性能，用高强钢丝做拉索，加上高强的边缘构件以及下部的支承构件，使得结构自重极大地减小，而跨度大大地增加，除了稳定性相对较差外，是比较理想的大跨屋盖结构形式。对于建筑而言，由于拉索显示出柔韧的状态，使得结构形式轻巧且具有动感。图 3-3-1-10 所示的某单曲面双层拉索结构体系的产品展示馆，结构的形态就是建筑的造型，连建筑物两端墙面的倾斜角度也是由拉索锚固端的角度决定的。图 3-3-1-11 所示的美国耶鲁大学冰球馆采用一个落地的刚性拱以及边缘构件来张拉交叉的索网，整个建筑造型也就

图 3-3-1-10　某悬索结构产品展示馆
(a) 某悬索结构产品展示馆透视 (1)；(b) 某悬索结构产
品展示馆透视 (2)；(c) 某悬索结构产品展示馆室内

反映了结构构成的形态。像这样的例子不胜枚举，上文所述的许多空间结构体系
类别的实例中，由于充分注意了结构的特征以及结构的美学，都在建筑与结构的
良好结合方面有着异曲同工之妙。

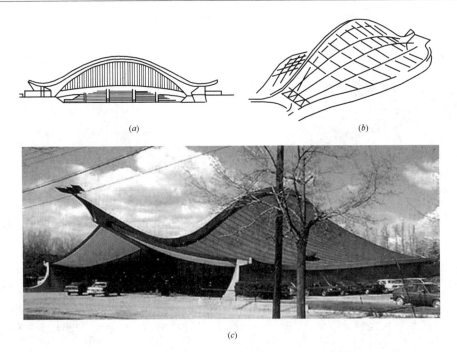

(a)   (b)

(c)

图 3-3-1-11   耶鲁大学冰球馆

(a) 纵向立面；(b) 索网结构示意；(c) 冰球馆外观

3.1.4   膜

在上文关于网架的一节中曾经提到可以把网架结构看成格构化的薄壳，同样，我们也可以反过来想象把索网结构的索细化加密，直到交织成一张薄膜。膜在本质上也是受拉构件，它像薄壳一样，兼有承重和围护的双重功能。其材料必

图 3-3-1-12   用充气膜覆盖的大型空间

须是高强纤维的交织物，例如聚酯类的织物，或者是以聚四氟乙烯为涂层的无机材料织物，如钢纤维、碳纤维等等。其张拉力来源于充气（图 3-3-1-12），或者用桅杆、拱、拉索等构件来将膜绷紧（图 3-3-1-13）。由于这些构件灵活的布置形式以及膜本身轻柔的外表，在城市室外空间小品中常被应用。

(a)

(b)

(c)

(d)

图 3-3-1-13　上海体育场

(a) 上海体育场鸟瞰；(b) 变截面柱及悬臂桁架；

(c) 张拉膜结构顶盖；(d) 结构形式总体示意

3.2   空间结构体系所适用的建筑类型

各种空间结构类型比起其他平面类型的结构形式来，除了在发挥材料性能、减少结构自重、增加覆盖面积方面的优势外，其形状的富于变化以及支座形式的灵活选用及灵活布置，对建筑空间以及建筑形态的构成无疑都有着积极的意义。因此，空间结构体系不但适用于各种民用和工业建筑的单体，而且可以应用于建筑物的局部，特别是建筑物体型变化的关节点、各部分交接的连接处以及局部需要大空间的地方。这些部分要么是垂直承重构件的布置需兼顾被连接部分的结构特征，或者需要局部减少垂直构件的数量以得到较大的使用空间；要么是在建筑方面需要形成较为活跃的元素，希望能够在这个位置上有较为活泼的建筑体型。图 3-3-2-1～图 3-3-2-4 是一组照片反映空间结构体系在各种建筑类型上面的应用；图 3-3-2-5 是空间结构与其他结构混合应用的实例；图 3-3-2-6 则是在筑物的"关节"部分或顶层大空间应用空间结构体系的例子。

图 3-3-2-1   张拉膜结构的街头小品

图 3-3-2-2   商店预制壳体的雨篷

图 3-3-2-3   拱＋张拉膜的临时展示空间

图 3-3-2-4　拱架支承索网的体育馆(右)以及网架支承的太阳能收集装置（左）

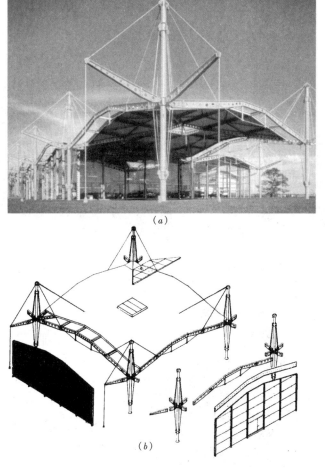

(a)

(b)

图 3-3-2-5　雷诺汽车公司在英国的中心（一）

(a)雷诺汽车公司在英国的中心建筑外观；(b) 结构单元拼装示意

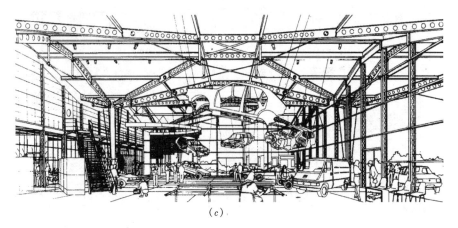

(c)

图 3-3-2-5 雷诺汽车公司在英国的中心（二）

(c) 悬索与屋面钢梁的组合

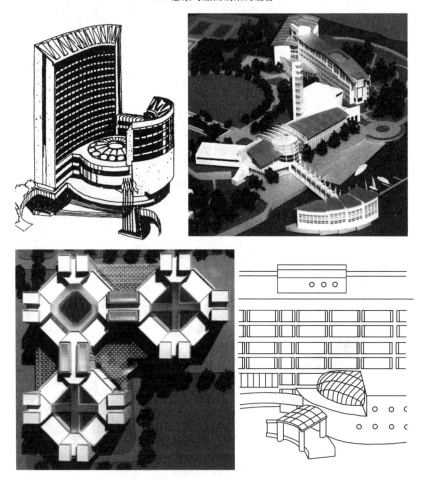

图 3-3-2-6 空间结构体系在建筑物"关节"点及顶层大空间上的应用

第4篇 建 筑 构 造

第1章 建 筑 构 造 综 述

1.1 建筑构造的研究对象

从本书的第1篇中，我们已经知道了建筑设计的研究对象是建筑空间的构成以及建筑物实体的构成。在本书第3篇中，我们又已经对构成建筑物实体的子系统之一的结构支承系统是如何适用于不同建筑类型的空间构成的需要的，作了大略的介绍和说明。在本章中，我们将就组成建筑物实体的各种构、部件，特别是作为建筑物的围护、分隔系统，它们相互间的基本构成关系和相互连接的方式以及建造实现的可能性和使用周期中的安全性、适用性，作较为详细的讨论。其中的内容涉及建筑材料、建筑物理、建筑力学、建筑结构、建筑施工以及建筑经济等多个方面，具有实践性强和综合性强的特点。

1.2 研究建筑构造的基本方法

一座建筑物建成后，会经历数十年以上甚至上百年的使用周期。因此，在对建筑物进行设计之初，不但要考虑到建造时的现实性，例如造价和施工的可能性，还应该考虑到其在长期的使用过程中，是否能够适应环境和使用要求变更的需求。如果更进一步，还应该考虑其在使用周期中对周围环境的影响，例如能耗、排放物，等等。所以在对建筑物进行设计时，必须关注到每一个细部的构造，充分考虑到各种因素的长期、综合的影响。归纳起来，可以从以下几个方面进行研究：

1.2.1 关注造成建筑物变形的因素

建筑物在建造和使用的过程中，都不可避免地发生着变形。即便肉眼看不出来，但变形却每刻都在发生，例如基础的沉降、混凝土的徐变、高层建筑在风荷载作用下的侧向位移等等。作为结构专业的人士，可能更为关注变形对结构安全性能的影响，尤其是建造在有可能发生地震的区域的建筑物，对其在震害发生时可能产生的变形及受破坏的程度，绝对不能掉以轻心。但在其他一些方面，变形因素对于建筑物有可能造成的危害，也是不容忽视的。

变形因素对建筑物可能造成的最大影响是使建筑物的某些部位出现裂缝。例如基础的不均匀沉降有可能造成建筑物墙面开裂或者装配式楼板的板缝间出现裂缝；昼夜间的温差引起的热胀冷缩所产生的温度应力有可能使建筑物屋面的防水材料发生破裂；各种相关的建设活动，像进行装修以及周边道路、建筑物的改造和建设等等，都有可能给建筑物的某些部位带来非正常使用条件下的影响。这些细小的破坏虽然不一定会影响到建筑物结构的安全性能，但却会造成建筑物外围护系统的渗漏、装饰效果的改变等不良后果。特别是渗漏，如果建筑物本身不出现裂缝的话，渗漏是不容易发生的。渗漏会使建筑物的使用质量大幅度下降。因此，在进行构造设计时，应当对建筑物进行动态的研究，关注引起建筑物变形的因素，在有可能因变形而出现构造问题的地方针对引发问题的原因采取相应的构造措施。

1.2.2   关注自然环境和人工环境的相互影响

建筑物是室内外空间的界定物，处在自然因素和人工因素的交互作用下。仅以建筑物的外墙为例，为了通风和采光，需要开门开窗。但门窗缝往往是发生渗漏的薄弱环节，而且门窗材料的热工性能往往不如墙体的其他部分，这样就需要在门窗的构造节点上进行许多加强气密性以及水密性方面的处理，还要对门窗框以及玻璃的材料材性进行有效的选择和改良。更值得注意的是，建筑物外墙的两侧在很多时候都会存在较大的温差。例如处于寒冷地区冬季室内采暖的建筑物，室内外温差可以达到几十度，这样墙身就需要进行保温处理。但保持墙体两侧的温差又意味着空气中所携带的水汽有可能因温度下降而在墙体中结露，从而引起保温材料甚至墙身的破坏。这也是外墙构造所要解决的一个重要问题。随着人类对客观环境干预的增加，在建筑物上引发的类似问题也将随之增多，应该引起相关工程技术人员的重视。而且，出于对人类生存环境可持续性发展的越来越清醒的认识，对建筑物长期的能效等方面的研究，也应在建筑物的构造方面有明确的体现。

1.2.3   关注建筑材料和施工工艺的发展

材料性能是建筑构造得以成立的基本依据，包括力学性能、机械性能以及热工性能、光学性能、防水性能、燃烧性能等其他物理特性和稳定性等方面的化学特性。这些性能决定了材料的可加工性、构件相互连接的可能性、构造节点的安全性以及耐久性等等。例如用高聚物制作的人工合成橡胶卷材，具有良好的延展性和弹性，而且耐气候性能也较好，就适用于需要较长使用保证期的一、二类建筑物的屋面防水工程。实际上，随着建材工业的不断发展，已经有越来越多的新型建筑材料不断问世，而且伴以相适应的构造节点做法和合适的施工方法。例如作为脆性材料的玻璃，经过加工工艺的改良以及采用新型高分子材料作为胶合剂做成夹层玻璃，其安全性能和力学、机械等性能都得到大幅度的提高，不但使得可使用的单块块材面积有了较大增长，而且连接工艺也大大简化。像用玻璃来做楼梯栏板的做法，过去一定要先安装金属立杆，再通过这些杆件来固定玻璃。现在则可以先安装玻璃栏板，再用玻璃栏板来固定金属扶手。因此，只有熟悉建筑材料的发展趋势，不断加强对各种建筑材料，尤其是新材料的性能和加工工艺的了解，掌握它们在长期的使用过程中有可能出现的变化，才有可能使相应的设计更趋合理。

1.3　建筑构造设计遵循的基本原则

建筑构造设计应遵循以下几项基本原则：

1. 满足建筑物的使用功能及变化的要求

满足使用者的要求，是建筑物建造的初始目的，而且由于建筑物的使用周期普遍较长，改变原设计使用功能的情况屡有发生。同时，建筑物在长期的使用过程中，还需要经常性的维修。因此，在对建筑物进行构造设计的时候，应当充分考虑这些因素并提供相应的可能性。

2. 充分发挥所用材料的各种性能

充分发挥材料的性能意味着最安全合理的结构方案、最方便易行的施工过程以及最符合经济原则的选择。在具有多种选择可能性的情况下，应该经过充分比较，进行合理选择并优化设计。

3. 注意施工的可能性和现实性

施工现场的条件及操作的可能性是建筑构造设计时必须予以充分重视的。有时有的构造节点仅仅因为设计时没有考虑留有足够的操作空间而在实施时不得不进行临时修改，费工费时，又使得原有设计不能实现。此外，为了提高建设速度，改善劳动条件，保证施工质量，在构造设计时，应尽可能创造构件工厂标准化生产以及现场机械化施工的有利条件。

4. 注意感官效果及对建筑空间构成的影响

构造设计使得建筑物的构造连接合理，同时又赋予构件以及连接节点以相应的形态。这样，在进行构造设计时，就必须兼顾其形状、尺度、质感、色彩等方面给人的感官印象以及对整个建筑物的空间构成所造成的影响。

5. 讲究经济效益和社会效益

工程建设项目是投资较大的项目，保证建设投资的合理运用是每个设计人员义不容辞的责任，在构造设计方面同样如此。其中牵涉到材料价格、加工和现场施工的进度、人员的投入、有关运输和管理等方面的相关内容。此外，选用材料和技术方案等方面的问题还涉及建筑长期的社会效益，例如安全性能和节能环保等方面的问题，在设计时应有足够的考虑。

6. 符合相关各项建筑法规和规范的要求

法规和规范的条文是不断总结实践经验的产物，带有强制性要求和示范性指导两方面的内容。而且规范会随着实际情况的改变而不断作出修改。设计人员熟知并遵守相关规范和法规的要求，是取得良好设计和施工质量的基本保证。

总之，在建筑构造设计中，全面考虑坚固适用，美观大方，技术先进，节能环保，经济合理，是最根本的原则。读者可以通过以下各章节所讨论的具体内容，加深对这些要求的了解。

1.4   建筑构造详图的表达方式

建筑构造设计通过构造详图来加以表达。构造详图通常是在建筑的平、立、剖面图上，通过引出放大或进一步剖切放大节点的方法，将细部用详图表达清楚。除了构件形状和必要的图例外，构造详图中还应该标明相关的尺寸以及所用的材料、级配、厚度和做法（图 4-1-4-1～图 4-1-4-3）。

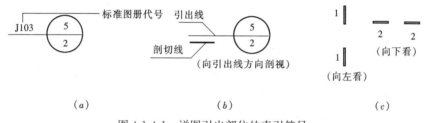

图 4-1-4-1   详图引出部位的索引符号

（a）索引标准图；（b）索引剖面详图；（c）剖面详图

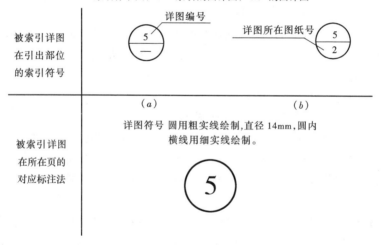

图 4-1-4-2   详图索引号的含义及对应标注方法

（a）被索引详图在本张图纸；（b）被索引详图在另张图纸

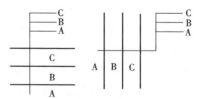

图 4-1-4-3   构造详图中构造层次与标注文字的对应关系

第2章 楼地层、屋盖及阳台、雨篷的基本构造

楼地层、屋盖、阳台、雨篷等建筑物中的水平构、部件，都属于受力系统中的第一个层次，施加在其上的活荷载及其自重都必须通过受力系统的其他层次传递到地基上去。因此这些水平构、部件的支承和被支承的情况，决定了许多垂直构件的布置。此外，这些水平构、部件大都同时又兼有围护和分隔建筑空间的作用。因此，在进行建筑平面设计的过程中，不但需要研究各种建筑空间的构成及组合，同时也要讨论其围合构件和结构支撑的布置及其构造方式对空间的功能和使用情况的影响。例如，建筑平面图上虽然不需画出楼层的结构梁、板的布置，但是墙、柱等垂直构件的布置以及门窗洞口的位置和大小都与之密切相关。本章内容将就这些相关关系以及建筑物楼地层、屋盖及阳台、雨篷的基本构造层次展开讨论。

2.1 楼地层的基本构造

2.1.1 楼层的基本构造

在有楼层的建筑物中，楼板层是沿水平方向分隔上下空间的结构构件。它除了承受并传递垂直荷载和水平荷载，应具有足够的强度和刚度外，还应具有一定的防火、隔声和防水等方面的能力。建筑物中有些固定的水平设备管线，也可能会在楼层内安装。

钢筋混凝土材料因为强度高，刚度好，既耐久，又防火，还具有良好的可塑性，且便于工业化生产和机械化施工，所以是目前我国工业与民用建筑中应用最广的楼层材料。近年来，由于我国钢材生产能力的提高以及钢结构的推广应用，出现了以压型钢板为底模的钢衬板复合楼板，在钢结构和其他类型结构形式的建筑中也得到了广泛应用。本节的主要着眼点将主要针对这二者。至于用天然木材作为结构材料的楼层，虽然具有自重轻、构造简单等优点，但其耐火和耐久性均较差，而且关系到自然资源的可持续性利用，故目前国内只少量用于三层以下的居住建筑以及低层小型公共建筑中。本节将不对其进行讨论。

1. 楼层的基本形式

根据力的传递方式，建筑物楼层的形式可以分为板式、梁板式和无梁楼盖等

几种类型。

（1）板式楼盖

当房间的尺度较小，楼板可以直接将其上面的荷载传给周围的支承构件，此时不会出现因跨度太大而导致其断面尺度太大或者结构自重太大的情况，所以在这种情况下可将楼板做成平板的式样，称为板式楼盖。有许多小开间的房间的建筑物，特别是墙承重体系的建筑物，例如住宅、旅馆等，或者其他建筑的走道、厨房、卫生间等，都适合使用板式楼盖。

板式楼盖结构层底部平整，可以得到最大的使用净高。

板式楼盖的楼板又分为单向板和双向板。如果一块楼板只有两端支承，无论如何它都属于单向板，即荷载只朝一个向度的两端传递。但如果一块楼板不止只有两端支承，它平面上两个向度之间的尺寸比例关系将决定其究竟是单向板还是双向板。如图 4-2-1-1（a）所示，板的短边尺寸 l_1 与长边尺寸 l_2 之间，当 l_2/l_1 > 2 时，在荷载作用下，板基本上只在 l_1 的方向挠曲，而在 l_2 方向的挠曲很小。这表明荷载主要沿短边的方向传递，故称单向板。这时板下只有一个向度即沿长边方向的支座是起到承重作用的。如果如图 4-2-1-1（b）所示，当 $l_2/l_1 \leqslant 2$ 时，则在荷载作用下，板的两个方向都有挠曲，是为双向板。这时板下两个向度的支座都承重。研究楼板的传力路线可以帮助在进行建筑平面设计时决定楼层支座的位置以及诸如承重墙上开门窗的位置及其大小等。

（2）梁板式楼盖

当房间的平面尺度较大，采用板式楼盖会造成单块楼板的跨度太大时，可以通过在楼板下设梁的方式，将一块板划分为若干个小块，从而减小小块板的跨

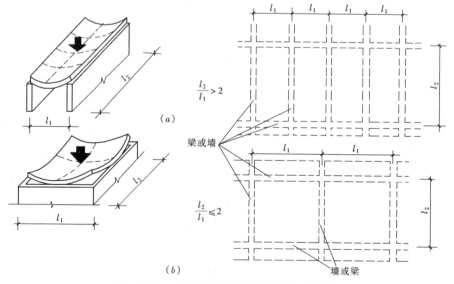

图 4-2-1-1　四面支承的楼板的荷载传递情况
（a）单向板；（b）双向板

度。这种楼盖称为梁板式楼盖。梁板式楼盖的梁可以形成主次梁的关系。当梁板式楼盖板底某一个方向的次梁平行排列成为肋状时，可称之为肋形楼盖。肋梁间距较小时则称之为密肋楼盖。梁板式楼盖板底的梁也可以两个方向交叉布置成为井格状，则可称之为井格形楼盖（图 4-2-1-2）。一般说来，布置肋形梁，可令楼层节间板成为单向板或者双向板；而布置井格梁时基本上都令小块板成为双向板。

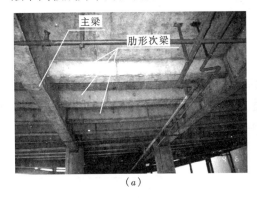
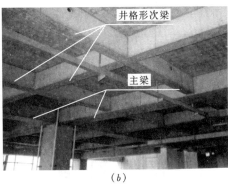

(a)　　　　　　　　　　　　　　　　　　　(b)

图 4-2-1-2　梁板式楼盖板底梁的布置

(a) 肋形梁；(b) 井格梁

　　在板底增加梁不单单具有结构方面的意义，经过对楼板的传力路线的设计，还可以重新分配传到梁上的荷载大小，从而控制其断面尺寸，这样对争取某些结构梁底的净高以及在平面上按照建筑设计的需要局部增加或者取消某些楼层的支座，都是很有用处的。图 4-2-1-3 中所示的实例，因为基地对建筑物有限高的要求，而地下车库车辆停靠及出入的需要又使得建筑结构的柱距不宜再缩小。设计人员通过增加纵向次梁，使得节间楼板成为单向板，从而减小了 8000×9000（mm）跨中原来传给纵向框架梁的荷载；在横方向，由于三层以上楼面出挑 2500mm，减小了跨中弯矩，使得整体上梁的高度得到控制，实现了在限高条件下，建筑物做到期望层数的目的。

　　（3）无梁楼盖

　　无梁楼盖形式上是以结构柱与楼板组合，取消了柱间及板底的梁。楼板可以如图 4-2-1-4 所示的那样，以大型平板通过柱帽（或无柱帽）支承在柱子上，这时周边的楼板最好均匀出挑，可使结构较为单一。图 4-2-1-5 所示的是另一种方式，即在预制柱子间将每跨一块楼板先用临时支架搁起来，待一层楼板全部就位后，在柱间的板缝中纵横铺设通长的预应力钢筋（钢丝束或钢索）并通过张拉使楼板与柱之间相互挤紧。用这种做法，结构在地震作用下会发生刚度变化，减小地震作用，而地震过后又会自动恢复原有刚性，因此抗震性能较好。此外，如本书第 3 篇中图 3-2-3-2 所示的那样采用的梭形板和接近正方形板的搭配，则梭形板相当于梭形的扁梁，其受力原理与普通梁板式楼盖并无太大的区别。

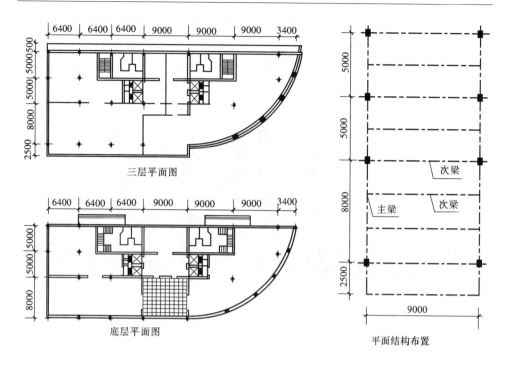

图 4-2-1-3   某建筑楼层结构梁板布置实例

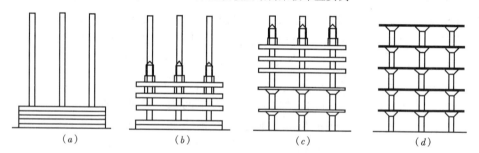

图 4-2-1-4   无梁楼盖大型预制平板整体提升安装工艺

(a) 在现场叠合浇注各层楼板并立柱；(b) 在柱上设提升设备、
楼板整体提升；(c) 楼板就位后安装柱帽；(d) 全部楼板安装完毕

2. 钢筋混凝土楼层的施工工艺及细部构造

钢筋混凝土楼层的施工工艺可以分为现浇整体式、预制装配式和装配整体式
等三种。

(1) 现浇整体式施工工艺

现浇整体式的施工工艺是指在施工现场按支模、绑扎钢筋、浇灌混凝土等顺
序将整个楼盖结构系统浇筑成型。因此其结构的整体刚度好，特别适合于那些整
体性要求较高的建筑物、有管道穿过楼板的房间以及形状不规则或房间尺度不符
合模数要求的房间中。但现浇的施工工艺由于主要工作在现场进行，湿作业，工

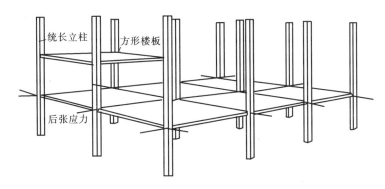

图 4-2-1-5　预应力索板无梁楼盖

序繁多，混凝土需要养护，且施工工期较长，在一些寒冷的地区难以常年施工。近年来由于工具式模板和商品混凝土的发展、现场浇筑机械化的加强，现浇的工艺不断有新的发展（图 4-2-1-6，图 4-2-1-7）。

图 4-2-1-6　大型工具模板整浇实例

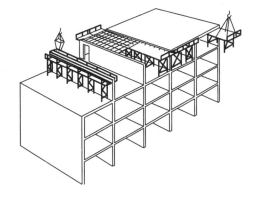

图 4-2-1-7　大型工具模板现浇工艺示意

采用现浇整体式施工工艺的楼盖，其结构梁的高度是连同板的厚度一并计算在内的。从图 4-2-1-8 中不难看出，整体现浇的楼盖，其梁与楼板的钢筋顶面高

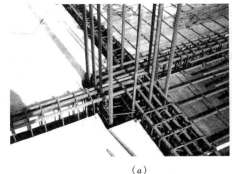

（a）

（b）

图 4-2-1-8　现浇钢筋混凝土楼层梁的高度确定
（a）绑扎钢筋时梁的顶面高出板底若干距离；（b）梁与楼板钢筋顶面高度持平

度持平，并且可以互相连通，这样不但可以减小结构的总高度，而且还可以利用梁、板间的刚性节点形成连续板或连续梁，有效地减小板或梁的跨中弯矩。

在进行建筑设计时，对建筑层高的确定确实非常重要，因为可以据此来推算建筑物的总高度和建设规模，从而按照基地状况、消防要求、投资额度等相关条件来研究其实施的可能性。但在开始时往往尚不能够进行精确的结构计算，这时就需要对整个楼层的结构高度进行相应的估算。因为楼层的结构高度，加上必须的使用净高以及楼面装饰面层的厚度和楼层底部有可能为设备和吊顶所占据的高度，就是整个楼层的层高。对于楼层结构而言，如果有梁的话，其中最长的梁的截面高度往往就是制约的主要因素。一般说来，对于现浇整体式的楼层结构，其梁板的结构高度可以作以下估算：

楼板是单向板时，板厚取板跨的 1/35（简支）；1/40（两端皆连续）；而且民用建筑楼板板厚≥70mm，工业建筑的楼板板厚≥80mm。

楼板是双向板时，板厚取双向板短跨的 1/45（四边皆简支）；1/50（四边皆连续）；而且板厚≥80mm。

无梁楼盖的楼板取其长边的 1/35，而且板厚≥150 mm。

梁的截面宽度一般为其截面高度的 1/3～1/1.5，常用宽度为 250mm 或 300mm。其截面高度估算为跨度的 1/12～1/10（单跨简支梁）；1/18～1/14（多跨连续次梁）；1/14～1/12（多跨连续主梁）。

（2）预制装配式施工工艺

预制装配式施工工艺指将楼层构件在预制加工厂或施工现场预先制作成型并达到强度后，运送到指定位置按顺序进行安装。这种施工方法，大大减少了现场湿作业的机会，提高了现场机械化施工的水平，并可使工期大为缩短。这对建筑工业化水平的提高是一大促进，而且有利于建筑产品的质量控制，唯其结构的整体性不如现场整体浇筑，因而在需要进行抗震设防的地区使用会受到限制。

使用预制装配式的施工工艺，其关键在于必须按照预制产品的设计标准和使用范围去应用，而不能够随意进行改变。因为预制产品有两大类，一类是按照国家或地方标准大量性生产的产品，其尺寸和受力状况都是预先设定的。由于有一定的生产批量，所以价格较为便宜，而且生产工艺和节点设计都较为成熟、合理，但对于建筑设计来说，从设计参数的选择到使用的可能性方面都会受到限制。另一类预制产品可以按照单个建设项目的要求个别加工。由于产品数量有限，又需单独设计加工，所以造价会相应提高。但对于受到气候条件影响不能现浇或需要严格控制产品质量标准的项目，仍然是较好的选择。此外，预制装配式的楼层还需要作好节点处理，以提高楼层的整体刚度。

常用的预制楼板构件有以下类型：

1）预制实心平板　跨度一般在 2.4m 以内，多用作过道或小开间房间的楼板，亦可用做搁板或管道盖板等。板的两端简支在墙或梁上，由于构件小，起吊机械要求不高（图 4-2-1-9）。用作楼板时，其板厚≥70mm；用作盖板等时，厚度≥50mm。板宽约为 600～900mm。

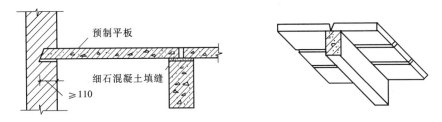

图 4-2-1-9　预制实心平板及安装示意

2）预制槽形板　它是一种梁板结合的构件，即在实心板的两侧设有纵肋，构成门字形截面。为提高板的刚度和便于搁置，常将板的两端以端肋封闭。当板跨达 6m 时，应在板的中部每隔 500～700mm 处增设横肋一道，肋高按计算决定。板跨为 3～7.2m；板宽为 600～1200mm。

槽形板承载能力较好，适应跨度较大，常用于工业建筑。

搁置时，板有正置（指肋向下）与倒置（指肋向上）两种（图 4-2-1-10）。正置板由于板底不平，用于民用建筑时往往需要做吊顶。倒置板可保证板底平整，但配筋与正置时不同。如不另作面板，则可以综合楼面装修共同考虑，例如直接在其上做架空木地板，等等。有时为考虑楼板的隔声或保温，还可在槽内填

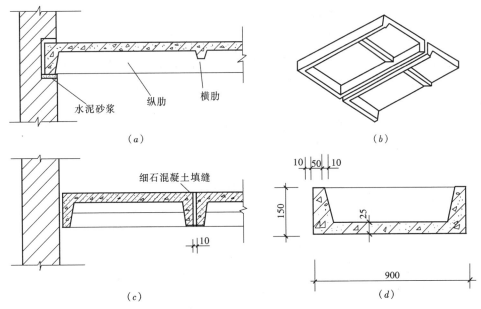

图 4-2-1-10　预制槽形板及安装示意

（a）槽形板纵剖面；（b）槽形板底面；（c）槽形板横剖面；（d）倒置槽形板横剖面

充轻质多孔材料。

3）预制空心板 它是为了减轻板的自重，在楼板高度的结构中性面略偏下处抽孔。抽孔截面形状多为圆形和椭圆形。

空心板有中型板和大型板之分，中型板非预应力的板跨约在 3.9m 及以下，预应力的可做到 4.5m，板宽 500～1500mm，常见的是 600～1200mm，板厚 120mm，多用于民用建筑。大型空心板板跨为 4～7.2m，板宽为 1200～1500mm，板厚 180～240mm，可以用于公共建筑及轻型的工业建筑，但其承载能力远不如槽形板（图 4-2-1-11）。

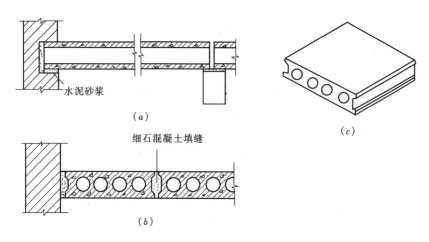

图 4-2-1-11 预制空心板及安装示意
（a）纵剖面；（b）横剖面；（c）剖面形式

预制空心板是按照均布荷载设计的，而且只有在板的底部沿长方向有冷拔钢丝作为受力钢筋，因此预制空心板决不能三面搁置，在跨中也不能承受较大的集中荷载。

空心板在安装时支承端的两端孔内常用专制的填块、碎砖块或砂浆块填塞，以免灌缝时混凝土自行进入孔内，影响施工。

在使用预制板作为楼层结构构件时，为了减小结构的高度，必要时可以把结构梁的截面做花篮梁或者十字梁的形式，但要注意除去花篮梁和十字梁两侧的支承部分后，梁的有效宽度和高度不能够小于原来的形状。图 4-2-1-12 以花篮梁为例说明这一问题。

此外，为了提高预制装配楼板的整体性，防止房屋在使用过程中因结构变形而出现板缝开裂以及在有震灾的情况下发生楼板脱落，相关规范规定，当圈梁不做在楼板高度时，预制板在外墙上的搁置宽度不应小于 120mm，在内墙上的搁置宽度不应小于 100mm，在梁上的搁置宽度不应小于 80mm。而且，在楼板与墙体之间以及楼板与楼板之间，需要进行板缝处理，例如用锚固钢筋予以锚固。

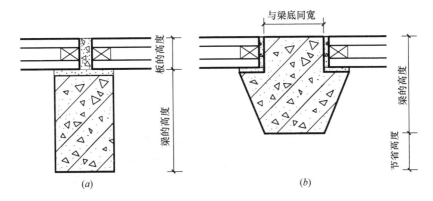

图 4-2-1-12　用花篮梁减小结构高度示意

(a) 板搁在矩形梁上；(b) 板搁在花篮梁上

锚固筋又称拉结钢筋。图 4-2-1-13 提供各种锚固钢筋的配置方法，配置后浇入楼面整筑层内。

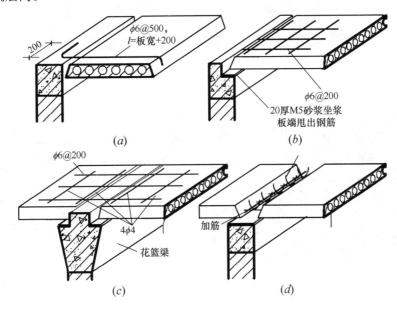

图 4-2-1-13　各种锚固钢筋的配置方法

(a) 板侧锚固；(b) 板端锚固；(c) 花篮梁上锚固；(d) 甩出筋锚固

(3) 装配整体式施工工艺

装配整体式施工工艺指将楼层中的部分构件经工厂预制后到现场安装，再经整体浇筑其余部分后使整个楼层连接成整体。其结构整体刚度优于预制装配式的，而且预制部分构件安装后可以方便施工，特别是其中叠合楼板的下层部分可以同时充当其上层整浇部分的永久性底模，施工时可以承受施工荷载，完成后又不需拆除，可以大大加速施工进度。

1）预制薄板叠合楼板 它是用普通钢筋混凝土薄板或预应力混凝土薄板作为底板，在上面再叠合现浇钢筋混凝土层（图 4-2-1-14）。钢筋混凝土的梁柱也可以同为装配构件。特别是预制钢筋混凝土梁上部可少浇部分混凝土，露出部分钢筋（图 4-2-1-15），以便在现场与楼板上层现浇叠合层连通，更好地增强其结构整体性。

图 4-2-1-14 预制薄板叠合楼板

(a)　　　　　　　　　　　　(b)

图 4-2-1-15 钢筋混凝土叠合梁预留钢筋与叠合层连通
(a) 预制装钢筋混凝土叠合梁；(b) 预留筋内插入钢筋后整浇

叠合楼板跨度一般为 4～6m，最大可达 9m，以 5.4m 以内较为经济。预应力薄板厚 50～70mm，板宽 1.1～1.8m。为了保证预制薄板与叠合层有较好的连接，薄板上表面需作处理，常见的有两种：一是在上表面作刻槽处理；另一种是在薄板上表面露出较规则的三角形状的结合钢筋。

现浇叠合层采用 C20 级的混凝土，厚度一般为 70～120mm。叠合楼板的总厚取决于板的跨度，一般为 150～250mm。楼板厚度以大于或等于薄板厚度的两倍为宜。

2）压型钢板组合楼板　它是用压型薄钢板作底板，再与混凝土整浇层浇筑在一起。压型钢板本身截面经压制成凹凸状，有一定的刚度，可以作为施工时的底模。经过构造处理，可使上部现浇的混凝土和下部的钢衬板共同受力，即混凝土承受剪力和压应力，而钢衬板则承受下部的拉弯应力。这样，压型钢板组合楼板受正弯矩的部分可不需再放置或绑扎受力钢筋，仅需部分构造钢筋即可。不过，底部钢板外露，需作防火处理。

压型钢板组合楼板的钢板有单层和双层之分，如图 4-2-1-16、图 4-2-1-17 所示。

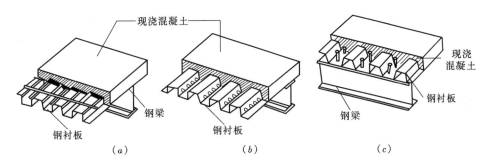

图 4-2-1-16　单层压型钢衬板叠合楼板

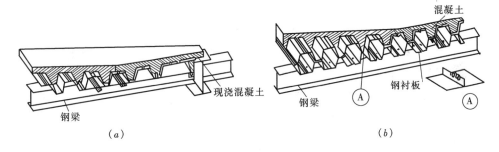

图 4-2-1-17　双层压型钢衬板叠合楼板
（a）楔形板与平板组成的孔格式组合楼板；（b）双楔形板组成的孔格式组合楼板

为了保证压型钢板与其上部的混凝土之间有足够的粘结力，从上面的图中还可以看出在压型钢板面上往往会留有小的破口（也叫做暗销）（图 4-2-1-18），或者利用焊上去的构造钢筋使上下叠合层连接牢固。

由于截面形状的原因，压型钢板只能够承受一个方向的弯矩，因此，压型钢板组合楼板只能够用作单向板。组合楼板的跨度为 1.5～4.0m，其经济跨度为 2.0～3.0m 之间。如果建筑空间较大，需要增加梁以满足板跨的要求。压型钢板与其下部梁的连接方法以及分段钢板之间的连接可参照图 4-2-1-19。

图 4-2-1-18　压型钢板实例

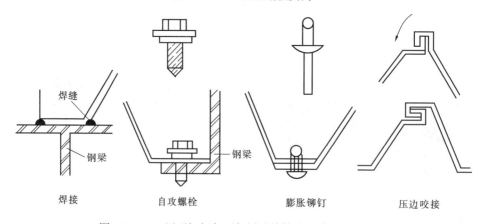

焊接　　　　　自攻螺栓　　　　　膨胀铆钉　　　　　压边咬接

图 4-2-1-19　压型钢板与下部梁连接构造及分段间的咬合

2.1.2　地层的基本构造

建筑物的地层构造可以分为实铺地面和架空地面两种。

实铺地面是指将开挖基础时挖去的土回填到指定标高，并且分层夯实后，在上面铺碎石或三合土，然后再满铺素混凝土结构层（图 4-2-1-20）。建筑室内地面混凝土一般不用配筋，除非有重型设备或有行车的特殊需要。

架空地面是指用预制板将底层室内地层架空，使地层以下的回填土同地层结构之间保留一定的距离，相互不接触；同时利用建筑的室内外高差，在接近室外地面的墙上留出通风洞，使得土中的潮气不容易像实铺地面那样可以直接对建筑底层地面造成影响（图 4-2-1-21）。

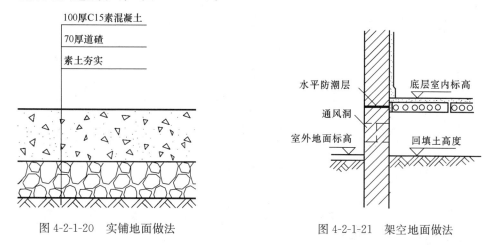

图 4-2-1-20　实铺地面做法　　　　　　　　　图 4-2-1-21　架空地面做法

　　不过相关的规范规定，建筑物底层下部有管道通过的区域，不得做架空板，而必须做实铺地面。

2.2　屋盖系统的基本构造

　　建筑物屋盖系统由于支承结构和构造方式的不同，形成了各异的形态（图 4-2-2-1）。通常可以大致分为坡屋顶、平屋顶以及曲面屋顶等几种形式。本节的

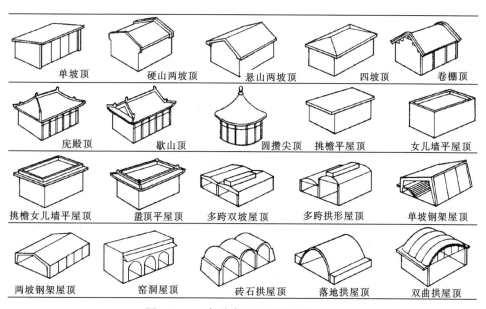

图 4-2-2-1　各种类型屋顶的形态（一）

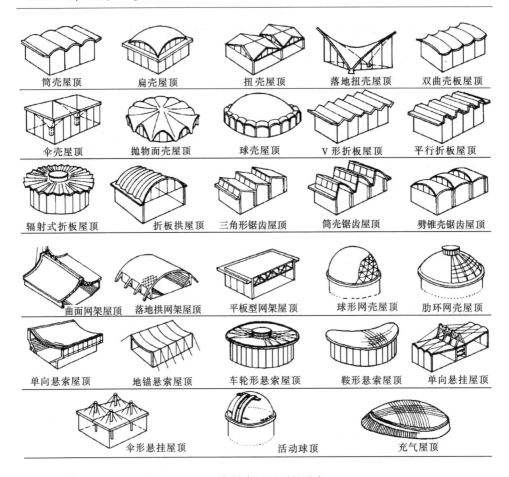

筒壳屋顶	扁壳屋顶	扭壳屋顶	落地扭壳屋顶	双曲壳板屋顶
伞壳屋顶	抛物面壳屋顶	球壳屋顶	V 形折板屋顶	平行折板屋顶
辐射式折板屋顶	折板拱屋顶	三角形锯齿屋顶	筒壳锯齿屋顶	劈锥壳锯齿屋顶
曲面网架屋顶	落地拱网架屋顶	平板型网架屋顶	球形网壳屋顶	肋环网壳屋顶
单向悬索屋顶	地锚悬索屋顶	车轮形悬索屋顶	鞍形悬索屋顶	单向悬挂屋顶
伞形悬挂屋顶	活动球顶	充气屋顶

图 4-2-2-1   各种类型屋顶的形态（二）

内容将主要介绍属于平面结构的坡屋顶和平屋顶的基本构成，以及属于空间结构的曲面屋顶的外维护部分的主要做法。

2.2.1　坡屋顶的基本构造

建筑物的屋顶为了排水的需要，通常都会具有一定的坡度。当屋面坡度超过1/10 时，称为坡屋顶。坡屋顶的坡度通常用其矢高与半个跨度的比来标注。

1. 坡屋顶坡度的形成及屋面支承系统

坡屋顶的坡度是由结构构件的形状或者其支承情况形成的，又可以称之为结构找坡。例如图 4-2-2-2 所示的梁架支承的形式，就是我国传统的坡屋顶的结构形式。其中沿建筑物进深方向的柱和梁穿插形成梁架，梁架之间用搁置的木梁来托起屋面。这个层次搁置的梁又叫檩条或桁条。檩条上面可以直接搁置屋面板，也可以再增加一个垂直于檩条的次梁系统，称之为椽子，用来减小屋面板的跨度，或者说是可以拉大檩条的间距。

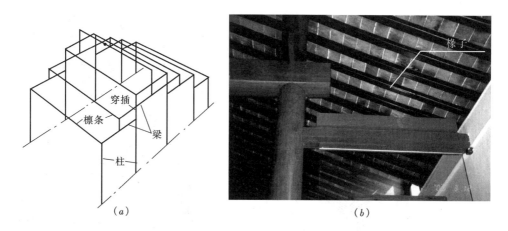

图 4-2-2-2　传统的梁架支承系统的坡屋顶

(a) 梁架支承系统的坡屋顶结构构成示意；(b) 梁架系统坡屋顶实例

　　除了梁架系统之外，把墙承重建筑物的墙体在顶端做成山尖状（称之为"山墙"），或利用屋架、斜梁等，都可以用来形成屋面坡度，并支承诸如檩条、椽子等各层次的屋面梁（图 4-2-2-3～图 4-2-2-5）。为了防止倾斜并加强屋架的稳定性，常在屋架之间设置支撑，常用的支撑为在每两榀屋架间架设一道剪刀撑。

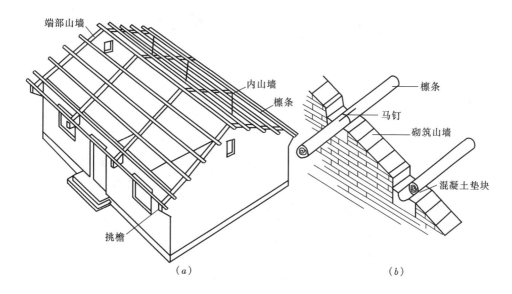

图 4-2-2-3　山墙找坡示意

(a) 山墙支檩屋顶；(b) 檩条在山墙上的搁置形式

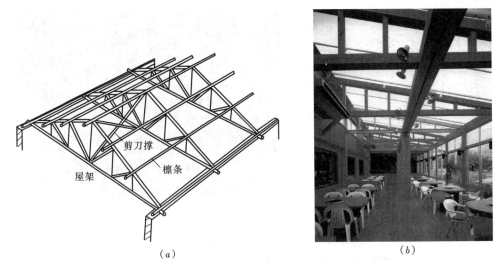

图 4-2-2-4　屋架找坡示意

(a) 利用屋架搁置檩条；(b) 层架找坡实例

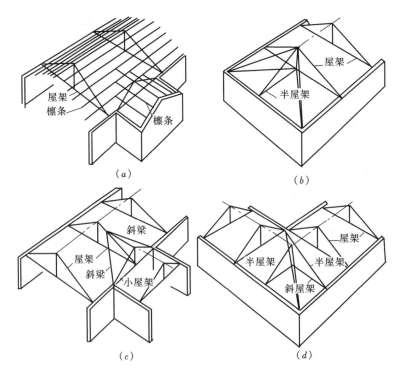

图 4-2-2-5　屋面交接处屋架斜梁结构布置（一）

(a) 房屋、垂直相交；檩条搁檩条；(b) 房屋垂直相交斜梁搁在屋架上；

(c) 四坡顶端部，半屋架搁在全屋架上；(d) 房屋转角处，半屋架搁在全屋架上；

(e)　　　　　　　　　　　　　　　(f)

图 4-2-2-5　屋面交接处屋架斜梁结构布置（二）

(e) 钢屋架支承坡屋顶实例；(f) 屋架结构细部

按照习惯，通常把上述用檩条或檩上架椽支撑屋面的体系叫做檩式系统。对木质构件来说，不用椽子时，檩条间距约为 700～900mm；檩条上架设椽子时，檩条间距可适当放大至 1000～1500mm。如果使用的是钢筋混凝土屋架，常配以矩形、L 形和 T 形等截面的预制钢筋混凝土檩条，为了在檩条上钉屋面板，常在上面设置木条，木条断面呈梯形。对于钢屋架，则多采用轻钢檩条，形式为冷轧薄壁型钢或是小型角钢与钢筋焊接的平面或空间的桁架式檩条。

此外，还有一种椽式系统是将两根呈人字形的椽子和一道横木（或拉杆）组成一个椽架。可以将椽架看成是折线形的肋梁（图 4-2-2-6、图 4-2-2-7）。椽架跨度小的可直接支承在外墙上，跨度大的可再增加支座为适应木屋面板的跨度，其间距一般为 400～1200mm。

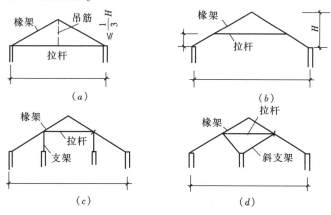

图 4-2-2-6　椽架找坡示意

(a) 三角形椽架；(b) 高拉杆椽架；(c) 支架支承椽架；(d) 斜支架支承椽架

由不同的屋顶结构构件出挑，可以使坡屋顶檐口伸出墙面，减少雨水对外墙的侵害（图 4-2-2-8）。

图 4-2-2-7　橡架支承屋面的建筑实例

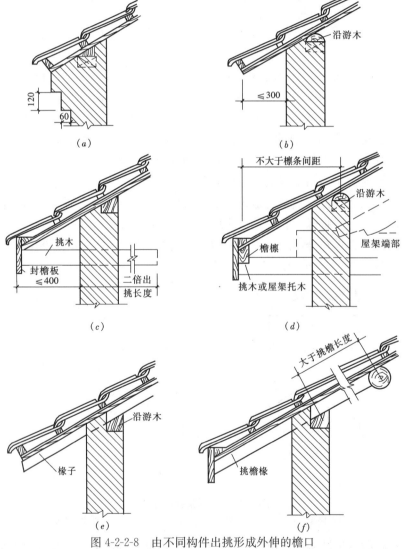

图 4-2-2-8　由不同构件出挑形成外伸的檐口

(a) 砖挑檐；(b) 屋面板挑檐；(c) 挑檐木挑檐；(d) 挑檩檐口；(e) 挑椽檐口；

(f) 檩式屋顶加挑椽檐口

　　上述以梁架、山墙、屋架等支承坡屋顶的采用的都是构件装配式的施工工艺，在现阶段，现浇钢筋混凝土在建筑物的建造过程中也得到了广泛的应用，因此，在这种情况下，坡屋顶还可以采用类似现浇整体式钢筋混凝土楼板的做法，由斜梁或局部砌筑的山墙来支承屋面板。

　　2. 坡屋顶屋面围护结构的做法

　　由于坡屋顶有较大的坡度，上面一般情况下除施工及维修外，极少经常上人。因此，坡屋顶的屋面板主要承担围护作用。其构造主要有以下两种形式：一是采用不透水或是具有构造自防水功能的成品构件，直接安装在屋面结构支承构件上面形成屋面；二是先铺设各类板材或者以现浇钢筋混凝土的方式形成屋面基层后，再在其上面做防水及隔热、保温等相关构造层次。

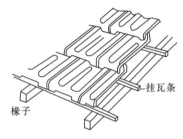

图 4-2-2-9　冷摊瓦屋面构成示意

　　（1）不需基层，直接铺设自防水构件的做法

　　这种情况较早发生在坡屋面用瓦片来作为防水构件时，因为瓦片的防水性能具有久经考验的可靠性，所以屋面可以不必铺设屋面板来作为屋面基层（图 4-2-2-9），又被叫做冷摊瓦，构造做法是在椽子上钉挂瓦条后直接挂瓦。但如果建筑物属于内部高大空旷且通风条件良好的话，屋面瓦片有可能在负风压的情况下被吹走，而且屋顶热工性能较差。

　　除了普通的屋面瓦，不需基层可以直接铺设在坡屋顶上的屋面材料还有各类波形瓦、小型钢筋混凝土异型屋面板、压制成型的金属板、复合金属夹层板、玻璃、人造高分子透光材料等（图 4-2-2-10～图 4-2-2-14）。其中常用波形瓦有纤维水

图 4-2-2-10　压型薄钢板波瓦屋面实例

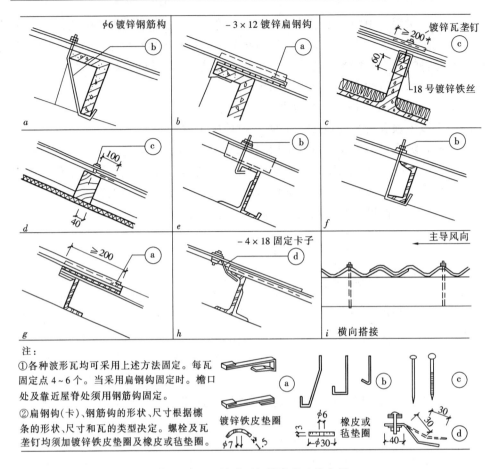

图 4-2-2-11　波形瓦与檩条的连接大样

泥波瓦、镀锌铁皮波瓦、铝合金波瓦、玻璃钢波瓦以及压型薄钢板波瓦等。其平面尺寸各有自己的规格，一般宽度为 600～1000mm，长度为 1800～2800mm，厚度较薄。上下左右需有一定的搭接，由于每张瓦的覆盖面积大，屋面坡度可比瓦屋面小些，一般常用坡度为 1/4～1/2.5 之间。其他的材料则应根据制造方所提供的说明合理使用。不过，不经过其他的处理，这些顶盖的热工性能也都不够理想。

（2）预设屋面基层的做法

预设屋面基层的做法是先在坡屋面的结构支承构件上面铺设各类板材，例如天然木板、人造叠合层板、各种天然材料纤维或碎片的胶合板、加气混凝土板、大型钢筋混凝土预制屋面板等，先完成对建筑物顶部空间的封闭，而后再进行相关的防水、热工方面的处理。至于现浇钢筋混凝土的屋面板，虽然和其他屋面支承构件浇筑为整体，不像装配的屋面板材一样有许多板缝，但在昼夜温差以及结构变形的作用下，仍有可能出现裂缝，而且热工性能也达不到要求，因而表面仍然需要进行防水和热工方面的处理（图 4-2-2-15～图 4-2-2-17）。

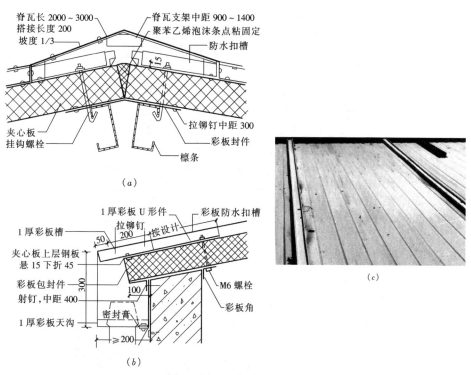

图 4-2-2-12　夹心钢板瓦屋面

（a）夹心钢板瓦屋面屋脊处节点；（b）夹心钢板瓦屋面檐口处节点；（c）夹心钢板瓦屋面实例

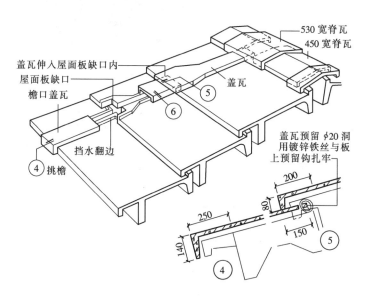

图 4-2-2-13　小型钢筋混凝土异型屋面板

图 4-2-2-14　玻璃顶坡屋面建筑实例

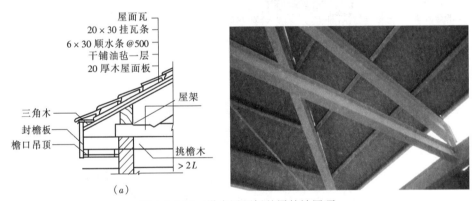

图 4-2-2-15　设木屋面板基层的坡屋顶

（a）设木屋面板基层的坡屋顶；（b）设木屋面板基层的坡屋顶实例

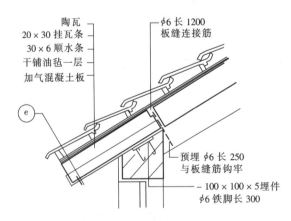

图 4-2-2-16　设加气混凝土板基层的坡屋顶

图 4-2-2-17　屋面板为现浇钢筋混凝土的坡屋面

2.2.2　平屋顶的基本构造

平屋顶多采用钢筋混凝土结构，其构造与楼面基本相同。只是出于抗震的要求，顶盖应具备比楼板更好的结构刚度，因此多采用整体浇筑的方式。有些平顶有采光的要求，可以采取特殊的构造做法。此外，作为外围护结构。屋面板还应具有良好的防水与热工性能。有关内容将在以后的章节中仔细论述。

2.2.3　空间结构曲面屋顶的基本构造

空间结构的曲面屋顶，大多可以分解为近似平面的小局部。除了钢筋混凝土的薄壳以及膜结构的屋顶，本身已经形成覆盖的面以外，其余的曲面屋顶多以杆件构成空间结构的形式，再在上面覆盖轻型面材。例如图 4-2-2-18 所示的屋面，就是在钢构架的结构杆件上布置薄腹型钢的檩条，而后覆盖压型钢板。

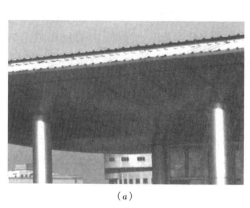

（a）

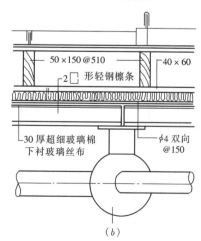

（b）

图 4-2-2-18　大跨空间结构曲面屋顶面层做法

（a）大跨空间结构曲面屋顶实例；（b）大跨空间结构曲面屋顶面层做法举例

2.3   阳台、雨篷等部件的基本构造

阳台是有楼层的建筑物中，人可以直接到达的向室外开敞的平台。按阳台与外墙的相对位置关系，可分为挑阳台、凹阳台和半挑半凹阳台等几种形式。

雨篷是建筑物入口处位于外门上部用以遮挡雨水、保护外门免受雨水侵害的水平构件。与其作用相近似的部件还有遮阳。遮阳多设置在外窗的外部或有采光顶的部位，用来遮挡直射阳光。遮阳的主体部分可以水平布置，也可以垂直布置。有一些遮阳板可以成角度旋转，以针对一天中不同时段或是四季阳光不同的入射角。

除了全部作退台处理的阳台及本身具有落地的垂直支撑的阳台外，其他的阳台、雨篷、遮阳等都是出挑的构件。其结构形式分两大类，一类是悬挑的，一类是悬挂的。

2.3.1   悬挑的阳台、雨篷、遮阳的基本构造

阳台、雨篷、遮阳等作悬挑处理时，其与建筑物主体相连的部分必须为刚性连接。对于钢筋混凝土的构件而言，如果出挑长度不大，大约在 1.0m 以下时，可以考虑作挑板处理；而当出挑长度较大时，则一般需要先有悬臂梁，再由其来支承板。

图 4-2-3-1 和图 4-2-3-2 分别介绍了几种常用的钢筋混凝土阳台和雨篷的出挑方式。对于结构专业的学生，着眼点可以主要放在悬挑构件出挑的可能性与建筑物主体的建筑以及结构布置的关联性上。例如图 4-2-3-1（a）中所示的阳台，其悬臂梁由房间两侧的墙体中伸出，因而阳台的宽度起码应当与两边墙体的外侧等宽。在结构高度方面，因为悬臂梁的端部应当有封头梁连接以增加结构刚度，因而从立面上看，阳台的最下部的标高应当是封头梁的底标高；而且根据相关规定，凌空的阳台外沿板面上方应当有 100mm 高的遮挡，所以图中的封头梁上方还有一小段实体的突起物。又例如该图中（c）所示的阳台，悬臂板的弯矩由洞口上方的梁承担，而其上方的梁伸入两侧墙体的长度应符合抗震规范的要求，所以这类阳台的最小宽度也是有据可依的。此外，诸如图 4-2-3-2（a）中所示的门过梁与悬挑雨篷的相对高低位置关系，看上去可能会给结构配筋带来些许不便，但对于防水构造有着较大的意义，而且还为在雨篷下安装灯具后不影响外门朝外开启提供了可能性。像这样的做法，在实际工程中需要各个工种的设计人员密切配合，才可能做到较为完美。

图 4-2-3-3 和图 4-2-3-4 是两则悬挑阳台和雨篷的实例。其中雨篷的做法是将挑梁上翻，雨篷板卷起与封头梁连成一体，使得整个雨篷从下部看起来非常轻

巧，是较好的处理方法。图 4-2-3-5 则是一例用悬挑钢构架支撑成组的可变动角度的遮阳板的实例。

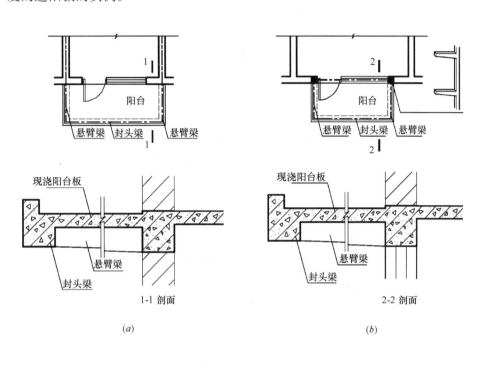

1-1 剖面

(a)

2-2 剖面

(b)

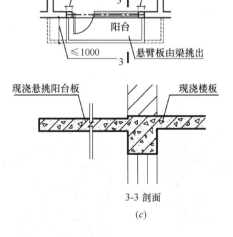

3-3 剖面

(c)

图 4-2-3-1　现浇悬挑阳台的构造方式

(a) 用梁出挑；(b) 用柱挑梁；(c) 挑板

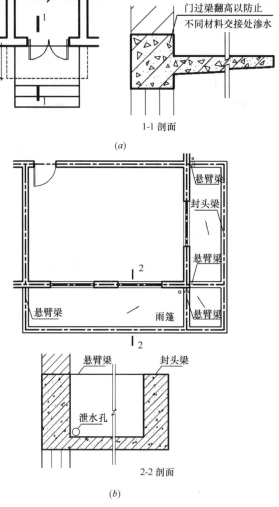

图 4-2-3-2   悬挑雨篷的构造方式

（a）挑板雨篷；（b）挑梁雨篷

图 4-2-3-3   挑板阳台实例

图 4-2-3-4   挑梁雨篷实例

图 4-2-3-5　悬挑钢构架支撑可变角度遮阳

2.3.2　悬挂的阳台、雨篷、遮阳的基本构造

悬挂的阳台、雨篷、遮阳等采用的是装配的构件，尤其是采用钢构件。因为钢受拉的性能好，构造形式多样，而且可以通过工厂加工做成轻型构件，有利于减少出挑构件的自重，又容易同其他不同材料制作的构件组合，达到美观的效果，近年来应用有所增加。其同主体结构连接的节点往往为铰接，尤其是吊杆的两端。因为纤细的吊杆一般只设计为承受拉应力，如果节点为刚性连接，在有负压时就有可能变成压杆，那样就需要较大的杆件截面，否则将会失稳。图 4-2-3-6 和图 4-2-3-7 是两则悬挂雨篷的实例。如果比较图 4-2-3-8 和图 4-2-3-9 的出挑构件的构成，可以很容易发现前者是由悬挑的梁和下部的斜撑支承的，而后者则是由斜拉筋悬挂的。

图 4-2-3-6　某建筑进口处雨篷

图 4-2-3-7 某地下通道入口处雨篷

图 4-2-3-8 某悬挑亲水平台实例

图 4-2-3-9 某悬挂阳台及雨篷实例

第3章 墙体的基本构造

3.1 墙 体 概 述

3.1.1 建筑物墙体分类

建筑物的墙体依其在房屋中所处位置的不同，有内墙和外墙之分。凡位于建筑物周边的墙称外墙，凡位于建筑内部的墙称内墙。从对于建筑空间围合的作用来说，外墙属于房屋的外围护结构，起着界定室内外空间，并且遮风、挡雨、保温、隔热，保护室内空间环境良好的作用；内墙则用来分隔建筑物的内部空间。其中，凡沿建筑物短轴方向布置的墙称横墙，横墙外墙可以通称为山墙，而不论建筑物是否采用坡屋顶；凡沿建筑物长轴方向布置的墙称纵墙，纵墙有内纵墙与外纵墙之分。在一片墙上，窗与窗或门与窗之间的墙称为窗间墙；窗洞下部的墙称为窗下墙或窗肚墙。

从结构受力的情况来看，墙体又有承重墙和非承重墙之分。在一幢建筑物中，墙体是否承重，应按其结构的支承体系而定。例如在骨架承重体系的建筑物中，墙体完全不承重，而在墙承重体系的建筑物中，墙体又可分为承重墙和非承重墙。其中，非承重墙包括隔墙、填充墙和幕墙。隔墙的主要作用是分隔建筑的内部空间，其自重由属于建筑物结构支承系统中的相关构件承担。填充在骨架承重体系建筑柱子之间的墙称为填充墙，填充墙可以分别是内墙或外墙，而且同一建筑物中可以根据需要用不同材料来做填充墙。幕墙一般是指悬挂于建筑物外部骨架外或楼板间的轻质外墙。处于建筑物外围护系统位置上的填充墙和幕墙还要承受风荷载和地震荷载。

根据墙体建造材料的不同，墙体还可分为砖墙、石墙、土墙、砌块墙、混凝土墙以及其他用轻质材料制作的墙体。其中黏土砖虽然是我国传统的墙体材料，但它越来越受到材源的限制，我国有很多地方已经限制在建筑中使用砖，目前实行的是"大城市禁黏、中小城市限实"的政策。石材和生土往往只是作为地方材料在产地使用，价格虽低但加工不便。砌块墙是砖墙的良好替代品，由多种轻质材料和水泥等制成，例如蒸压灰砂砖、蒸压粉煤灰砖、加气混凝土砌块等。混凝土墙则可以现浇或预制，在多、高层建筑中应用较多。鉴于预制装配式的钢筋混凝土大墙板承重体系的工艺现在并不经常使用，而现浇工艺所涉及的主要是结构方面的问题，因此本章节所讨论的内容将主要着眼于用中小型块材、轻质材料制作的墙体的基本构造以及常用外墙挂板和幕墙的构造原理，其中也包括一部分钢筋混凝土的墙板。

3.1.2   墙体设计要求

在进行墙体设计时，应该依照其所处位置和功能的不同，分别满足以下的要求：

（1）具有足够的强度和稳定性，其中包括合适的材料性能、适当的截面形状和厚度以及连接的可靠性；

（2）具有必要的保温、隔热等方面的性能；

（3）选用的材料及截面厚度，都应符合防火规范中相应燃烧性能和耐火极限所规定的要求；

（4）满足隔声的要求；

（5）满足防潮、防水以及经济等方面的要求。

3.2   砌体墙的基本构造

3.2.1   常用砌体材料及规格

砌体墙所用材料主要分为块材和粘结材料两部分。砌筑用的块材多为刚性材料，即其力学性能中抗压强度较高，但抗弯、抗剪较差，这样的材料有普通黏土砖、石材、各类不配筋的水泥砌块等。当砌体墙在建筑物中作为承重墙时，整个墙体的抗压强度主要由砌筑块材的强度决定，而不是由粘结材料的强度决定的。砌筑块材的强度等级表示如下：

黏土砖：MU30、MU25、MU20、MU15、MU10、MU7.5；

石　材：MU100、MU80、MU60、MU50、MU40、MU30、MU20、MU15、MU10；

水泥砌块：MU15、MU10、MU7.5、MU5、MU3.5。

常用砌筑块材的规格为：

标准机制黏土砖：其实际尺寸为 240mm（长）×115mm（宽）×53mm（厚）；在工程中，通常以其构造尺寸为设计依据，即与砌筑砂浆的厚度加在一起综合考虑。以 10mm 为一道灰缝估算的话，墙身尺寸的比值关系"砖厚加灰缝/砖宽加灰缝/砖长"之间就形成了 1∶2∶4 的比值。所以我们通常认为一皮砖的厚度是 60mm；一砖墙的厚度是 240mm；半砖墙的厚度是 120mm，3/4 砖墙的厚度是 180mm（承重砖墙的厚度不得小于 180mm）。但在砖的砌筑长度方面两块砖之间还要加上一道灰缝，所以一砖半是 370mm，两砖是 490mm，其余依此类推（图 4-3-2-1）。了解这种规律有利于在设计时选择合适的墙体尺寸，尤其是长度较小的墙段的几何尺寸，尽量避免施工时剁砖。

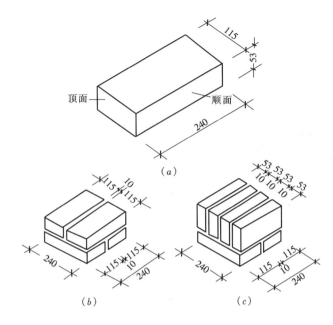

图 4-3-2-1 标准机制砖的尺寸

(a) 标准砖;(b) 砖的组合;(c) 砖的组合

承重多孔砖:其实际尺寸为 240mm(长) ×115mm(宽) ×90mm(厚)及 190mm(长) ×190mm(宽) ×90mm(厚)等;

水泥砌块:各地规格不统一,其中混凝土小型空心砌块的常见尺寸为 190mm×190mm×390mm,辅助块尺寸为 90mm×190mm×190mm 和 190mm× 190mm×90mm 等;粉煤灰硅酸盐中型砌块的常见尺寸为 240mm×380mm× 880mm 和 240mm×430mm×850mm 等。蒸压加气混凝土砌块则长度多为 600mm,其中 a 系列宽度为 75mm、100mm、125mm 和 150mm,厚度为 200mm、250mm 和 300mm;b 系列宽度为 60mm、120mm、180mm 等,厚度为 240mm 和 300mm。

图 4-3-2-2 标准机制砖及承重多孔砖

图 4-3-2-3 粉煤灰硅酸盐中型砌块

图 4-3-2-2～图 4-3-2-4 是各种常用的砌筑块材。

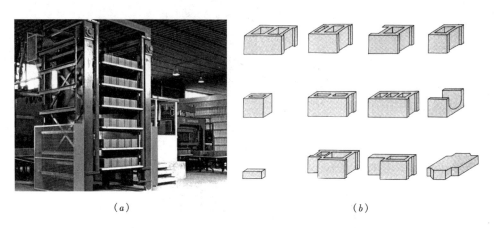

(a)　　　　　　　　　　　　　　(b)

图 4-3-2-4　混凝土空心小砌块

(a) 混凝土空心小砌块在工厂的生产；(b) 各种规格的混凝土小型砌块

常用粘结材料的主要成分是水泥、黄砂以及石灰膏。可以按照需要选择不同的材料配合以及材料级配（即重量比）。其中采用水泥和黄砂配合的叫做水泥砂浆，其常用级配（水泥：黄砂）为 1：2、1：3 等；在水泥砂浆中加入石灰膏就成为混合砂浆，其常用级配（水泥：石灰：黄砂）为 1：1：6、1：1：4 等。水泥砂浆的强度要高于混合砂浆，但其和易性（即保持合适的流动性、黏聚性和保水性，以达到易于施工操作，并成型密实、质量均匀的性能）不如混合砂浆。砂浆的强度等级分为：M0.4、M1.0、M2.5、M5.0、M7.5、M10、M15 等 7 个等级。

抗震规范规定：砌体结构材料，烧结普通砖和多孔砖的强度等级不应低于MU10，其砌筑砂浆的强度等级不应低于 M5；混凝土小型砌块的强度等级不应低于 MU7.5，其砌筑砂浆的强度等级不应低于 M7.5。

3.2.2　砌体墙的砌筑方式

砌体墙作为承重墙，按照有关规定，在底层室内地面±0.000 以下应用水泥砂浆砌筑，因为水泥砂浆的强度高，而且防水性能好。而在±0.00 以上则应该用混合砂浆砌筑，因为混合砂浆的强度虽不如水泥砂浆，但在施工过程中，如果材料不能按照必须的条件结硬，就有可能达不到预期的强度。水泥砂浆是水硬性的材料，在施工过程中所含的水分很容易因为砖石或砌块的吸水率较高而丢失，因而不能在正常条件下结硬；混合砂浆是气硬性的材料，和易性又较好，相比较容易达到所需的强度。虽然砌体墙的强度主要是由砌块的强度决定的，但砂浆是砌体墙中的薄弱环节，在地震等灾害发生的条件下，砌体墙最先开裂的部分就是灰缝。在正常使用情况下，建筑结构的细小变形或者建筑物的热胀冷缩也可能造成墙体错动，这时灰缝处也容易出现裂缝，造成渗漏。所以相关规范还限定了用水泥砂浆砌筑的墙体每天的砌筑高度，都是为了安全和达到良好围护效果的原因。

　　正因为砌筑砂浆是砌体墙中的薄弱环节，所以砌块在砌筑时必须做到错缝搭接，避免通缝，横平竖直，砂浆饱满。无论砌块材料是砖、石，还是砌块，都应遵循这一原则。

　　图 4-3-2-5 是普通黏土砖的组砌方法。习惯上将砖的侧边叫做"顺"，而将其顶端叫做"丁"。中国历史上有"秦砖汉瓦"的说法，关于砖墙的砌筑方法不胜枚举，可以作为一种参考。即使完全取消砖块的使用后，有时用仿砖的饰面砖来做装修时，这种肌理也还是有用的。对照图 4-3-2-6 中（a）的砖砌墙和（b）的仿砖砌的钢筋混凝土外墙板的表面肌理，足见一斑。

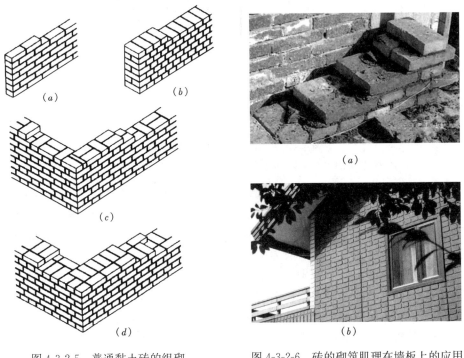

图 4-3-2-5　普通黏土砖的组砌　　　　　　　图 4-3-2-6　砖的砌筑肌理在墙板上的应用
　（a）全顺砌法；（b）全丁砌法；　　　　　（a）普通黏土砖的砌筑过程实例；（b）仿砖的
　（c）丁、顺夹砌；（d）一顺一丁　　　　　　　　　　钢筋混凝土外墙板表面肌理

　　对于空心水泥砌块来说，要做到灰缝砂浆饱满并不容易。因为除去孔洞外，砌块两侧的壁厚通常只有各 30mm 左右，而且砌筑时上一皮砌块的重量往往容易将砂浆挤入孔洞内。所以，用砂浆来粘结的空心砌块砌体墙的灰缝较容易开裂。其实，空心砌块的最适宜的用途是做配筋砌体。即在错缝后上下仍保持对齐的孔洞中插入钢筋，同时在每皮或隔皮砌块间的灰缝中置入钢筋网片，每砌筑若

干皮砌块后就在所有孔洞中灌入细石混凝土。这样，空心砌块可以被认为同时充当了混凝土的模板。像这样的配筋砌体墙虽不及现浇的钢混凝土剪力墙的水平抗剪能力，但整体刚度大大优于普通的砌体墙，可以使砌体墙承重的建筑物的高度得到较大的提升（图 4-3-2-7）。

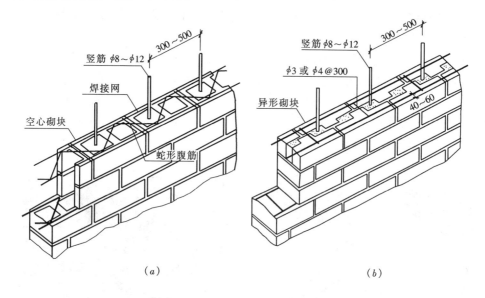

竖筋 $\phi 8 \sim \phi 12$

焊接网

空心砌块

蛇形腹筋

300~500

竖筋 $\phi 8 \sim \phi 12$

$\phi 3$ 或 $\phi 4@300$

异形砌块

40~60

300~500

（a）   （b）

图 4-3-2-7   用空心砌块做配筋砌体
（a）在空心砌块孔洞及皮间布筋；（b）在异形砌块围合成的孔洞及皮间布筋

有一些水泥砌块的体积远较砖块为大，故墙体接缝更显得重要。在中型砌块的两端一般设有封闭式的灌浆槽，在砌筑、安装时，必须使竖缝填灌密实，水平缝砌筑饱满，使上、下、左、右砌块能更好地连接；一般砌块需采用 M5 级砂浆砌筑，水平灰缝、垂直灰缝一般为 15～20mm。当垂直灰缝大于 30mm 时，须用 C20 细石混凝土灌实。中型砌块上下皮的搭缝长度不得小于 150mm。当搭缝长度不足时，应在水平灰缝内增设钢筋网片，如图 4-3-2-8 所示。

为了减少施工过程中砌筑砂浆中水分过早的丢失，通常需要提前将砌筑块材进行浇水处理，待其表面略干后，再行砌筑。在炎热的气候条件下，还要对砂浆尚未结硬的墙体采取洒水等养护措施。

3.2.3   砌体墙承重的混合结构建筑的抗震措施

从本书第 3 篇第 1 章中已可得知，混合结构是以砌体墙作为竖向承重分体系，来支承由其他材料（例如钢筋混凝土、钢-混凝土组合材料或木构件等）构成的屋盖系统或楼面及屋盖系统的一种常用的结构形式。根据本章节的陈述，又可以得知砌体墙的砌筑块材应以抗压强度为其基本力学特征，而且砌筑砂浆是砌体墙中的薄弱环节。那么，在这样的建筑物中，一旦有地震灾害发生，墙体在地

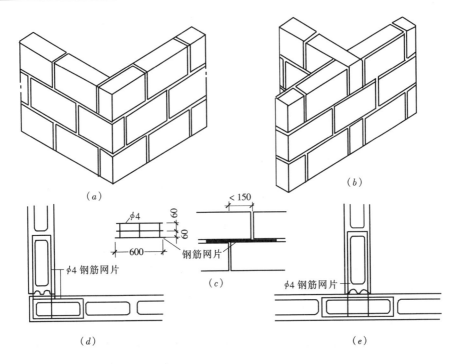

图 4-3-2-8　砌块墙体砌块搭接处钢筋网片的设置方法

(*a*) 砌块墙转角轴测；(*b*) 砌块墙内外墙相交处轴测；(*c*) 从立面看网片放置位置；

(*d*) 转角处网片放置位置；(*e*) 墙体交叉处网片放置位置

震波引起的水平分力作用下将不得不受剪、受弯，建筑结构将受到极大的威胁，而这正是最容易造成砌体墙开裂甚至倒塌的原因。如果建筑物的竖向承重分体系因此而遭到破坏，整栋建筑物就将面临彻底毁坏的命运，这是最不希望出现的情况。因此，针对砌体墙的受力特征，以砌体墙为垂直承重构件的混合结构建筑应当采取限高以及设置圈梁、构造柱等抗震措施。

1. 墙承重的混合结构建筑的高度限定

抗震规范规定了砌体墙承重的混合结构建筑的总高度，这样地震发生时建筑物的摆幅不至于过大，墙体不容易因错动开裂而倒塌，一般情况下也就不用再考虑水平风荷载的影响。表 4-3-2-1 是不同抗震设防烈度下房屋的层数和总高度限值（摘自《建筑抗震设计规范》GB 50011—2010）。此外，规范还规定了多层砌体承重房屋的层高不应超过 3.6m，底部框架-抗震墙砌体房屋的底部，层高不应超过 4.5m 等。

2. 圈梁和构造柱的设置

在砌体墙的墙身中自下而上地与墙体同步施工、设置钢筋混凝土的圈梁和构造柱，使其互相连通，在墙体中形成一个内骨架，从而加强建筑物的整体刚度，是混合结构建筑墙体主要的抗震措施。

房屋的层数和总高度限值（m）　　　　　　　表 4-3-2-1

房屋类型		最小抗震墙厚度（mm）	烈度和设计基本地震加速度										
			6		7				8				9	
			0.05g		0.10g		0.15g		0.20g		0.30g		0.40g	
			高度	层数	高度	层数	高度	层数	高度	层数	高度	层数	高度	层数
多层砌体房屋	普通砖	240	21	7	21	7	21	7	18	6	15	5	12	4
	多孔砖	240	21	7	21	7	18	6	18	6	15	5	9	3
	多孔砖	190	21	7	18	6	15	5	15	5	12	4	—	—
	小砌块	190	21	7	21	7	18	6	18	6	15	5	9	3
底部框架-抗震墙房屋	普通砖、多孔砖	240	22	7	22	7	19	6	16	5	—	—	—	—
	多孔砖	190	22	7	19	6	16	5	13	4	—	—	—	—
	小砌块	190	22	7	22	7	19	6	16	5	—	—	—	—

注：1. 房屋的总高度指室外地面到主要屋面板板顶或檐口的高度，半地下室从地下室室内地面算起，全地下室和嵌固条件好的半地下室应允许从室外地面算起；对带阁楼的坡屋面应算到山尖墙的 1/2 高度处；

2. 室内外高差大于 0.6m 时，房屋总高度应允许比表中的数据适当增加，但增加量应少于 1.0m；

3. 乙类的多层砌体房屋仍按本地区设防烈度查表，其层数应减少一层且总高度应降低 3m；不应采用底部框架-抗震墙砌体房屋；

4. 本表小砌块砌体房屋不包括配筋混凝土小型空心砌块砌体房屋。

圈梁是沿着建筑物的全部外墙和部分内墙设置的连续封闭的梁。设置部位在建筑物的屋盖及楼盖处。表 4-3-2-2 按照不同的抗震设防等级给出了圈梁的设置部位和间距（来源同上表），如在该表所要求的间距内无横墙时，应利用梁或板缝中配筋来替代圈梁。

多层砖砌体房屋现浇钢筋混凝土圈梁设置要求　　　　表 4-3-2-2

墙　类	烈　　　度		
	6、7	8	9
外墙和内纵墙	屋盖处及每层楼盖处	屋盖处及每层楼盖处	屋盖处及每层楼盖处
内横墙	同上；屋盖处间距不应大于 4.5m；楼盖处间距不应大于 7.2m；构造柱对应部位	同上；各层所有横墙，且间距不应大于 4.5m；构造柱对应部位	同上；各层所有横墙

混合结构建筑墙体中的圈梁不同于骨架体系的梁那样先于填充墙完成，作为受弯构件承担楼面传来的荷载，圈梁是等墙体砌筑到适当高度时才连同构造柱一起整浇的。大部分圈梁都直接"卧"在墙体上，是墙体的一部分，与墙体共同承重。因此圈梁只需构造配筋，只有当门窗洞口等上部直接顶足圈梁，或圈梁局部

下面有走道等时，才需进行结构方面的计算和补强。

钢筋混凝土圈梁必须全部现浇而且全部闭合，并最好能够在同一高度上闭合。当遇到门、窗洞口致使圈梁不能在同一高度闭合时，可以通过构造柱使得各段圈梁的钢筋连通。

圈梁的高度一般不小于 120mm，在不利地基条件下要求增设的基础圈梁高度不小于 180mm。构造配筋在 6、7 度抗震设防时为 4φ10；8 度设防时为 4φ12；9 度设防时为 4φ14。箍筋一般采用 φ4～φ6，按 6、7 度，8 度，9 度设防其间距分别为 250mm、200mm 和 150mm。

构造柱一般设在建筑物易于发生变形的部位，如房屋的四角、内外墙交接处、楼梯间、电梯间、有错层的部位以及某些较长的墙体中部。构造柱必须与圈梁及墙体紧密连接。表 4-3-2-3 是一般情况下多层砖砌体房屋构造柱的设置要求（来源同上表）。

多层砖砌体房屋构造柱的设置要求　　　　　表 4-3-2-3

房屋层数				设置部位	
6 度	7 度	8 度	9 度		
四、五	三、四	二、三		楼、电梯间四角、楼梯斜梯段上下端对应的墙体处；	隔 12m 或单元横墙与外纵墙交接处；楼梯间对应的另一侧内横墙与外纵墙交接处
六	五	四	二	外墙四角和对应转角；错层部位横墙与外纵墙交接处；较大洞口两侧	隔开间横墙（轴线）与外墙交接处；山墙与内纵墙交接处
七	≥六	≥五	≥三		内墙（轴线）与外墙交接处；内横墙的局部较小墙垛处；内纵墙与横墙（轴线）交接处

注：较大洞口，内墙指不小于 2.1m 的洞口；外墙在内外墙交接处已设置构造柱时应允许适当放宽，但洞侧墙体应加强。

构造柱不单独承重，因此可不单独设置基础，但应伸入室外地面下 500mm，或与埋深小于 500mm 的基础圈梁相连。在施工时必须先砌墙，墙体砌成马牙槎的形式，从下部开始先退后进，用相邻的墙体作为一部分模板。构造柱最小截面可采用 180mm×240mm（墙厚 190mm 时为 180mm×190mm），纵向钢筋宜采用 4φ12，箍筋间距不宜大于 250mm，且在柱上下端应适当加密；6、7 度时超过六层、8 度时超过五层和 9 度时，构造柱纵向钢筋宜采用 4φ14，箍筋间距不应大于 200mm；房屋四角的构造柱应适当加大截面及配筋。在构造柱与墙之间沿墙高每隔 500mm 应设 2φ6 水平钢筋和 φ4 分布短筋平面内点焊组成的拉结网片或 φ4 点焊钢筋网片，每边伸入墙内不宜小于 1m，如图 4-3-2-9 所示。6、7 度时底部 1/3 楼层，8 度时底部 1/2 楼层，9 度时全部楼层，上述拉结钢筋网片应沿墙体水平通长设置。

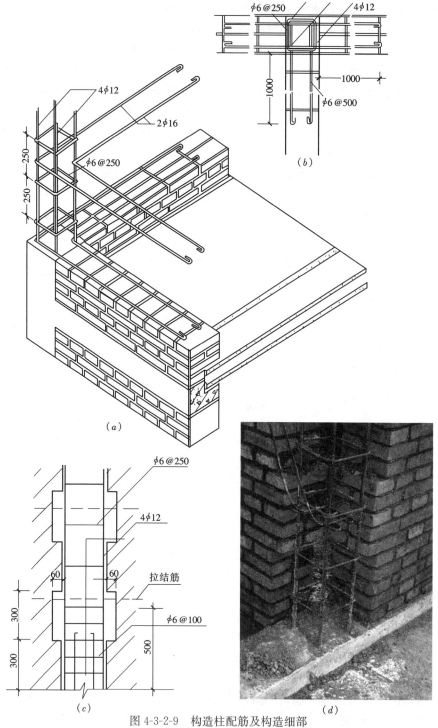

图 4-3-2-9   构造柱配筋及构造细部

(a) 外墙转角处；(b) 内外墙交接处；(c) 构造柱局部纵剖面；(d) 某砖砌体建筑构造柱实例

如果砌体采用空心砌块，即便墙体不是配筋砌体，也应该在对应砖墙设构造柱的位置将若干相邻的砌块的孔洞作为配筋的芯柱来处理（图 4-3-2-10），用以代替构造柱。表 4-3-2-4 是一般情况下多层小砌块房屋芯柱设置要求（来源同上表）。混凝土空心小砌块的芯柱最小截面不小于 120mm×120mm。插筋不应小于 1φ12，6、7 度时超过五层、8 度时超过四层和 9 度时，插筋不应小于 1φ14。混凝土一般可随着墙体的上升按照规定可以留施工缝的距离分段浇筑，但必须和砖砌墙体一样，在应当设置圈梁的部位与圈梁浇筑为整体（图 4-3-2-11），其他构造措施亦可参照砖砌墙体的构造柱执行。

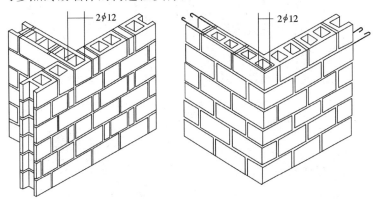

图 4-3-2-10　空心砌块利用孔洞配筋成为芯柱

多层小砌块房屋芯柱设置要求　　　　　　　　　　　表 **4-3-2-4**

房屋层数				设置部位	设置数量
6 度	7 度	8 度	9 度		
四、五	三、四	二、三		外墙转角，楼、电梯间四角、楼梯斜梯段上下端对应的墙体处； 大房间内外墙交接处； 错层部位横墙与外纵墙交接处； 隔 12m 或单元横墙与外纵墙交接处	外墙转角，灌实 3 个孔； 内外墙交接处，灌实 4 个孔； 楼梯斜梯段上下端对应的墙体处，灌实 2 个孔
六	五	四		同上； 隔开间横墙（轴线）与外纵墙交接处	
七	六	五	二	同上 各内墙（轴线）与外纵墙交接处； 内纵墙与横墙（轴线）交接处和洞口两侧	外墙转角，灌实 5 个孔； 内外墙交接处，灌实 4 个孔； 内墙交接处，灌实 2 个孔； 洞口两侧各灌实 1 个孔
	七	≥六	≥三	同上； 横墙内芯柱间距不大于 2m	外墙转角，灌实 7 个孔； 内外墙交接处，灌实 5 个孔； 内墙交接处，灌实 4～5 个孔； 洞口两侧各灌实 1 个孔

注：外墙转角、内外墙交接处、楼电梯间四角等部位，应允许采用钢筋混凝土构造柱替代部分芯柱。

(a)

(b)

图 4-3-2-11　圈梁构造柱施工过程

(a) 构造柱钢筋应与圈梁钢筋连通，整体现浇；(b) 拆模后的圈梁与构造柱

　　无论是砖墙还是砌块墙，其构造柱、芯柱、圈梁及其他各类构件的混凝土强度均不应低于 C20。

3.2.4　砌体墙的其他构造

1. 作为填充墙的砌体墙构造

　　当砌体墙作为填充墙使用时，其构造要点主要体现在墙体与周边构件的拉结、合适的高厚比、其自重的支承以及避免成为承重的构件。其中前两点涉及墙身的稳定性，后两点涉及结构的安全性。

　　高厚比是牵涉砌体墙稳定性的重要因素。高大的填充墙虽然有可能通过增加厚度来达到稳定的目的，但这样势必会增加填充墙的自重。需要时可以采取构造

方法来解决。钢筋混凝土结构中的砌体填充
墙应沿框架柱全高每隔 500mm～600mm 设
2φ6 拉筋，以便在砌筑填充墙时将拉结钢筋
砌入墙体的水平灰缝内（图 4-3-2-12）。拉筋
伸入墙内的长度，6、7 度时宜沿墙全长贯
通，8、9 度时应全长贯通。当墙长大于 5m
时，墙顶与梁宜有拉结；当墙长超过 8m 或
层高的 2 倍时，宜设置钢筋混凝土构造柱；
墙高超过 4m 时，墙体半高宜设置与柱连接
且沿墙全长贯通的钢筋混凝土水平系梁。水
平系梁一般为 60mm 厚的配筋细石混凝土，
内置 2φ6 的通长钢筋。

图 4-3-2-12　结构柱上预留拉结钢筋

　　在多层砌体结构中，后砌的非承重隔墙
应沿墙高每隔 500～600mm 配置 2φ6 拉结钢
筋与承重墙或柱拉结，每边伸入墙内不应少于 500mm；8 度和 9 度时，长度大
于 5m 的后砌隔墙，墙顶尚应与楼板或梁拉结，独立墙肢端部及大门洞边宜设钢
筋混凝土构造柱。

　　图 4-3-2-13 所示的砌体填充墙中，灰缝中设置了通长的拉结筋，并且在填充
墙中设置了构造柱，拉结筋穿过构造柱，与其形成良好的整体。图 4-3-2-14 所示
的砌体填充墙中设置了水平系梁，而且在较大洞口边设置了构造柱。

图 4-3-2-13　砌体填充墙灰缝中设拉结筋
与构造柱拉通

图 4-3-2-14　砌体填充墙中设水平系梁
并在较大洞口边设置构造柱

　　砌体墙所用的砌筑块材的重量一般都较大，在骨架承重体系建筑物中添加填
充墙或是在混合结构体系建筑物中添加隔墙，都应当考虑其下部的构件是否能够
支承其自重。例如楼板如果是采用的预制钢筋混凝土多孔板，则原来在工厂预制

时是按照板面均布荷载来设计的，在跨中不允许有较大的集中荷载。那么，楼层的某些位置就不能够添加像这样自重较大的填充墙或是重隔墙。

此外，为了保证填充墙上部结构的荷载不直接传到该墙体上，即保证其不承重，当墙体砌筑到顶端时，应该像图 4-3-2-14 中所示的那样，将顶层的一皮砖斜砌。

2. 砌体墙的洞口处理

1）砌体墙留洞口的限制

砌体墙上通常必须按需要留出门窗洞口。对于某一道承重墙来说，洞口的水平截面面积不应超过墙体水平截面面积的 50%。同时，开洞后窗间墙和转角墙的宽度都应当符合建筑物所在地区的相关抗震规范。例如，7 度设防时窗间墙宽度不得小于 1000mm，等等（可参照表 4-3-2-5）。

房屋的局部尺寸限值（m）   表 4-3-2-5

部位	6 度	7 度	8 度	9 度
承重窗间墙最小宽度	1.0	1.0	1.2	1.5
承重外墙尽端至门窗洞边的最小距离	1.0	1.0	1.2	1.5
非承重外墙尽端至门窗洞边的最小距离	1.0	1.0	1.0	1.0
内墙阳角至门窗洞边的最小距离	1.0	1.0	1.5	2.0

注：局部尺寸不足时，应采取局部加强措施弥补，且最小宽度不宜小于 1/4 层高和表列数据的 80%。

2）洞口上方过梁的构造

为了支承洞口上部砌体所传来的各种荷载，并将这些荷载传给窗间墙，常在门、窗洞孔上设置横梁，该梁称过梁。一般说，由于砌筑块材之间错缝搭接，过梁上墙体的重量并不全部压在过梁上，仅有部分墙体重量传给过梁，即图 4-3-2-15 中三角形部分的荷载。只有当过梁的有效范围内出现集中荷载时，才另行考虑。

过梁的形式较多，但常见的有砖拱（平拱、弧拱和半圆拱）、钢筋砖过梁和钢筋混凝土过梁等，如图 4-3-2-16 所示。

其中砖拱是最为传统的做法，其跨度最大可达 1.2m。钢筋砖过梁跨度可以到达 2m 以内，做法是在洞口上方第一皮砖和第二皮砖之间或第一皮砖下按每一砖厚的墙配 2～3 根 $\phi6$ 钢筋，同时在相当于 1/5 洞口宽的高度（一般为 5～7 皮砖）范围内用 M5 级水泥砂浆砌砖。但是，在需要抗震设防的地区，门窗洞处不应采用砖过梁。

钢筋混凝土过梁一般不受跨度的限制，并可用于需要抗震设防的地区。其宽度与墙厚相同，高度应与所用的砌筑块材有一定的相关关系，否则影响整个墙面的继续砌筑。例如位于普通砖墙的门窗洞口上方的过梁，其常用的高度为60mm、120mm、180mm、240mm 等。过梁在洞口两端的搁置长度也应该作同

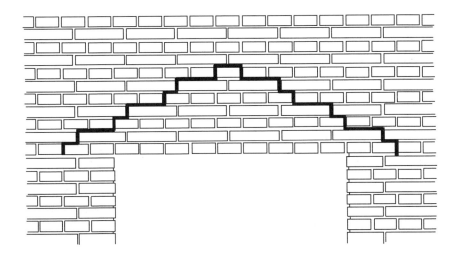

图 4-3-2-15　墙体洞口上方荷载的传递情况

图 4-3-2-16　墙体洞品上方各种过梁的形式

（a）砖砌圆拱过梁；（b）砖砌平拱过梁；（c）钢筋砖过梁；（d）钢筋混凝土过梁

样的考虑。例如在普通砖墙上，过梁的支承长度，在 6～8 度设防时不应小于 240mm，9 度时不应小于 360mm。

3）洞口下方窗台的构造

当室外雨水沿窗扇下淌时，为避免雨水聚积窗下并侵入墙身且沿窗下槛向室内渗透，可于窗下靠室外一侧设置泄水构件——窗台。窗台须向外形成一定坡度，以利排水。

窗台有悬挑窗台和不悬挑窗台两种。悬挑窗台可以用改变墙体砌体的砌筑方式的方法，使其局部倾斜并突出墙面。例如砖砌体采用顶砌一皮砖的方法，悬挑 60mm，外部用水泥砂浆抹灰，并于外沿下部粉出滴水设置窗台。做滴水的目的在于引导上部雨水沿着所设置的槽口聚集而下落，以防雨水影响窗下墙体，如图 4-3-2-17 所示。此外还有预制的窗台构件，是预先设计并在工厂成型的，可结合双层外墙板安装。

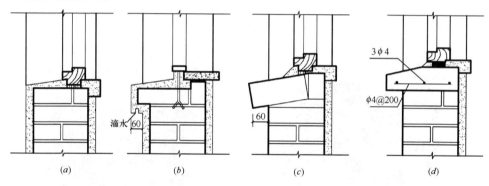

图 4-3-2-17   砖墙窗台构造
(a) 不悬挑窗台；(b) 粉滴水的悬挑窗台；(c) 侧砌砖窗台；(d) 预制钢筋混凝土窗台

从实践中发现，悬挑窗台不论是否作了滴水处理，对不少采用抹灰的墙面，往往绝大多数窗台下部墙面都出现脏水流淌的痕迹，影响立面美观。为此，不少的建筑取消了悬挑窗台，代之以不悬挑的仅在上表面抹水泥砂浆斜面的窗台。由于窗台不悬挑，一旦窗上水下淌时，便沿墙面流下，而流到窗下墙上的脏迹，大多借窗上不断流下的雨水冲洗干净，反而不易留下污渍。

3. 砌体墙勒脚部分的防潮处理

勒脚是墙身接近室外地面的部分。一般情况下，其高度为室内地坪与室外地面的高差部分。有的工程将勒脚高度提高到底层室内踢脚线或窗台的高度。

勒脚所处的位置使它容易受到外界的碰撞和雨、雪的侵蚀。同时，地表水和地下水所形成的地潮还会因毛细作用而沿墙身不断上升（图 4-3-2-18），既容易造成对勒脚部位的侵蚀和破坏，又容易致使底层室内墙面的底部发生抹灰粉化、脱落，装饰层表面生霉等现象，影响人体健康。在寒冷地区，冬季潮湿的墙体部分还可能产生冻融破坏的后果。因此，在构造上须对勒脚部分采取相应的防护措施。

1）勒脚处外墙面处理

对勒脚处的外墙面应该用强度较高、防水性能较好的材料进行保护。例如用 25mm 厚 1∶2 的水泥砂浆进行粉刷，或用石板作为贴面材料进行保护。我国江南一些水乡临水的建筑物，往往直接用天然石块来砌筑基础以上直到勒脚高度部分的墙体。

2）勒脚处防潮层的设置

为杜绝地下潮气对墙身的影响，砌体墙应该在勒脚处设置防潮层。按照建筑物不同的情况，可单设水平防潮层或者同时设置水平和垂直两种防潮层。

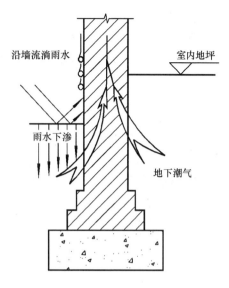

图 4-3-2-18　砌体墙勒脚部分易受潮

水平防潮层设在建筑物内外墙体沿地层结构部分的高度。如果建筑物底层室内采用实铺地面的做法，水平防潮层一般设在地面素混凝土结构层的厚度范围之内。工程中常令其设于−0.06m 处（图 4-3-2-19a）。如果底层用预制板作架空处理，则可以在预制板底统设地梁，以兼作为水平防潮层用（图 4-3-2-19b）。

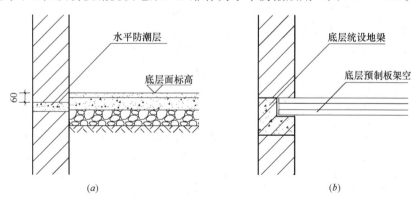

图 4-3-2-19　水平防潮层的设置部位

（a）水平防潮层设在地面结构层的厚度范围之内；（b）底层架空处理时可统设地梁兼作水平防潮层

根据材料的不同，水平防潮层一般分为油毡防潮层、防水砂浆防潮层和配筋细石混凝土防潮层等，如图 4-3-2-20 所示。但其中油毡防潮层因降低了上下砖砌体之间的粘结力，即降低了砖砌体的整体性，对抗震不利，而且其使用寿命一般也只有 10 年左右，目前已很少使用。

砂浆防潮层是在需要设置防潮层的位置做 20～25mm 厚 1∶2 的防水砂浆。

防水砂浆是在水泥砂浆中，加入水泥量的 3％～5％ 的防水剂配制而成的。防水砂浆防潮层适用于一般的砖砌体中，但由于砂浆易开裂，故不适用于地基会产生微小变形的建筑中。为了提高防潮层的抗裂性能，常采用 60mm 厚的配筋细石混凝土作为水平防潮层。由于它抗裂性能好，且能与砌体结合为一体，故适用于整体刚度要求较高的建筑中。

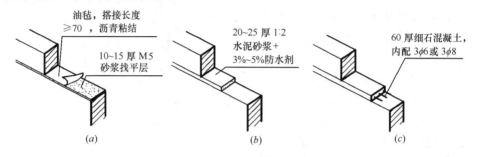

图 4-3-2-20　水平防潮层构造

(*a*) 油毡防潮层；(*b*) 防水砂浆防潮层；(*c*) 细石混凝土防潮层

在有些情况下，建筑物室内地坪会出现高差或室内地坪低于室外地面的标高，这时不仅要求按地坪高差的不同在墙身与之相适应的部位设两道水平防潮层，而且还应该对有高差部分的垂直墙面采取垂直防潮措施，以避免有高差部位填土中的潮气侵入低地坪部分的墙身（图 4-3-2-21）。垂直防潮层的做法是在墙体迎向潮气的一面做 20～25mm 厚 1：2 的防水砂浆，或者用 15mm 厚 1：3 的水泥砂浆找平后，再涂防水涂膜 2～3 道或贴高分子防水卷材一道。

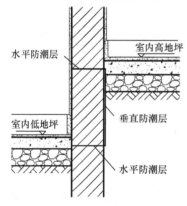

图 4-3-2-21　垂直防潮层设置部位

3）散水和明沟的设置

为保护墙基不受雨水的侵蚀，常在外墙四周将地面做成向外倾斜的坡面，以便将屋面雨水排至远处，这一坡面称散水或护坡。还可以在外墙四周做明沟，将通过水落管流下的屋面雨水等有组织地导向地下排水集并（又称集水口），而流入下水道。一般雨水较多的地区多做明沟，干燥的地区多做散水。散水所用材料与明沟相同，散水坡度约 5％，宽一般为 600～1000mm。散水和明沟的构造可参照图 4-3-2-22 的做法。其中散水和明沟都是在外墙面的面装修完成后再做的。散水、明沟与建筑物主体之间应当留有缝隙，用油膏嵌缝。因为建筑物在使用过程中会发生沉降，散水、明沟与主体建筑之间如果用普通粉刷，砂浆很容易被拉裂，雨水就会顺缝而下。图 4-3-2-23 是建筑物外墙转角处散水、明沟实例。

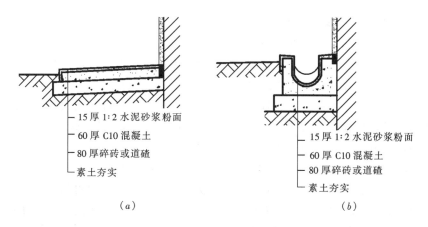

图 4-3-2-22　散水、明沟构造做法

(a) 散水构造做法；(b) 明沟构造做法

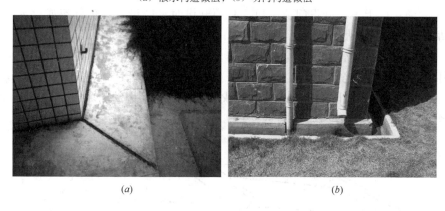

图 4-3-2-23　散水、明沟实例

(a) 散水实例一则；(b) 明沟实例一则

4. 防火墙构造

为减少火灾的发生或防止其蔓延、扩大，在建筑设计时需要对建筑物进行防火分区。防火分区由防火墙、耐火楼板以及其他防火分隔设施分隔而成，能在一定时间内防止火灾向同一建筑的其余部分蔓延。

砌体材料的防火性能较好，普通黏土砖墙、加气混凝土砌块墙、轻质混凝土砌块墙等均为不燃烧体，其中普通黏土砖墙作为承重墙达到 180mm 的厚度或者作为非承重墙只要达到 120mm 的厚度；轻质混凝土砌块墙作为承重墙达到 240mm 的厚度或者作为非承重墙只要达到 100mm 的厚度，其耐火极限均可达到或超过 3.00h，均能满足不同耐火等级建筑防火墙的燃烧性能和耐火极限的要求，而且材料来源及施工均较为方便，因此，在结构承重允许的条件下，应用较为广泛，但在墙体构造上，尚需注意防火墙的一些特殊构造要求。主要应采取的措施如下：

1）防火墙应直接设置在建筑的基础或框架、梁等承重结构上，并从楼地面基层隔断至梁、楼板或屋面板底面基层。

2）当高层厂房和高层仓库屋顶承重结构和屋面板的耐火极限低于1.00h，其他建筑屋顶承重结构和屋面板的耐火极限低于0.50h时，防火墙应高出屋面0.5m以上。当建筑外墙为难燃烧体时，防火墙应凸出墙的外表面0.4m以上，且防火墙两侧的外墙应为宽度均不小于2.0m的不燃烧体，其耐火极限不应低于该外墙的耐火极限。以上内容如图4-3-2-24所示。

3）紧靠防火墙两侧的门、窗洞口之间最近边缘的水平距离不应小于2.0m（装有固定窗扇的乙级防火窗或火灾时可自动关闭的乙级防火窗时除外）。

4）建筑内的防火墙不宜设置在转角处。如设置在转角附近，内转角两侧墙上的门、窗洞口之间最近边缘的水平距离不应小于4.0m（采取设置不可开启或火灾时可自动关闭的乙级防火窗等防止火灾水平蔓延的措施时，该距离可不限）。

5）防火墙上不应开设门窗洞口，必须开设时，应设置不可开启或火灾时能自动关闭的甲级防火门窗。

6）可燃气体等管道严禁穿过防火墙。其他管道必须穿过时，应采用防火封堵材料将墙与管道之间的空隙紧密填实。当管道为难燃及可燃材质时，应在防火墙两侧的管道上采取防火措施。穿过防火墙处的管道保温材料，也应采用不燃烧材料。

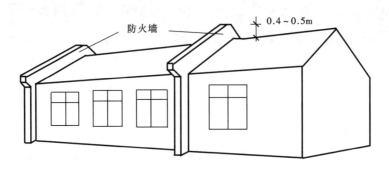

图4-3-2-24　防火墙出屋面及外墙面构造

3.3　轻质内隔墙、隔断的基本构造

轻质内隔墙选用自重较小的材料制作，其被支承的问题较易解决，但务必不能够做为承重墙使用。其主要的构造问题是与周边构件的连接问题、墙体的稳定性问题、防火等安全性能的问题以及进行进一步装饰的可能性问题。其中一部分可移动的隔墙，需要同时考虑其移动时的方便以及临时固定时的稳定性。此外还

有一部分不完全隔断空间的隔墙，又被称作隔断，例如漏空的花格、活动的屏风等等，主要起到局部遮挡视线或组织交通路线等作用。按照轻质隔墙、隔断构成方式的不同，可大致分为立筋类、条板类以及可活动类等几种。

3.3.1　立　筋　类　隔　墙

立筋类隔墙的面板本身不具有足够的刚度，难以自立成墙，因此需要先制作一个骨架，再在其表面覆盖面板，包括胶合板、纸面石膏板、硅钙板、塑铝板、纤维水泥板等等。骨架材料可以是木材和金属等，统称为龙骨或者墙筋。龙骨又分为上槛、下槛、纵筋（竖筋）、横筋和斜撑（图 4-3-3-1）。

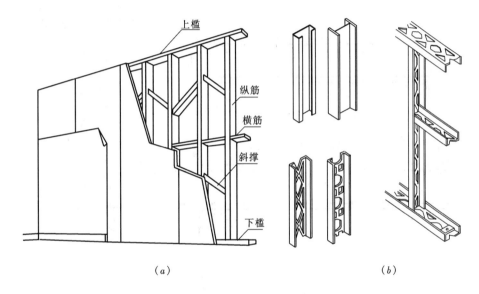

（a）　　　　　　　　　　　　　　　　　　　（b）

图 4-3-3-1　立筋类轻隔墙龙骨构成
(a) 立筋类轻隔墙龙骨构成；(b) 各种轻钢龙骨

龙骨在安装时一般先安装上、下槛，然后安装两侧的纵筋，接下去再是中间的纵筋、横筋和斜撑（如有必要时）。这样做一方面是上、下槛和边上的纵筋较易通过螺栓、使用胶合剂等方式与上下楼（地）板以及两侧现有的墙体或柱等构件连接，另一方面，更重要的是通过上、下槛来固定纵筋，可以避免反过来如果先行安装纵筋时，为了达到隔墙的稳定性而需要将纵筋上下撑紧，这时隔墙上方的荷载就有可能通过纵筋传递到其下方，使得轻隔墙成为承重墙，这是不合理甚至危险的。图 4-3-3-2～图 4-3-3-6 是各种常用的立筋式轻隔墙的构造方法，可以按照不同的场合选择使用，例如其中图 4-3-3-6 所示的方钢管纵筋的安装是依靠调整下槛上面的螺栓来实现先套入、后上升固定的过程的，施工既快速又能够确保纵筋不承受上方的荷载，拆除也很方便，可以用于需要经常变更使用功能的场合。又如石膏板怕潮湿，就不宜用在潮湿的环境中，最好也不要再在其表面用湿

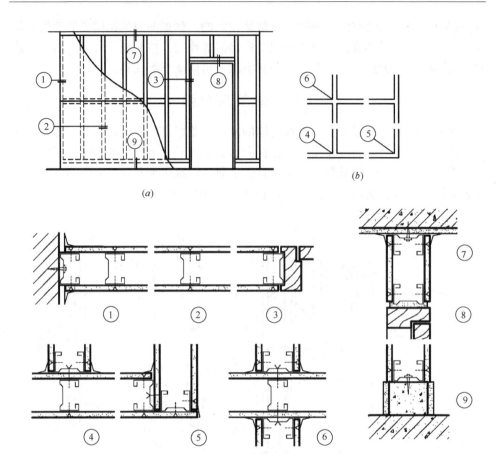

图 4-3-3-2   轻钢龙骨纸面石膏板隔墙构造示意
(a) 隔墙立面；(b) 隔墙平面

施工的方法粘贴面砖做饰面。但轻钢龙骨石膏板隔墙的防火安全性能较好，而且嵌入岩棉等防火材料后还可以进一步延长其耐火时间，就可以选择用在消防逃生通道的两侧。防火规范对这类隔墙除了规定其主体材料所适用的防火等级外，还会提出不同情况下对内填防火材料的厚度等方面的要求，在具体设计和施工时应当参照执行。

龙骨的间距是由面板的刚度和其表面设计的分割需要决定的。

普通的轻质隔墙由于自重较小，隔声效果通常不够理想。安装时可以在骨架的空隙间填入吸声材料。更好的做法是如图 4-3-3-7 所示的那样，将纵筋错开布置，使得吸声材料可以阻断两层面板与龙骨之间直接传声的通道。此外，该图中两层石膏面板以及将板间接缝错开布置的做法也相当有效。试验证明，每增加一层纸面石膏板，隔声量可以提高 3～6dB；轻钢龙骨两面为双层纸面石膏板且内填岩棉的轻质墙体，其隔声量可与 240 厚的砖墙相当。

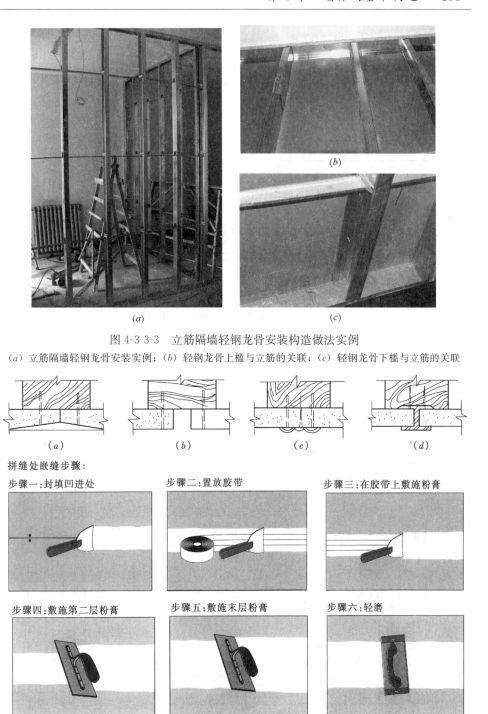

图 4-3-3-3　立筋隔墙轻钢龙骨安装构造做法实例

（a）立筋隔墙轻钢龙骨安装实例；（b）轻钢龙骨上槛与立筋的关联；（c）轻钢龙骨下槛与立筋的关联

（a）　　　　　　　（b）　　　　　　　（c）　　　　　　　'（d）

拼缝处嵌缝步骤：

步骤一：封填凹进处　　　　　步骤二：置放胶带　　　　　步骤三：在胶带上敷施粉膏

步骤四：敷施第二层粉膏　　　步骤五：敷施末层粉膏　　　步骤六：轻磨

图 4-3-3-4　石膏板面板的接缝处理

（a）拼留缝；（b）留凹缝；（c）钉金属压条；（d）嵌金属压条

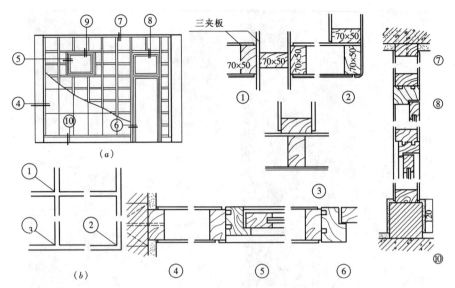

图 4-3-3-5 木龙骨夹板面板隔墙构造示意

(a) 隔墙立面; (b) 隔墙平面

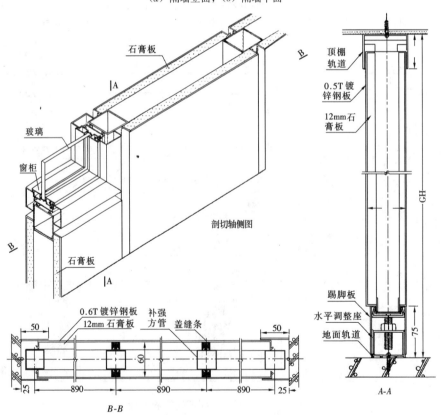

图 4-3-3-6 钢管龙骨复合层板面板隔墙构造示意图

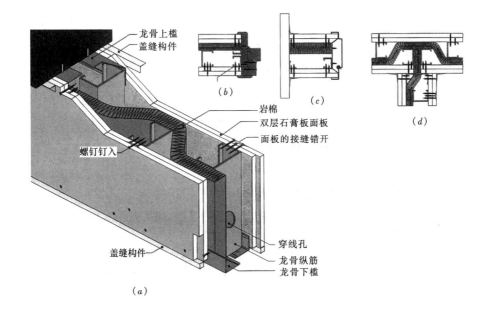

图 4-3-3-7　隔声轻隔墙构造

(*a*) 隔声石膏板隔墙剖切轴测；(*b*) 隔墙与木门连接；(*c*) 隔墙与钢门连接；(*d*) 隔墙丁字交接

3.3.2　条 板 类 隔 墙

条板类隔墙所选用的材料是具有一定厚度和刚度的条形板材，如水泥玻纤空心条板（GRC 板）、空心加强石膏板条板、内置发泡材料或复合蜂窝板的彩钢板、U 形玻璃条板等等。其安装时不需要内骨架来支撑。图 4-3-3-8 所示的加气混凝土条板是用胶粘剂固定在隔墙上方的基底上的。拆除施工时临时固定用的木楔，其下部空隙可以走管道，或用细石混凝土灌缝，不用捣制密实，也不会成为承重墙。有水房间（厨卫等）墙板底下应用细石混凝土垫高 100mm 以上。此外，图 4-3-3-6 中所采用的固定纵筋的方法，也可以用来直接安装复合条板。

3.3.3　活 动 隔 墙

活动隔墙可分为拼装式、滑动式、折叠式、悬吊式、卷帘式和起落式等多种形式。其主体部分的制作工艺可以参照门扇的做法。其移动多由上下两条轨道或是单由上轨道来控制和实现。

悬吊的活动隔墙一般不用下面的轨道，可以使得地面完整，不妨碍行走以及地面的美观，但需要有临时固定的措施来实现其使用时的稳定性。图 4-3-3-9 所示的活动隔墙就位后可以通过特制的工具使得其内部的连杆上下滑动，临时与地面之间造成摩擦而固定。但连杆上还装有弹簧，使得隔墙固定后不承受从上部传来的荷载。

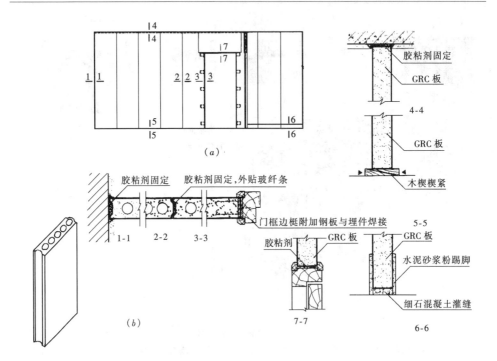

图 4-3-3-8 水泥玻纤空心条板隔墙构造示意

(a) 水泥玻纤空心条板（GRC板）隔墙；(b) 水泥玻纤空心条板

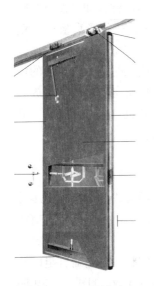

图 4-3-3-9 某活动
隔墙实例

图 4-3-3-10 屏风式隔断实例

3.3.4 常 用 隔 断

常用的隔断有屏风式、镂空式、玻璃墙式、移动式以及家具式等。图 4-3-3-10 所示的屏风式隔断现今大量用于办公等空间中。其构造往往由各专业制造公司专门设计，而且与设备管道等综合考虑。

隔断与周边构件的联系往往不如隔墙那样紧密，因此在安装时更应注重其稳定性。图 4-3-3-11～图 4-3-3-13 介绍一种常用的隔断——玻璃砖隔断的构造。由于建筑材料的快速发展，使得施工方法有了较大的变化。

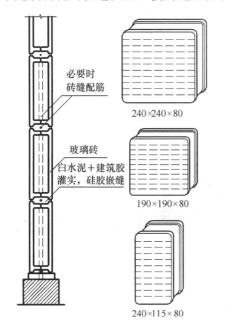

必要时砖缝配筋

240×240×80

玻璃砖

白水泥＋建筑胶灌实，硅胶嵌缝

190×190×80

240×115×80

图 4-3-3-11 用传统方式安装的玻璃砖隔断　　　图 4-3-3-12 玻璃砖隔断实例

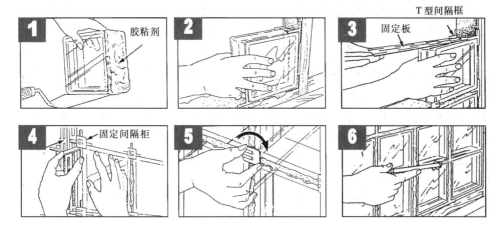

图 4-3-3-13 胶粘法安装玻璃砖隔墙工艺示意

3.4　非承重外墙板及幕墙的基本构造

　　骨架承重和钢筋混凝土剪力墙承重等体系的建筑物,其不承重的外墙除了可以用砌体墙填充外,还可以采用板材作为围护构件。这些板材可以直接安装在建筑物的主体结构构件上,例如柱子、边梁和楼板上面;也可以通过一套附加的杆件系统与主体结构相连接。其中牵涉到的因素有板材的重量、立面形式的构成等等。如果外墙面板安装后模糊了建筑的分层、墙面与门窗的区分等印象,使得建筑外表皮好像套上了一层"帷幕";或是用透明的材料完全暴露建筑的内部空间,使得建筑物好像覆盖着一层轻纱,通常将这样的外墙称为"幕墙"(图 4-3-4-1)。

图 4-3-4-1　安装幕墙的建筑实例二则

3.4.1　常用非承重外墙板基本构造

1. 常用非承重外墙板的类型

　　常用非承重外墙板的种类多样。工程中可以选用单一类型材料制作的外墙板,例如水泥制品和配筋的混凝土墙板等等,像上一小节中所介绍的水泥玻纤空心条板,就可以用作填充外墙。图 4-3-4-2 所介绍的许多种配筋的混凝土外墙板,都来自成熟的产品,其安装节点的构造也都经过长期的研究和实践的检验。但比起这类产品来,更合适的是采用复合型的外墙板。因为外墙板不同于内墙板,除了分隔空间的作用外,更重要的是还需要同时具备防水、隔热保温、隔声等多种功能,而且要方便于内外两侧的装修和使用。所以近年来外墙板发展的主要趋势是将多种功能的材料在工厂复合成型后到现场安装,或者将其区分为不同的构造层次,在现场组装。

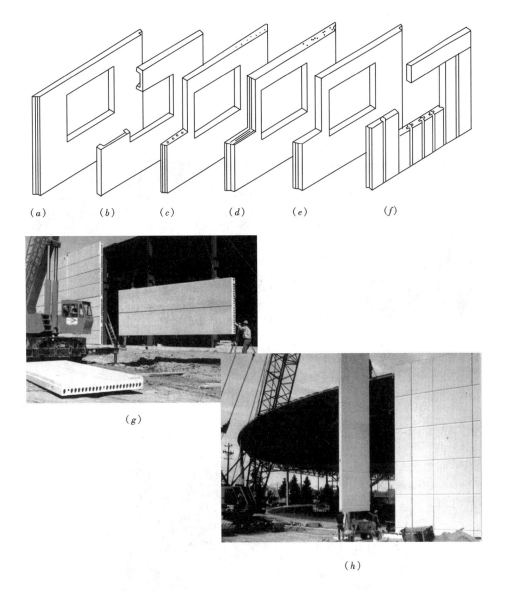

图 4-3-4-2　各种配筋混凝土外墙板

（a）实心外墙板；（b）框肋外墙板；（c）空心外墙板；（d）双排孔外墙板；（e）轻骨料混凝土外墙
板；（f）加气混凝土组合外墙板；（g）空心外墙板横向条形布置；（h）空心外墙板纵向条形布置

　　图 4-3-4-3 所示的是带保温材料的金属外墙挂板实例及其应用。图 4-3-4-4 所示的实例选择在结构构件的两侧分别安装带有自装修纹理的钢筋混凝土外墙板和适合室内使用的纸面石膏板，中间的间层用来进行热工以及隔声方面的处理。图 4-3-4-5 所示的实例在蒸压轻质混凝土基层板外安装金属装饰面板，利用两层面板接缝的错开，可以大大减少外墙发生渗漏的可能性。图 4-3-4-6 所示的外墙板

分为基层板和装饰面层两个层次，装饰面层可以选用不同的质感和肌理，但基层板与主体结构的连接方式以及定位关系都可以维持不变，这样有利于墙板的产品化生产以及提高外墙构造对单个工程的适应性。如果进一步提高工厂化生产的程度，还可以在工厂预制墙板时利用刻花橡胶衬模等方法，脱模后在墙板表面上留下装饰纹理（如图 4-3-4-7 所示），这样既可减少现场作业，又可防止装饰层脱落。

(a)　　　　　　　　　　　　　(b)

图 4-3-4-3　带保温材料的金属外墙挂板实例及其应用

（a）带保温材料的金属外墙挂板；（b）带保温材料的金属外墙挂板外观

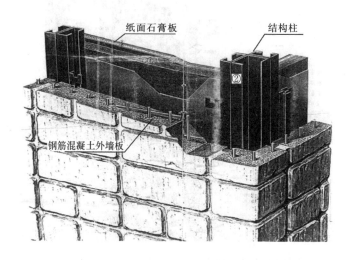

图 4-3-4-4　功能性外墙板与内墙板的组合

2. 非承重外墙板的安装构造

非承重的外墙板的自重可以分别由主体结构的柱子、承重墙、边梁或楼板来承担。其与主体结构的连接节点除强度及牢固要求外，还应当考虑：

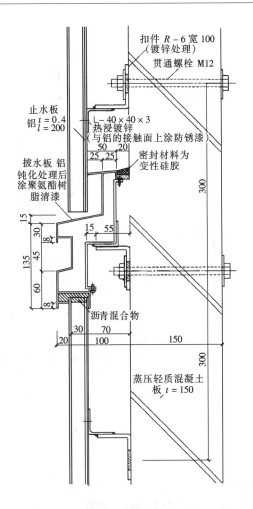

图 4-3-4-5　在轻质混凝土外墙板外侧安装金属装饰面板

（1）方便就位时的临时固定；

（2）提供调整安装的可能；

（3）适应使用时由于结构不均匀沉降或者材料热胀冷缩以及构件承受风荷载而发生的微小变形。

图 4-3-4-8 所示的外墙板与主体结构的连接件先安装在下部墙板的上端，墙板就位时可用螺栓很容易地先将这块墙板带住，使其不至于向外倾倒，方便起吊设备脱钩，同时又成为上部那块墙板的限位装置以及折线形铁接插件的插座。像这样的连接节点做法非常之多，读者可以在实践中积累经验，根据工程要求选用或自行设计。

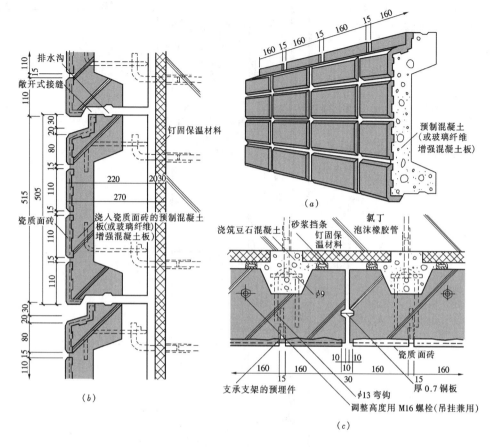

图 4-3-4-6　带装饰面层的外墙板

（a）带装饰面层的外墙板示意；（b）带装饰面层的外墙板纵剖面；（c）带装饰面层的外墙板平剖面

图 4-3-4-7　外墙板表面装饰纹理处理实例

3.4.2　幕　墙　构　造

1. 幕墙材料

（1）幕墙面材

　　幕墙面板多使用玻璃、金属层板和石材等材料。可单一使用，也可混合使用。

　　幕墙用的玻璃必须是安全玻璃，如钢化玻璃、夹层玻璃或者用上述玻璃组成的中空玻璃等等。钢化玻璃的强度高于普通浮法玻璃 4 倍，且破坏时呈蜂窝状小

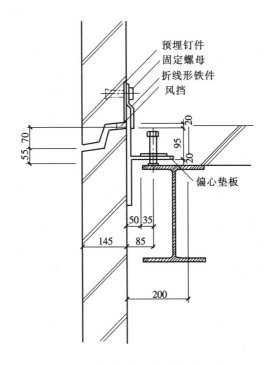

预埋钉件
固定螺母
折线形铁件
风挡
偏心垫板

图 4-3-4-8　非承重外墙板安装构造实例

颗粒，边缘没有利口，不易伤人。夹层玻璃在两片或多片普通或钢化玻璃之间夹入透明或彩色的聚乙烯醇缩丁醛膜片（即 PVB 胶片），经高温高压粘合后，即便遭到撞击并破坏，玻璃碎片也不易脱落。中空玻璃用金属框在间隔 9mm 以上的两片或多片玻璃四周经密封形成闭合空间，在其中充入干燥空气或惰性气体，因而具有良好的保温、隔热和隔声的性能。当玻璃幕墙有防火需要时，应按防火等级要求采用单片防火玻璃或其制品。玻璃的厚度应符合规范的要求。

　　由于大片的玻璃幕墙对建筑物的热工性能的影响非常大，为了降低能耗，改善建筑物的热环境，对幕墙用玻璃的性能进行改造的工作一直没有停止过。例如在玻璃表面镀覆特殊的金属氧化物做成低辐射玻璃，对远红外光的反射率较高，而基本不影响可见光的透射，是运用很广的玻璃产品。此外，还有在双层玻璃的间隙中，加入光栅做成的偏光玻璃，可以遮挡直射光而允许漫射光进入室内。近年来开发的幕墙用玻璃新品种有热致变色玻璃、光致变色玻璃、电致变色玻璃等，前二者是通过在双层玻璃中加入特殊物质，使得玻璃或随温度的升高而改变其添加物原子的排列状态，从而改变透光率；或是随着光线强度的变化而改变其添加物的化学特性，从而得到不同的传热系数。后者则是通过在两块玻璃基板上镀覆导电膜，并在这两块平面电极中间注入液晶材料，从而达到用电流来控制玻璃透光率的目的。可见，可变、可控已成为幕墙玻璃材料发展的一种趋势。

　　幕墙所采用的金属面板多为铝合金和钢材。铝合金可做成单层的、复合型的以及蜂窝铝板几种，表面可经阳极氧化或用氟碳漆喷涂等进行防腐处理。钢材可采用高耐候性材料，或者进行表面热浸镀锌、无机富锌涂料等处理。但当两种不同的金属材料交接时，必须在当中放置三元乙丙橡胶、氟丁橡胶、硅橡胶等材料制作的绝缘垫片，以防止相互间因电位差而产生的电化学腐蚀。

幕墙石材一般采用花岗石等火成岩，因其质地均匀。石材厚度在 25mm 以上，吸水率应小于 0.8%，弯曲强度不小于 8.0MPa。为减轻自重，也可选用与蜂窝状材料复合的石材。

（2）幕墙用连接材料

幕墙通常会通过金属杆件系统、拉索以及小型连接件与主体结构相连接，同时为了满足防水及适应变形等功能要求，还会用到许多胶粘和密封材料。

其中用作连接杆件及拉索的金属材料有铝合金、钢和不锈钢。其表面处理同面材。不锈钢材料虽然不易生锈。但不是不会生锈，所以也应该采取放绝缘垫层等措施，来防止电化学腐蚀。幕墙中使用的门窗等五金配件一般都采用不锈钢材料制作。

幕墙使用的胶粘和密封材料有硅酮结构胶和硅酮耐候胶。前者用于幕墙玻璃与金属杆件系统的连接固定或玻璃间的连接固定，后者则通常用来嵌缝，以提高幕墙的气密性和水密性。

为了防止材料间因接触而发生化学反应，胶粘和密封材料与幕墙其他材料间必须先进行相容性的试验，经合格方能够配套使用。

2. 幕墙安装构造

幕墙与建筑物主体结构之间的连接按照连接杆件系统的类型以及与幕墙面板的相对位置关系，可以分为有框式幕墙、点式幕墙和全玻式幕墙。

（1）有框式幕墙

幕墙与主体建筑之间的连接杆件系统通常会做成框格的形式。如果框格全部暴露出来，就称为明框幕墙；如果垂直或者水平两个方向的框格杆件只有一个方向的暴露出来，就称为半隐框幕墙（包括竖框式和横框式）；如果框格全部隐藏在面板之下，就称为隐框幕墙（图 4-3-4-9、图 4-3-4-10）。

有框式幕墙的安装可以分为现场组装式和组装单元式两种。前者先将连接杆件系统固定在建筑物主体结构的柱、承重墙、边梁或者楼板上的预埋铁上，再将面板用螺栓或卡具逐一安装到连接杆上去。后者是在工厂预先将幕墙面板和连接杆件组装成较小的标准单元或是较大的整体单元，例如层间单元等，然后运送到现场直接安装就位（图 4-3-4-11、图 4-3-4-12）。

（2）点式幕墙

点式幕墙不像有框幕墙那样，面板与框格之间为条状的连接。点式幕墙采用在面板上穿孔的方法，用金属"爪"来固定幕墙面板（图 4-3-4-13）。这种方法多用于需要大片通透效果的玻璃幕墙上。每片玻璃通常开孔 4～6 个。金属爪可

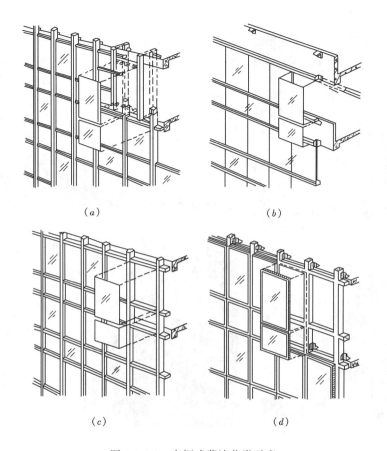

图 4-3-4-9 有框式幕墙分类示意

（a）竖框式（竖框主要受力，竖框外露）；（b）横框式（横框主要受力，横框外露）；（c）框格
式（竖框、横框外露成框格状态）；（d）隐框式（框格隐藏在幕面板后，又有包被式之称）

由钢桁架或索桁架、自平衡索桁架、单层平面或曲面索网、单向竖索等多种类型的张拉索系统支承。所有连接构件与主体结构之间均为铰接，玻璃之间留出不小于 10mm 的缝来打胶。这样在使用过程中有可能产生的变形应力就可以消耗在各个层次的柔性节点上，而不至于招致玻璃本身的破坏（图 4-3-4-14）。

（3）全玻式幕墙

全玻式幕墙的面板以及与建筑物主体结构的连接构件都由玻璃构成。连接构件通常做成肋的形式，并且悬挂在主体结构的受力构件上，目的是不让玻璃肋受压。玻璃肋可以落地，也可以不落地。但落地时应该与楼地面以及楼地面的装修材料之间留有缝隙，用弹性垫块支承或填塞，并用硅酮密封胶密封，以确保玻璃肋不成为受压构件。玻璃肋与面板之间可以用硅酮结构胶粘结，也可以通过其他连接件连接，例如可以用钢爪来连接，但最好不要由结构胶缝单独承受玻璃的自重。为了安全起见，全玻式幕墙的高度必须控制在相关规范所规定的范围内。图

(a)

(b)

(c)

(d)

图 4-3-4-10   有框式幕墙分类实例

(a) 明框式幕墙实例；(b) 横框式半隐框幕墙实例；(c) 竖框式半隐框幕墙实例；(d) 隐框式幕墙实例

4-3-4-15 是上海体育场的悬挂式全玻幕墙的实例照片。

　　幕墙和上文所述的非承重外墙板一样，在安装时也必须考虑结构的安全性、施工的可能性以及对各种使用状态的适应性。图 4-3-4-16 中用圆圈标示的幕墙构件在交接处留有缝隙，可以在前、后、左、右各个方向适应例如温差及风荷载等引起的变形，上文中图 4-3-4-13 （b）所给出的点式幕墙的安装节点详图，也提供了藏在钢爪中的万向铰，像这样的构件细部，其工作原理是非常明确的。幕墙构件之间所预设的缝隙，除宽度要符合规范的要求外，还可以用柔性材料填塞（图 4-3-4-17）。

　　由于整个幕墙系统往往使用了大量的金属杆件和连接件，使得对幕墙的防雷要求特别严格。此外，连接杆件系统的存在，又往往会在建筑物的主体结构和幕墙面板之间留下了空隙，这对于消防也是很不利的，因为在火灾发生的情况下，这些空隙都是使火和烟得以贯通整栋建筑物的通道。为此，有关规定要求幕墙自

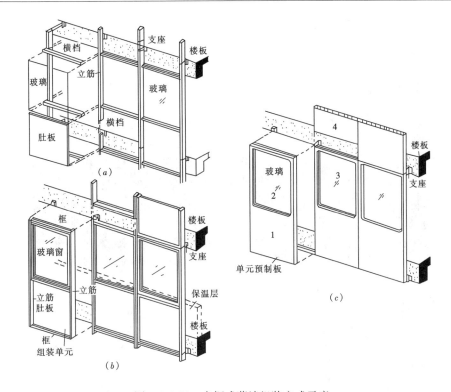

图 4-3-4-11 有框式幕墙组装方式示意

（a）现场组装式幕墙；（b）组装单元式幕墙；（c）整体单元式幕墙

图 4-3-4-12 有框式幕墙不同组装方式实例

（a）现场组装式有框式幕墙实例；（b）组装小单元式有框幕墙在现场
等候安装；（c）层间单元组装式双层幕墙现场安装实例

(a)

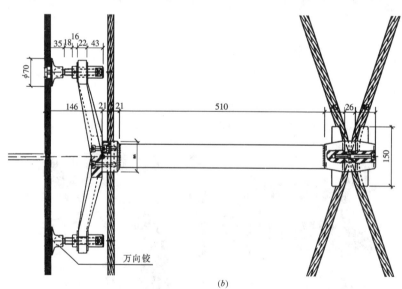

(b)

图 4-3-4-13　点式玻璃幕墙实例

(a) 上海大剧院点式玻璃幕墙；(b) 上海大剧院点式玻璃幕墙"爪"形连接件及支撑钢索

身应形成防雷体系，而且与主体建筑的防雷装置应可靠连接。规范又规定幕墙在与主体建筑的楼板、内隔墙交接处的空隙，必须采用厚度不小于 100mm 的岩棉、矿棉等难燃材料填缝，并采用厚度在 1.5mm 以上的镀锌耐热钢板（不能用铝板）封口。接缝处与螺丝口应该另用防火密封胶封堵。对于幕墙在窗间墙、窗槛墙处的填充材料及其厚度和构造做法，也应该符合防火规范和相关工程技术规范的要求。如果幕墙不设窗间墙和窗槛墙，则必须在每层楼板外沿设置高度不小

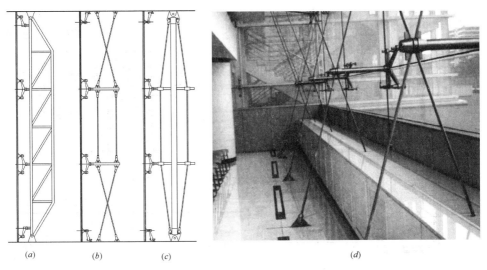

图 4-3-4-14　点式幕墙支撑构件与主体结构柔性连接的几种方式及实例一则

(a) 钢桁架支撑式；(b) 钢拉杆支撑式；(c) 自平衡索桁式

(b) 点式幕墙支撑构件与主体结构柔性连接的实例一侧

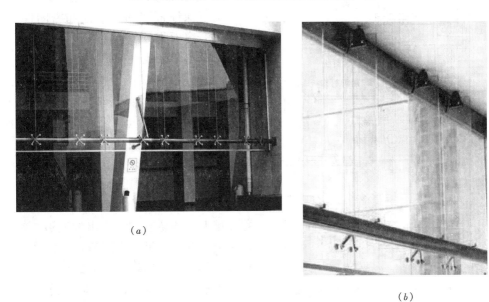

图 4-3-4-15　悬挂式全玻幕墙实例

(a) 悬挂式全玻幕墙由外部观看；(b) 悬挂式全玻幕墙由室内观看

于 0.80m 的不燃烧实体墙裙或防火玻璃墙裙，其耐火极限应不小于 1.0h（图 4-3-4-18）。

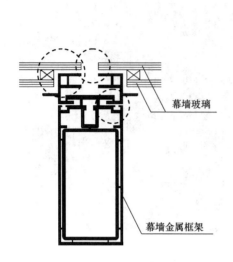

图 4-3-4-16　幕墙构造细部适应变形

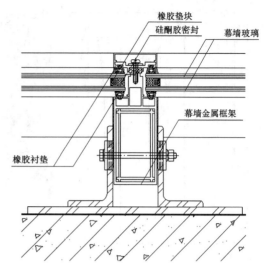

图 4-3-4-17　幕墙玻璃与周边留有间距或柔性接触

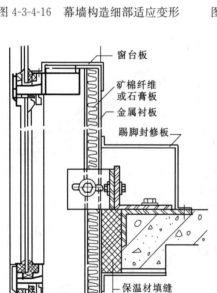

图 4-3-4-18　玻璃幕墙防火处理

3. 幕墙的透气和通风功能控制

为了保证幕墙的安全性和密闭性，幕墙的开窗面积较少，而且规定采用上悬窗，开启角度及外伸尺寸也有一定的限制，并应设有限位滑撑构件。此外，点式幕墙由于不用框格，也很难开窗。这样室内的空气质量就相对较差，用设备换气的话能耗又较高。近年来经对幕墙的研究和改良，有一类双层幕墙较好地解决了大面积使用幕墙的建筑物的"呼吸"问题。图 4-3-4-19 所示的幕墙在每层上下均留有空气进出的通道。外层玻璃不开启，可以提高节点间的密闭性能；而内层玻璃可在需要换气时开启，玻璃夹层中可放置百叶。这样一来，当夏季气温较高时，夹层内的空气受热上升，从上部排出，底部的较冷空气又进来补充，有利于减少室内外热量的交换，节能效果较好。在冬季的寒冷时段，关闭进风口又可以利用幕墙间的夹层形成"温室效应"。如果室内需要换气，可以随时打开进气口。上文中图 4-3-4-12（c）所示的正在进行整体单元安装的双层玻璃幕墙，就属于这种类型。

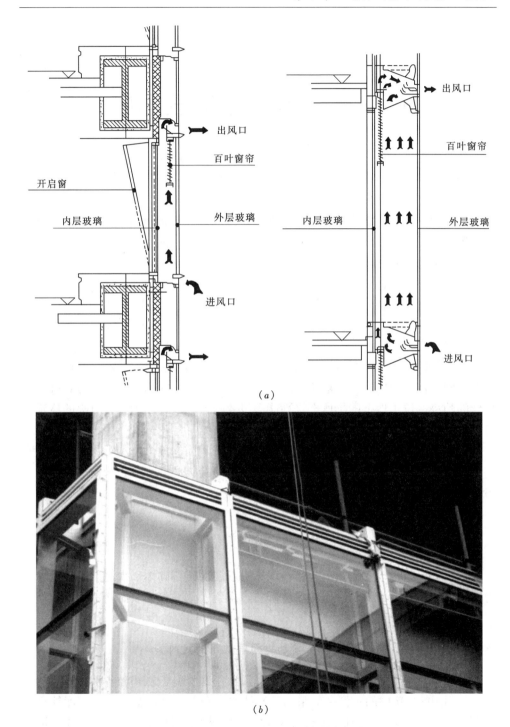

(a)

(b)

图 4-3-4-19　可 "呼吸" 的双层玻璃幕墙

(a) 可 "呼吸" 的双层玻璃幕墙工作原理；(b) 可 "呼吸" 的双层玻璃幕墙实例

第4章 墙及楼地面面层

建筑物构件的外表面需要进行处理，添加合适的面层。面层的主要作用是对建筑物和建筑构件进行保护，并且起到美观的作用。

可以用作建筑构件面层的材料非常多，应该根据构件的不同部位以及使用要求合理选用。此外，面层材料的安全性能，特别是有毒物质和放射性物质的含量以及燃烧性能等，都必须控制在相关规范所规定的范围内。

行业中把装修材料的燃烧性能等级定义为：

A 级，不燃性；

B_1 级，难燃性；

B_2 级，可燃性；

B_3 级，易燃性。

不同的建筑物及场所按照建筑规模和性质的不同对装修材料的燃烧性能等级要求不同。在同一场所，一般说来对顶棚的要求最高，因为火在燃烧时具有向上蔓延的趋势。位于地下的场所燃烧性能等级要求也较高，因为火灾时火的蔓延方向与人的逃生方向往往是一致的。

鉴于建筑物墙及楼地面层的构造做法有很多相同的地方，本章将就其中最常见的做法按照施工工艺分为粉刷类、粘贴类、钉挂类和裱糊类，来做一个综合性的介绍。

4.1 粉刷类面层

粉刷类工艺是以水泥加上骨料在现场对基层的砖石砌体和水泥制品、混凝土构件等通过反复大面积的湿作业涂抹修整，得到大致平整的表面，然后再进行表层加工和处理的工艺。

4.1.1 粉刷类面层常用的材料

粉刷类面层常用的材料有各类砂浆、添加用细骨料、腻子和各种表面涂料。

粉刷用的砂浆中的水泥一般采用硅酸盐水泥和普通硅酸盐水泥，强度等级不低于 42.5。砂子是砂浆中的主要骨料。砂子宜使用中砂或粗砂，其中含泥量≤3%。石灰膏的熟化天数在常温下≥15 天，用作罩面材料时≥30 天。常用的砂浆配合比为：水泥砂浆（水泥∶黄砂）1∶2、1∶3；混合砂浆（水泥∶石灰∶砂子）

1:1:4、1:1:6。此外，还有水泥石屑（水泥：石屑）1:3以及灰砂（石灰膏：黄砂）1:3等。另有麻刀灰（加麻筋的石灰膏）、纸筋灰（加纸筋的石灰膏）以及添加高分子聚合物的聚合物砂浆和添加减水剂、密实剂等的防水砂浆。

水泥砂浆的强度和防水性能较好，适用于地面粉刷、墙面的阳角处和其他有可能经常受到碰撞的地方的粉刷，还有湿度较大的场所如有水的实验室、厨房、卫生间等处的粉刷。混合砂浆的和易性较好，适用于混凝土楼板的板底粉刷和一般的墙面粉刷。聚合物砂浆的粘结力和抗拉伸的能力均较好，适用于硅酸盐砌块、加气混凝土砌块的墙面以及楼板的板底粉刷。防水砂浆可用于防水工程中。麻刀灰、纸筋灰等可用于墙面和板底砂浆粉刷的表层处理，也可用于附加金属网的墙面和顶棚的底层和中层抹灰。

添加用细骨料是指各种粒径较小的石质颗粒物或小块的碎石等材料，用来添加到砂浆中或者用来代替砂浆中的黄砂，使得被装修部位的表层呈现不同的色泽和质感。

腻子是各种粉剂和建筑用胶的混合物，质地细腻，较稠易干，用来抹在砂浆表面以填补细小空隙，取得进一步平整的效果。

涂料按其性状可分为溶剂型涂料（如溶剂型聚丙烯酸酯涂料）、水溶性涂料（如聚乙烯醇水玻璃内墙涂料）、乳液型涂料（如聚丙烯酸酯乳液涂料）和粉末涂料等。按其主要成膜物质性质可分为有机系涂料（如聚丙烯酸酯外墙涂料）、无机系涂料（如硅酸钾水玻璃外墙涂料）、有机－无机复合系涂料（如硅溶胶－苯丙复合外墙涂料）等。按其涂膜状态可分为薄质涂层涂料（如苯丙乳液涂料）、厚质涂层涂料（如乙丙厚质型外墙涂料）、砂壁状涂层涂料（如苯丙彩砂外墙涂料）、彩色复层凹凸花纹外墙涂料等。其中外墙涂料需要有较好的弹性及耐气候性；内墙涂料需要有较好的质感和较强的装饰效果；地面涂料则需要有较高的强度，耐磨且抗冲击能力较好。常用外墙涂料有苯丙乳液涂料、纯丙乳液涂料、溶剂型聚丙烯酸酯涂料、聚氨酯涂料以及砂壁状的涂料如机硅改性聚丙烯酸酯乳液型和溶剂型外墙涂料、弹性涂料等。常用内墙涂料有醋酸乙烯乳液涂料、丙烯酸酯内墙乳液涂料、聚乙烯醇内墙涂料和多彩涂料等。常用地面涂料有过氯乙烯水泥地面涂料、氯偏乳液地面涂料、环氧树脂自流平地面涂料、聚氨酯地面涂料、氯化橡胶地面涂料等。除此之外，还有一些特殊涂料，如防水涂料、防火涂料、防霉涂料和防腐蚀涂料等等。

4.1.2　粉刷类面层常用的施工工艺

粉刷类面层的工艺主要分为打底（又称找平、刮糙）、粉面（又称罩面）和表层处理三个步骤。

打底层抹灰具有使装修层与基层墙体粘牢和初步找平的作用，故又称找平层。为了与其他层次牢固结合，其表面需用工具搓毛，故在工程中又称之为刮糙。鉴于砂浆在结硬的过程中容易因干缩而导致开裂，因此找平的过程必须分层进行，而且每层的厚度应控制在：

水泥砂浆：5～7mm；

混合砂浆：7～9mm；

麻刀灰：≤3mm；

纸筋灰：≤2mm。

找平所需要的层数由基底材料性质、基底的平整度及具体工程对面层的要求来决定。行业的习惯是控制整个粉刷面层（包括打底和粉面）的总厚度。例如墙面一般抹灰 20mm，高级抹灰 25mm，室内踢脚处和墙脚勒脚处 25mm，楼板底15mm 等。

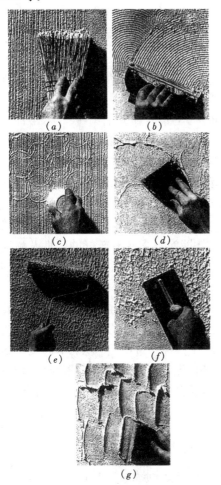

图 4-4-1-1　做出砂浆粉刷特殊效果

(a) 拉直线；(b) 拉弧线；(c) 刻印；(d) 挤压；

(e) 滚涂；(f) 拉毛；(g) 推拉

面层抹灰是对整个面层所做的最后修整，达到表面平整、无裂痕的要求。面层抹灰完成后的外表面大多是用工具压平抹光的，不像找平层那样表面毛糙，但也可以用工具在表面进行拉毛、刻痕等处理，以追求特殊的质感（图 4-4-1-1）。在工程中一般常用强度较低的砂浆打底，用同类强度较高的砂浆粉面。例如用 20 厚1：3水泥砂浆打底，1：2 水泥砂浆粉面；或用 20 厚1：1：6 混合砂浆打底，1：1：4 混合砂浆粉面等。但较硬的面层不宜做在较软的底层上。

由于砂浆干硬后的表面仍不够细腻，所以除有其他要求外，还要对其进行表层处理。通常可以用较为细腻的纸筋灰等再抹面，或直接用腻子抹平磨光后，根据设计的要求做涂料。涂料一般分为底涂和面涂。其所用材料略有区别。底涂用于封底。待其干燥后起码做面涂两道以上，方可取得色泽均匀、面膜牢固的效果。图 4-4-1-2 是某室内粉刷面层做法实例。

此外，通过在粉面层材料中添加其他细骨料，或是改变粉面层材料的组合，例如用碎石来取代砂子等等，

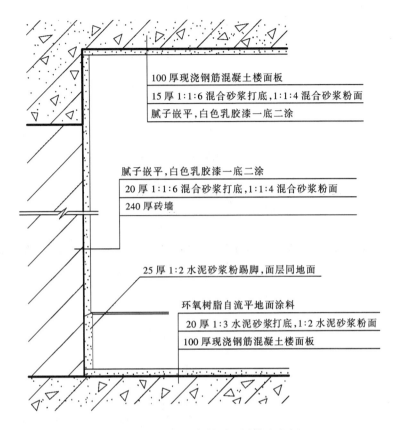

图 4-4-1-2　某室内粉刷面层做法实例

还能够通过相应的施工工艺做出许多具有天然色泽和不同质感的粉刷效果来。表
4-4-1-1 是几种此类饰面的基本构造层次和做法。

　　做在外墙面上的大面积的粉刷在昼夜温差的作用下周而复始地热胀冷缩，容
易开裂，因此在施工时应预留引条线。即用木制引条将粉面层分格，待完成粉面层
后取出引条，留下变形所需要的空隙（图 4-4-1-3）。引条线内也可用密封膏嵌缝。

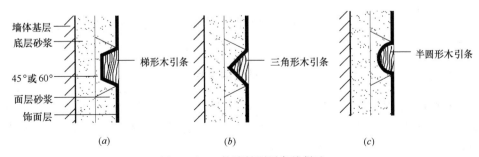

图 4-4-1-3　外墙粉刷引条线做法
(a) 梯形引条线；(b) 三角形引条线；(c) 半圆形引条线

几种添加石骨料的粉刷面层的构造做法   表 4-4-1-1

面层名称	构造层次及施工工艺
水刷石	15 厚 1：3 水泥砂浆打底，水泥纯浆一道，10 厚 1：1.2～1.4 水泥石渣粉面，凝结前用清水自上而下洗刷，使石渣露出表面
干粘石	15 厚 1：3 水泥砂浆打底，水泥纯浆一道，4～6 厚 1：1 水泥砂浆＋803 胶（或水泥聚合物砂浆）粘结层，3～5 厚彩色石渣面层（用甩或喷的方法施工）
斩假石	15 厚 1：3 水泥砂浆打底，水泥纯浆一道，10 厚 1：1.2～1.4 水泥石渣粉面，用剁斧斩去表面层水泥浆或石尖部分，使其显出凿纹
水磨石	15 厚 1：3 水泥砂浆打底，分格固定金属或玻璃嵌条，1：1.5 水泥石渣粉面（厚度视石渣粒径），表面分遍磨光后用草酸清洗，晾干、打蜡

对于建筑物墙面的阳角部分，即便大面积用混合砂浆粉刷，这些部位也应用水泥砂浆打底，如图 4-4-1-4 所示。其面层部分可按设计处理。

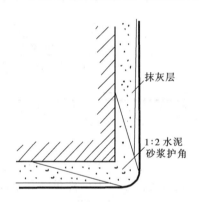

图 4-4-1-4　墙面阳角处水泥砂
浆护角做法

4.2　粘贴类面层

粘贴类工艺是在对基层进行平整处理后，在其表面再粘贴表层块材或卷材的工艺。

4.2.1　粘贴类面层常用的材料

粘贴类面层除常用粉刷类所用的打底材料进行基底的平整度处理外，表面粘贴的材料主要有各种面砖、石板、人工橡胶的块材和卷材以及各种其他人造块材。

面砖的品种非常多，系以陶土或瓷土为原料，经加工成型、煅烧而制成的产品。陶土面砖和瓷土面砖都可分为有釉和无釉两种，表现为表面有光或亚光。另有一种小块面砖称"马赛克"，又称锦砖，并按成分分为陶瓷锦砖和玻璃锦砖。生产时将小片马赛克拼贴在牛皮纸上，以方便安装，故而又称纸皮砖。面砖多用于建筑室内，用于地面的面砖应当选择具有防滑功能的品种。

用作装饰面层的石材品种也很多。天然石材按照其成因可分为火成岩（以花岗石为代表）、变质岩（以大理石为代表）和沉积岩（以砂岩为代表）。火成岩质地均匀，强度较高，适宜用在楼地面；变质岩纹理多变且美观，但容易出现裂纹，故适宜用在墙面等部位。沉积岩质量较轻，表面常有许多孔隙，最好不要放在容易污染，需要经常清洗的部位。天然石材在使用前应该通过检验，保证放射物质的含量应在法定标准以下。

天然石材的表面可以经由磨光、火烧、水冲等工艺形成镜面、光面、毛面等效果。为了减轻面层的自重，可以将薄层的天然石片与蜂窝状的金属、塑料等制成复合材料。为了取得大面积石材的色泽和纹理均匀一致，还可以将碎大理石与和聚酯树脂混合制成人造石材，其质量较天然石材小，但强度较高，是应用十分广泛的产品。

人工橡胶的块材和卷材产品近年来发展也较快。由于可以添加金刚砂等材料增加表面摩擦力，有较好的防滑效果；又可以加工成多种色彩及表面纹理，施工也很简便，有的产品还能够通过热融接的方法使单片制品之间施工后没有缝隙，方便清扫，所以大量用作商场、医院、展示空间和其他公共场所的地面材料。

此外，小片的竹、木制品、成张的软木制品以及它们与其他材料的复合制品等等，都可以用来作为粘贴类面层的表面材料。

4.2.2　粘贴类面层常用的施工工艺

粘贴类面层的工艺主要分为打底、敷设粘结层以及铺贴表层材料等三个步骤。

打底工序的施工方法及要求同粉刷类面层中的打底工艺。

粘结层所用的粘结材料各不相同。其中面砖可以用添加建筑用胶的水泥浆或 1:0.5～1:1 的水泥砂浆粘贴，也可以用成品的胶粘剂粘贴（图 4-4-2-1）。石材也可以用添加建筑用胶的水泥砂浆粘贴，但墙面和地面有所不同。用于地面的天然石材一般比较厚重，厚度通常在 25mm 及以上，人造石材一般也在 15～20mm 左右，一般要用水泥砂浆铺设，而且一般水泥砂浆在未干硬前难以支承其重量而达到表面平整的效

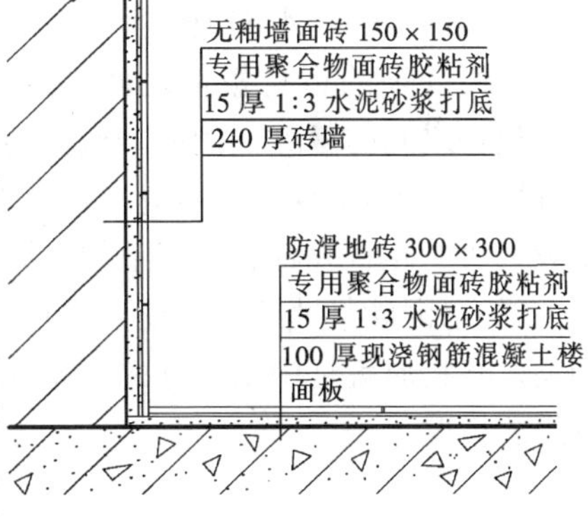

无釉墙面砖 150×150
专用聚合物面砖胶粘剂
15 厚 1:3 水泥砂浆打底
240 厚砖墙

防滑地砖 300×300
专用聚合物面砖胶粘剂
15 厚 1:3 水泥砂浆打底
100 厚现浇钢筋混凝土楼面板

图 4-4-2-1　粘贴墙地砖做法

果，因此地面石材通常用30厚1：3的干硬性水泥砂浆垫底，直接在上面铺设面材（图4-4-2-2）。而用于墙面的天然石材如果要用和粘贴面砖同样的方法施工，就必须选用单片面积较小而且厚度也较小的块材，否则难以固定，且较易脱落。一般厚重的大片石材必须用钉挂的方法在墙面上安装，本章下一节将对此作较详细的介绍。

图4-4-2-2　用干硬性水泥砂浆铺贴地面石材的施工实例

　　至于其他可用粘贴类工艺施工的表面块材及卷材，一般都有配套的粘结产品可供使用。在选择面材时可一并选用。

　　粘贴类面层的面材之间的缝隙需要作填缝或擦缝处理。一般较为光洁的面层材料和较细的缝可用水泥纯浆擦缝，例如除设计有特殊要求外，规整的，特别是表面作镜面处理的石材板块之间的缝宽应≤1mm，这时只能够用水泥浆擦缝。较宽的板材之间的缝隙，例如普通面砖之间的缝隙，可以用白水泥调色粉擦缝，也可以用1：1稀水泥砂浆填缝，还可以用近似颜色的成品高聚物填缝材料填缝。对于较大块的碎石或者表面烧毛的花岗石之间在10mm左右的缝隙，除了用1：1～1：2的水泥砂浆填缝外，还要进行勾缝的处理。像上图4-4-2-2中地面石材表面的粉末状物质就是用来填缝的白水泥。从图4-4-2-3中可以看到不同块材的缝宽及填缝情况。

(a)　　　　　　　　　　　(b)

图 4-4-2-3　不同块材贴面的留缝及缝宽处理
(a) 内墙面砖留缝及填缝实例；(b) 外墙面石材留缝及填缝实例

4.3　钉挂类面层

钉挂类工艺是以附加的金属或者木骨架固定或吊挂表层板材的工艺。其中用于地面的主要是架空的木地板；用于墙面的主要是各种附加的装饰墙面板；用于楼板底的主要是各类吊顶。习惯上将木地板的附加骨架称为搁栅；将装饰墙面板的附加骨架称为墙筋；而将吊顶的附加骨架称为龙骨。

4.3.1　钉挂类面层常用的材料

钉挂类面层的骨架用材主要是铝合金、木材和型钢。有时也可以用单个的金属连接件代替条状的骨架。

钉挂类面层的面材主要有各种天然和复合木板、纸面石膏板、硅钙板、吸声矿棉板，金属板如铜、不锈钢、塑铝板等，以及石材、陶土制品和玻璃。此外如果表层是采用软包装修，还常会采用各类天然和人造的皮革以及各类纺织品材料。

4.3.2　钉挂类面层常用的施工工艺

1. 架空木地板的施工工艺

架空木地板的搁栅经在地面弹线定位（中距≤400mm）并钻孔打入木楔或

塑料楔后，以每个连接点一钉一螺固定。搁栅的表面只要用 2m 的直尺检查时尺与搁栅间的空隙不大于 3mm，做到表面基本平直就可以，不一定需要先在基层上做找平层。因为搁栅的木料属于粗加工的材料，本身的尺寸未必完全统一。不平整处可以用木楔调整。调整后在上面钉上约 16～20 厚的企口木地板。地板钉一般从企口处的侧边钉入，以防止钉头外露（图 4-4-3-1）。

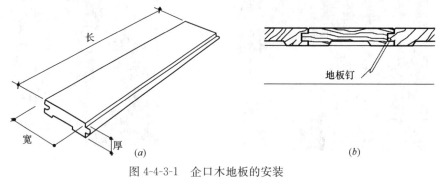

图 4-4-3-1　企口木地板的安装
(a) 企口木地板；(b) 木地板钉自企口处钉入

因为木地板和木搁栅属于天然材料，遇到潮湿和干燥的天气会膨胀或干缩变形，而木地板间的缝隙又不得大于 1mm，所以规范规定搁栅应该离墙 30mm、

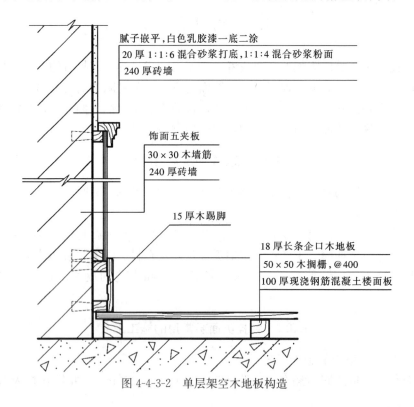

图 4-4-3-2　单层架空木地板构造

木地板应离墙 8～10mm 铺设，以留出变形的余地（图 4-4-3-2）。

木地板在铺钉完成后，表面可以用机械打磨平整，然后上漆。

有一些场所对架空木地板有特殊的要求，例如室内运动场馆、练功房、舞台等，使用者往往会有较为激烈的运动，为了减少发生碰撞时产生危险的可能性，需要在架空地板的搁栅下设置弹性钢弓或羊毛毡、橡胶条等缓冲装置（图 4-4-3-3～图 4-4-3-5）。有些娱乐场所如舞厅等，为了提高地板的舒适性，也可以做这样的弹性架空地板。

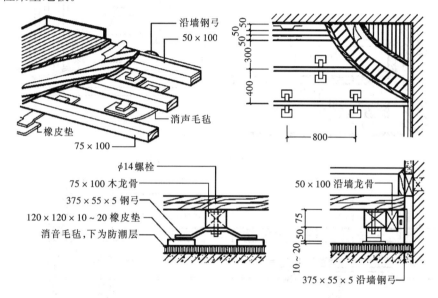

图 4-4-3-3　用钢弓的弹性木地板构造

拼花处理，可以在搁栅上面先成 45°角铺设约 20mm 厚的毛板一层，以方便面层各个方向地板条的铺钉。为了防止两层地板间在人走动时发出噪声，需要在中间铺上一层油纸、油毡或无纺布（图 4-4-3-6）。

市场上有一些刷过漆的木地板，俗称"漆板"。还有一些复合型的木地板，表面亦经处理。像这类材料用于单层架空木地板的铺设较困难，因为木搁栅表面很难达到漆板等所要求的平整度，而这些板材又不适宜在铺钉后再重新做表面磨平处理。最好的做法是先在地面基层上做找平层，然后满铺一层发泡塑料膜后再直接干铺这类地板。如果需要快速安装，而基层又是现浇板，平整度本来就较好的话，可以不用砂浆而用环氧树脂自流平地面涂料做找平层。虽然材料较贵，但节省了大量的时间和人工，施工质量也较好。

2. 附加装饰墙面板的施工工艺

用于室内的附加装饰墙面板的施工工艺可以参照上一章中立筋式轻质内隔墙的做法，其墙筋用料可以比隔墙的立筋小，因为它可以依附在需要做装饰面板的基层墙面上，而不用依靠自身的刚度来支撑。墙筋的间距视面板分割的需要及面

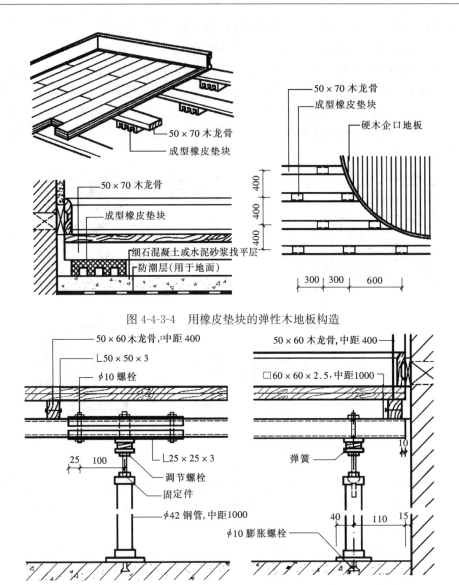

图 4-4-3-4　用橡皮垫块的弹性木地板构造

图 4-4-3-5　用地弹簧的弹性木地板构造

板的刚度而定（图 4-3-3-2）。墙筋的安装方法在砌体墙上可以使用类似于固定架空木地板的木搁栅的方法直接钉入，或者砌入留有预埋铁的混凝土砌块。在钢筋混凝土墙面上则可以用打入膨胀螺栓的方法进行固定。用于室外的附加装饰墙面板的施工工艺可以参照上一章中基层墙板加上装饰外墙板的做法。

　　对于一些重型或单块面积较大的装饰面板例如石板等，出于安全及施工可能性方面的考虑，无论用在室内外，都应该用金属连接件来固定。根据连接件的形式，这些石板需要在侧边或是靠近墙体的内侧开孔或开槽以使连接件能够插入

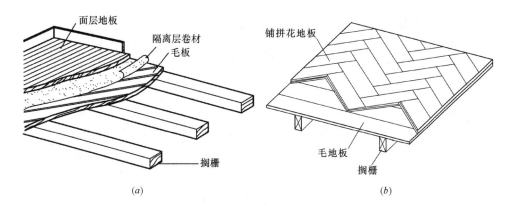

图 4-4-3-6 双层木地板构造

（a）双层木地板构造层次；（b）毛板与拼花面板成角度布置

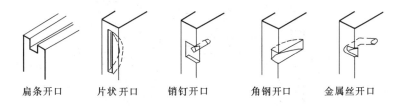

扁条开口   片状开口   销钉开口   角钢开口   金属丝开口

图 4-4-3-7 挂装的石材开口的情况

（图 4-4-3-7～图 4-4-3-10）。近年来还有在工厂里事先在石板中打入带螺口的锚栓，然后运到工地安装的方法，称为背栓法（图 4-4-3-11）。连接石板的连接件最好具有调节的功能，以方便调整石板表面的平整度以及板缝的宽度。对于位于外墙面，特别是高大建筑物外墙上的石材饰面，连接节点还应当具有适应风压以及热胀冷缩的应力所引起的变形的能力。

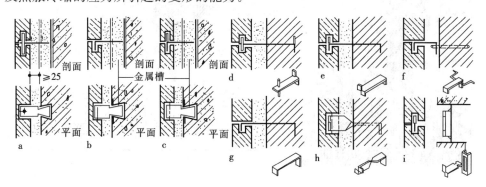

图 4-4-3-8 片状连接件及其挂装石材的方法

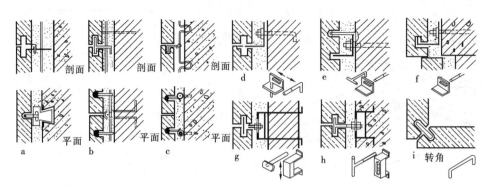

图 4-4-3-9   杆状连接件及其挂装石材的方法

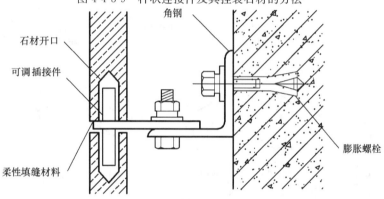

图 4-4-3-10   可调式石材挂装连接件示意

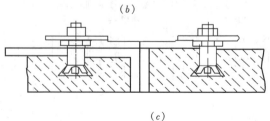

图 4-4-3-11   用锚栓锚固石材的工艺示意

(a) 用锚栓锚固石材的工艺；(b) 预先打入锚栓的石材；(c) 可用锚栓调节石材面板的安装尺寸

　　另有一些装饰性的陶片或陶板，因为是烧制的，可以在制坯时就事先设计和制作好方便挂装的节点形状或者留有孔洞，其安装方式与石材面板相类似。图4-4-3-12 介绍了两个分别在室内和室外的墙面上挂装陶制构件的实例；图 4-4-3-13 则介绍了几款挂装陶板的节点做法。

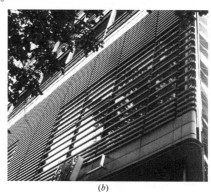

(a)　　　　　　　　　　　　　　(b)

图 4-4-3-12　在室内或室外的墙面上挂装陶制构件的实例

(a) 在室内挂装装饰陶片的实例；(b) 在外墙上挂装条形陶制遮阳的实例

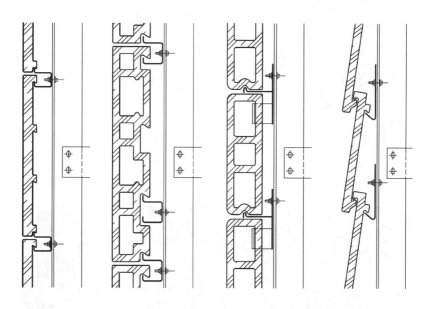

图 4-4-3-13　挂装陶制条形面板的几种构造做法

　　附加装饰墙面板与基层墙体之间的空隙中可以根据具体情况填入具有隔声、防水、保温等功能的材料，也可以填入固结材料，如在石板与墙体基层间灌入水泥砂浆，使基层与面层之间牢固粘结（图 4-4-3-14）。但近年来的趋势是保持基层与面层之间的独立性，俗称"干挂"，这样有助于面层的维修更换。甚至于对

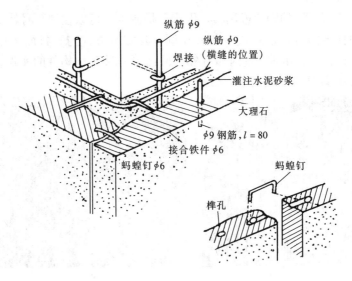

纵筋 φ9

纵筋 φ9
（横缝的位置）

焊接

灌注水泥砂浆

大理石

φ9 钢筋，l = 80
接合铁件 φ6

蚂蝗钉 φ6

蚂蝗钉

榫孔

图 4-4-3-14　间层中灌水泥砂浆的石墙面

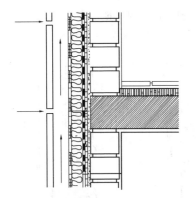

图 4-4-3-15　离缝干挂面板对改善外墙
热工性能的作用示意

面层板材之间的缝隙也做离缝处理。这种方法应用在外墙面上时，间层中空气的流通可以帮助起到有如本书上一章中所提到的可"呼吸"的双层玻璃幕墙的隔热作用（图 4-4-3-15）。图 4-4-3-16 和图 4-4-3-17 分别是干挂装饰墙面板的实例外观和构造做法。

3. 吊顶的施工工艺

吊顶的防火要求较高，因此在公共建筑中，木质的龙骨已很少使用，而代之以铝合金轻钢材料等制作的金属龙骨。龙骨

（a）

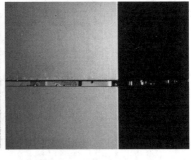

（b）

图 4-4-3-16　离缝干挂面板实例二则

（a）某建筑室外离缝干挂花岗石面板；（b）某展馆室内离缝挂金属面板

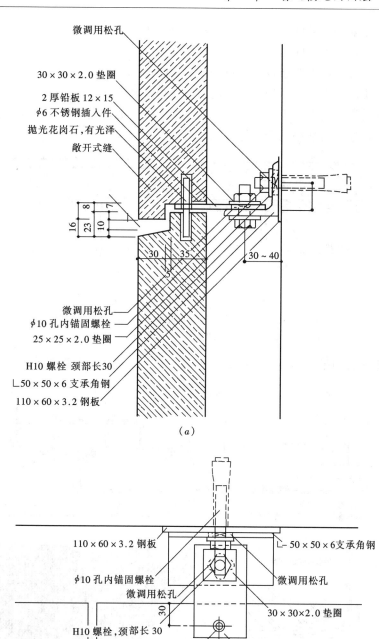

图 4-4-3-17　离缝干挂石面板构造做法举例

（a）节点纵剖面；（b）节点横剖面

系统包括吊筋和龙骨两部分，龙骨本身又可分为主龙骨和次龙骨。轻钢龙骨的构件之间还有许多配套使用的连接件，可以方便安装。

吊顶的吊筋可以在楼板施工的过程中预留（图4-4-3-18），也可以用膨胀螺栓打入楼板底部固定。但如果楼板的状况使得膨胀螺栓难以发挥拉结作用，例如是预制钢筋混凝土多孔板的话，出于安全方面的考虑，应当设法以墙或者梁等构件为支座，通过增加小型钢梁等方法，给吊筋以有效的连接点。

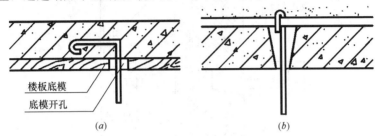

图 4-4-3-18　吊顶吊筋预留方式

(a) 在现浇板中预留吊筋；(b) 利用预制板板缝筋预留吊筋

（预留吊筋长出板底100，并可焊接加长）

轻钢龙骨与吊顶面板的连接方式有钉入式、搁置式和卡接式等几种（图4-4-

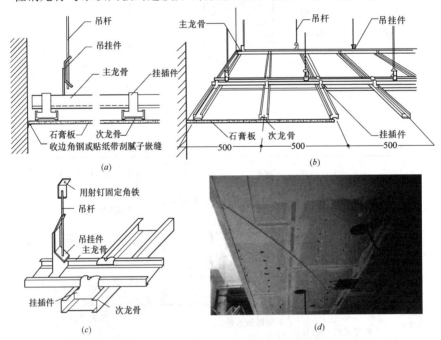

图 4-4-3-19　钉入式轻钢龙骨纸面石膏板吊顶

(a) 纸面石膏板与轻钢龙骨钉接；(b) 钉入式轻钢龙骨纸面石膏

板吊顶顶部透视；(c) 轻钢龙骨交接示意；(d) 钉入式轻钢龙骨纸面石膏板吊顶实例

3-19～图 4-4-3-21）。钉入式适用于需要大面积平整表面的吊顶；搁置式适用于小块的成品块材，而且可以方便吊顶内部附加管道等的检修，常用于走道等部位；卡接式适用于需要经常更换吊顶灯具等布置方式的场所，如商场、展示空间等。其具体的方式十分多样。

吊顶除了装饰功能外，往往还被利用来对空间进行声学处理。

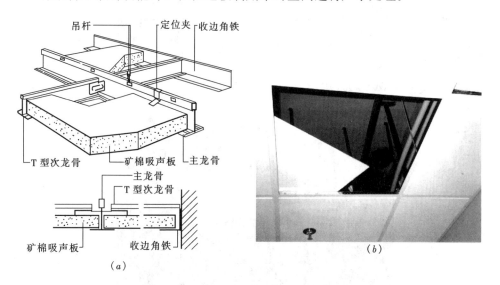

图 4-4-3-20　搁置式矿棉板吊顶
(a) 搁置式吊顶构造示意；(b) 图 4-4-3-15 搁置式矿棉板吊顶实例

首先在建筑物中，由楼上人的脚步声、拖动家具、撞击物体等所产生的撞击声，对楼下房间的干扰特别严重。而隔绝撞击声与隔绝借空气而传播的空气声的指标是不同的。空气声的传播分两种情况，一种是声音直接在空气中传递，称直接传声。如露天中声音的传播或某一空间内发出的声音通过构件中的缝隙传至另一空间，均系直接传声。另一种是由于声波振动，经空气传至结构，引起结构的强迫振动，致使结构向其他空间辐射声能，这种声音的传递称振动传声。要隔绝空气传声，在构造上可以采用质量大、气密性好的构件。但要隔绝撞击声，就不能以隔空气声的隔声量指标来衡量。因为它不单纯地受质量定律的支配，相反，像楼板这样的构件密度越大，重量越重，对撞击声的传递就越快。所以，除了可以在楼面上铺设富有弹性的材料，如铺设地毯、橡胶地毡、塑料地毡、软木板等，以降低楼板本身的振动，使撞击声能减弱；或者在楼板结构层与面层之间增设一道弹性垫层，例如木丝板、甘蔗板、软木片、矿棉毡等，使楼面形成浮筑层，与楼板完全隔开以外，在楼板下做吊顶，使楼板被撞击后产生的撞击声的声能，在吊顶与楼板间的间层中有所消耗，也是不错的方法。但这个间层最好能够封闭，而且吊顶的质量越大，整体性越强，其隔声效果越好。另外，吊顶吊筋与楼板之间的连接越是采用弹性连接，隔声的效果也越好。

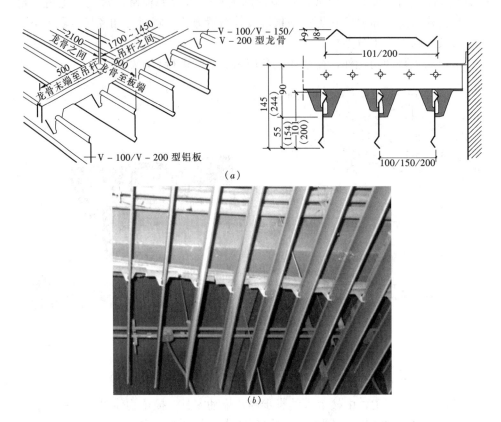

图 4-4-3-21   卡接式金属吊顶

(*a*) 卡接式吊顶构造示意；(*b*) 卡接式金属吊顶实例

　　其次，在许多大型的公共空间中，人流活动所产生的噪声往往也较大，这时如果采取吸声材料作为吊顶的面层材料或者采用穿孔面板，在面板背面敷设吸声材料，对减少噪声在空气中的传递也是很有效的方法（图 4-4-3-22）。

　　再有，在许多需要特殊声学处理的空间中，例如讲堂、音乐厅等场所，吊顶都是用来控制声场分布和音质效果的重要部件，可以通过其表面形状、材料、构造等的改变，起到反射和吸收声能的作用。图 4-4-3-23 所示的报告厅中的吊顶可以通过反射角度帮助讲台声源的前期反射声到达座位的后部，在较为压抑的后排座位位置上方及后壁上采用吸声材料帮助减少混响时间，这样有助于提高语音的清晰度。此外，该工程实例中结合设备布置将吊顶进行分段处理，也是消除较小层高的空间中吊顶形式单调有可能产生的压抑感的一种方法。

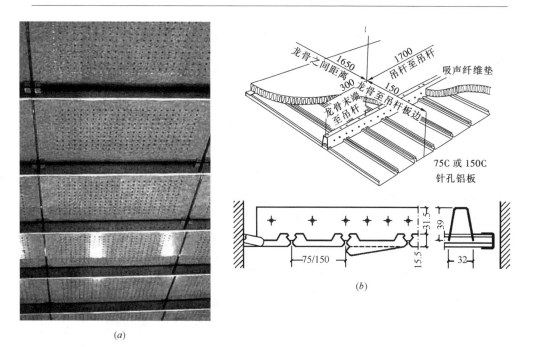

图 4-4-3-22　吸声穿孔金属板吊顶

（a）吸声穿孔金属板吊顶实例；（b）吸声穿孔金属板吊顶构造示意

图 4-4-3-23　某报告厅吊顶实例

4.4　裱 糊 类 面 层

裱糊类工艺是将各种装饰性的墙纸、墙布等卷材类的装饰材料裱糊在墙面上的一种工艺。

4.4.1   裱糊类面层常用的材料

裱糊类面层常用的材料有各类壁纸、壁布和配套的粘结材料。

其中常用的壁纸类型有:

PVC塑料壁纸(以聚氯乙烯塑料或发泡塑料为面层材料,衬底为纸质或布质);

纺织物面壁纸(以动植物纤维做面料复合于纸质衬底上);

金属面壁纸(以铝箔、金粉、金银线配以金属效果饰面);

天然木纹面壁纸(以极薄的木皮衬在布质衬底上);等等。

常用的壁布类型有:

人造纤维装饰壁布(以人造纤维如玻璃纤维等的织物直接作为饰面材料);

锦缎类壁布(以天然纤维织物如织锦缎等直接作为饰面材料);等等。

4.4.2   裱糊类面层常用的施工工艺

裱糊类面层的施工工艺主要在抹灰的基层上进行,亦可在其他基层上粘贴壁纸和壁布。

裱糊类基层的抹灰以混合砂浆为好。它要求基底平整、致密;对不平的基底需用腻子刮平并弹线。在具体施工时首先下料,对于有对花要求的壁纸或壁布在裁剪尺寸上,其长度需比墙高放出 100～150mm,以适用对花粘贴的要求。然后进行润纸(布),即令壁纸、壁布预先受潮涨开,以免粘贴时起皱。在壁纸、壁布的粘贴过程中,可以根据面层的特点分别选用不同的专用胶料或粉料。同时,在粘贴时,要注意对接缝以及气泡的处理。

图 4-4-4-1 是裱糊壁纸、壁布的基本方法,注意自上而下令其自然悬垂并用

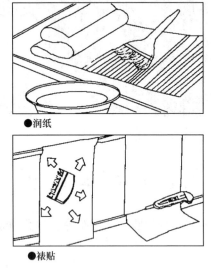

●润纸

●裱贴

图 4-4-4-1   裱糊壁纸、壁布的基本顺序

干净湿毛巾或刮板推赶气泡。图 4-4-4-2 是壁纸、壁布对缝的一般方法，这样可使接缝美观而且不明显。如果接缝处对缝拼花有困难，也可作搭接处理，如图 4-4-4-3 所示。如果装裱厚壁纸、壁布下仍有气泡，可用注射用针筒进行抽气处理。

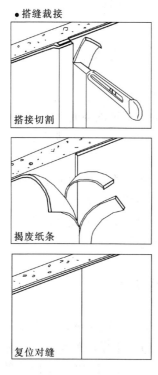

图 4-4-4-2　对缝的一般方法

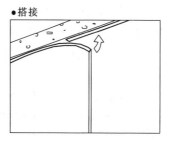

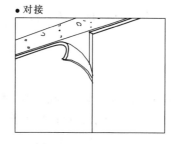

图 4-4-4-3　需对花的壁纸、
壁布接缝处的拼花方法

第5章 基础

5.1 基础的作用及其与地基的关系

在建筑工程上，把建筑物与土壤直接接触的部分称为基础。把支承建筑物重量的土层叫地基。基础是建筑物的组成部分。它承受着建筑物的上部荷载，并将这些荷载传给地基。地基不是建筑物的组成部分。地基可分为天然地基和人工地基两类。

凡天然土层本身具有足够的强度，能直接承受建筑物荷载的地基被称为天然地基。凡天然土层本身的承载能力弱，或建筑物上部荷载较大，须预先对土壤层进行人工加工或加固处理后才能承受建筑物荷载的地基称人工地基。人工加固地基通常采用压实法、换土法、打桩法以及化学加固法等。

5.2 基础的埋置深度

从室外设计地面至基础底面的垂直距离称基础的埋置深度，简称基础的埋深，如图4-5-2-1所示。建筑物上部荷载的大小、地基土质的好坏、地下水位的高低、土的冰冻的深度以及新旧建筑物的相邻交接关系等，都将影响着基础的埋深。根据基础埋置深度的不同，基础有深基础、浅基础和不埋基础之分。当埋置深度大于4m的称深基础；当埋置深度小于4m的称浅基础；当基础直接做在地表面上的称不埋基础。对于冬天地表土会结冰的地区，将结冰的土层厚度处称为冰冻线。为了防止冻融时土内所含的水的体积发生变化会对基础造成不良影响，基础底面应埋在冰冻线以下200mm。

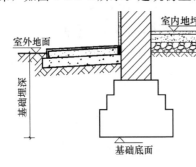

图 4-5-2-1 基础的埋深

5.3 基础的类型

基础的类型较多，按基础所采用材料和受力特点分，有刚性基础和非刚性基础；依构造形式分，有条形基础、独立基础、筏形基础、桩基础、箱形基础等。

5.3.1 按所用材料及受力特点分类

1. 刚性基础

由刚性材料制作的基础称为刚性基础。在常用的建筑材料中,砖、石、素混凝土等抗压强度高,而抗拉、抗剪强度低,均属刚性材料。由这些材料制作的基础都属于刚性基础。

从受力和传力的角度考虑,由于土壤单位面积的承载能力小,上部结构通过基础将其荷载传给地基时,只有将基础底面积不断扩大,才能适应地基受力的要求。根据试验得知,上部结构(墙或柱)在基础中传递压力是沿一定角度分布的,这个传力角度称压力分布角,或称刚性角,以 α 表示(图 4-5-3-1a)。

由于刚性材料抗压能力强,抗拉能力差,因此,压力分布角只能在材料的抗压范围内控制。如果基础底面宽度超过控制范围,即由图中的 B_0 增大到 B_1,致使刚性角扩大。这时,基础会因受拉而破坏(图 4-5-3-1b)。所以,刚性基础底面宽度的增大要受到刚性角的限制。

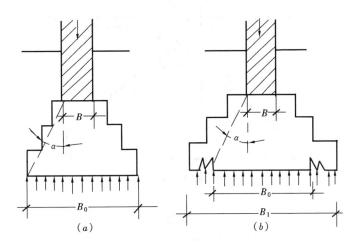

图 4-5-3-1 刚性基础的受力、传力特点

(a) 基础受力在刚性角范围以内;(b) 基础宽度超过刚性角范围而破坏

不同材料基础的刚性角是不同的,通常砖砌基础的刚性角控制在 $26°\sim33°$ 之间为好,素混凝土基础的刚性角应控制在 $45°$ 以内(图 4-5-3-2)。

2. 非刚性基础

当建筑物的荷载较大而地基承载能力较小时,由于基础底面宽度 B_0 需要加宽,如果仍采用素混凝土材料,势必导致基础深度也要加大。这样,既增加了挖土工作量,而且还使材料用量增加,对工期和造价都十分不利(图 4-5-3-3a)。如果在混凝土基础的底部配以钢筋,利用钢筋来承受拉力(图 4-5-3-3b)。使基础底部能够承受较大弯矩。这时,基础宽度的加大不受刚性角的限制。故有人称

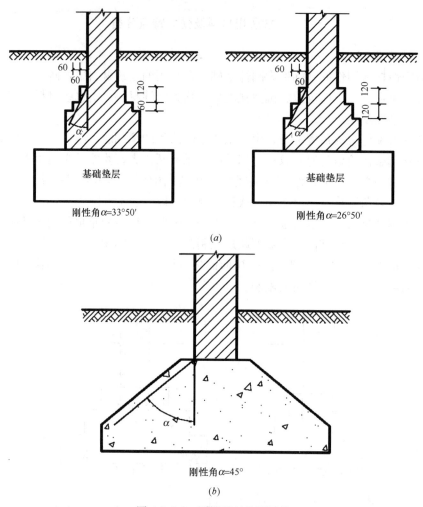

图 4-5-3-2　刚性基础的刚性角

（a）砖砌基础的刚性角范围；（b）素混凝土基础的刚性角范围

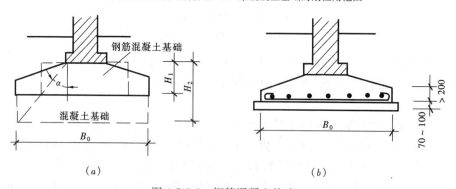

图 4-5-3-3　钢筋混凝土基础

（a）混凝土与钢筋混凝土基础比较；（b）基础配筋情况

钢筋混凝土基础为柔性基础。在同样条件下，采用钢筋混凝土与混凝土基础比较，可节省大量的混凝土材料和挖土工作量。

为了保证钢筋混凝土基础施工时，钢筋不致陷入泥土中，常须在基础与地基之间设置混凝土垫层。

5.3.2　按基础的构造形式分类

基础构造形式的确定随建筑物上部结构形式、荷载大小及地基土质情况而定。在一般情况下，上部结构形式直接影响基础的形式，当上部荷载增大，且地基承载能力有变化时，基础形式也随之变化。

1. 条形基础

当建筑物上部结构采用砖墙或石墙承重时，基础沿墙身设置，多做成长条形，这种基础称条形基础或带形基础（图 4-5-3-4）。所以，条形基础往往是砖石墙的基础形式。

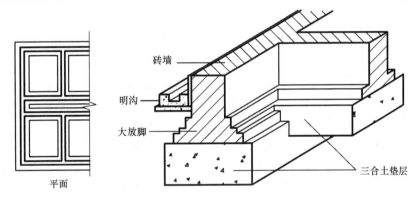

图 4-5-3-4　条形基础

2. 独立基础

当建筑物上部结构采用框架结构或单层排架及门架结构承重时，其基础常采用方形或矩形的单独基础，这种基础称独立基础或柱式基础（图 4-5-3-5a）。独

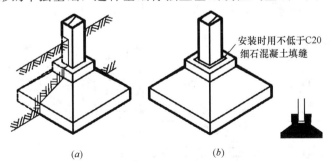

图 4-5-3-5　独立柱式基础

（a）现浇基础；（b）杯形基础

立基础是柱下基础的基本形式。当柱采用预制构件时，则基础做成杯口形，然后将柱子插入、并嵌固在杯口内，故称杯形基础（图 4-5-3-5b）。

3. 井格式基础

当框架结构处在地基条件较差的情况时，为了提高建筑物的整体性，以免各柱子之间产生不均匀沉降，常将柱下基础沿纵、横方向连接起来，做成十字交叉的井格基础，故又称十字带形基础（图 4-5-3-6）。

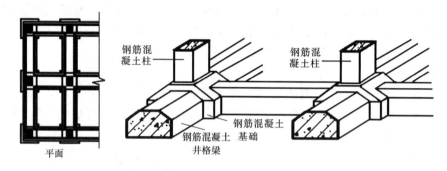

图 4-5-3-6　井格式基础

4. 筏形基础

当建筑物上部荷载较大，而所在地的地基承载能力又比较弱，这时采用简单的条形基础或井格式基础已不能适应地基变形的需要时，常将墙或柱下基础连成一片，使整个建筑物的荷载承受在一块整板上，这种满堂式的板式基础称筏式基础。筏形基础有平板式和梁板式之分，图 4-5-3-7 为梁板式筏形基础，图 4-5-3-8 为平板式筏形基础。平板式基础是在天然地表上，将场地平整并用压路机将地表土碾压密实后，在较好的持力层上，浇筑钢筋混凝土平板。这一平板便是建筑物的基础。在结构上，基础如同一只盘子反扣在地面上承受上部荷载。这种基础大大减少了土方工作量，且较适宜于较弱地基（但必须是均匀条件）的情况，特别适宜于 5~6 层整体刚度较好的居住建筑。

5. 桩基础

当建筑的上部荷载较大时，需要将其传至深层较为坚硬的地基中去，会使用

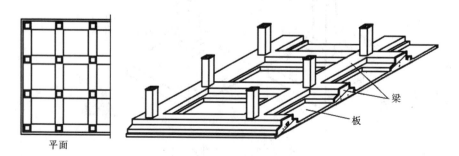

图 4-5-3-7　梁板式筏形基础

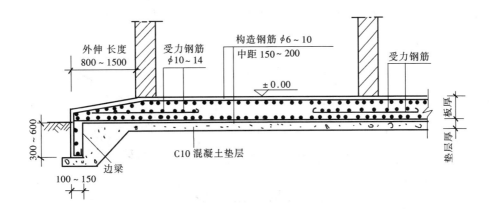

图 4-5-3-8 平板式筏形基础

桩基础。桩基的形式很多，在此不一一赘述。由若干桩来支承一个平台，然后由这个平台托住整个建筑物，这叫做桩承台。桩基础多数用于高层建筑或土质不好的情况下（图 4-5-3-9）。

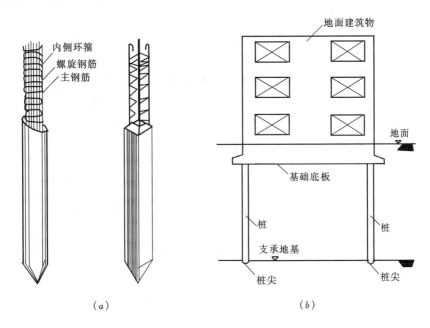

图 4-5-3-9 桩基础
（a）钢筋混凝土桩基础；（b）桩承台示意

6. 箱形基础

箱形基础是由钢筋混凝土的底板、顶板和若干纵横墙组成的，形成空心箱体的整体结构，共同来承受上部结构的荷载（图 4-5-3-10）。箱形基础整体空间刚度大，对抵抗地基的不均匀沉降有利，一般适用于高层建筑或在软弱地基上建造的上部荷载较大的建筑物。当基础的中空部分尺度较大时，可用作地下室。

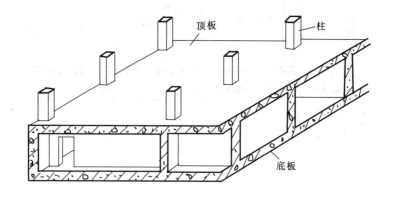

图 4-5-3-10   箱型基础

以上是常见基础的几种基本结构形式。此外，我国各地还因地制宜地采用了许多不同材料、不同形式的基础，如壳体基础等（图 4-5-3-11）。

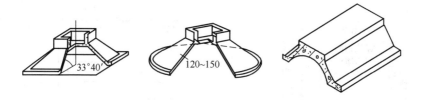

图 4-5-3-11   壳体基础

第6章 楼梯及其他
垂直交通设施

楼梯是建筑物内各个不同楼层之间上下联系的主要交通设施。在层数较多或有特种需要的建筑物中，往往设有电梯或自动楼梯，但同时也必须设置楼梯。

楼梯应做到上下通行方便，有足够的通行宽度和疏散能力，包括人行及搬运家具物品；并应满足坚固、耐久、安全、防火和一定的审美要求。

在建筑物入口处，因室内外地面的高差通常需要设置阶梯，这样的设施称为台阶。为了方便车及轮椅通行，可增设坡道。

本章内容将就楼梯及这些相关的垂直交通设施的构成、设计要点以及细部构造作简要的介绍。

6.1 楼 梯 的 组 成

6.1.1 楼梯的组成部分

楼梯由楼梯梯段、楼梯平台和扶手栏杆（板）三部分组成（图 4-6-1-1）。

1. 楼梯梯段

设有踏步以供层间上下行走的通道段落，称梯段。一个梯段又称为一跑。梯段上的踏步按供行走时踏脚的水平部分和形成踏步高差的垂直部分分别称作踏面和踢面。楼梯的坡度就是由踏步的高度和宽度形成的。

2. 楼梯平台

楼梯平台指连接两个梯段之间的水平部分。平台用来供楼梯转折、连通某个楼层或供使用者在攀登了一定的距离后略事休息。平台的标高有时与某个楼层相一致，有时介于两个楼层之间。与楼层标高相一致的平台称之为正平台，介于两个楼层之间的平台称之为半平台。

3. 扶手栏杆（板）

为了在楼梯上行走的安全，梯段和平台的临空边缘应设置栏杆或栏板，其顶部设依扶用的连续构件，称扶手。

6.1.2 楼梯的组成形式

楼梯的组成形式表现为梯段之间的组合和转折关系。

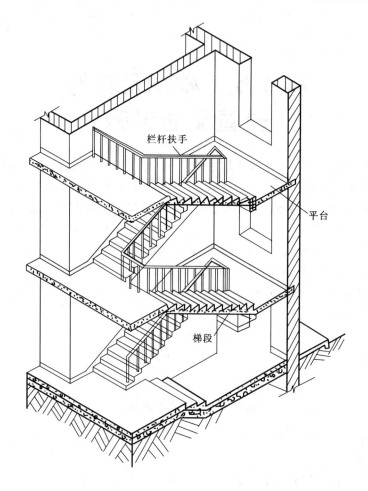

图 4-6-1-1   楼梯的组成部分

楼梯中最简单的是直跑楼梯。直跑楼梯又可分为单跑和多跑几种。楼梯中最常见的是双跑并列成对折关系的楼梯，又称双跑楼梯或对折式楼梯。此外，如果相邻梯段之间成角度布置，就形成折角式楼梯。折角式楼梯又分单方向的折角和双分折角。另有剪刀式楼梯和圆弧形楼梯以及内径较小的螺旋形楼梯、带扇步的楼梯以及各种坡度比较陡的爬梯等（图 4-6-1-2），都是楼梯的常用形式。

6.1.3 楼梯的坡度

楼梯的坡度与建筑物的性质有关。主要依据是建筑物内主要使用人群的体征状况以及通行的情况。例如交通建筑的楼梯坡度较缓，以适应大量携带行李的人群行走；而一般居民住宅的楼梯坡度可以相对陡一些，是因为行走的人流量不大，而且建筑层高不高。为此相关规范对不同类型的建筑物给出了楼梯踏步最小

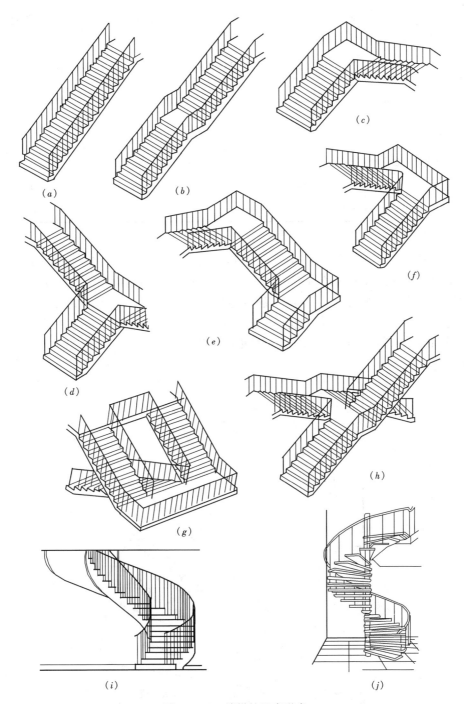

图 4-6-1-2　楼梯的组成形式

(a) 直跑单跑楼梯；(b) 直跑多跑楼梯；(c) 折角楼梯；(d) 双分折角楼梯；(e) 三折楼梯；

(f) 对折楼梯（双跑楼梯）；(g) 双分对折楼梯；(h) 剪刀楼梯；(i) 圆弧形楼梯；(j) 螺旋楼梯

宽度和最大高度，见表 4-6-1-1。设计时参照执行，可以做到兼顾楼梯的舒适性和经济性两方面。

楼梯踏步最小宽度和最大高度（m）

表 **4-6-1-1**

楼 梯 类 别	最小宽度	最大高度
住宅公用楼梯	0.26	0.175
幼儿园、小学校等楼梯	0.26	0.15
电影院、剧场、体育馆、商场、医院、旅馆和大中学校等楼梯	0.28	0.16
其他建筑楼梯	0.26	0.17
专用服务楼梯、住宅套内楼梯	0.22	0.20

注：无中柱螺旋楼梯和弧形楼梯离内侧扶手中心 0.25m 处的踏步宽度不应小于 0.22m。

楼梯的常用坡度范围在 25°~45°，其中以 30°左右较为适宜。如公共建筑中的楼梯及室外的台阶常采用 26°34′的坡度，即踢面高与踏面深之比为 1：2。居住建筑的户内楼梯可以达到 45°。坡度达到 60°以上的属于爬梯的范围。坡道的坡度一般都在 15°以下，若坡度在 6°或者说是在 1：12 以下的，属于平缓的坡道。坡道的坡度达到 1：10 以上，就应该采取防滑措施。图 4-6-1-3 是以上内容的简单示意。

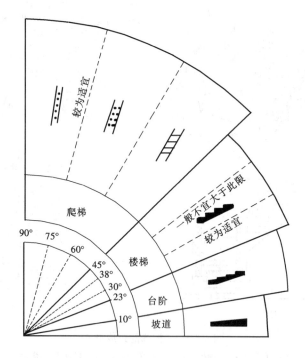

图 4-6-1-3 楼梯的常用坡度及分类

6.2　楼梯的结构形式

　　楼梯的结构形式与楼板有许多相似之处。一个梯段可以视作一段倾斜的楼板，但梯段上三角形的踏步部分不计入结构的计算厚度（图 4-6-2-1）。

　　楼梯的结构支承情况，可以大致分为以下几种类型：

　　1. 用平台梁来支承的板式楼梯和梁板式楼梯

　　平台梁是设在梯段与平台交接处的梁，是最常用的楼梯梯段的支座。平台可以与梯段共用支座，也可以另设支座（图 4-6-2-2）。

　　平台梁做在梯段的两端，可以使梯段的跨度做到最小。不过平台梁也应该有支座。如果因为楼梯整体布置的关系使得平台梁需要移动位置时，就有可能将梯段和平台做成折线形的构件来处理（图 4-6-2-2*b*）。

图 4-6-2-1　梯段板
计算厚度

　　　　（*a*）

　　　　（*b*）

图 4-6-2-2　平台梁与梯段的支承关系
（*a*）平台梁在平台口的位置；（*b*）平台梁不在平台口的位置，形成折板

　　像楼板可以分成板式和梁板式的一样，楼梯梯段也可以分成板式和梁板式两

种。板式楼梯的一个梯段就是一块板（图4-6-2-3），而梁板式楼梯的梯段又分成踏步板和梯段梁两部分（图4-6-2-4）。踏步板上的荷载通过梯段梁再传给平台梁。一般的钢筋混凝土楼梯可以采用这两种形式中的任何一种，而钢楼梯和木楼梯则都是梁板式楼梯。梁板式楼梯的梯段梁可以是单根梁，也可以用双根梁。其数量和位置的不同可以形成多变的楼梯形态（图4-6-2-5）。

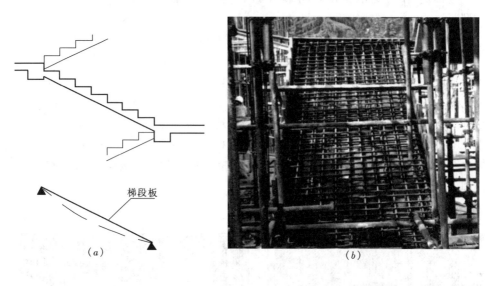

梯段板

（a）

（b）

（c）

图4-6-2-3　板式楼梯的形式及受力分析
（a）板式梯段受力时的挠度方向；（b）现浇钢筋混凝土板式
楼梯的配筋情况（c）板式楼梯实例

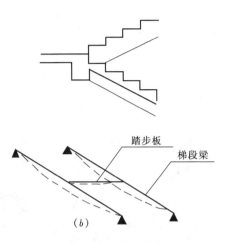

踏步板

梯段梁

(a)

(b)

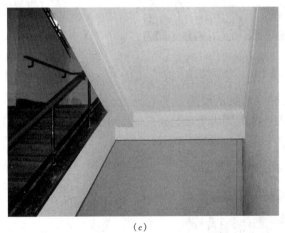

(c)

图 4-6-2-4　梁板式楼梯的形式及受力分析

(a) 现浇钢筋混凝土梁板式楼梯的配筋情况；(b) 梁板式梯段受力时的挠度方向；(c) 梁板式楼梯实例

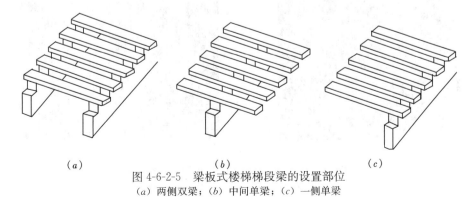

(a)　　　　　　　　　　　(b)　　　　　　　　　　　(c)

图 4-6-2-5　梁板式楼梯梯段梁的设置部位

(a) 两侧双梁；(b) 中间单梁；(c) 一侧单梁

2. 从侧边出挑的挑板楼梯

与布置在侧边的单梁楼梯相类似,板式楼梯的梯段板也可以不由两端的平台梁支承,而改由侧边的支座出挑,这时梯段板相当于倾斜或受扭的挑板阳台(图 4-6-2-6、图 4-6-2-7)。这类楼梯常用于室外的疏散楼梯,因为梯段不宽,而且构件边沿简洁,其支承构件往往做成一片钢筋混凝土的墙,但应当注意处理好楼梯与主体结构的联系以及沉降方面的问题。

图 4-6-2-6   从中间圆柱形钢筋   图 4-6-2-7   从中间的一片钢筋
混凝土墙中出挑的圆楼梯   混凝土墙中出挑的室外疏散楼梯

3. 作为空间构件的悬挑楼梯

有些楼梯因视觉上的要求需要显得轻巧,例如设在建筑物中庭中的楼梯。如果梯段两端都设支座支承平台梁,会显得较为笨重。此时如果采用作为空间受力构件的悬挑楼梯,取消楼梯一端的平台梁及其支座,会取得较好的视觉效果(图 4-6-2-8)。但其底部接近地面处应当进行处理,以阻止人误入该范围内而产生碰头的危险。

(a)   (b)

图 4-6-2-8   由端部出挑的空间构件悬挑楼梯
(a)梯段与半平台交接处构造;(b)由端部出挑的悬挑楼梯实例

4. 悬挂楼梯

同样出于轻巧的视觉要求，有些楼梯还可以利用栏杆，或者另设拉杆，把整个梯段或者踏步板逐块吊挂在上方的梁或者其他的受力构件上，形成悬挂楼梯。这类楼梯有可能时最好设置防止其晃动的设施（图 4-6-2-9）。

图 4-6-2-9　由上部拉杆悬挂的钢楼梯

5. 支承在中心立杆上的螺旋楼梯

螺旋楼梯的内圆半径非常小，可以直接将踏步做成踏步块安放在中心的立柱上，然后调整角度并加以固定（图 4-6-2-10）。螺旋楼梯的装饰性较强，但踏步近中心处较窄，只能用于居住建筑的户内以及一些小型的办公、储藏空间等，不能用于有大量人流的公共空间，尤其不能用作消防疏散楼梯。

6.3　楼梯常用施工工艺

楼梯的施工工艺主要分现浇和预制装配两种。钢筋混凝土楼梯可以根据建筑主体的结构施工情况采用整体现浇或预制装配；钢、木楼梯则全部采用装配式的工艺。

图 4-6-2-10　装配式螺旋楼梯

6.3.1 整体现浇式钢筋混凝土楼梯

现浇楼梯在施工时通过支模、绑扎钢筋、浇筑混凝土，从而与建筑物主体部分浇筑成整体。其结构刚度好，结构断面高度也较小，使用面相当广。同时，现场支模又为许多非直线形的楼梯的制作提供了方便。图4-6-3-1所示的圆形楼梯可以看作每层就是一块受扭的厚板，其踏步两端薄缘向外侧挑出。现浇工艺使得板厚较小，显得较为轻盈。对于一些跨度较大的梁板式楼梯，现浇时可像一些大型的雨篷那样，将梯段梁上翻，与楼梯栏板结合起来处理，免得梯段梁下垂显得较为厚重。习惯上将梁板式楼梯的踏步从侧边可以看到的称为"明步"，而将梯段梁上翻，使得从侧边不能看到踏步的称为"暗步"（图4-6-3-2）。

图4-6-3-1 现浇扭板圆楼梯实例一则　　图4-6-3-2 暗步现浇梁板式楼梯实例一则

6.3.2 大中型构件预制装配式楼梯

根据构件的划分情况，预制装配式的楼梯又可以分为大中型构件装配式以及小型构件装配式。

大中型构件装配式主要是钢筋混凝土的楼梯以及重型的钢楼梯。其中大型构件主要是以整个梯段以及整个平台为单独的构件单元，在工厂预制好后运到现场安装。

中型构件主要是沿平行于梯段或平台构件的跨度方向将构件划分成几块，以减少对大型运输和起吊设备的要求。

　　钢构件在现场一般采用焊接的工艺来拼装。钢筋混凝土的构件在现场可以通过预埋件焊接，也可以通过构件上的预埋件和预埋孔相互套接（图 4-6-3-3）。

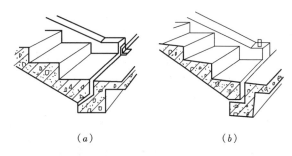

图 4-6-3-3　大中型预制梯段构件与平台梁的连接
（a）梯段板与平台梁通过预埋件焊接；（b）梯段板与平台梁通过预埋件和预留孔套接

　　参照上文中的图 4-6-2-4、图 4-6-2-5 并比较本节中的图 4-6-3-4 和图 4-6-3-5，

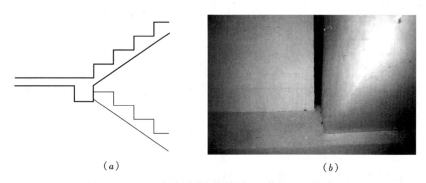

图 4-6-3-4　现浇楼梯梯段构件与平台梁的交接关系
（a）现浇楼梯上下跑对齐时可在不同高度进入平台梁支座；（b）上下跑对齐的现浇楼梯平台口处节点

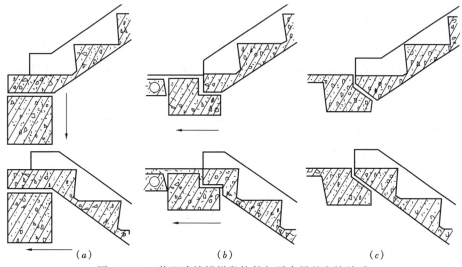

图 4-6-3-5　装配式楼梯梯段构件与平台梁的交接关系
（a）上下跑对齐时矩形平台梁下移、后移，梁下净空减小；（b）上下跑对齐时 L 形平台梁后移，梁下净空不减小；（c）上下跑错半步，方便平台梁与上下梯段在同一高度相连接

可以发现，在平台梁设在平台口边缘处的情况下，对折楼梯的两个相邻梯段如在该处对齐，则梯段构件会在不同的高度进入同一根平台梁。这在现浇工艺不难解决。但如果采用预制装配的工艺，因为两个相邻梯段需要在同一个搁置高度与平台梁相连，所以平台梁的位置只有移动，才能够使上下梯段仍然在平台口处对齐，但这有可能会影响到梁下的净高。或者将上下梯段在平台口处错开半步或一步，构件就容易在同一高度进支座，但楼梯间的长度会因此而增加。

6.3.3　小型构件预制装配式楼梯

小型构件装配式楼梯是以楼梯踏步板为主要装配构件，安装在梯段梁上。其预制踏步板的断面形式有一字形、L形和三角形等几种（图 4-6-3-6）。

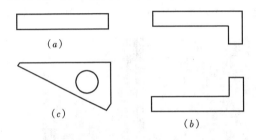

一字形踏步板制作比较方便，踏步的高宽可调节，简支及悬挑均可。L形踏步有正反两种，肋向下者，上一块踏步板的踢面压下一块的踏面；肋向上者，上一块踏步板的踏面压下一块的踢面。这样有利于藏缝。在用L形踏步板不能够全部解决问题的部位，可以用一字形踏步板来辅助解决（图 4-6-3-7）。

图 4-6-3-6　预制楼梯踏步板的几种主要形式
(a) 一字形；(b) L形；(c) 三角形

针对以上这两种踏步板而言，三角形踏步板的好处是梯段梁的上部不必有锯齿状的突起，而且装配后楼梯梯段下部结构较为平整。为了减轻构件自重，三角形踏步板经常作穿孔处理。

和现浇梁板式楼梯一样，小型构件预制装配式楼梯也可以做成明步或暗步的形式。在材料方面，小型构件装配式楼梯可以用单一的材料制作，例如在钢筋混凝土梯段梁上安装混凝土踏步板，或者在钢梁上安装钢踏步板等。同时，混合材料的使用也很普遍。例如在钢梁上安装混凝土、玻璃或各种天然、复合的木踏步板，在钢筋混凝土梁上安装钢踏步板，等等。可以结合建筑饰面一起考虑。其构件的连接方式可根据材料特点，采用焊接、套接、栓接，等等（图 4-6-3-8～图 4-6-3-13）。图 4-6-3-14 还提供了装配式螺旋楼梯的踏步形式及安装构造。

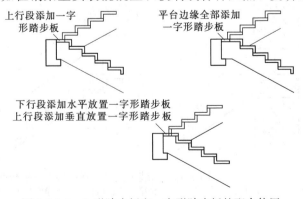

图 4-6-3-7　L形踏步板和一字形踏步板的配合使用

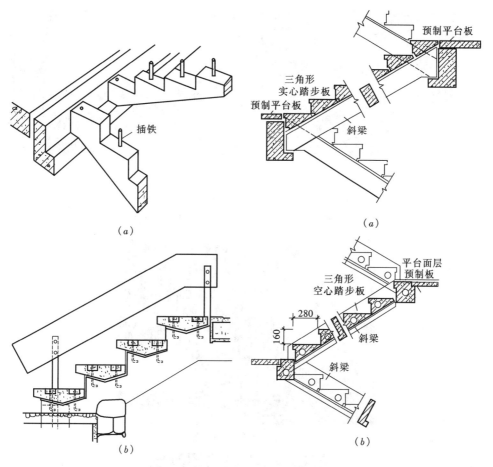

(a)

(b)

图 4-6-3-8　一字形踏步板的安装示意图

　(a) 锯齿形斜梁，每个踏步穿孔，有插铁
　　窝牢；(b) 一字形踏步板安装实例

(a)

(b)

图 4-6-3-9　三角形踏步板的安装示意图

　(a) 三角形踏步板与矩形斜梁组成；
　(b) 三角形空心踏步块与 L 形斜梁组成

(a)

(b)

图 4-6-3-10　装配式全钢楼梯实例一则

(a) 双侧梁一字形踏步板全钢楼梯实例；(b) 轧花钢板踏步板与钢梁的连接

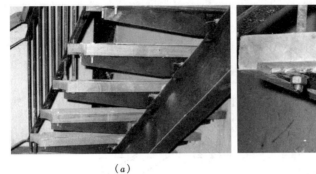

（a）   （b）

图 4-6-3-11   钢梁与木踏步板的组合

（a）工字钢单梁与木制踏步板的组合；（b）木制踏步板的安装节点

图 4-6-3-12   钢梁与混凝土预制踏步板的组合

图 4-6-3-13   不锈钢梁与玻璃踏步板的组合

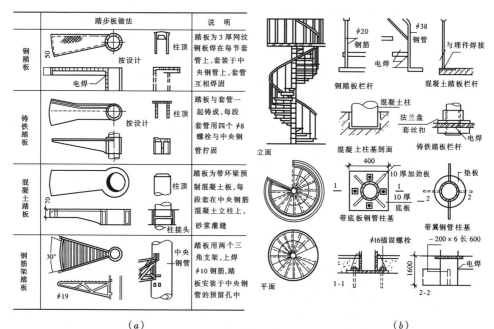

（a）　　　　　　　　　　　　　　　　　　（b）

图 4-6-3-14　装配式螺旋楼梯的踏步形式及安装构造
（a）不同踏步板的做法及安装说明；（b）螺旋形楼梯安装构造

6.3.4　楼 梯 面 层 处 理

　　楼梯面层的构造做法与楼板面层大致相同。但因为楼梯是有高差的通道，而且在火灾等灾害发生时往往是疏散逃生的唯一通道，所以踏面材料必须防滑，而且在平台和踏步的前缘都要安装防滑条。防滑条构造与饰面材料有关。图 4-6-3-15 介

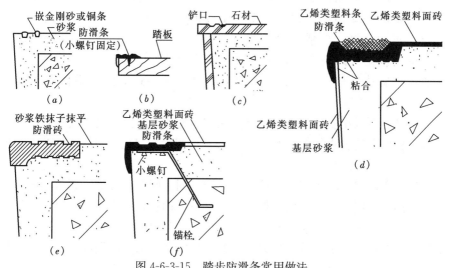

图 4-6-3-15　踏步防滑条常用做法
（a）嵌金刚砂或铜条；（b）钉金属防滑条；（c）石材铲口；（d）粘贴复合材料防滑条；（e）贴防滑面转；（f）锚固金属防滑条

绍了几种常用的防滑条的做法。此外，钢材是不耐火的材料，钢楼梯的钢构件都必须涂防火涂料，踏步板应进行防滑处理。

在同一梯段中，所有踏步的尺寸都应该相同，但该尺寸是面层完成后的光面尺寸，如果相邻楼层楼板的面层做法和厚度不同，层间楼梯梯段的第一步和最后一步的结构高度应当作相应调整。

6.3.5   楼梯扶手栏杆构造

栏杆和栏板对于梯段与平台临空的一边，是重要的安全设施，也是装饰性较强的构件。栏杆与扶手组合后应有一定的强度，须能经受必要的冲击力。可行 3 股人流以上的楼梯，在靠墙一边还要安装靠墙扶手；人流达到 4 股时，在中间也应该设扶手。

1. 楼梯扶手的高度

楼梯的扶手高度一般为自踏面前缘以上 0.90m。建筑高度 24m 以下（住宅六层及以下）的室外楼梯扶手高度不应小于 1.05m；建筑高度 24m（住宅七层）及以上为 1.10m；作为疏散楼梯的室外楼梯扶手高度应不小于 1.10m，高层建筑应再适当提高，但不宜高于 1.20m。室内楼梯栏杆水平段的长度超过 500mm时，其高度须不低于 1.05m。幼托及小学校等使用对象主要为儿童的建筑物中，需要在 0.60m 左右的高度再设置一道扶手，以适应儿童的身高。对于养老建筑以及需要进行无障碍设计的场所，楼梯扶手的高度应为 0.85m～0.90m，而且也应在 0.65m～0.70m 的高度处再安装一道扶手，扶手的断面还应方便抓握。

2. 楼梯栏杆及栏板的形式以及安装和固定

图 4-6-3-16 是几种最常用的楼梯栏杆及栏板的形式。从中可以看到，立杆是最主要的支撑构件，它通常垂直于楼梯踏面或垂直于梯段设置。常用的立杆材料多为钢材，包括圆钢、方钢、扁钢及钢管等。立杆与混凝土梯段及平台之间的固定方式有与预埋件焊接、开脚预埋（或留孔后装）、与埋件栓接、直接用膨胀螺栓固定等几种。其安装部位多在踏面的边沿位置或踏步的侧边（图 4-6-3-17）。

立杆之间可以用横杆或其他花饰连接。但经常有儿童活动的场所，楼梯栏杆应采用不易攀登的垂直线饰，且垂直线饰间的净距不大于 110mm，以防发生儿童从间隙中跌落的意外。

如果在立杆之间固定安全玻璃、钢丝网、钢板网等就形成了栏板。随着建筑材料的改良和发展，有些玻璃栏板甚至可以不依赖立杆而直接作为受力的栏板来使用（图 4-6-3-18）。但其安全性能必须经过认真检验。此外，栏板还可以如上文中所提到的那样用上翻的梯段梁来代替。有些现浇的钢筋混凝土楼梯可以将混凝土栏板与梯段整浇在一起，或者预留插铁、埋件等连接件，以便与栏板构件连接。

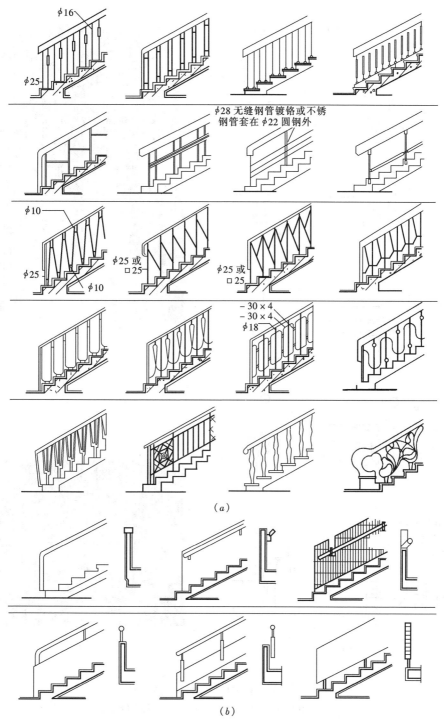

图 4-6-3-16　楼梯栏杆及栏板形式举例

(a) 各种楼梯栏杆形式；(b) 各种楼梯栏板形式

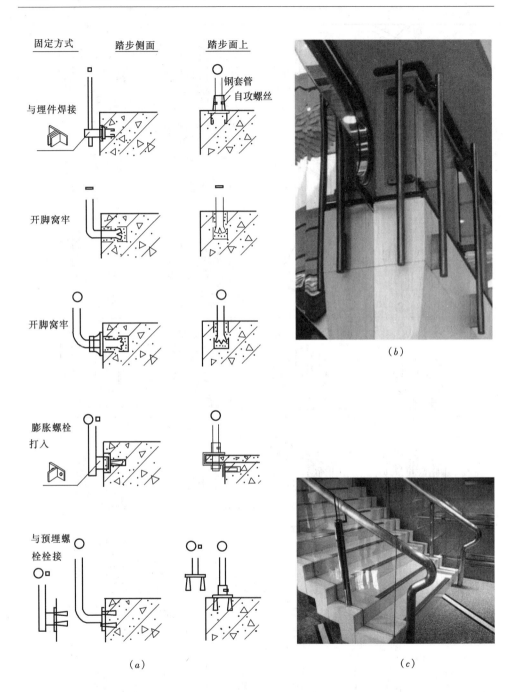

图 4-6-3-17　楼梯栏杆立杆的安装方式

(a) 楼梯栏杆立杆安装方式；(b) 安装在楼梯侧边
的栏杆立杆；(c) 安装在楼梯踏面上的栏杆立杆

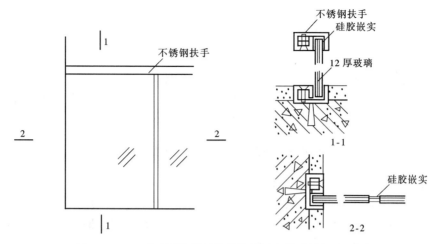

图 4-6-3-18　玻璃用作栏板结构构件固定扶手的方法一例

3. 楼梯扶手安装和制作

室内楼梯的扶手多采用木制品，也有采用合金或不锈钢等金属材料以及工程塑料的。室外楼梯的扶手较少采用木料，以避免产生开裂及翘曲变形。金属和塑料是常用的室外楼梯扶手材料，此外，石料及混凝土预制件也并不少见。楼梯扶手一般是连续设置的，除金属扶手可以与金属立杆直接焊接外，木制和塑料扶手与钢立杆连接往往还要借助于焊接在立杆上的通长的扁铁来与扶手用螺钉连接或卡接。图 4-6-3-19 介绍了几种常见的楼梯扶手的安装方法。同样的方法可以连接靠墙的扶手和安装在侧墙上的金属短杆（图 4-6-3-20）。

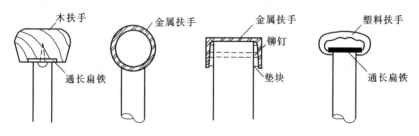

图 4-6-3-19　几种常见的楼梯扶手的安装方法

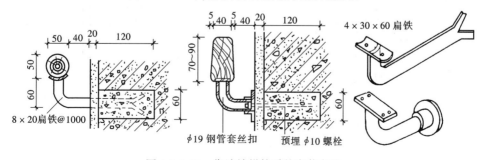

图 4-6-3-20　靠墙楼梯扶手的安装方法

6.4   楼 梯 设 计 概 要

在对楼梯进行设计时，首先应该掌握相关规范的一般规定以及对不同类型建筑物楼梯的特殊规定。因为楼梯除了是一般的垂直通道外，还是重要的消防通道，规范主要是针对其安全性能及使用特点来加以要求的。

6.4.1   有关楼梯设计的一般规定

楼梯设计必须符合下列的有关规定：

（1）公共楼梯设计的每段梯段的步数不超过 18 级，不少于 3 级。

（2）梯级的踢面高度原则上不超过 180mm。作为疏散楼梯时规范还规定了不同类型建筑楼梯踏步高度的上限和深度的下限，如住宅不超过 175mm×260mm，商业建筑不超过 160mm×280mm，等等。

（3）楼梯的梯段宽（净宽，指墙边到扶手中心线的距离）一般按每股人流 550mm＋（0～150mm）；不同类型的建筑按楼梯的使用性质需要不同的梯段宽。一般一股人流宽度大于 900mm，两股人流宽度在 1100～1400mm，三股人流在 1650～2100mm，但公共建筑都不应少于 2 股人流；建筑高度不大于 18m、一边设有栏杆的住宅疏散楼梯梯段净宽可做到 1000mm，其他疏散楼梯的净宽不应小于 1100mm。

（4）楼梯的平台深度（净宽）不应小于其梯段的宽度。

（5）通向室外楼梯的门宜采用乙级防火门，并应向室外开启；门开启时，不得减少楼梯平台的有效宽度。在有门开启的出口处和有结构构件突出处，楼梯平台应适当放宽（图 4-6-4-1）。

（6）建筑内公共疏散楼梯两梯段及扶手间间距不宜小于 150mm。

（7）楼梯的梯段下面的净高不得小于 2200mm；楼梯的平台处净高不得小于

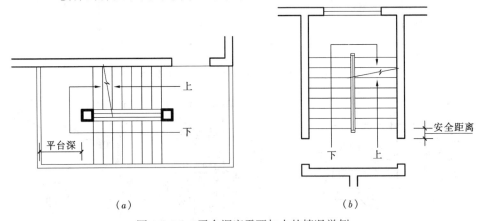

(a)   (b)

图 4-6-4-1   平台深度需要加大的情况举例

(a) 平台深避开结构柱起算；(b) 遇有开门处踏步留出安全距离

2000mm（图 4-6-4-2）。

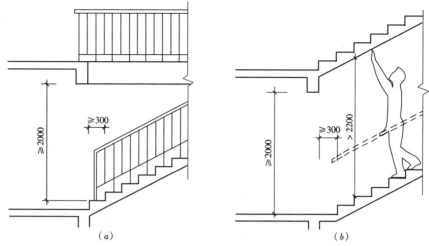

图 4-6-4-2　楼梯平台及梯段下净高控制

（a）平台梁下净高；（b）梯段下净高

6.4.2　楼梯设计的一般步骤

在对建筑物的楼梯进行设计时，先要决定楼梯所在的位置，然后可以按照以下步骤进行设计：

1. 决定层间梯段段数及其平面转折关系

在建筑物的层高及平面布局已定的情况下，楼梯的平面转折关系由楼梯所在的位置及交通的流线决定。楼梯在层间的梯段数必须符合交通流线的需要，而且每个梯段所有的踏步数应该在规范所规定的范围内。

图 4-6-4-3 是底层、中间层和顶层楼梯平面的表示方法。从中可以反映楼梯

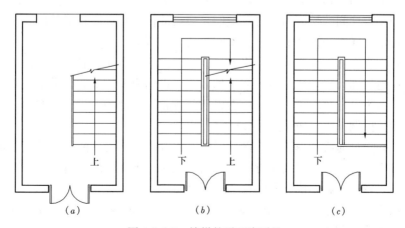

图 4-6-4-3　楼梯的平面表示法

（a）底层楼梯平面；（b）中间层楼梯平面；（c）顶层楼梯平面

的基本布局以及转折的关系。由于平面图的剖切位置默认为是站在该层平面上的人眼的高度，因此在楼梯的平面图上有可能出现剖切线。在底层楼梯平面中，一般只有上行段，剖切线将梯段在人眼的高度处截断。中间层楼梯的上行段表示法同底层，下行段的水平投影线的可见部分至上行段的剖切线处为止。顶层楼梯因为只有向下行一个方向，所以不会出现剖切线。

无论是底层楼梯、中间层楼梯还是顶层楼梯，都必须用箭头标明上下行的方向，注清上行或下行，而且必须从每层正平台处开始标注。

2. 按照规范要求通过试商决定层间的楼梯踏步数

根据所设计建筑物的性质，用规范所规定的楼梯踏步踢面高度的上限来对建筑层高进行试商，经调整可以得出层间的楼梯踏步数。将其分配到各个梯段中，再选择合理的踏面宽度，就可以决定梯段的长短。

由于梯段与平台之间也存在一个踏步的高差，因此在楼梯平面图中，应该将一条线看成是一个高差，如果某梯段有 n 个踏步的话，该梯段的长度为踏步深 $b \times (n-1)$。

如果整个建筑物的各层层高有变化，则不同的梯段间踏步的踢面高度可略有不同，但差别不能太大，大约在几个毫米左右，否则会影响其安全使用。而且每一个梯段中各个踏步的高度应该一致。

对于诸如圆楼梯这样踏步两端宽度不一，特别是内径较小的楼梯来说，为了行走的安全，往往需要将梯段的宽度加大。一般说来，疏散用楼梯和疏散通道上的阶梯不宜采用螺旋楼梯和扇形踏步；必须采用时，踏步上下两级所形成的平面角度不应大于 $10°$，且每级离扶手 250mm 处的踏步深度不应小于 220mm。

3. 决定整个楼梯间的平面尺寸

根据楼梯在紧急疏散时的防火要求，楼梯往往需要设置在符合防火规范规定的封闭楼梯间内。扣除墙厚以后，楼梯间的净宽度为梯段总宽度及中间的楼梯井宽度之和，楼梯间的长度为平台总宽度与最长的梯段长度之和。其计算基础是符合规范规定的梯段的设计宽度以及层间的楼梯踏步数。

此外，当楼梯平台通向多个出入口或有门向平台方向开启时，楼梯平台的深度应考虑适当加大以防止碰撞。如果梯段需要设两道及以上的扶手或扶手按照规定必须伸入平台较长距离时，也应考虑扶手设置对楼梯和平台净宽的影响。

4. 用剖面来检验楼梯的平面设计

楼梯在设计时必须单独进行剖面设计来检验其通行的可能性，尤其是检验与主体结构交汇处有无构件安置方面的矛盾，以及其下面的净空高度是否符合规范要求。如果发现问题，应当及时修改。

下面用一个例子来介绍用两种组织交通的途径对一栋普通多层住宅的楼梯进行设计时可能碰到的问题及其解决方法。

5. 实例探讨

图 4-6-4-4(a)所示的普通六层住宅的楼梯间平面，建筑层高为 2.80m，墙厚 200mm，室内外高差 600mm。通过计算选择可以确定其踏步尺寸为 175mm×260mm，层间共两跑，对折楼梯，每跑 8 步，梯段宽 1130mm(计算到扶手中心线基本满足 1100mm)，梯段间距取 140 凑整数，从而得出标准层楼梯间轴线尺寸为 2600mm × 4700mm（图 4-6-4-4b）。

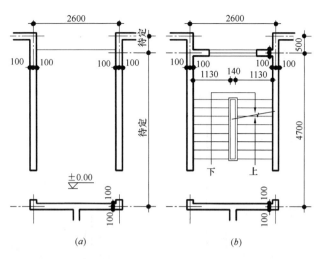

图 4-6-4-4　待设计的住宅楼梯间平面图
(a) 待定楼梯间平面；(b) 标准层平面

但是由于底层两户居民必须通过楼梯间进入户内，因此交通流线可以选择从室外用直跑楼梯直接通往二层，让出楼梯间一半的通道来给底层居民使用（图 4-6-4-5）；或者选择所有的居民都先进入底层楼梯间，再分别上楼或者进入底层

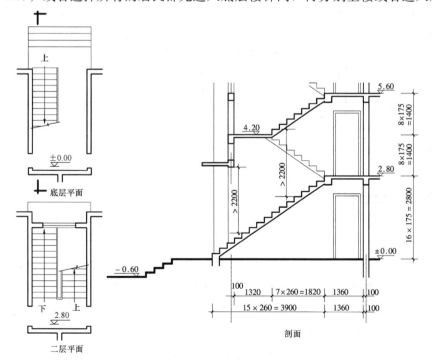

图 4-6-4-5　底层用直跑楼梯的方案

户内（图 4-6-4-6）。

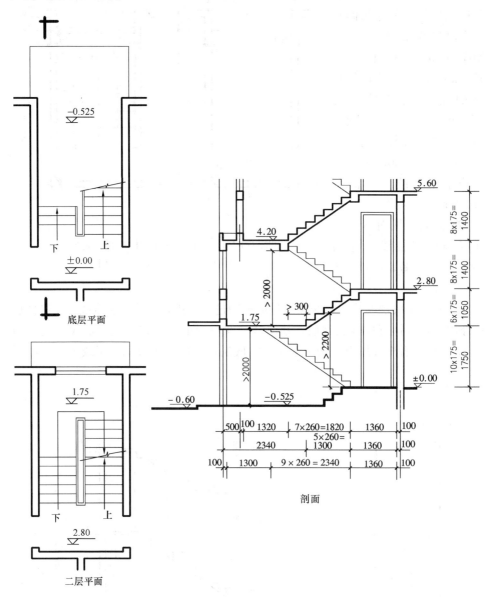

图 4-6-4-6 底层进门后再上楼梯的方案

　　其中第一种选择对于楼梯设计的关键是控制底层直跑楼梯上部与一层圈梁底之间的净高以及该楼梯上部与二层标准梯段之间的净高。解决方法是将楼梯间局部的一层圈梁升高，通过构造柱与圈梁的其他部分连接。

　　其中第二种选择对于楼梯设计的关键是控制底层进门处楼梯半平台以下的净高以及该半平台上部与二层楼梯半平台之间的净高。解决方法是利用室内外高差将进门处室内地面落低，同时将上面半平台处的平台梁移到墙内并令其上翻，最后确定从 1.75m 标高到 2.80m 标高处的梯段的位置，令其既能够避让上部的平台梁，又能够保证与下面几级踏步间的净高符合规范要求。

6.5　台阶和坡道构造

大部分台阶与坡道属于室外工程。除了某些大型的公共建筑，像大型体育馆等在同一时间段内有可能有大量人流通过，或者是室外的大型场地存在高差，需要较大规模的台阶等之外，一般需解决的高度不高。但坡道因为坡度一般较缓，因此有可能长度较长，占地较多。近年来建筑对地下空间的开发利用较为广泛，特别是高层建筑的地下室，常用来作为停车场，坡道在其中是必不可少的。

同楼梯一样，台阶也分踏步以及平台两部分。室外坡道与建筑物室内的连接处往往也会用平台过渡。这样的室外平台应该比建筑底层室内地面标高略微低一点，并且表面有较小的坡度令雨水等排向远离建筑物的方向。

一般公共建筑主要出入口处的台阶每级不超过 150mm 高，踏面宽度最好选择在 350～400mm 左右，可以更宽。一些医院及运输港的台阶则常选择 100mm 左右的踢面高和 400mm 左右的踏面深，以方便病人及负重的旅客行走。

室内坡道的坡度不宜大于 1/8，室外坡道不宜大于 1/10，供轮椅使用的坡道不应大于 1/12。当室内坡道的水平投影大于 15m 时，宜设休息平台。

台阶与坡道在构造上的要点是对变形的处理。由于房屋主体沉降、热胀冷缩、冰冻等因素，都有可能造成台阶与坡道的变形。常见的情况有平台向房屋主体方向倾斜，造成倒泛水；台阶与坡道的某些部位开裂等等。解决方法无外乎加强房屋主体与台阶及坡道之间的联系，以形成整体沉降；或索性将二者结构完全脱开，加强节点处理两种。图 4-6-5-1 介绍了这方面的经验。在严寒地区，实铺的台阶与坡道可以采用换土法，自冰冻线以下至所需标高换上保水性差的砂垫层，以减小冰冻的影响。此外，配筋对防止开裂也很有效。大面积的平台还应设置分仓缝，读者可查阅本书有关屋面分仓缝做法和有关变形处理的章节来加强理解。

室外台阶与坡道因为在雨天也一样使用，所以面层材料必须防滑，坡道表面

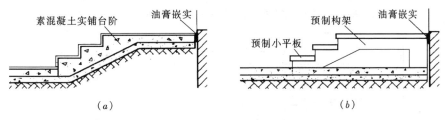

图 4-6-5-1　台阶与主体结构脱开的做法

(a) 实铺；(b) 架空

常做成锯齿形或带防滑条（图 4-6-5-2）。

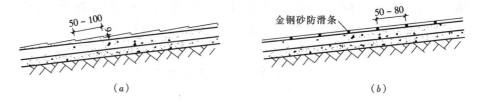

图 4-6-5-2   坡道表面防滑处理
(a) 表面带锯齿形；(b) 表面带防滑条

6.6   有高差处无障碍设计的构造问题

在解决连通不同高差的问题时，虽然可以采用诸如楼梯、台阶、坡道等设施，但这些设施在给某些残疾人使用时仍然会造成不便，特别是下肢残疾的人和视觉残疾的人。下肢残疾的人往往会借助拐杖和轮椅代步，而视觉残疾的人则往往会借助导盲棍来帮助行走。无障碍设计中有一部分就是指能帮助上述两类残疾人顺利通过高差的设计。下面将无障碍设计中一些有关楼梯、台阶、坡道等的特殊构造问题作一介绍。

6.6.1   坡道的坡度和宽度

坡道是最适合残疾人的轮椅通过的途径，它还适合于拄拐杖和借助导盲棍者通过。其坡度必须较为平缓，还必须有一定的宽度。以下是有关的一些规定：

1. 坡道的坡度

我国对便于残疾人通行的坡道的坡度标准为不大于 1/8，规范同时还规定了各种允许坡度的条件下与之相匹配的每段坡道的最大高度和水平长度。

2. 轮椅坡道的宽度及平台宽度

轮椅坡道的净宽度不应小于 1.00m，无障碍出入口的轮椅坡道的净宽度不应小于 1.20m。图 4-6-6-1 表示轮椅坡道的起点、终点和中间休息平台所应具有的

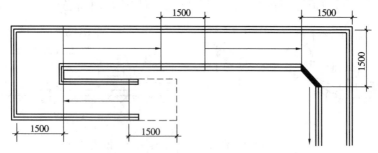

图 4-6-6-1   室外无障碍坡道的平面尺寸

最小水平长度（1.50m）。

6.6.2 楼梯形式及扶手栏杆

1. 楼梯形式及相关尺度

供拄拐者及视力残疾者使用的楼梯，应采用直行形式，例如直跑楼梯、对折的双跑楼梯或成直角折行的楼梯等等（图 4-6-6-2），不宜采用弧形梯段或在半平台上设置扇步（图 4-6-6-3）。

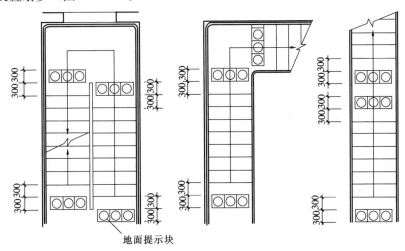

图 4-6-6-2　适合做无障碍设计的楼梯类型

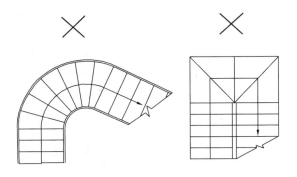

图 4-6-6-3　不适合做无障碍设计的楼梯类型

楼梯的坡度应尽量平缓，其踢面高不大于 150mm，其中养老建筑当为居住建筑时为 150mm，当为公共建筑时为 130mm 且每步踏步应保持等高。

楼梯的梯段宽度公共建筑不小于 1500mm；居住建筑不小于 1200mm。

2. 踏步设计注意事项

供拄拐者及视力残疾者使用的楼梯踏步应选用合理的构造形式及饰面材料，注意无直角突沿，以防发生勾绊行人或其助行工具的意外事故（图 4-6-6-4）；同

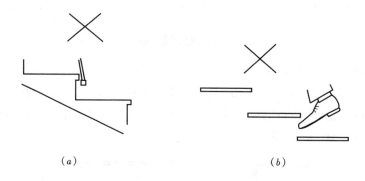

(a) (b)

图 4-6-6-4   不符合无障碍要求的楼梯踏步形式

(a) 有直角突缘不可用；(b) 踏步无踢面不可用

时注意表面不滑，不得积水，防滑条不得高出踏面 5mm 以上。

3. 楼梯、坡道扶手栏杆

楼梯、坡道的扶手栏杆应坚固适用，且应在两侧都设有扶手。公共楼梯应设上下双层扶手。在楼梯的梯段（或坡道的坡段）的起始及终结处，扶手应自其前缘向前伸出 300mm 以上，两个相邻梯段的扶手应该连通，梯段与平台的扶手也应连通；扶手末端应向下或伸向墙面（图 4-6-6-5）。扶手的断面形式应便于抓握（图 4-6-6-6）。

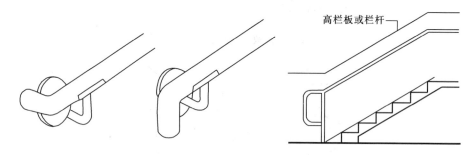

图 4-6-6-5   符合无障碍要求的楼梯、坡道扶手构造形式

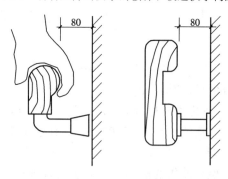

图 4-6-6-6   符合无障碍要求的楼梯、坡道扶手断面形式

6.6.3　地面提示块的设置

地面提示块又称导盲块，一般设置在有障碍物、需要转折、存在高差等场所，利用其表面上的特殊构造形式，向视力残疾者提供触摸信息，提示该停步或需改变行进方向等等。图 4-6-6-7 所示为常用的地面提示块的两种形式。上图 4-6-6-2 中已经标明了它在楼梯中的设置位置，同样在坡道上也适用。

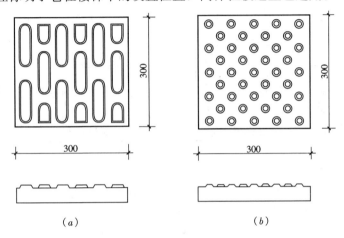

图 4-6-6-7　地面提示块的形式及提示内容
（a）地面提示行进块材；（b）地面提示停步块材

6.6.4　构　件　边　缘　处　理

鉴于安全方面的考虑，凡有凌空处的构件边缘，包括楼梯梯段和坡道的凌空一面、室内外平台的凌空边缘等，都应该向上翻起不低于 50mm 的安全挡台，或做与地面空隙不大于 100mm 的斜向栏杆等。这样可以防止拐杖或导盲棍等工具向外滑出，对轮椅也是一种安全制约（图 4-6-6-8）。

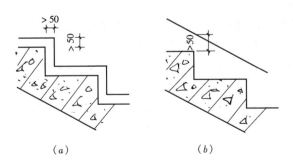

图 4-6-6-8　楼梯侧边安全挡台的设置
（a）立缘；（b）踢脚板

6.7　电梯和自动扶梯

在多层和高层建筑以及某些工厂、医院中，为了上下运行的方便、快速和实际需要，常设有电梯。电梯有乘客、载货两大类，除普通乘客电梯外尚有医院专用的医用梯、供游览的观光电梯等（图 4-6-7-1）。不同厂家提供的设备尺寸、运行速度及对土建的要求都不同，在设计时应按厂家提供的产品尺度进行设计。

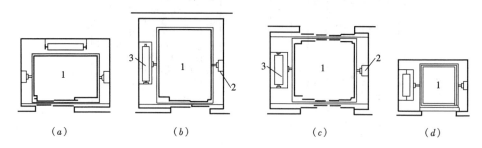

图 4-6-7-1　不同种类的电梯井道平面内部
（*a*）普通客梯；（*b*）医用梯；（*c*）双开门货梯；（*d*）小型提物梯
1—轿厢；2—导轨及撑架；3—平衡重

6.7.1　电　梯　井　道

电梯井道是电梯运行的通道，内除电梯及出入口外还安装有导轨、平衡重及缓冲器等（图 4-6-7-2）。

1. 井道的防火

井道是高层建筑穿通各层的垂直通道，火灾事故中火焰及烟气容易从中蔓延。因此井道围护构件应根据有关防火规定进行设计，较多采用钢筋混凝土墙。高层建筑的电梯井道内，超过两部电梯时应用墙隔开。

2. 井道的隔声

为了减轻机器运行时对建筑物产生振动和噪声，应采取适当的隔振及隔声措施。一般情况下，只在机房机座下设置弹性垫层来达到隔振和隔声的目的（图 4-6-7-3）。电梯运行速度超过 1.5m/s 者，除设弹性垫层外，还应在机房与井道间设隔声层，高度为 1.5～1.8m（图 4-6-7-3*b*）。

电梯井道外侧应避免作为居室，否则应注意设置隔声措施。最好楼板与井道壁脱开，另作隔声墙；简易者也有只在井道外加砌加气混凝土块衬墙的做法。

3. 井道的通风

井道除设排烟通风口外，还要考虑电梯运行中井道内空气流动问题。一般运行速度在 2m/s 以上的乘客电梯，在井道的顶部和底坑应有不小于 300mm×

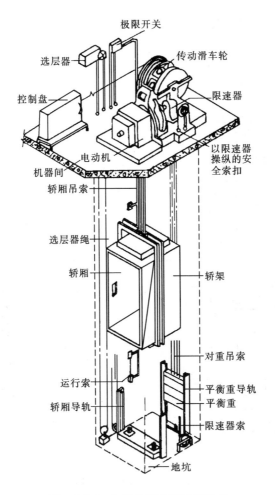

图 4-6-7-2　电梯井道内部透视示意

600mm 的通风孔，上部可以和排烟孔（井道面积的 3.5%）结合。层数较高的建筑，中间也可酌情增加通风孔。

4. 井道的检修

井道内为了安装、检修和缓冲，井道的上下均须留有必要的空间，其尺寸与运行速度有关。

井道底及坑壁均须考虑防水处理。消防电梯的井道底坑还应有排水设施。为便于检修，须考虑坑壁设置爬梯和检修灯槽，坑底位于地下室时，宜从侧面开一检修用小门，坑内预埋件按电梯厂要求确定。

6.7.2　电　梯　门

电梯门一般为双扇推拉门，宽 800～1500mm，有中央分开推向两边的和双扇推向同一边的两种。推拉门的滑槽可以安置在门套下楼板边梁如牛腿状挑出部

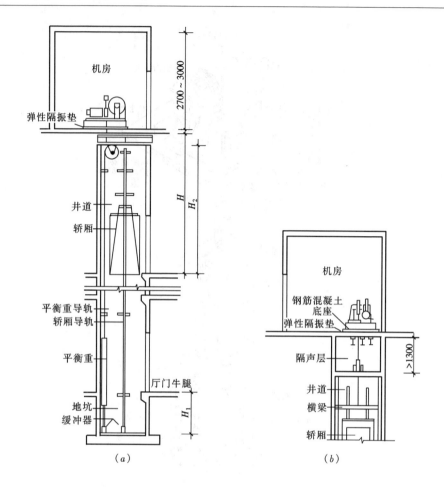

图 4-6-7-3 电梯机房隔振、隔声处理

(a) 无隔声层（通过电梯门剖面）；(b) 有隔声层（平行电梯门剖面）

分，构造如图 4-6-7-4 (a) 所示。对于在不同楼层有不同交通流线组织要求的电梯，还可以按需要在两面开门。门边通常需要预留安装层间按钮、指示装置等的孔洞，如图 4-6-7-4 (b) 所示。

6.7.3 电 梯 机 房

电梯机房一般设置在电梯井道的顶部，少数也有设在底层井道旁边。机房平面尺寸须根据机械设备尺寸的安排及管理、维修等需要来决定，一般至少有两个面每边扩出 600mm 以上的宽度。高度多为 2.5～3.5m。

机房围护构件的防火要求应与井道一样。为了便于安装和修理，机房的楼板应按机器设备要求的部位预留孔洞。

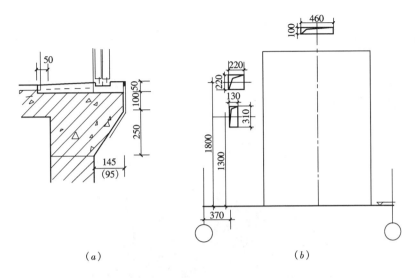

图 4-6-7-4　电梯门构造示意

(a) 电梯门洞设牛腿；(b) 电梯门洞附近留孔示意

6.7.4　自　动　扶　梯

　　自动扶梯适用于车站、码头、空港、商场等人流量大的场所，是建筑物层间连续运输效率最高的载客设备（图 4-6-7-5）。一般自动扶梯均可正、逆方向运行，停机时可当作临时楼梯行走，平面布置可单台设置或双台并列。双台并列时

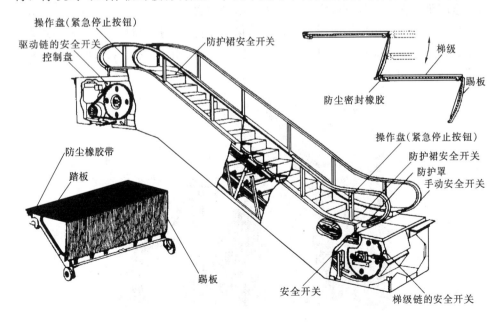

图 4-6-7-5　自动扶梯构成示意

往往采取一上一下的方式，求得垂直交通的连续性。但必须在二者之间留有足够的结构间距（目前有关规定为不小于 380mm），以保证装修的方便及使用者的安全。

自动扶梯的机械装置悬在楼板下面，楼层下做装饰处理，底层则做地坑。在其机房上部自动扶梯口处应做活动地板，以利检修（图 4-6-7-6）。地坑也应作防水处理。

图 4-6-7-6   自动扶梯口设有设备坑及检修口

自动扶梯与侧边的主体结构构件或者在双台并列时的相互之间，须留有足够的安全间距，在适当的部位安装安全提醒防护装置。

自动扶梯不可用作消防通道。在建筑物中设置自动扶梯时，上下两层面积总和如超过防火分区面积要求时，应按防火要求设防火隔断或复合式防火卷帘封闭自动扶梯井，如图 4-6-7-7 所示。

图 4-6-7-7   自动扶梯四周设防火卷帘以满足防火分区的需要

第7章 门 和 窗

7.1 门 窗 概 述

7.1.1 门窗的作用及功能要求

门窗属于房屋建筑中的围护及分隔构件，不承重。门的主要功能是供交通出入及分隔、联系建筑空间，带玻璃或亮子的门也可起通风、采光的作用；窗的主要功能是采光、通风及观望。另外，门窗对建筑物的外观及室内装修造型影响也很大，它们的大小、比例尺度、位置、数量、材质、形状、组合方式等是决定建筑视觉效果的非常重要的因素。建筑门窗应满足以下要求：

1. 采光和通风

按照建筑物的照度标准，建筑门窗应当选择适当的形式以及面积。

从形式上看，长方形窗构造简单，在采光数值和采光均匀性方面最佳，所以最常用。对于采光面积，相关规范有明确规定，如住宅的起居室、卧室的窗户面积不应小于地板面积的 1/7，学校为 1/5，医院手术室为 1/2～1/3，辅助房间为 1/12 等。同样面积情况下，通常竖立长方形窗适用在进深大的房间，这样阳光直射入房间的最远距离较大（图 4-7-1-1）。在设置位置方面，如采用顶光，亮度会达到侧窗的 6～8 倍。

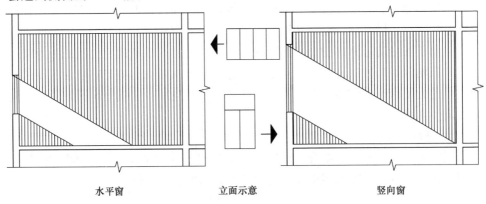

水平窗　　　　　　　　　立面示意　　　　　　　　　竖向窗

图 4-7-1-1　窗户高度影响阳光入射深度

在通风方面，自然通风是保证室内空气质量的最重要因素。这一环节主要是通过门窗位置的设计和适当类型的选用来实现的。在进行建筑设计时，必须注意选择有利于通风的窗户类型和合理的门窗位置，以获得良好的空气对流（图 4-7-1-2）。

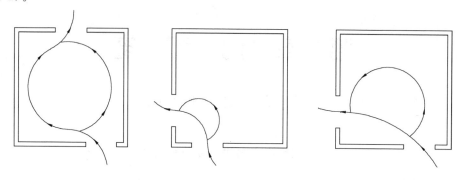

图 4-7-1-2　门窗位置影响通风效果

2. 密闭和热工性能

门窗构件间缝隙较多，启闭时还会受到振动。门窗与建筑主体结构间还可能因结构变形出现裂缝，这些缝会造成雨水或风沙及烟尘的渗漏，还可能对建筑的隔热、隔声带来不良影响。因此与其他围护构件相比，门窗在密闭性能方面的问题更突出。

随着节能意识的提高，门窗的热工性能越来越受到重视。除了在门窗制作中需要选择合适的材料及合理的构造方式外，国家规范还针对不同气候地区，严格规定了东西南北四个朝向建筑立面的窗墙面积比限值。另外，夏热冬暖地区、夏热冬冷地区的建筑以及寒冷地区中制冷负荷大的建筑，外窗（包括透明幕墙）宜设置外部遮阳。

3. 使用和交通安全

门窗的数量、大小、位置、开启方向等，均会涉及建筑的使用安全。例如相关规范规定了不同性质的建筑物以及不同高度的建筑物，其开窗的高度不同，这完全是出于安全防范方面的考虑。又如在公共建筑中，规范规定位于疏散通道上的门应该朝疏散的方向开启，而且通往楼梯间等处的防火门应当有自动关闭的功能，也是为了保证在紧急状况下人群疏散顺畅，而且减少火灾发生区域的烟气向垂直逃生区域的扩散。

4. 建筑视觉效果

门窗的数量、形状、组合、材质、色彩是建筑立面造型中非常重要的部分。特别是在一些对视觉效果要求较高的建筑中，门窗更是立面设计的重点。

7.1.2　常用的门窗材料

门窗通常可用木、金属、塑料、玻璃等材料制作。

木制门窗用于室内的较多。这是因为许多木材遇水都会发生翘曲变形以至于影响使用。但木制品易于加工，感官效果良好，用于室内的效果是其他材料难以替代的。

金属门窗主要包括钢门窗以及铝合金门窗。其中实腹钢门窗因为节能效果和整体刚度都较差，已不再推广使用。空腹钢门窗的型钢壁薄而轻，可节约钢材40％左右，且具有更大的刚度，近年来使用较为广泛。铝合金门窗由不同断面型号的铝合金型材和配套零件及密封件加工制成。其自重小，具有相当的刚度，在使用中的变形小，且框料经过氧化着色处理，无需再涂漆和进行表面维修。此外，除了门窗的主要构件，金属材料还广泛应用于门窗五金上。

塑料门窗是以高分子合成材料为主，以增强材料为辅制成的一类门窗。其材质主要有硬质聚氯乙烯（UPVC）和聚氯乙烯钙塑两类。前者原材料中不含碳酸钙，后者则添加有未经活化处理的碳酸钙及增塑剂等。由于普通塑料门窗的抗弯曲变形能力较差，因此制作门窗框时一般需要在型材内腔加入钢或铝等加强材料，故称塑钢门窗（图 4-7-1-3）。塑料门窗的材料耐腐蚀性能好，使用寿命长，且无需油漆着色及维护保养。而且因为是由中空异型材拼装而成的，所以保温隔热性能大为提高，加上制作时一般采用双级密封，故其气密性、水密性和隔声性能也都很好。工程塑料还具有良好的耐候性、阻燃性和电绝缘性，良好的综合性能使得塑料门窗成为使用广泛的产品类型。

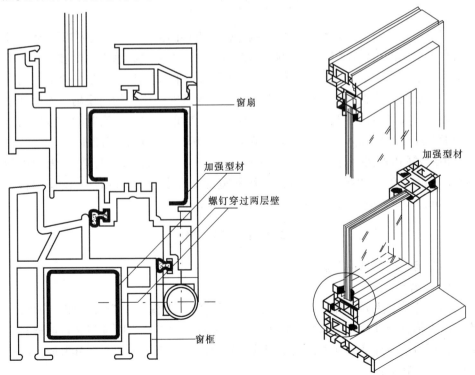

图 4-7-1-3　塑钢门窗断面举例

还有一种铝塑共挤门窗，是以多空腔的铝合金型材作衬，在其外表面采用挤出发泡成型工艺包覆微发泡聚氯乙烯塑料，从而有效降低铝合金型材整体的传热系数。

玻璃是窗的重要组成部分，有的门上也带有玻璃。玻璃种类很多，通常采用单层透明玻璃（称作净片）。规范规定面积大于 $1.5m^2$ 的窗玻璃、距地面 900mm 以下的窗玻璃、与水平面夹角不大于 $75°$ 的倾斜窗、7 层及以上建筑的外开窗，都必须使用安全玻璃，即符合现行国家标准的钢化玻璃、夹层玻璃及由钢化玻璃或夹层玻璃组合加工而成的其他玻璃制品。有时为了隔声、保温等需要还可能采用双层中空玻璃，或有色、吸热和涂层、变色等种类的玻璃。需遮挡或模糊视线时可选用磨砂玻璃或压花玻璃等。

7.2 门 窗 的 组 成

门窗主要由门窗框、门窗扇、门窗五金几部分组成。有时为了完善构造节点，加强密封性能或改善装修效果，还常常用到一些门窗附件，如披水、贴脸板等。

7.2.1 门 窗 框

门窗框是门窗与建筑墙体、柱、梁等构件连接的部分，起固定作用，还能控制门窗扇启闭的角度。门窗框又称作门窗樘，一般由两边的垂直边梃和自上而下分别称作上槛、中槛（又称作中横档）、下槛的水平构件组成。在一樘中并列有多扇门或窗的，垂直方向中间还会有中梃来分隔及安装相邻的门窗扇。考虑到使用方便，门大多不设下槛。为了控制门窗扇关闭时的位置和开启时的角度，门窗框一般要连带或增加附件，称为铲口或铲口条（又称止口条）（图4-7-2-1）。

传统木门的门框用料，大门可为 $60\sim70\times140\sim150mm$（毛料），内门可为 $50\sim70mm\times100\sim120mm$，有纱门时用料宽度不宜小于 150mm。木窗框用料一般为 $60mm\times100mm$，装纱窗时为 $60mm\times120mm$。

7.2.2 门 窗 扇

门窗扇是门窗可供开启的部分。

1. 门扇

门扇的类型主要有镶板门、夹板门、百页门、无框玻璃门等（图4-7-2-2）。镶板门由垂直构件边梃，水平构件上冒头、中冒头和下冒头以及门芯板或玻璃组成。夹板门由内部骨架和外部面板组成。百页门乃是将门扇的一部分做成可以通风的百页。其中：

（1）镶板门

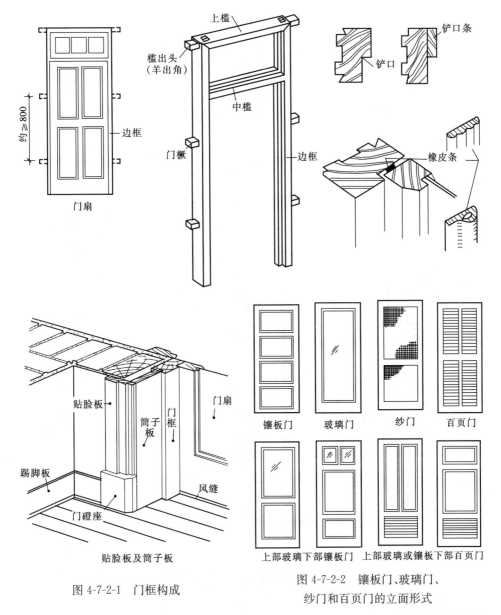

图 4-7-2-1 门框构成

图 4-7-2-2 镶板门、玻璃门、
纱门和百页门的立面形式

镶板门以冒头、边梃用全榫结合成框，中镶木板（门芯板）或玻璃。常见的木质镶板门门扇边框的厚度一般为 40～45mm，纱门 30～35mm。镶板门上冒头尺寸为 45～50mm×100～120mm，中冒头、下冒头为了装锁和坚固要求，宜用 45～50mm×150mm，边梃至少 50mm×150mm。门芯板可用 10～15mm 厚木板拼装成整块，镶入边框，或用多层胶合板、硬质纤维板及其他塑料板等代替。冒头及边梃、中梃断面可根据要求设计。有的镶板门将锁装在边梃上，故边梃尺寸也不宜过细。门芯板如换成玻璃，则成为玻璃门（图 4-7-2-3）。

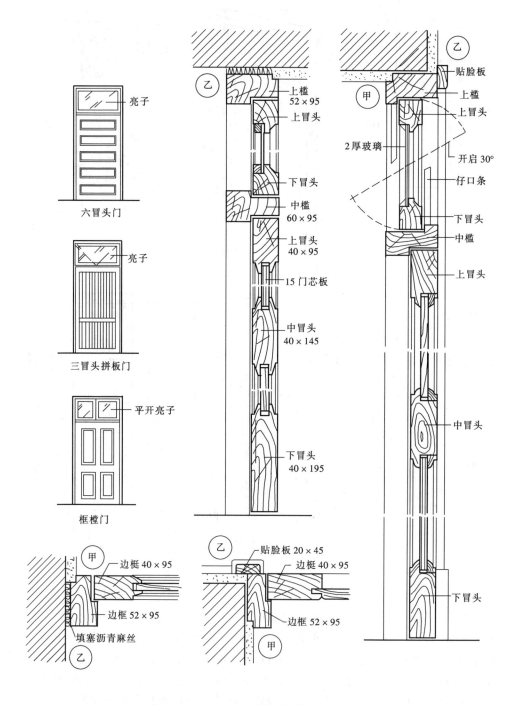

六冒头门

三冒头拼板门

框樘门

亮子

亮子

平开亮子

乙

上槛
52 × 95
上冒头

下冒头

中槛
60 × 95

上冒头
40 × 95

15 门芯板

中冒头
40 × 145

下冒头
40 × 195

乙

甲

贴脸板

上槛

上冒头

2 厚玻璃

开启 30°

仔口条

下冒头

中槛

上冒头

中冒头

下冒头

甲

边框 40 × 95

边框 52 × 95

填塞沥青麻丝

乙

乙

贴脸板 20 × 45

边框 40 × 95

边框 52 × 95

甲

图 4-7-2-3 镶板门构造

（2）夹板门

夹板门一般是在胶合成的木框格表面再胶贴或钉盖胶合板或其他人工合成板材,骨架形式参见图 4-7-2-4。其特点是用料省、自重轻、外形简洁,适用于房屋的内门。夹板门的内框一般边框用料 35mm×50～70mm,内芯用料 33mm×25～35mm,中距 100～300mm。面板可整张或拼花粘贴,也可预先在工厂压制出花纹。应当注意在装门锁和铰链的部位,框料须另加宽。有时为了使门扇内部保持干燥,可作透气孔贯穿上下框格。现在另有一种实心做法是将两块细木工板直接胶合作为芯板,其外侧再胶三夹板,这样门扇厚度约为 45mm,与一般门扇相同。与镶板门类似,夹板门也可局部做成百页的形式。为保持门扇外观效果及保护夹板面层,常在夹板门四周钉 10～15mm 厚木条收口。

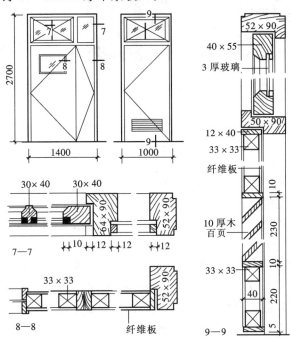

图 4-7-2-4 夹板门构造

（3）无框玻璃门

无框玻璃门用整块安全平板玻璃直接做成门扇,立面简洁,常用于公共建筑。最好是能够由光感设备自动启闭,否则应有醒目的拉手或其他识别标志,以防止产生安全问题（图 4-7-2-5）。

2. 窗扇

窗扇因为需要采光,多需镶玻璃,其构成大多与镶玻璃门相仿,也由上下冒头、中间冒头以及左右边梃组成（图 4-7-2-6）。有时根据需要,玻璃部分可以改为百页。木窗窗扇冒头和边梃的厚度一般约为 35～42mm,通常为 40mm,宽度视木料材质和窗扇大小而定，一般为 50～60mm。

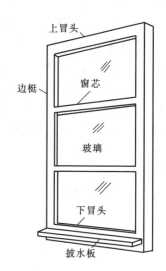

图 4-7-2-5　无框玻璃门实例　　　　　　图 4-7-2-6　窗扇构成

对应于无框玻璃门，窗也可以做成无框的窗扇。

7.2.3　门　窗　五　金

门窗五金的用途是在门窗各组成部件之间以及门窗与建筑主体之间起到连接、控制以及固定的作用。门的五金主要有把手、门锁、铰链、闭门器和门挡等。窗的五金有铰链、风钩、插销、拉手以及导轨、转轴、滑轮等。

（1）铰链

铰链是连接门窗扇与门窗框，供平开门及平开窗开启时转动的五金件。有些铰链又被称为合页。铰链的形式很多，有明铰链和暗铰链，也有普通铰链和弹簧铰链，还有固定铰链和抽心铰链（方便装卸）等类型的区分（图 4-7-2-7）。常用规格有 50mm、75mm、100mm 等几种。门扇上的铰链一般须装上下两道，较重时则采用三道铰链。有时为了使窗扇便于从室内擦洗以及开启后能贴平墙身，常采用长脚铰链或平移式滑杆（图 4-7-2-8）。

（2）插销

插销是门窗扇关闭时的固定用具。插销也有很多种类，推拉窗常采用转心销，转窗和悬窗常用弹簧插销，有些功能特别的门会采用通天插销。

（3）把手

把手是装置在门窗扇上，方便把握开关动作时用的。最简单的固定式把手也叫拉手，而有些把手与门锁或窗销结合，通过其转动来控制门窗扇的启闭，它们也被称为执手。由于直接与人手接触，所以设计时需要考虑它的大小、触觉感受等方面的因素。

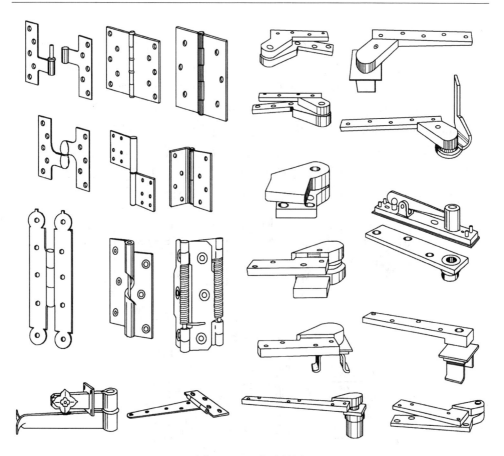

图 4-7-2-7　各式铰链

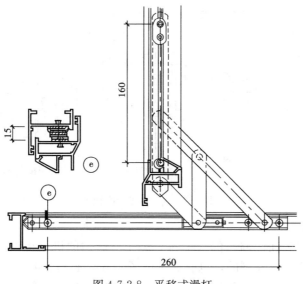

图 4-7-2-8　平移式滑杆

（4）门锁

门锁多装于门框与门扇的边框上，也有的直接装在门扇和地面及墙面交接处，更有些与把手结合成为把手门锁（图4-7-2-9）。弹子门锁是较常用的一种门锁，大量应用于民用建筑中，随着技术的进步，它们的类型也不断增加。把手门锁由于使用方便，现在应用也很普遍，这种门锁只要转动旋钮拉住弹簧钩锁就能打开。圆筒销子锁在室外则需用钥匙，在室内通过指旋器就能打开锁。智能化的电子门锁近几年开始在居住和公共建筑中大量出现，它们配合建筑的管理措施加强了安全性和合理性，有的可以通过数字面板设置密码，还有的用电子卡开锁，而且不同的卡可以设置不同的权限以规定不同的使用方式，除此之外还有指纹锁等。

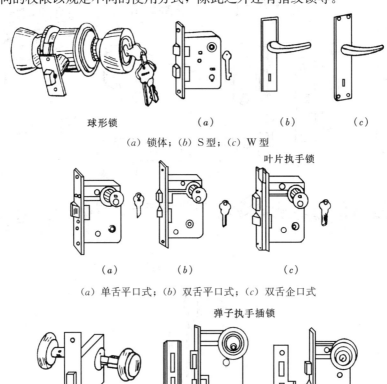

球形锁　　　　　　（a）　　　　　（b）　　　　　（c）

（a）锁体；（b）S型；（c）W型

叶片执手锁

（a）　　　　　（b）　　　　　（c）

（a）单舌平口式；（b）双舌平口式；（c）双舌企口式

弹子执手插锁

执手锁　　　　弹子拉环插锁　　　　弹子拉手插锁

图 4-7-2-9　各式门窗锁

（5）闭门器

闭门器是安装在门扇与门框上自动关闭开启门的机械构件（图4-7-2-10）。闭门器有机械式液压控制的，也有通过电子芯片控制的。由于门的使用情况不同，闭门器的设计性能也是各种各样的。选用时一般要注意闭门力、缓冲、延时、停门功能等技术参数，如需要也可以在使用时调节。

图 4-7-2-10 闭门器外观及内部结构

（6）定门器

定门器也称门碰头或门吸。装在门扇、踢脚或地板上。门开启时作为固定门扇之用，同时使把手不致损坏墙壁。有钩式，夹式，弹簧式，磁铁式等数种（图4-7-2-11）。

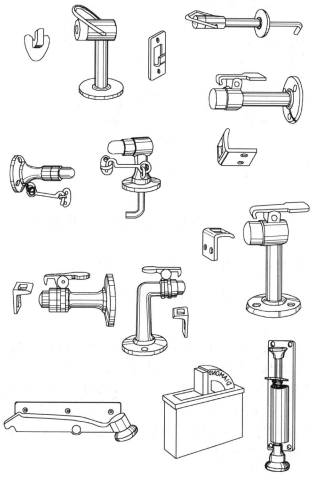

图 4-7-2-11 各种定门器

（7）开窗机：在较高的空间中，使用者无法直接接触到天窗和高侧窗，这时可以使用开窗机完成窗扇的启闭。开窗机有手摇与电动两种，使用者对手摇机或电动主机的操作，借助传动装置，最后转换为窗扇的旋转运动，这样就实现了对其启闭的控制（图 4-7-2-12）。

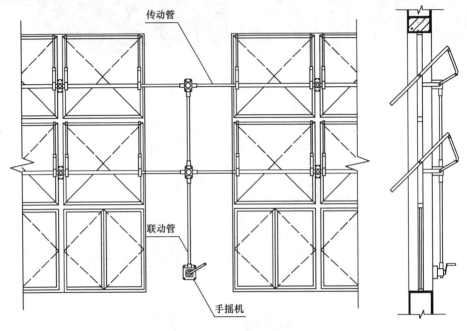

图 4-7-2-12　手摇开窗机（中悬窗）

7.3　门窗开启方式及门窗开启线

门窗有各种开启方式，与其使用方式有很大的关系。

7.3.1　门的开启方式

1. 平开门

平开门可做单扇或双扇，开启方向可以选择内开或外开。其构造简单，开启灵活，制作安装和维修均较方便，所以使用最广泛。但其门扇受力状态较差，易产生下垂或扭曲变形，所以门洞一般不宜大于 3.6m×3.6m。门扇可以由木、钢或钢木组合而成，门的面积大于 5m² 时，例如用于工业建筑时，宜采用角钢骨架。而且最好在洞口两侧做钢筋混凝土的壁柱，或者在砌体墙中砌入钢筋混凝土砌块，使之与门扇上的铰链对应。

2. 弹簧门

弹簧门可以单向或双向开启。其侧边用弹簧铰链或下面用地弹簧传动，构造比平开门稍复杂。考虑到使用的安全，门上一般都安装玻璃，以方便其两边的使用者能够互相观察到对方的行为，以免相互碰撞。但幼托、中小学等建筑中不得使用弹簧门，以保证使用安全。

3. 推拉门

推拉门亦称扯门或移门，开关时沿轨道左右滑行，可藏在夹墙内或贴在墙面外，占用空间少。五金件制作相对复杂，安装要求较高。在一些人流众多的公共建筑，还可以采用传感控制自动推拉门。推拉门由门扇、门轨、地槽、滑轮及门框组成。门扇可采用钢木门、钢板门、空腹薄壁钢门等。根据门洞大小不同，可采取单轨双扇、双轨双扇、多轨多扇等形式。导轨可设在门洞上方，也可上下都设。前者为上挂式，适用于高度小于 4m 的门扇，后者为下滑式，多适用于高度大于 4m 的门扇，这时下面的导轨承受门扇的重量。

4. 折叠门

折叠门一般门洞较宽，门由多道门扇组合，门扇可分组叠合并推移到侧边，以使门两边的空间在需要时合并为一个空间。其五金件制作相对复杂，安装要求较高。折叠门一般有侧挂式、侧悬式和中悬式折叠三种。侧挂式可使用普通铰链，它不适用于较大洞口。侧悬式和中悬式则在洞口上方设有导轨，门扇顶部还装有带滑轮的铰链。开闭时滑轮沿导轨移动，带动门扇折叠，可适用于较大洞口。

5. 转门

转门对防止室内外空气的对流有一定作用，可作为公共建筑及有空调房屋的外门。一般为两到四扇门连成风车形，在两个固定弧形门套内旋转。加工制作复杂，造价高。转门的通行能力较弱，不能作疏散用，故在人流较多处在其两旁应另设平开或弹簧门。

6. 升降门

升降门多用于工业建筑，一般不经常开关，需要设置传动装置及导轨。

7. 卷帘门

卷帘门多用于较大且不需要经常开关的门洞，例如商店的大门及某些公共建筑中用作防火分区的构件等。其五金件制作复杂，造价较高。卷帘门适用于 4~7m 宽非频繁开启的高大门洞，它是用很多冲压成型的金属页片连接而成，页片可用镀锌钢板或合金铝板轧制而成，页片之间用铆钉连接。另外还有导轨、卷筒、驱动机构和电气设备等组成部件。页片上部与卷筒连接，开启时页片沿着门洞两侧的导轨上升，卷在卷筒上。传动装置有手动和电动两种。开启时充分利用上部空间，不占使用面积。五金件制作相对复杂，安装要求较高。有的可用遥控装置。

8. 上翻门

上翻门多用于车库、仓库等场所。按需要可以使用遥控装置。

图 4-7-3-1 为上述各种类型门的开启方式示意。

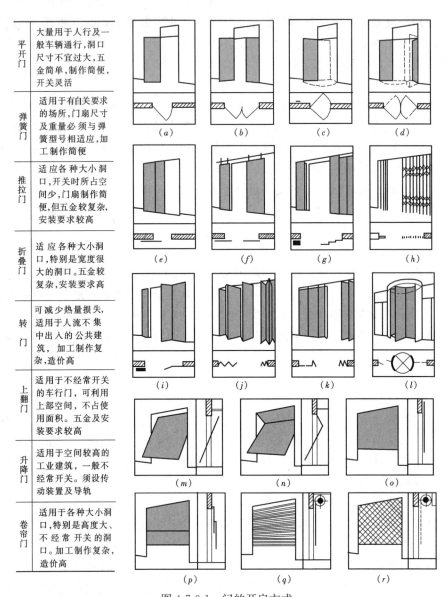

图 4-7-3-1　门的开启方式

(a) 单扇平开门；(b) 双扇平开门；(c) 单扇弹簧门；(d) 双扇弹簧门；(e) 单扇推拉门；
(f) 双扇推拉门；(g) 多扇推拉门；(h) 铁栅推拉门；(i) 侧挂折叠门；(j) 中悬折叠门；
(k) 侧悬折叠门；(l) 转门；(m) 上翻门；(n) 折叠上翻门；(o) 单扇升降门；
(p) 多扇升降门；(q)、(r) 卷帘门

平开门	大量用于人行及一般车辆通行，洞口尺寸不宜过大，五金简单，制作简便，开关灵活
弹簧门	适用于有自关要求的场所，门扇尺寸及重量必须与弹簧型号相适应，加工制作简便
推拉门	适应各种大小洞口，开关时所占空间少，门扇制作简便，但五金较复杂，安装要求较高
折叠门	适应各种大小洞口，特别是宽度很大的洞口。五金较复杂，安装要求高
转门	可减少热量损失，适用于人流不集中出入的公共建筑，加工制作复杂，造价高
上翻门	适用于不经常开关的车行门，可利用上部空间，不占使用面积。五金及安装要求较高
升降门	适用于空间较高的工业建筑，一般不经常开关。须设传动装置及导轨
卷帘门	适用于各种大小洞口，特别是高度大、不经常开关的洞口。加工制作复杂，造价高

7.3.2　窗的开启方式

1. 固定窗

固定窗不需窗扇，玻璃直接镶嵌于窗框上，不能开启，因此只供采光而不能通风。构造简单，密闭性好。

2. 平开窗

　　平开窗有外开、内开之分，外开可以避免雨水侵入室内，且不占室内面积，故常采用。平开窗构造简单，五金便宜，维修方便，所以使用较为普遍。

　　3. 悬窗

　　悬窗按转动铰链或转轴位置的不同有上悬、中悬、下悬之分。上悬和中悬窗向外开启防雨效果较好，常用于高窗；下悬窗外开不能防雨，内开又占用室内空间，只适用于内墙高窗及门上亮子（又叫腰头窗）。

　　4. 立式转窗

　　立式转窗在窗扇上下冒头中部设转轴，立向转动。有利于采光和通风，但安装纱窗不便，密闭和防雨性能较差。

　　5. 推拉窗

　　推拉窗分垂直推拉和水平推拉两种。水平推拉窗一般在窗扇上下设滑轨槽，垂直推拉窗需要升降及制约措施，窗扇都是前后交叠不在一直线上。推拉窗开启时不占室内空间，窗扇受力状态好，窗扇及玻璃尺寸均可较平开窗为大。尤其适用于铝合金及塑料门窗。但通风面积受限制，五金及安装也较复杂。

　　6. 百页窗

　　百页窗的百页板有活动和固定两种。活动百页板常作遮阳和通风之用，易于调整；固定百页窗常用于山墙顶部作为通风之用。

　　7. 折叠窗

　　折叠窗全开启时视野开阔，通风效果好。但需用特殊五金件。

　　图 4-7-3-2 为各种窗开启方式的示意图。

图 4-7-3-2　窗的各种开启形式

7.3.3 门 窗 开 启 线

门窗的开启方向直接影响建筑的使用功能，因此必须在相关图纸中将其表达清楚。

在建筑平面图中，门的开启方向较易表达，一般用弧线或直线表示开启过程中门扇转动或平移的轨迹。但窗的开启方式一般只能在建筑立面图上表达。

按照相应的制图规范规定，在建筑立面图上，用细实线表示窗扇朝外开，用虚线表示其朝里开。线段交叉处是窗开启时转轴所在位置（图 4-7-3-3）。门窗扇若平移，则用箭头来表示。

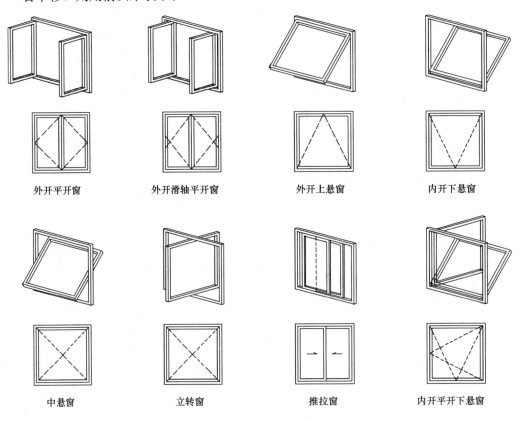

| 外开平开窗 | 外开滑轴平开窗 | 外开上悬窗 | 内开下悬窗 |

| 中悬窗 | 立转窗 | 推拉窗 | 内开平开下悬窗 |

图 4-7-3-3   门窗开启线的画法（三维图中左侧假定为室外）

7.4 门 窗 的 安 装

7.4.1 门 窗 框 的 安 装

门窗在安装时除无框制品外，一般先安装门窗框。

过去的木门窗可以在将墙身做到门窗底标高时，先将门窗框立起来，临时固定。待其周边墙身全部完成后，再撤去临时支撑。这种方法叫做立樘，又叫立口。立樘时门窗的实际尺寸与洞口尺寸相同。门窗框靠其两侧的"羊角"或木拉砖砌入墙身而拉结（图 4-7-4-1），但施工较为麻烦，现已很少运用。

现行规范规定，门窗框应采用塞樘的工艺安装，又可称之为"塞口"。此种工艺将门窗洞口留出，完成墙体施工后再安装门窗框。门窗的实际尺寸要小于门窗的洞口尺寸。

无论用哪种工艺安装门窗，建筑上一律认定门窗的尺寸是指门窗的洞口尺寸，也就是门窗的标志尺寸。

由于门窗材料的不同，在用塞

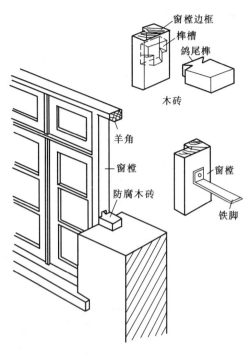

图 4-7-4-1　木门窗立樘安装工艺示意

樘工艺安装门窗框时，固定的方式不尽相同。无论采用何种材质的门窗框，若墙体为轻质砌块或加气混凝土，需要在连接部位设置预埋件。下面将分别介绍不同材料门窗框的常用安装方法。

1. 木门窗

将图 4-7-4-1 中用来拉结门窗框与墙身的木砖经防腐处理后预先砌入墙身，塞樘时门窗框与防腐木砖之间钉结即可。门窗框安装后，应先在门窗框与墙体之间的缝隙中塞入沥青麻丝或其他柔性防腐材料后再进行抹灰处理。从图 4-7-4-2

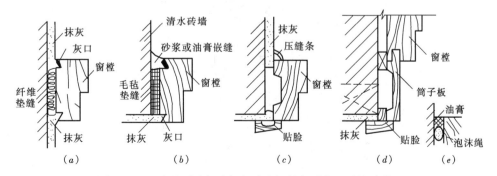

图 4-7-4-2　塞樘时木门窗框与墙身间的相对位置及缝隙处理

（a）窗樘做灰口抹灰；（b）灰口用砂浆或油膏嵌缝；（c）灰缝做贴脸和压缝条盖缝；

（d）墙面做筒子板和贴脸；（e）泡沫塑料绳嵌缝

中可以看到这类材料的应用，而且可以看到，如门窗需要与墙体的某一侧表面平齐，则门窗框安装时需突出该表面一个墙面面层的厚度，以使墙面面层完成后能够与门窗框的表面持平，方便做贴脸板盖缝。

在墙体条件许可的情况下，木制门窗框安装时也可先向门窗洞口两侧墙体中钻孔打入木塞或尼龙锚栓，再向其中钉入木螺钉固定。

2. 金属门窗和塑钢窗

图 4-7-4-3 中所示的彩色涂层空腹钢板门窗，在安装时有两种方式。一是如其中（a）所示的带副框的做法，适用于外墙面为石材、马赛克、面砖等贴面材料，或门窗与内墙面需要平齐的建筑，工艺为在墙身中预埋铁，先安装副框后安装门窗框。二是如其中（b）所示的不带副框的做法，适用于室外为一般粉刷的建筑。

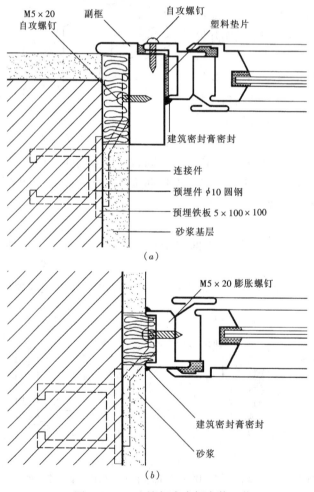

图 4-7-4-3　空腹钢窗窗框安装工艺
（a）带副框的空腹钢窗安装；（b）不带副框的空腹钢窗安装

铝合金门窗和塑钢窗在门窗框的安装方面与空腹钢门窗并无实质上的差别，也可以通过连接件或副框来连接。图 4-7-4-4 所示的二个安装方法均为通过"之"字形的连接件与墙身连接。不过应当注意洞口缝隙中不能嵌入砂浆等刚性材料，而是必须采用柔性材料填塞。常用的有矿棉毡条、玻璃棉条、泡沫塑料条、泡沫聚氨酯条等。外门窗应在安装缝两侧都用密封胶密封。

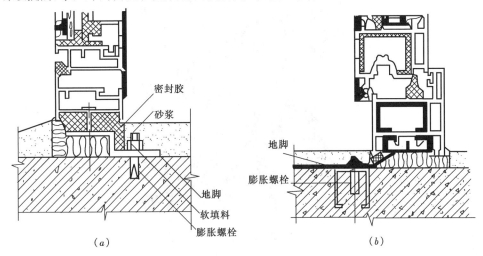

图 4-7-4-4　铝合金及塑钢窗窗框安装工艺
(a) 铝合金门窗；(b) 塑钢窗

7.4.2　门 窗 扇 的 安 装

可开启的门窗扇一般按照开启方式通过各种铰链或插件、滑槽和滑杆与门窗框连接。在此过程中，还应适当调整其四周缝隙的宽度及立面的垂直平整度。固定不开启的窗扇将玻璃直接安装到窗框上，安装方法见玻璃安装一节。无框的门窗将转轴五金件或滑槽连接到门窗洞口的上下两边的预埋件上，或者用膨胀螺栓直接打入，然后安装门窗扇。

7.4.3　门 窗 玻 璃 的 安 装

为了防止在施工过程中发生破损，带玻璃的门窗类型，玻璃一般都在门窗扇安装调整后再安装。

木门窗的玻璃可以在门窗扇上预留的玻璃安装槽口的四周先用小钉子将玻璃卡住作为定位，然后在槽口四周嵌上油灰。如果玻璃面积较大，最好在槽口中先嵌底灰，可以防止在使用过程中因为震动使得玻璃在接触硬物时应力集中而破损。出于美观方面的要求，室内木门窗玻璃也可以用各种木制或橡胶、金属等嵌条固定在门窗扇上。

金属和塑钢门窗玻璃安装时，应先在门窗扇型材内侧凹槽内嵌入密封条，并在四周安放橡塑垫衬或垫底，等玻璃安放到位后，再用带密封条的嵌条将其固定压紧，如图 4-7-4-5 所示。另外，铝合金门窗也可用密封胶填缝，密封胶固化后将玻璃固定。用密封胶固定的其水密性、气密性优于用密封条固定的。

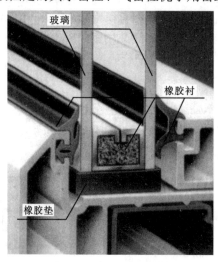

图 4-7-4-5   塑钢门窗玻璃安装

7.5   门窗的防水构造及热工性能控制

7.5.1   门窗的防水构造

建筑外门窗防水的薄弱环节存在于门窗扇开启的各种缝隙处以及门窗框与墙身之间有可能出现的裂缝处。前者潜在的威胁在于当雨量较大，在门窗的外表面形成一层水膜的情况下，由于水表面张力的作用，水会顺着缝隙向里渗，而且门窗缝越窄，这种毛细现象就越容易发生。另外，当雨天室外风压高于室内时，风压还会造成雨水从门窗缝向内渗漏。至于门窗框与墙身之间的安装缝，虽已经填实，但如果因为建筑物变形而造成填塞物本身开裂或是与门窗框或墙身的粘连失效时，发生在门窗开启缝中的水渗漏现象也有可能会发生在这些部位产生的裂缝中。

上节中关于门窗框的安装缝中不能嵌入砂浆等刚性材料，而是必须采用柔性材料填塞，并且对于外门窗还必须双面打胶密封的叙述，就是针对该处可能出现的裂缝所采取的防水构造措施。

门窗的开启缝虽然无法填实，但可以针对造成渗漏的原因采取相应的构造措施：

1. 空腔原理的应用

空腔原理又叫等压原理,是指将门窗开启缝靠室外的一边局部扩大,这样使室外较大的风压到了此处时会突然降低,甚至有可能做到与室内等压,于是便不能继续将雨水压入室内。扩大的空腔同时也破坏了毛细现象生成的环境。这是一举两得的好办法。木门窗一般在门窗框上铲出回风槽来形成空腔。金属及塑钢门窗在型材截面设计时可以造成多道空腔,因而其防水性能会远胜过木制门窗(图 4-7-5-1c、d)。

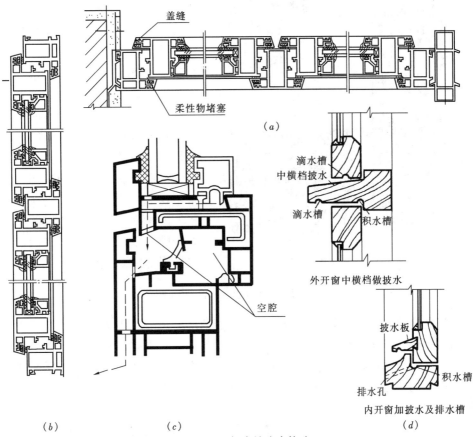

图 4-7-5-1　门窗缝防水构造

(a)塑钢窗横剖面;(b)塑钢窗纵剖面;(c)窗框断面围合空腔;(d)木窗积水槽、披水板及排水孔

2. 加强门窗缝排水

门窗缝进水后应当迅速将其排出,以免漫入室内。一般的金属及塑料门窗的型材断面都设计有排水口 (图 4-7-5-2),木门窗则往往做积水槽或排水孔。

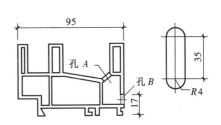

图 4-7-5-2　门窗框排水口构造

图 4-7-5-3 转门用密封刷盖缝

3. 加强盖缝处理以及用柔性材料堵塞

无论是门窗扇与门窗框之间或门窗扇与门窗扇之间的缝隙，都有可能通过调整构件相互间的位置关系或改变断面形状以及添加附加构件来达到遮挡雨水的目的（图 4-7-5-1a、b、d）。型材制成的门窗断面往往还留有嵌入柔性密封条的槽口，这样可以进一步加强门窗缝的密闭性。密封条一般可以设置在空腔的后部，其常用材料有氯丁橡胶、丁腈胶、PVC 材料和三元乙丙橡胶等。假如缝隙是活动的，比如转门，可以使用密封刷（图 4-7-5-3）。

7.5.2 门窗的热工性能控制

门窗是整个建筑物外围护结构热工性能的薄弱环节。因为不同温度下空气的容重不同，产生的压力也不同，如果建筑室内外存在热压差，空气就会经门窗缝隙从压力高处向压力低处流动。这在冬天会形成冷风渗漏，而在夏季则会造成空调的能耗损失。此外，门窗材料的断面厚度较小，整体热工性能一般较差。

针对这些情况，上一节中所介绍的提高门窗水密性的构造措施同时也是提高门窗气密性的有效措施，对节能很有好处。在门窗材料的选用方面，则应该提倡使用塑料等热稳定性较好的材料，或者在金属门窗的断面上采取构造措施用聚酰胺等材料进行断热处理。对大面积的透光材料，还可以根据建筑所在地的气候特征，选用镀膜玻璃、夹层玻璃、双层玻璃等来改善其隔热或保温的性能。

相关节能规范已经对外门窗的传热系数、综合遮阳系数、缝隙的空气渗透量等都作了量化限定，设计时必须遵守。详细做法请参阅本篇第 9 章的内容。

7.6 特殊门窗的构造

特殊门窗包括防火、隔声、防射线等类别的门窗。

7.6.1　防火门窗构造

在建筑设计中出于安全方面的考虑，并按照防火规范的要求，必须将建筑内部空间按每一定面积划分为若干个防火分区。但是建筑的使用功能决定了这种划分一般不可能完全由墙体完成，否则内部空间就无法形成交通联系。因此需要设置既能保证通行又可分隔不同防火分区的建筑构件，这就是防火门。防火门主要控制的环节是材料的耐火性能及节点的密闭性能。防火门分为甲、乙、丙三级，耐火极限分别应大于 1.2 小时、0.9 小时、0.6 小时。

常见的防火门有木质和钢质两种。木质防火门选用优质杉木制做门框及门扇骨架，材料均经过难燃浸渍处理，门扇内腔填充高级硅酸铝耐火纤维，双面衬硅钙防火板。门扇及门框外表面可根据用户要求贴镶各种高级木料饰面板。门扇可单面或双面造型，制成凹凸线条门、平板线条门、铣形门、拼花实木门等系列产品。钢质防火门门框及门扇面板可采用优质冷轧薄钢板，内填耐火隔热材料，门扇也可采用无机耐火材料。用于消防楼梯等关键部位的防火门应安装闭门器，在门窗框与门窗扇的缝隙中应嵌有防火材料做的密封条或在受热时膨胀的嵌条（图 4-7-6-1）。自动防火门常悬挂在倾斜的导轨上，温度升高到一定程度时易熔合金片熔断后门扇依靠自重下滑关闭。防火门常用的五金件中还有一类专用于紧急疏散的逃生门锁（图 4-7-6-2），火灾时接到消防控制信号门即可自动打开，持续强压推杆超过延时时间也可以顺利开启。此外，在地下室或某些特殊场所处还可以用钢筋混凝土的密闭防火门（图 4-7-6-3）。在大面积的建筑中则经常使用防火卷帘门，这样平时可以不影响交通，而在发生火灾的情况下，可以有效地隔离各防火分区。

防火窗必须采用钢窗，镶嵌铅丝玻璃以免破裂后掉下，并防止火焰蹿入室内或蹿出窗外。

(a)　　　　　　　　　　　　　　(b)

图 4-7-6-1　防火门实例二则

(a) 装闭门器及密封条的防火门；(b) 装受热膨胀嵌条的防火门

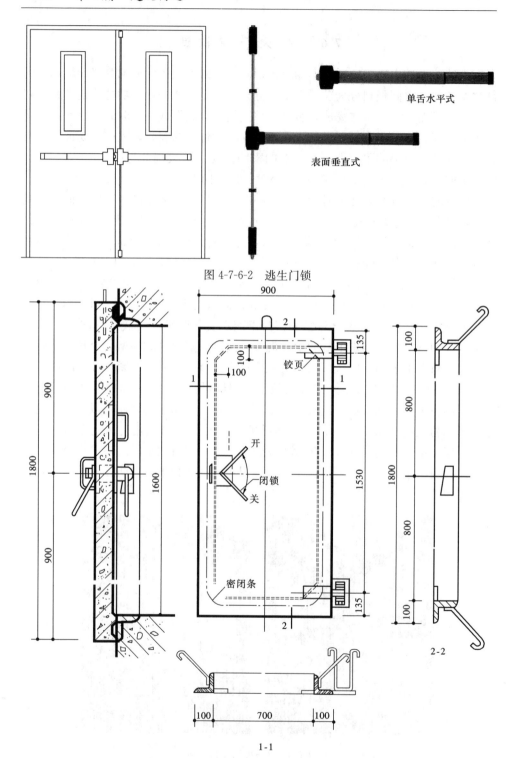

单舌水平式

表面垂直式

图 4-7-6-2   逃生门锁

铰页

开

闭锁

关

密闭条

1-1

2-2

图 4-7-6-3   地下室钢筋混凝土密闭防火门

7.6.2　隔 声 门 窗 构 造

室内噪声允许级较低的房间，如播音室、录音室、办公室、会议室等以及某些需要防止声响干扰的娱乐场所，如影剧院、音乐厅等，要安装隔声门窗。门窗的隔声能力与材料的密度、构造形式及声波的频率有关。一般门扇越重隔声效果越好，但过重则开关不便，五金件容易损坏，所以隔声门常采用多层复合结构，即在两层面板之间填吸声材料（玻璃棉、玻璃纤维板等）。隔声门窗缝隙处的密闭情况也很重要，可采用与保温门窗相似的方法，但也可用干燥的毛毡或厚绒布作为缝隙间的密封条（图 4-7-6-4）。

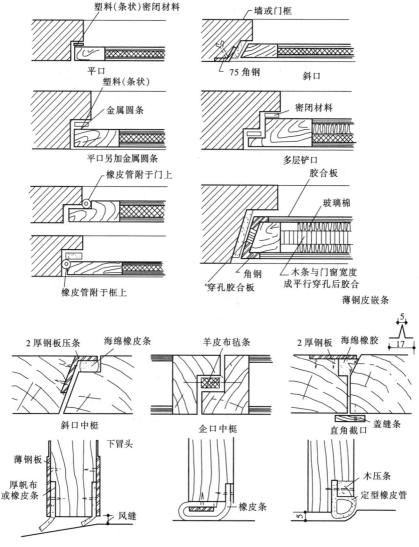

图 4-7-6-4　隔声门的门扇构造及密闭方式

7.6.3 防射线门窗

放射线对人体有一定程度损害,因此对放射室要做防护处理。放射室的内墙均须装置 X 光线防护门,主要镶钉铅板。铅板既可以包钉于门板外也可以夹钉于门板内(图 4-7-6-5)。

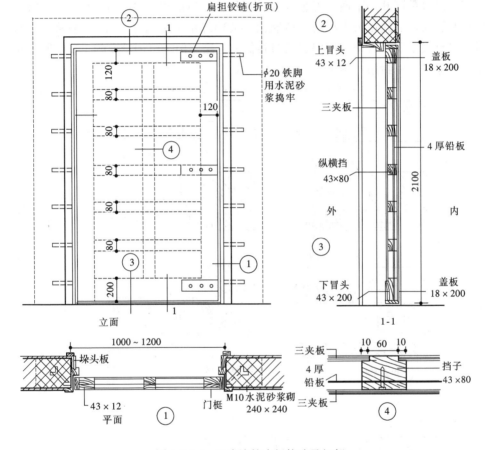

图 4-7-6-5   X 光防护木门构造及细部

医院的 X 光治疗室和摄片室的观察窗,均需镶嵌铅玻璃,呈黄色或紫红色。铅玻璃系固定装置,但亦需注意铅板防护,四周均须交叉叠过。

第8章 建筑防水构造

建筑物需要进行防水处理的地方主要在屋面、墙面、地下室等经常受到雨雪和地下水侵袭的部位和一些需要用水的内部空间，例如居住建筑的厨房、卫生间、浴室，还有其他一些建筑中的实验室、餐饮用房等。本章的内容将主要针对这些部位的防水机理及构造方法来展开论述。

8.1 建筑防水构造综述

在本篇第1章中，我们已经将建筑物的变形列为引起建筑物开裂和渗漏的重要原因之一。除此之外，水压也是造成水通过建筑材料中存在的细小空隙向室内或是建筑物的其他部位渗透的不可忽视的原因。例如，建筑物的地下室长期浸泡在有压的地下水中或在丰水期遭遇到地下水；积水部位的水由于自重产生压力等等，都有可能造成建筑构件的渗水。因此，建筑防水构造做法往往按照以下几条基本原则进行设计：

（1）有效控制建筑物的变形，例如热胀冷缩、不均匀沉降等等。并且对有可能因为变形引起开裂的部位事先采取应对措施，例如下文中将介绍的在屋面上所采用的刚性材料中预留分仓缝的构造措施，就是通过限制变形应力的大小，来防止屋面无序开裂的。

（2）对有可能积水的部位，采取疏导的措施，使水能够及时排走，不至于因积水而造成渗漏。例如下文中将介绍的组织屋面坡度，将雨水及时引导到雨水排放管网中去的方法，就是其中之一。

（3）对防水的关键部位，采取构造措施，将水堵在外部，不使入侵。

在长期的工程实践中，运用这些原则并结合建筑材料的发展，已经积累了大量的防水构造经验可供参考。总结起来可以分为两大类，一类是构造防水，一类是材料防水。其中构造防水是指通过构造节点设计和加工的合理及完善，达到防水的目的，所选用的材料不一定是防水材料；而材料防水的关键在于被选用材料自身具有良好的防水性能，当然构造设计仍需合理。可以举一个简单的例子来说明这二者的区别。例如一块普通的布，本身是可以透水的，但如果做成伞面，由于伞打开时布被绷紧成弓状，有利于排水及形成表面水膜，因此下雨时伞面虽然潮湿但可以挡雨。但如果将普通布做成外衣，则必须涂上防水胶才能成为雨衣，这是因为构造方法的不同。在实际工程中，往往灵活运用或综合应用构造防水和材料防水这两种不同的方法，以求得较好以及较为长久的防水效果。读者可以从下文的介绍中仔细去体验。

8.2　建筑屋面防水构造

8.2.1　屋面的常用坡度

屋面应该有一定的排水坡度，利用水向下流的特性，不使水在屋面上积滞，而是尽快得到疏导和排除，通过屋面排水来减轻防水的压力，因此，形成排水坡度是屋面防水构造的一个重要组成部分。

屋面的坡度，是由多方面的因素决定的。它与屋盖材料及建筑造型的关系最大。在本篇第 2 章中已经介绍了平屋顶的屋盖和坡屋顶的屋盖构成。但对于屋面的防水构造来说，屋面坡度的形成和组织还应该考虑到疏导和及时排放雨水的功能，因此，坡屋顶的建筑在由结构构件形成屋面坡度（又称结构找坡或者搁置找坡）时，在形式之外，其坡度的大小还应兼顾到地理气候条件和其他方面因素的影响。例如处于干旱地区的建筑物，其坡顶可以做得较为平缓，而处于大雨及暴雨多发地区的建筑物，其坡顶就应做得较陡，以方便雨水迅速地排除。此外，屋面坡度与屋面防水材料及构造方法的有效范围也有关。对于平屋顶的建筑物，虽然屋盖构件一般水平放置，不起坡，但在其上表面还是必须用轻质材料，例如各种轻质混凝土以及发泡的高分子块材，如聚苯乙烯板材等，按照所设计的排水方向垒出一定的缓坡来，以将屋面雨水有组织地疏导到建筑物和城市的雨水排放系统中去。这种形成屋面坡度的方法叫做建筑找坡、材料找坡或者垫置找坡。当然，如果平屋顶建筑物的顶层室内可以不计较屋盖构件略有坡度地放置所造成的视觉影响或者可以做吊顶的话，平屋面防水所需要的缓坡也可以用结构构件找坡来形成，这样可以减少因材料找坡而增加的屋面荷载。

屋面排水除了应保证有合适的坡度外，还应根据屋面形式、屋面面积、屋面高低层的设置等情况，将屋面划分成若干个排水区域，根据排水区域确定屋面排水线路。排水线路的设置应做到长度合理，排水简捷、通畅。现行的国家标准《建筑给水排水设计规范》GB 50015 对此有明确规定，可参照执行。

以下是常用屋面的最小坡度，可供参考：

平屋面：结构找坡，坡度不应小于 3%；建筑找坡，坡度宜为 2%。

坡屋面：烧结瓦、混凝土瓦屋面的坡度不应小于 1/3；

沥青瓦屋面的坡度不应小于 1/5；

压型金属板采用咬口锁边连接时，屋面的排水坡度不宜小于 5%，压型金属板采用紧固件连接时，屋面的排水坡度不宜小于 10%。

8.2.2 平屋面的防水构造

平屋面的表面排水坡度非常缓，水流速度较小，而且根据建筑立面设计的需要，平屋顶的建筑物往往在屋面檐口部分设有女儿墙，使得檐口部分的雨水更易滞留，对于防水十分不利。有些建筑物，特别是高层建筑，排放雨水的落水管还需要经过屋盖及楼层处的洞口层从建筑内部通过，这样就更需要防止雨水在洞口处渗漏。为此，平屋面的防水主要是采用材料防水的方案，即在屋面找坡后，在上面铺设一道或多道防水材料作为防水层。

平屋面的防水材料应该具有较好的抵抗变形的能力以及良好的耐气候性。因为屋面在昼夜温差的作用下周而复始地热胀冷缩（图 4-8-2-1），需要防水材料能够随这些变化而伸展、回缩，不至于被拉裂或产生鼓泡等现象；再有建筑

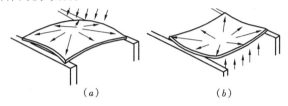

图 4-8-2-1 平屋面热胀冷缩变形状态示意
(a) 阳光辐射下，屋面内外温度不同，出现起鼓状变形；
(b) 室外气温低，室内温度高，出现挠起状变形

物的沉降虽应处于适当范围之内，但如果沉降不均匀，也有可能造成屋面结构的轻微变形，例如檐沟、天沟与屋面交接处、屋面平面与立面交接处，以及水落口、伸出屋面管道根部等部位，都属于结构易发生较大变形或者是易渗漏和损坏的部位（图 4-8-2-2），只有采用具有良好性能的防水材料，同时采取合适的构造措施，屋面防水层才不至于在这些部位遭到破坏。

根据所用防水材料的不同，平屋面防水方案可分为卷材防水、涂膜防水、复合防水等几种。

1. 卷材防水方案

目前常用的屋面防水卷材有合成高分子防水卷材和高聚物改性沥青防水卷材。其中合成高分子防水卷材是以合成橡胶、合成树脂或此两者的共混体为基料制成的可卷曲的片状防水材料，如聚氯乙烯防水卷材、氯化聚乙烯防水卷材、氯化聚乙烯-橡胶共混防水卷材等。而高聚物改性沥青防水卷材与传统的沥青油毡相比，是将原本不耐拉伸的纸胎改成了聚酯、玻纤或聚乙烯胎，同时将沥青与高分

图 4-8-2-2 屋面变形敏感部位

子材料混熔后做成改性沥青，用来取代普通沥青，使得材料适应变形的能力和耐久性都有较大幅度的提高。由于高分子卷材在耐老化、耐低温、耐腐蚀等方面的性能都更胜一筹，因此，在防水等级要求较高的建筑屋面，首先应考虑使用高分子卷材。

卷材防水构造做法的构造层次是基层屋面板经找坡并找平后，按设计要求用具有相容性的专用胶粘剂粘贴高分子卷材或高聚物改性沥青防水卷材。其中，找坡层多采用轻质混凝土，最薄处一般不少于 30mm。由于轻混凝土的表面比较粗糙，不利于直接粘贴卷材，因此需要先用水泥砂浆找平。但水泥砂浆属于刚性材料，在变形应力的作用下容易出现裂缝，尤其是容易发生在屋面变形敏感的部位。这样一来，粘贴在上面的防水卷材也可能随之发生破裂，造成渗漏。因此，应当在屋面纵横不超过 6000mm×6000mm 的间距内、距离檐口 500mm 的范围内，以及结构易发生较大变形的屋面的变形敏感的部位，预先将找平用的水泥砂浆作人为的分割，即预留分格缝（又称分仓缝），以使变形集中在设缝的地方。分格缝的缝宽宜为 5～20mm，中间宜用密封材料嵌缝。

在粘贴屋面防水卷材的时候，卷材经过分格缝的地方，应该先单面粘贴或空铺一层宽约 200～300mm 的同样卷材，其空铺宽度不宜小于 100mm，以使得这些地方表层的防水卷材略有放长，并且与基层材料之间存在局部相对滑动的可能，从而保证基层变形时防水层有足够的变形区间，避免防水层被拉裂或疲劳破坏。同样道理，在檐沟、天沟与屋面交接处、屋面平面与立面交接处，以及水落口、伸出屋面管道根部等部位，也应加铺防水卷材一层，并同表面卷材一起翻高于屋面表面至少 250mm 以上。

因为防水卷材大多数是黑色的材料，在屋面上经日晒容易吸热并老化，所以应该在上面设置保护层。保护层按照屋面是否上人可以采用不同的材料。上人屋面的保护层可以采用块材、细石混凝土等，而不上人的屋面保护层则可以采用浅色涂料、铝箔、矿物粒料、水泥砂浆等材料。

上述保护层中的刚性材料要是直接铺设在防水材料之上，由于其自身收缩或受温度变化影响，会直接拉伸防水层，使防水层疲劳开裂而发生渗漏，因此，在刚性保护层与卷材、涂膜防水层之间应做隔离层，以减少两者之间的粘结力和摩擦力，并使保护层的变形不受到约束。其中，块材和水泥砂浆保护层的隔离层宜采用塑料膜（0.4mm 厚聚乙烯膜或 3mm 厚发泡聚乙烯膜）、土工布或石油沥青卷材，而细石混凝土保护层的隔离层宜采用低强度等级的砂浆。此外，块材、水泥砂浆、细石混凝土等刚性材料保护层与屋面女儿墙之间，应预留出宽度为 30mm 的缝隙，内填塞聚苯乙烯泡沫塑料，并用密封材料嵌填。这样可以防止在高温天气条件下，保护层因受热膨胀而推压女儿墙，造成檐口处屋面构造层开裂。

与找平层砂浆的处理方法一样，刚性材料保护层应尽量设置分格缝，缝内应用密封材料嵌填。其中，块材保护层的分格缝，其纵横间距不宜大于 10m，缝宽宜为 20mm；细石混凝土保护层的分格缝，其纵横间距不应大于 6m，缝宽宜为 10～20mm；在水泥砂浆保护层上划分表面分格缝，分格面积宜为 1m²。

图 4-8-2-3 和图 4-8-2-4 分别是做女儿墙和做檐沟的平屋面用卷材防水方案的基本构造方法。

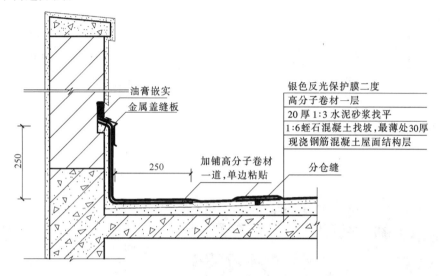

图 4-8-2-3　卷材防水屋面及在女儿墙处的构造做法

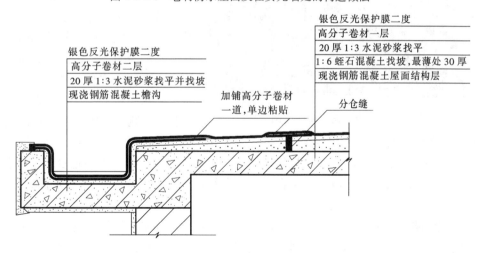

图 4-8-2-4　卷材防水屋面及在檐沟处的构造做法

从图中可以看到，卷材在坡度较大和垂直面上粘贴时，需要采用机械固定和对固定点进行密封的方法。屋面防水卷材上翻至砖砌的女儿墙处收头，可以在女儿墙上留一条凹口，用水泥钉钉住防水卷材的边沿及附加的盖缝金属构件，然后用密封膏嵌实（图 4-8-2-5）；如果女儿墙为钢筋混凝土，则可采用如图 4-8-2-6

所示的方法，直贴卷材或一直到女儿墙压顶的下面。图 4-8-2-7 为一卷材防水屋面实例。

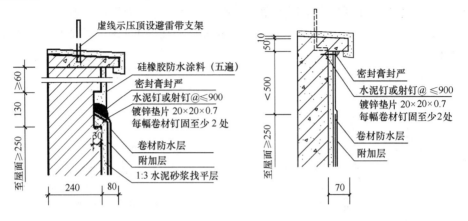

图 4-8-2-5   卷材收头一   图 4-8-2-6   卷材收头二

图 4-8-2-7   卷材防水屋面实例一侧

2. 涂膜防水方案

涂膜防水方案按不同材料分为合成高分子防水涂膜、聚合物水泥防水涂膜和高聚物改性沥青防水涂膜。其工作机理是生成不溶性的物质堵塞混凝土表面的微孔，或者生成不透水的薄膜覆盖在基层的表面。常用的此类防水涂料有聚氨酯防水涂料、聚合物水泥防水涂料、水乳型沥青防水涂料、溶剂型橡胶沥青防水涂料和聚合物乳液建筑防水涂料等。

涂膜防水层应当涂抹在平整的基层上。如果基层是混凝土或水泥砂浆，其空鼓、缺陷处和表面裂缝应先用聚合物砂浆修补，还应该保持干燥，一般含水率在 8%～9% 以下时方可施工。

屋面防水涂料因为是直接涂在基层之上的，所以如果基层发生变形，就很容易使表层防水材料受到影响。因而涂膜必须涂抹多遍，达到规定的厚度才行，而且与防水卷材的构造做法相类似，在跨越分格缝时以及在檐沟、天沟与屋面交接处、屋面平面与立面交接处和水落口、伸出屋面管道根部等部位，要加铺一层胎体增强材料，胎体增强材料宜采用聚酯无纺布或化纤无纺布，以增加适应变形的能力。涂膜防水层的表面也应该设置保护层。保护层的材料和做法与卷材防水层相同。图 4-8-2-8 是防水涂膜的做法。为了保护涂膜不受损坏，通常需要在上面做隔离层保护后，铺设预制混凝土块等硬质材料，才能够上人。不过，遇有屋面突出物，如管道、烟囱等与屋面的交接处，在其他防水构造方法较难施工或难以覆盖严实时，用防水涂膜和纤维材料经多次敷设涂抹成膜，倒是简便易行的方法。图 4-8-2-9 是使用涂膜进行屋面防水的实例一则。

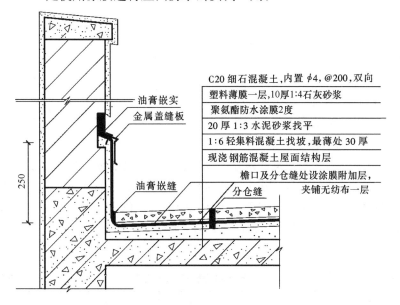

C20 细石混凝土,内置 φ4,@200,双向
塑料薄膜一层,10 厚1:4石灰砂浆
聚氨酯防水涂膜2度
20 厚 1:3 水泥砂浆找平
1:6 轻集料混凝土找坡,最薄处 30 厚
现浇钢筋混凝土屋面结构层
檐口及分仓缝处设涂膜附加层,夹铺无纺布一层

油膏嵌实
金属盖缝板
油膏嵌缝
分仓缝
250

图 4-8-2-8　涂膜防水屋面及在儿墙处的构造做法

图 4-8-2-9　涂膜防水屋面实例一则

3. 复合防水方案

复合防水方案是指将彼此相容的卷材和涂料组合而成防水层。使用过程中除了要求相邻两种材料之间互不产生有害的物理和化学作用外，还要求两种材料不能相互腐蚀，施工过程中也不能相互影响，而且防水卷材和涂膜都必须达到规范

所规定的厚度。

常用的复合防水材料有合成高分子防水子卷材＋合成高分子防水涂膜、自粘聚合物改性沥青防水卷材（无胎）＋合成高分子防水涂膜、高聚物改性沥青防水卷材＋高聚物改性沥青防水涂膜以及聚乙烯丙纶卷材＋聚合物水泥防水胶结材料等。

由于防水卷材的抗拉伸性能以及耐气候性能一般优于防水涂膜，因此采用复合防水方案时，宜将防水卷材做在防水涂膜的面上。但在水乳型或合成高分子类防水涂料上面不得采用热熔型防水卷材，否则在卷材防水层施工时会破坏涂膜防水层，此外，使用水乳型或水泥基类防水涂料时，也应待涂膜干燥后再铺贴卷材，否则会影响涂膜防水层的成膜质量，严重的甚至将成不了柔性防水膜。

4. 平屋面防水构造方案选择

屋面防水工程应当根据建筑物的类别、重要程度、使用功能要求确定防水等级，并应按相应等级进行防水设防；对防水有特殊要求的建筑屋面，还应当进行专项防水设计。国家颁布的屋面工程技术标准对此作出了相应的规定。屋面防水等级和设防要求应符合表4-8-2-1的规定；平屋面的防水构造做法，应按照表4-8-2-2的要求进行选择。

屋面防水等级和设防要求　　　　　　　　　　　表 4-8-2-1

防水等级	建筑类别	设防要求
Ⅰ级	重要建筑和高层建筑	两道防水设防
Ⅱ级	一般建筑	一道防水设防

卷材、涂膜屋面防水等级和防水做法　　　　　　　表 4-8-2-2

防水等级	防水做法
Ⅰ级	卷材防水层和卷材防水层、卷材防水层和涂膜防水层、复合防水层
Ⅱ级	卷材防水层、涂膜防水层、复合防水层

注：在Ⅰ级屋面防水做法中，防水层仅作单层卷材时，应符合有关单层防水卷材屋面技术的规定。

5. 种植屋面构造

有些平屋面，特别是上人的屋顶平台，会被选择来进行绿化处理。这对于提高环境质量是有着积极意义的。但种植屋面需要覆土，会增加屋面的荷载，而且种植部分会一直处于潮湿的状态下。因此种植屋面需要选择专用的轻质屋面种植土，如掺加了珍珠岩、蛭石等轻质材料的改良土等，以尽量减小屋面荷载；此外，种植屋面应做两道防水，其中至少一道采用具有良好耐根穿刺性能的材料。

种植屋面的构造特点一是需要在种植土下面用聚酯无纺布，或者是具有良好内部结构、可以渗水但不让土的微小颗粒通过的土工布等作为过滤层，使得种植土可以得到保留，而土中多余的水却可以过滤出来；二是要在过滤层下面设置排水层，使得过滤出来多余的水能够尽快通过屋面排水系统排出，以防止积水。排水层的材料品种较多，为了减轻屋面荷载，应尽量选择塑料、橡胶类凹凸型排水板（图 4-8-2-10）或网状交织排水板，也可采用陶粒等轻质材料。图 4-8-2-11 是种植屋面的构造做法示意。在有女儿墙的屋面上，女儿墙周边 600mm 的范围内要铺设预制的钢筋混凝土走道板，或垒半砖墙架设钢筋混凝土平板做走道，走道板

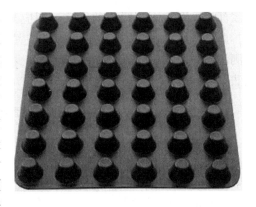

图 4-8-2-10　用于滤水层的塑料夹层板

表面须高过覆土面 50mm 以上，同时，需要用碎石将种植土与走道板隔开。如

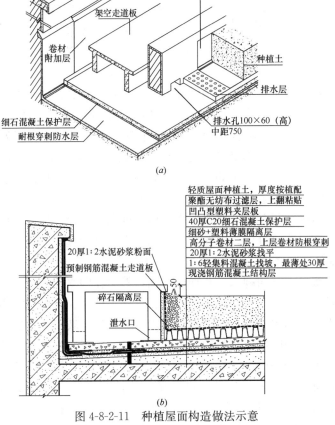

(a)

(b)

图 4-8-2-11　种植屋面构造做法示意

(a) 种植屋面构造做法示意（轴测）；(b) 种植屋面构造做法示意（剖面）

果屋面上采取大面积绿化的做法，则应当在种植部分每隔6m做一道架空的走道。此外，如果能够将供水管及喷淋装置埋入屋面种植土中，用雾化的水来进行喷洒浇灌，既可达到节约的效果，又减少了屋面积水渗漏的几率，是值得推广的做法。

8.2.3　坡屋面的防水构造

坡屋面屋盖系统的构成比较复杂，可采用的材料和构件形式也非常多，但传统的坡屋面基本采用的是构造防水的方法，即靠屋面瓦片的构造形式及挂瓦的构造工艺来实现防水；而现代建筑的坡屋面则朝材料防水和构造防水相结合以及多种工艺并进的方向发展。

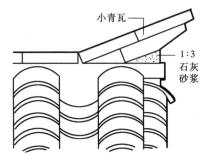

图 4-8-2-12　坡屋面小青瓦

1. 传统坡屋面的防水构造

传统坡屋面防水的关键构件是屋面瓦。屋面瓦大多是由土坯烧制而成的。其表面可以上釉或不上釉。瓦片的形状主要分曲面和平面两种。在我国，常用的曲面瓦有小青瓦、筒瓦等。民间最常用的小青瓦经分行正、反叠铺，就自然形成排水沟（图 4-8-2-12）。而平瓦大多并不平整，往往正面带有浅沟，叠放后可以排水；反面则带有挂钩，可以挂在屋面挂瓦条上，防止下滑，在中间还有穿有小孔的突出物，风大地区可以用铅丝扎在挂瓦条上。像这样的瓦片形式，世界各地都是大同小异（图 4-8-2-13），只是近年来，也有用混凝土代替黏土来制瓦的。尽管原材料发生变化，但多少年来，就是依靠瓦片本身良好的设计，虽然在屋面上铺放搭接后并不密封，但只要屋面坡度符合所用瓦片的需要，即便屋盖系统不做基层屋面板，如本篇第2章中所述的冷摊瓦那样，仍然能够达到防水的基本要求。

不过，设置屋面板基层，对于加强屋面刚度以及隔热、保温和取得内部较好的视觉效果，都是有好处的。因此铺瓦片的屋面通常会选择先铺一层屋面板（屋面板选用材料可参考本篇第2章2.2.1），再在上面铺一层防水卷材，用顺屋面坡度方向的薄板条（又叫顺水条）加以钉固，然后在顺水条上按平行于檐口的方向钉挂瓦条，最后自下而上地铺设屋面瓦。这样，即便在风雨较大雨水被压入瓦片之间时，进去的雨水也能够在防水卷材之上顺着屋面坡度流出去，相当于用防水材料又增加了一道防线。其间的防水卷材可平行屋脊方向铺设，从檐口铺到屋脊，搭接长度不小于80mm（图 4-8-2-14）。顺水条的间距不宜大于500mm。

我国现在常用的屋面平瓦又叫机平瓦，其长度约在380～420mm之间，而宽度约在240mm左右，厚度为50mm（净厚20mm）。在铺瓦时可以根据屋面的实际长度调节上下皮瓦片之间的搭接距离，从而预先确定挂瓦条的间距。

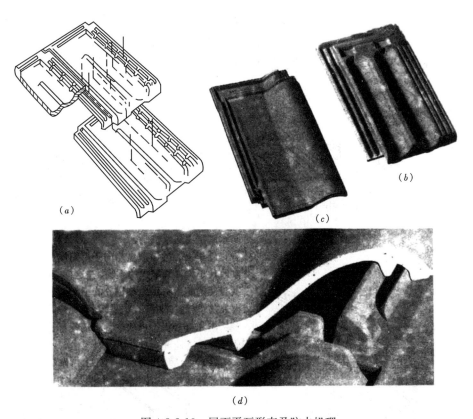

图 4-8-2-13 屋面平瓦形态及防水机理

(a) 国产平瓦的排水性能；(b) 马赛瓦；(c) 瑞士瓦；(d) 平瓦搭接示意

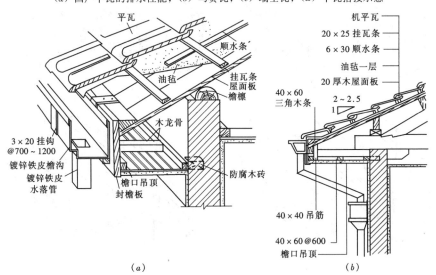

图 4-8-2-14 有屋面板的平瓦屋面构造示意图

(a) 有屋面板的平瓦屋面及挑檐檐口部分剖切透视；(b) 有屋面板的平瓦屋面及挑檐檐口构造

在瓦屋面上，还有一些用标准的瓦片无法搭接的地方，如屋脊、斜天沟等地方以及瓦片与山墙硬山或出屋面封火墙之间的交接处等，是防水的薄弱环节，必需用特殊形式的瓦片，或者要做特殊的处理。读者可参阅图 4-8-2-15 和图 4-8-2-16,在此不一一赘述。

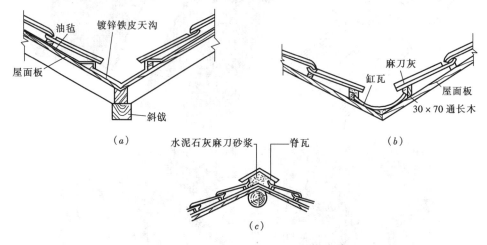

图 4-8-2-15　平瓦屋面特殊部位处理（一）
（a）镀锌铁皮斜天沟；（b）缸瓦斜天沟；（c）屋脊处用脊瓦盖缝

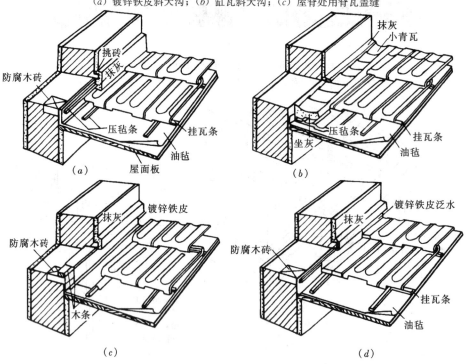

图 4-8-2-16　平瓦屋面特殊部位处理（二）
（a）挑砖抹灰泛水；（b）小青瓦坐灰泛水；（c）通长镀锌铁皮泛水；（d）镀锌铁皮踏步泛水

2. 现代建筑物坡屋面的防水构造

在现代采用坡屋顶的建筑物中，如果主体结构是混合结构或者钢筋混凝土结构，屋盖多数采用现浇钢筋混凝土的屋面板，其防水构造可以结合屋面瓦的形式并综合现浇钢筋混凝土平屋面的材料防水及传统坡屋面的构造防水来做。一般说来，钢筋混凝土屋面板上可以盖普通的黏土瓦（图 4-8-2-17），也可以选用成品的钢板瓦（图 4-8-2-18）。这些成熟的产品具有构造自防水的功能，除了装饰效果外，还可以作为屋面的一道防水层次，而且经由顺水条、挂瓦条等构件架空后，对改善屋面的热工性能也能起到积极的作用。为了进一步改善屋面的防水性能，在瓦片下面通常还会加做一道卷材或涂膜的防水层，并可视其上面的顺水条的设置情况，在防水材料上做一层配筋的细石混凝土作为持钉层。应当指出的是，在坡屋面上做各种构造层次，必须牢固，防止材料下滑，因此尽量不要在钢筋混凝土坡屋面上粘贴装饰瓦，因为这种装饰瓦实际上是一种面砖，不能作为防水层。如果在屋面基层上用水泥砂浆找平后粘贴装饰面砖，由于水泥砂浆是刚性材料，在温度作用下热胀冷缩容易开裂，从而造成饰面材料下滑，是不安全的。在实际工程中已经有过不少失败的例子。此外，由于烧结瓦或水泥瓦屋面的各道防水层次具有较大的自重，因此，应采取必要的构造措施来防止材料在使用过程中向下滑动。例如在图 4-8-2-19 所示的例子中，在屋面板的檐口处预先浇筑了一道高起的挡台，就是出自这样的考虑，能够防止钢筋混凝土的持钉层向下滑动。持钉层与突出屋面结构的交接处应预留 30mm 宽的缝隙，并以柔性防水材料填充。

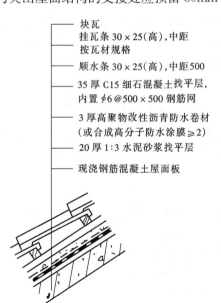

图 4-8-2-17　坡屋顶钢筋混凝土结构层
块瓦屋面构造做法示意

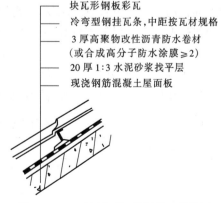

图 4-8-2-18　坡屋顶钢筋混凝土结构层
彩钢瓦屋面构造做法示意

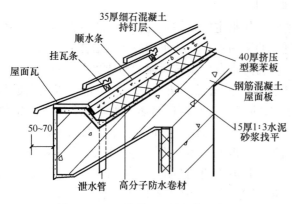

图 4-8-2-19　盖黏土瓦的钢筋混凝土
坡屋面檐口处构造示意

图 4-8-2-20 介绍了另一种轻质可以直接"贴"在坡屋面上的沥青瓦,是用沥青类材料将多层胎体粘结起来,再在表面粘上矿物粒(片)料或复合金属箔面的一种块瓦。施工时屋面一般需先做防水垫层,防水垫层采用沥青类的卷材,屋面沥青瓦就直接搭接铺钉在防水垫层面上。沥青瓦的固定方式以钉为主、粘结为辅。一般做沥青瓦的坡屋面坡度不小于 1/5,每张瓦片上至少钉入 4 个固定钉;在大风地区或屋面坡度大于 1/1 时,每张瓦片不得少于 6 个固定钉。所用钉子根据基层屋面板的质地,可以分别采用普通钉或水泥钉。因为沥青具有熔点较低的特点,屋面沥青瓦处在高温的天气下时,底层沥青会自行与屋面防水垫层粘合在一起,所以使用过一个阶段后,这种块瓦会几乎粘成了一个整体,有助于屋面的防水,又不容易被风刮走。如果材料发生了老化,可以很容易成片铲除更换。

在现代坡屋顶的建筑物中,除了屋盖以钢筋混凝土作为结构层材料的之外,如果坡屋顶建筑的主体结构采用钢制作,则屋盖完全可以在钢屋架、钢檩条上面直接用传统的方式铺木或轻质水泥制品的屋面板,而后盖瓦(图 4-8-2-21),或者也可以用压型金属板和金属面绝热夹芯板来做屋面(图 4-8-2-22、图 4-8-2-23)。因为这类金属板产品在设计时自带防水构造,所以不用特殊的防水处理。其中图 4-8-2-22 中的压型金属板,虽然需要另做屋面保温层,但板缝间扣接,减少了面板用钉钉入再打胶封堵所可能造成的屋面漏水的机会。图 4-8-2-23 中的金属面绝热夹芯板,尽量把钉孔藏在盖缝板下面。在实际工程中,可供选用的相关产品种类很多,应该综合各种因素仔细选择。

3. 坡屋面防水构造方案选择

按照相应的防水等级,坡屋面的防水构造做法可参考表 4-8-2-3 进行选择。

坡屋面防水等级和防水做法　　　　　　　　　　　　　表 4-8-2-3

防水等级	防水做法
Ⅰ级	瓦+防水层
	压型金属板+防水垫层
Ⅱ级	瓦+防水垫层
	压型金属板、金属面绝热夹芯板

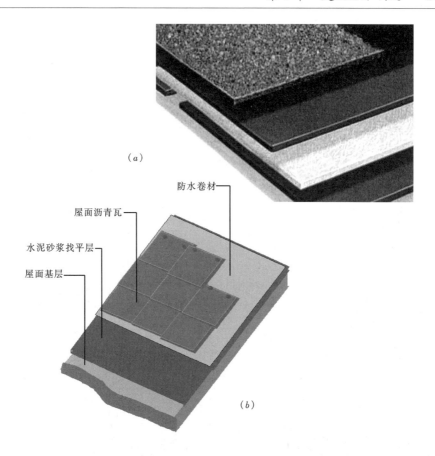

图 4-8-2-20　沥青瓦屋面构造示意图

(a) 沥青瓦结构层次；(b) 沥青瓦屋面构造做法

图 4-8-2-21　采用传统方法盖屋面瓦的钢结构住宅实例

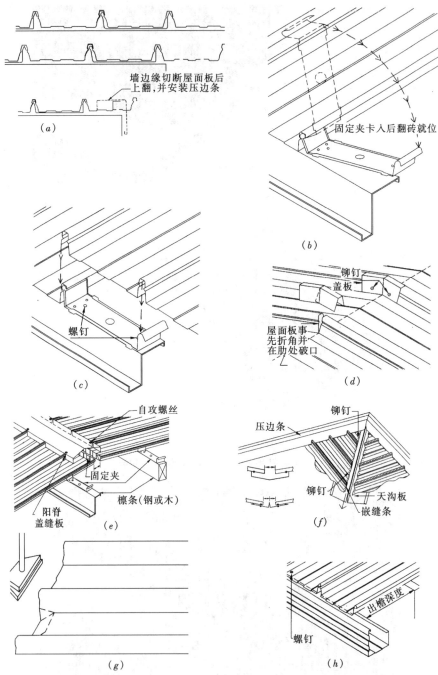

图 4-8-2-22　扣接式压型金属板安装及关键部位防水构造示意图
(a) 金属屋面板断面；(b) 在梁上安装屋面板的固定件；
(c) 固定件用螺钉固定在梁上屋面板用卡口连接；(d) 屋脊处
折板以利防水；(e) 阳脊处金属盖缝板节点；(f) 斜天沟节点；
(g) 檐口处用钣金工具折边；(h) 檐口檐沟

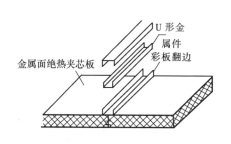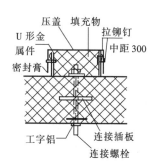

图 4-8-2-23 金属面绝热夹芯板屋面的板缝间防水构造示意图

其中，当防水等级为Ⅰ级时，压型铝合金板基板的厚度不应小于 0.9mm；而压型钢板基板的厚度不应小于 0.6mm，同时压型金属板应采用 360°咬口锁边连接方式。当防水等级为Ⅱ级时，金属板屋面应采用紧固件连接或咬口锁边连接的压型金属板以及金属面绝热夹芯板的防水做法。压型金属板和金属面绝热夹芯板的自攻螺钉、拉铆钉外露处，均应采用硅酮耐候密封胶密封。

8.3 建筑外墙防水构造

建筑外墙最容易发生渗漏的地方主要是各种构件的接缝处，例如各种外墙板的板缝、外墙与外门窗的交接处以及门窗缝等等。因此防水构造主要表现为填缝、盖缝等处理。但对于砌体墙和做大面积粉刷的外墙面来说，保证砌块间的灰缝不开裂以及外粉刷没有裂缝也很重要。尤其是各种空心的砌块，如多孔黏土砖等，一旦发生渗水，而且水无法排出的话，就容易在砌块内部的孔洞中积聚，造成内墙面的潮湿、霉变等等，修复比较麻烦。因此防止墙体变形、规范施工操作等，仍然是不可缺少的话题。鉴于在以前的章节中，对于怎样加强砌体墙的整体刚度、在大面积的粉刷中需预留引条线、在外墙与外门窗的交接处要用柔性材料嵌缝并两面打胶，以及对门窗缝应根据空腔原理制作断面等，已经一一作了详细介绍，所以本节内容将主要涉及各种外墙板的防水构造。

外墙板之间的板缝又分为水平缝、垂直缝和十字缝。根据本篇第三章的介绍，外墙面板可以是单一层次的面板，也可以是多道墙板。一般说来，外墙板直接对外的板缝构造都应该做到能够阻止雨水入侵，并且能够将万一侵入的雨水迅速排出。除非外墙带有装饰面板，才可以作离缝处理，因为此时墙面防水已经退到基层外墙板和装饰面板之间的间层中，或者是基层面板的相互之间去处理了。以下将对这两种情况分别做出更具体的说明。

8.3.1 一般单层钢筋混凝土外墙板板缝的防水构造

图 4-8-3-1 所示的是典型的钢混凝土外墙板的水平缝、垂直缝和十字缝的板

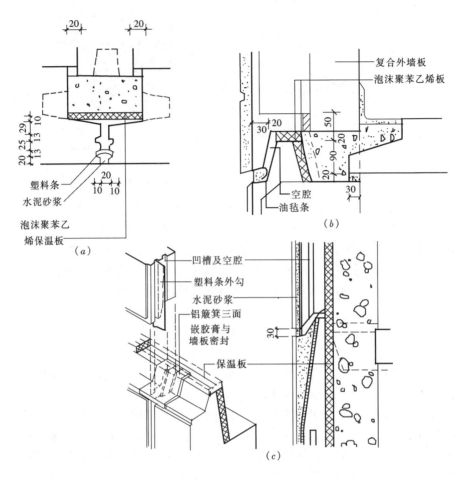

图 4-8-3-1   典型钢筋混凝土外墙板板缝构造

(a) 垂直缝构造；(b) 水平缝构造；(c) 十字缝构造

缝构造。从中可以看到，在门窗缝中常常运用到的空腔原理，在解决外墙板板缝的防水构造时也同样适用。例如，在墙板的两侧边通常留有凹口，合起来在板的垂直缝中就会形成扩大的空腔。经过一道或多道空腔的减压作用和对毛细现象的破坏，再加上塑料条等起到挡水的作用，使得雨水很难通过板缝进入墙板内部。另外，构造防水和材料防水结合使用的方法，也得到了具体的体现。例如图中的水平缝采用了类似高低缝的企口构造，可以用来盖缝。同时在缝里又填入了柔性材料，也属于材料防水的一部分。至于在十字缝节点中安放的铝质水舌（或者称作水簸箕），可以将漏入板缝中的雨水通过十字缝处的小孔排出去，体现了堵塞和疏导并举的思路。类似这样的板缝节点，经过长期的工程实践和改进，已经变得非常成熟。一般说来，外墙板的板缝宽不宜超过 20mm，配合内部的种种防水构造，板缝的外表面可以局部开口，也可以选择用金属或柔性材料盖缝，或者在嵌缝材料外面填水泥砂浆勾缝做保护层。用以勾缝的水泥砂浆的厚度不得小于15mm，但其抗拉伸变形的效果不如用柔性材料盖缝来得好。以下的几幅图对外墙板的板缝构造细部作进一步的介绍，其中：

图 4-8-3-2 介绍了用以盖缝的金属条或氯丁橡胶等弹性物构件的形状；

图 4-8-3-3 介绍了外墙板在纵横交接转角处的细部构造；

图 4-8-3-4 介绍了为防止雨水在板缝凹陷处积聚而设计的墙板边缘构造形式；

图 4-8-3-5 介绍了墙板内排水的几种构造做法。

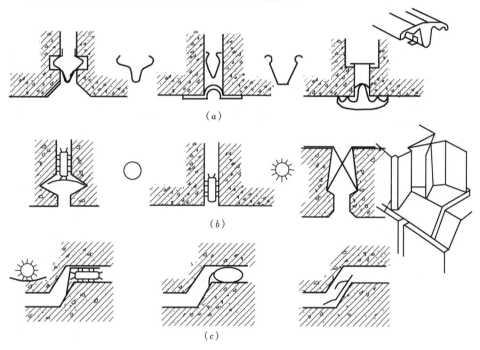

图 4-8-3-2 外墙板盖缝金属条及弹性物形状

(a) 金属弹性卡具盖缝；(b) 塑料弹性物盖缝；(c) 水平缝弹性物填缝

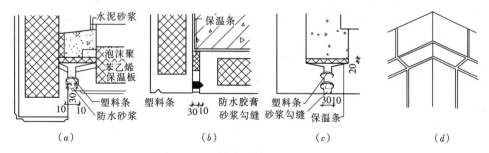

图 4-8-3-3 转角处外墙板板缝构造

(a) 斜单槽单腔接缝；(b) 单槽空腔加防水密封胶嵌缝；(c) 双槽双腔接缝；

(d) 外墙转角专用墙板

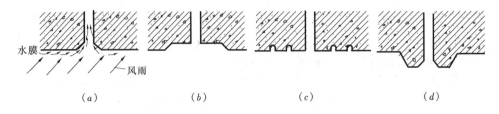

图 4-8-3-4   几种外墙板边缘的挡水构造

（a）大量雨水汇集在竖缝；（b）凹边槽；（c）凹槽缝；（d）凸边缝

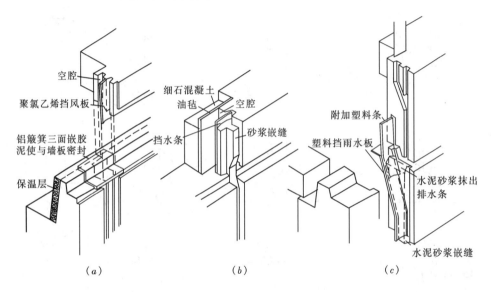

图 4-8-3-5   几种外墙板内排水的构造做法

（a）分层排水；（b）通腔排水；（c）分层与通腔混合排水

8.3.2   带有装饰面板的复合型外墙板的防水构造

带有装饰面板的复合型外墙板，如果不是事先在工厂进行一体化加工的，一般在基层墙板和装饰面板之间都会留有空隙。因此基层墙板的板缝间可以同普通单层外墙板一样采取复杂的防水构造措施，但也可以把基层墙板的板缝构造形式做得比较简单，采用在基层墙板的外表面满布防水材料的做法，例如参照用于屋面防水的贴防水卷材的方法等。如果需要，也可以进行基层墙板的整体防水，特别是用于附加在基层墙板外侧的保温材料的防水需要上。关于这一点，读者可以参考下一章中有关墙体中保温的说明。

8.4   建筑地下室防水构造

地下室因埋地而长期处在潮湿环境中。当常年地下水位较高或丰水期地下水处于高位时，地下室还可能浸泡在地下水中。由于地下水是有压力的，因此容易通过地下室的底板和外壁向内渗透。为满足结构和防水的需要，建筑物地下室的地坪、顶板和墙体一般都采用钢筋混凝土材料制作，防水以混凝土结构防水为主，通常采取调整配合比、添加外加剂等措施来提高混凝土的密实性，以进一步提高其防水性能。不过由于在我国，地下水（特别是浅层地下水）受污染比较严重，混凝土如果受到地下水的侵蚀，会对其中的混凝土、钢筋造成侵蚀破坏，使其耐久性受到影响。因此，地下室在坚持以混凝土结构防水为主的原则外，还需要采取其他构造措施，用防水材料来隔离地下水，做到防、排、截、堵相结合，以达到进一步防止地下水侵蚀的目的。

按照建筑物的状况以及所选用防水材料的不同，可以分为卷材防水、砂浆防水和涂料防水等几种。另外，采用人工降、排水的办法，使地下水位降低至地下室底板以下，变有压水为无压水，消除地下水对地下室的影响，也是非常有效的。

地下室的防水等级标准可参照表 4-8-4-1 执行。

地下工程防水等级标准

表 4-8-4-1

防水等级	标　　准
1 级	不允许漏水，结构表面无湿渍
2 级	不允许漏水，结构表面可有少量湿渍； 工业与民用建筑：总湿渍面积不应大于总防水面积（包括顶板、地面、墙面）的 1‰，任意 100m² 防水面积上的湿渍不超过 2 处，单个湿渍的最大面积不大于 0.1m²； 其他地下工程：总湿渍面积不应大于总防水面积的 2‰，任意 100m² 防水面积上的湿渍不超过 3 处，单个湿渍的最大面积不大于 0.2m²
3 级	有少量漏水点，不得有线流和漏泥砂； 任意 100m² 防水面积上的漏水或湿渍不超过 7 处，单个漏水点的最大漏水量不大于 2.5L/(m²·d)，单个湿渍的最大面积不大于 0.3m²
4 级	有漏水点，不得有线流和漏泥砂； 整个工程平均漏水量不大于 2L/(m²·d)，任意 100m² 防水面积上的平均漏水量不大于 4L/(m²·d)

8.4.1　地下室材料防水构造

地下室应采用外围形成整体的防水做法，即将防水材料做在结构的迎水面，并完全闭合。有些材料只适合做在结构背水面的，可用来起到内部增强处理的作用。只有当设计最高地下水位低于地下室底板 0.30～0.50m，而且基地范围内的土壤及回填土无形成上层滞水可能时，地下室才可采用防潮做法。

1. 卷材防水构造

卷材防水构造适用于受侵蚀性介质或受振动作用的地下工程。卷材应采用高聚物改性沥青防水卷材和合成高分子防水卷材，铺设在地下室混凝土结构主体的迎水面上。铺设位置是自底板垫层至墙体顶端的基面上，同时应在外围形成封闭的防水层。

卷材铺贴前应在基层表面上涂刷基层处理剂，基层处理剂应与卷材及胶粘剂的材料相容，可采用喷涂或涂刷法施工，喷涂应均匀一致、不露底，待表面干燥后方可铺贴卷材。两幅卷材短边和长边的搭接宽度均不应小于100mm。当采用多层卷材时，上下两层和相邻两幅卷材的接缝应错开1/3幅宽，且两层卷材不得相互垂直铺贴。在阴阳角处，卷材应做成圆弧，而且应当像在有女儿墙处的卷材防水屋面做法一样，加铺一道相同的卷材，宽度≥500mm。

卷材防水层在铺贴完成并经检验合格后，应当尽快做保护层。地下室顶板和底板部位的卷材防水层上用细石混凝土做保护层，其厚度≥50mm；当顶板上采用机械碾压回填土时，混凝土保护层的厚度≥70mm。在地下室侧墙上的卷材防水层，宜采用软质材料或涂抹20mm厚1∶2.5水泥砂浆作为保护层。

图4-8-4-1和图4-8-4-2是地下室卷材防水构造的示意图。

防水卷材厚度的选用应符合表4-8-4-2的规定。

防水卷材厚度　　　　　　　　　　　　　　　　　　　　　　表4-8-4-2

卷材品种	高聚物改性沥青类防水卷材			合成高分子类防水卷材			
	弹性体改性沥青防水卷材、改性沥青聚乙烯胎防水卷材	自粘聚合物改性沥青防水卷材		三元乙丙橡胶防水卷材	聚氯乙烯防水卷材	聚乙烯丙纶复合防水卷材	高分子自粘胶膜防水卷材
		聚酯毡胎体	无胎体				
单层厚度(mm)	≥4	≥3	≥1.5	≥1.5	≥1.5	卷材≥0.9；粘结料≥1.3；芯材厚度≥0.6	≥1.2
双层总厚度(mm)	≥(4+3)	≥(3+3)	≥(1.5+1.5)	≥(1.2+1.2)	≥(1.2+1.2)	卷材≥(0.7+0.7)；粘结料≥(1.3+1.3)；芯材厚度≥0.5	—

2. 砂浆防水构造

砂浆防水构造适用于混凝土或砌体结构的基层上。不适用于环境有侵蚀性、持续振动或温度高于80℃的地下工程。所用砂浆应为水泥砂浆或高聚物水泥砂浆、掺外加剂或掺合料的防水砂浆，施工应采取多层抹压法。

用作防水的砂浆可以做在结构主体的迎水面或者背水面。其中水泥砂浆的配比应在1∶1.5～1∶2，单层厚度同普通粉刷。高聚物水泥砂浆单层厚度为6～8mm；双层厚度为10～12mm。掺外加剂或掺合料的防水砂浆防水层厚度为18～20mm。

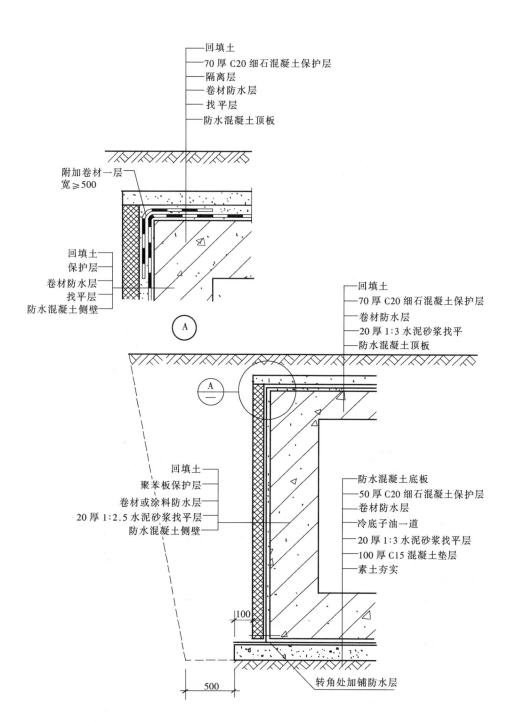

图 4-8-4-1　地下室卷材防水构造示意图（一）

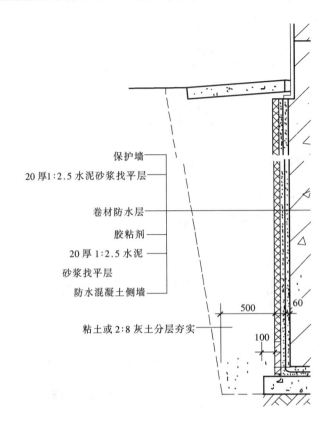

图 4-8-4-2 地下室卷材防水构造示意图（二）

3. 涂料防水构造

涂料防水构造适用于受侵蚀性介质或受振动作用的地下工程主体迎水面或背水面的涂刷。

按地下工程应用防水涂料的分类，有机防水涂料主要包括高分子合成橡胶类以及合成树脂乳液类涂料。其中如氯丁橡胶防水涂料、SBS 改性沥青防水涂料等聚合物乳液防水涂料，属挥发固化型；聚氨酯防水涂料等属反应固化型。另有聚合物水泥涂料，是以高分子聚合物为主要基料，加入少量无机活性粉料（如水泥及石英砂等），具有比一般有机涂料干燥快、弹性模量低、体积收缩小、抗渗性好等优点，国外称之为弹性水泥防水涂料，近年来应用也相当广泛。有机防水涂料固化成膜后最终是形成柔性防水层，适宜做在主体结构的迎水面。

无机防水涂料主要是水泥类无机活性涂料，其中可掺入外加剂、防水剂、掺合剂等，能够不同程度地改变水泥固化后的物理力学性能，但是应认为是刚性防水材料，所以不适用于变形较大或受振动部位，适宜做在主体结构的背水面。

施工时，有机防水涂料的厚度不得小于 1.2mm；掺外加剂、掺合剂的水泥基防水涂料不得小于 3.0mm，水泥基渗透结晶型防水涂料的用量不得小于

$1.5 kg/m^2$，且厚度不小于 1.0mm。

涂料防水构造的做法，可以参考上图 4-8-4-1 和图 4-8-4-2 中防水卷材的做法。由于阴阳角处不易涂刷，因此需要在这些部位设置增强材料，并添加涂刷的遍数。地下室底板部分由于承受水压力较大，施工过程中也较易被损坏，故而也应当予以加强。

8.4.2 地下室人工降、排水法

人工降、排水法可分为外排法和内排法两种。所谓外排法系采取在建筑物的四周设置永久性降排水设施，使高过地下室底板的地下水位在地下室周围回落至其底板标高之下，或者使平时水位虽在地下室底板之下，但在丰水期有可能上升的地下水水位难以达到地下室底板的标高，使得对地下室的有压水变为无压水，以减小其渗透的压力。通常的做法是在建筑物四周地下室地坪标高以下设盲沟，或者设置无砂混凝土管、普通硬塑料管或加筋软管式的渗水管，周围填充可以滤水的砾石及粗砂等材料。其中贴近天然土的是粒径较小的粗砂滤水层，可以使地下水通过，而不把细小的土颗粒带走；而靠近排水装置的是粒径较大的砾石渗水层，可以使较清的地下水透入渗水管中积聚后流入城市排水总管。当城市的排水管标高高于盲沟或渗水管时，则采用人工排水泵将积水排走（图 4-8-4-3a、b）。

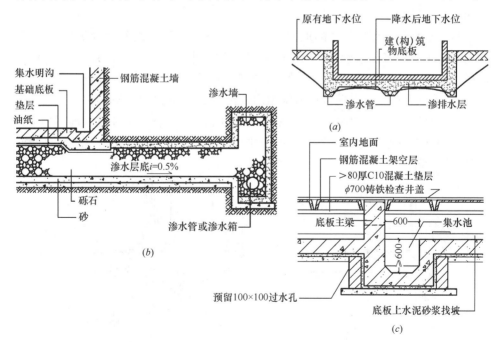

图 4-8-4-3 地下室人工降、排水构造示意

(a) 地下室外排水原理示意；(b) 地下室外排水实例一则；

(c) 地下室内排水构造示意

内排水法是将有可能渗入地下室内的水，通过永久性自流排水系统如集水沟排至集水井再用水泵排除。其工作原理与种植屋面中在种植土以下做排水层的做法很相似。在构造上常将地下室地坪架空，留出隔水间层，或在地下室一个或若干个地面较低点设集水坑，并预留排水泵电源及排水管路，以保持室内墙面和地坪干燥。上文中关于种植屋面的做法中所提到的塑料层板，也可以用于地下室内部的隔水间层，但是应该充分考虑到因动力中断而引起水位回升的可能性。为了保险起见，有些重要的地下室，既做外部防水又设置内排水设施（图 4-8-4-3c）。

8.5　建筑室内防水构造

对于用水频繁的房间，水管较多，室内积水的机会也多。管道穿越楼板的地方、楼面容易积水的地方以及经常淋水的墙面，都是防水的重点部分。

8.5.1　楼　面　防　水

用水频繁的房间，楼板应以现浇为佳，并设置地漏。楼板做面层时需有一定的坡度，坡向地漏的方向，以便引导水流经地漏排出。地面坡度一般为 $1\%\sim1.5\%$。为了防止室内万一积水会外溢，对有水房间的楼面或地面标高应比相邻房间或走廊做低 $20\sim30$mm。

对于防水质量要求较高的地方，可在楼板基层与面层之间设置防水层一道，常见的防水材料有防水卷材、防水砂浆或防水涂料。施工要求可参照屋面对应防水材料的做法，并将防水层沿房间四周墙边向上翻起 $100\sim150$mm（图 4-8-5-1a）。当遇到开门处，其防水层应铺出门外至少 250mm（图 4-8-5-1b）。

对于有立管穿越楼层处，一般采用两种办法，一是在管道穿过的周围用 C20级干硬性细石混凝土捣固密实，再以防水卷材或无纺布＋防水涂料作密封处理，

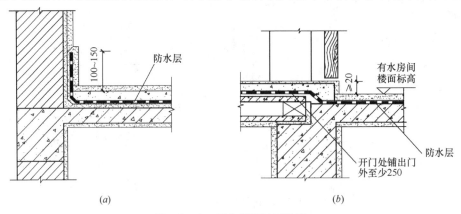

(a)   (b)

图 4-8-5-1　用水房间地面构造

(a) 防水层上翻；(b) 防水层铺出门外

如图 4-8-5-2a 所示。二是对某些暖气管、热水管穿过楼板（屋面）层时，为防止由于温度变化，出现胀缩变形，致使管壁周围漏水，需要在楼板管道通过的位置埋设一个比热水管直径稍大的套管，以保证热水管能自由伸缩而不致影响混凝土开裂（图 4-8-5-2b）。套管比楼（屋）面高出 30mm 左右。

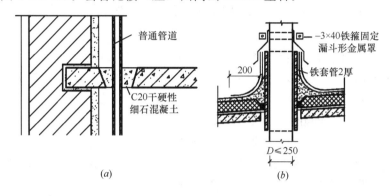

图 4-8-5-2　垂直管道穿越处楼面构造
（a）普通管道的处理；（b）热力管道的处理

8.5.2　淋水墙面防水处理

淋水墙面可以先用添加外加剂的防水砂浆打底，然后做饰面层。如果墙面饰面需要先立墙筋，可以在墙筋与墙体基层之间附加一层防水卷材。同样，在共用该淋水墙面的相邻房间，为了避免渗水，面层也可以作同样的处理。

应当注意的是，用水的房间经常有埋墙的管道，特别是二次装修过程中开凿墙面安装管道，往往容易因为急于施工，一次将修补墙面用的水泥砂浆做得很厚，或者对修补用的砂浆出现的裂缝也不做处理，这些都是发生渗水的隐患。因为淋水墙面常常会做面砖面层，而面砖本身是不防水的。一旦水从这些缝隙中深入墙体内，是很不容易排出的。

第9章 建筑保温、隔热构造

　　适宜的室内温度和湿度状况是人们生活和生产的基本要求。对于建筑的外围护结构来说，由于在大多数情况下，建筑室内外都会存在温差，特别是处于寒冷地区冬季需要采暖的建筑和在有些地区因夏季炎热而需要在室内使用空调制冷的建筑，其围护结构两侧的温差在这样的情况下甚至可以达到几十度之多。因此，在外围护结构设计中，根据各地的气候条件和建筑物的使用要求，合理解决建筑外围护结构的保温与隔热问题，是建筑构造设计的重要内容。其目标首先是保证室内基本的热环境质量，进一步则有关实现建筑节能。

　　建筑节能的意义，如今国际上所公认的，已经从过去简单的节约能源以及保持能源，即尽量减少能量的散失，发展到需要提高能源的利用效率。这对于建筑热工设计的标准，提出了更高的要求。我国以往由于经济的原因以及相应技术和产品开发利用方面的不足，在建筑节能方面与发达国家相比，进展要相对缓慢。但近年来随着我国国民经济的迅速发展，政府对实施环境保护、节约能源以及改善人民的居住条件方面给予了越来越多的重视，将建筑节能放在了十分重要的地位，在新建项目施工图设计的阶段，都需要进行相关的热工和节能设计，以确认可以达到现阶段目标所要求的建筑节能百分比；对于原有不符合现行节能标准的建筑物，各地也正在分阶段逐步进行和实现节能改造。

　　由于建筑物的热工性能目标与其所在地的气候环境有着密不可分的关系，因此目前我国按照气候特征将建筑热工分区分为表 4-9-0-1 所示的 7 个区域，其中又可以再细分为若干个子气候区。不同的热工分区有其基本的建筑热工要求，同时，针对不同的热工分区和建筑物的类型，又有相应的节能标准。近年来，有关部门通过组织对许多示范工程的探索和研究，根据我们国家的具体国情，已发展出许多行之有效的建筑节能的构造方法，对相关建材行业的发展也起到了重要的推动作用。希望读者随时予以充分的关注和重视。

建筑热工分区及热工设计基本要求 　　　　　　　　　　表 4-9-0-1

分区名称	热工分区名称	气候主要指标	建筑热工基本要求
I	I A，I B，I C，I D	严寒地区	1 月平均气温≤−10℃，7 月平均气温≤25℃，7 月平均相对湿度≥50%	必须满足冬季保温、防寒、防冻等要求

分区名称		热工分区名称	气候主要指标	建筑热工基本要求
Ⅱ	ⅡA,ⅡB	寒冷地区	1月平均气温−10~0℃，7月平均气温18~28℃	应满足冬季保温、防寒、防冻等要求，夏季部分地区应兼顾防热
Ⅲ	ⅢA, ⅢB, ⅢC	夏热冬冷地区	1月平均气温0~10℃，7月平均气温25~30℃	必须满足夏季防热、遮阳、通风降温要求，冬季应兼顾防寒
Ⅳ	ⅣA,ⅣB	夏热冬暖地区	1月平均气温>10℃，7月平均气温25~29℃	必须满足夏季防热、遮阳、通风、防雨要求
Ⅴ	ⅤA,ⅤB	温和地区	1月平均气温0~13℃，7月平均气温18~25℃	应满足防雨和通风要求，ⅤA区应注意防寒，ⅤB区特别注意防雷电
Ⅵ	ⅥA, ⅥB	严寒地区	1月平均气温0~−22℃，7月平均气温<18℃	应符合严寒和寒冷地区相关要求，
	ⅥC	寒冷地区		
Ⅶ	ⅦA, ⅦB, ⅦC	严寒地区	1月平均气温−5~−20℃，7月平均气温≥18℃，7月平均相对湿度<50%	应符合严寒和寒冷地区相关要求，ⅦC区夏季应兼顾防热，ⅦD应注意夏季防热，吐鲁番盆地应特别注意隔热、降温
	ⅦD	寒冷地区		

9.1 建筑热工构造原理综述

9.1.1 建筑热工构造基本知识

热量从高温处向低温处转移的过程中，存在热传导、热对流和热辐射三种方式。其中热传导是指物体内部高温处的分子向低温处的分子连续不断地传送热能的过程；热对流是指流体（如空气）中温度不同的各部分相对运动而使热量发生转移；热辐射则是指温度较高的物质的分子在振动激烈时释放出辐射波，热能按电磁波的形态传递。

这三种传热的基本方式，在建筑外围护结构传热的过程中表现为：其某个表面首先通过与附近空气之间的对流与导热以及与周围其他表面之间的辐射传热，从周围温度较高的空气中吸收热量；然后在围护结构内部由高温向低温的一侧传递热量，此间的传热主要是以材料内部的导热为主；接下去围护结构的另一个表面将继续向周围温度较低的空间散发热量。

由此可见，在建筑物室内外存在温差，尤其是较大温差的情况下，如果要维持建筑室内的热稳定性，使室内温度在设定的舒适范围内不作大幅度的波动，而且要节省能耗，就必须尽量减少通过建筑外围护结构传递的热流量。其中，减少外围护结构的表面积，以及选用传热系数（指在稳态条件下，围护结构两侧温差为1℃，在单位时间内通过单位面积围护结构的传热量）较小，即其传热阻较大的材料来做建筑的外围护构件，是减少热量通过外围护结构传递的重要途径。但实际上，建筑物的外围护结构的构造通常都比较复杂，尤其是建筑物的外墙，其构成往往不像屋面那样较为单纯。一方面，不同结构体系的建筑物，外墙墙体上各个部位上的构件也不一样。例如混合结构的建筑，墙体上除了砌体材料外，还会有钢筋混凝土的圈梁、构造柱和楼板；框架结构的建筑，则除了钢筋混凝土或者钢的柱、梁、楼板等外，还会填充各种其他材料的墙体。由于不同的材料分别有着不同的传热系数，在外墙中，就会存在某些局部易于传热的热流密集的通道，被称为"热桥"，可以造成外墙整体热工性能的下降。另一方面，在外墙面上，通常还需要开门开窗。对于建筑物的热工性能来说，门窗由于所采用的材料一般较薄，传热阻又较小，再加上门窗在开启时，会让室内外的空气对流，从而产生热量的交换；在闭合时，经门窗缝中的空气对流依然可能存在，而且大量的辐射热会通过门窗传递。因此，门窗也是建筑外围护结构热工设计中一个非常敏感和重要的部分。据有关方面调查发现，在北方冬季采暖的建筑物中，窗户的传热耗热量加上其空气渗透耗热量，几乎可以占到全部耗热量的近半。

鉴于上述原因，在相关的建筑节能设计标准中，主要要求在以下几方面进行控制，并针对不同的热工分区规定了各类相应的限值指标：

1. 建筑物的体形系数（指建筑物与室外大气接触的外表面积与其所包围的体积的比值）；

2. 建筑物所在地区围护结构各部位的传热系数（其中外墙因为构造较为复杂，因此外墙的传热系数为包括结构性热桥在内的平均值）；

3. 窗墙面积比（窗户洞口与房间立面单元面积之比）和可见光的透射比；

4. 外窗（包括透明幕墙）的遮阳系数。

在进行建筑节能设计时，如果所设计的建筑不能同时满足所有这些规定的刚性指标，就需要进行权衡判断。所谓权衡判断，是指假设一个形状、大小、朝向、内部的空间划分和使用功能都与所设计的建筑完全一致的参照建筑（如果所设计建筑的体形系数及窗墙面积比大于标准的规定时，需将参照建筑的每面外墙按比例缩小以及将参照建筑的每个窗户或透明幕墙按比例缩小，使其符合标准的规定），首先计算参照建筑在规定条件下的全年采暖和空气调节能耗，然后计算所设计建筑在相同条件下的全年采暖和空气调节能耗。当所设计建筑的采暖和空气调节能耗不大于参照建筑的采暖和空气调节能耗时，判定围护结构的总体热工性能符合节能要求。当所设计建筑的采暖和空气调节能耗大于参照建筑的采暖和空气调节能耗时，则应通过不断调整设计参数并计算能耗，最终达到所设计建筑全年的空气调节和采暖能耗不大于参照建筑的能耗的目标。相对规定性指标方法，围护结构热工性能权衡判断属于性能化的设计方法。

在过去较长的时间内，为了改善外围护结构构件的热工性能，往往采取加大构件厚度的做法。因为导热系数小的材料一般都是孔隙多、密度小的轻质材料，大部分没有足够的强度，不适合于直接用作建筑的屋盖以及外墙的基材，特别是当外围护结构兼有承重结构的作用时，更是如此。所以过去在我国北方曾将砌体建筑的实心黏土砖墙都做到了 370mm 或 490mm 的厚度,这是很不经济的。如今实行墙体改革,黏土砖的使用受到了限制,但许多取代黏土砖的砌体材料,其传热系数都比黏土砖大;另有一些钢筋混凝土或者钢结构的体系,其结构构件材料的热工性能原本就低于黏土砖,而且在满足强度和抗震要求的条件下,所需墙体的厚度通常也都不需达到一砖墙的厚度,因此,现时常用的方法是在符合强度要求的建筑物的外围护结构的基层构件上直接复合或者附加热工性能良好的材料,或者是根据热量转移的基本原理,综合建筑的防水、饰面等其他要求,对建筑外围护结构的构造层次和构造做法进行良好的安排及设计,以提高其整体的热工效能。当然所选用的保温材料及材料厚度,应先经过热工计算,而且对建筑的"热桥"的部分,还应当进行加强处理。

图 4-9-1-1 所示的是处于半室外状态下的一个报告厅的外墙做法。其外墙板

(a)

(b)

(c)

图 4-9-1-1 某复合墙体外墙保温实例
(a) 某复合墙体外墙内骨架系统;(b) 某复合墙体外墙金属板外墙面;
(c) 某复合墙体外墙保温材料设置状况

采用彩钢板（导热系数甚高）；内墙板为纸面石膏板。保温做法是利用两层墙板间的空隙安装带有铝箔反射面的岩棉保温材料。这样室内热量在向外传递的过程中通过纸面石膏板后经导热性甚小的不流动的空气介质的作用，减少了流失，然后再经过铝箔的反射以及通过热阻较大的松软材料时，传递速度明显减缓，可以达到较好的保温效果。

9.1.2　水汽对建筑热工性能的影响

空气中含有水蒸气。处于不同的温度下的空气，其中所能含的水蒸气的质量是不同的。温度越低，能够含水蒸气的量就越少。因此，当空气的温度下降时，如果其中水蒸气的含量达到了相对饱和，多余的水蒸气就会从空气中析出，在温度较低的物体表面凝结成冷凝水，这个现象叫做结露。结露时的临界温度被称为露点温度。

由于建筑物外围护结构的两侧存在温差，当室内外空气中的水蒸气含量不相等时，水蒸气分子会从压力高的一侧通过围护结构向压力低的一侧渗透。在此过程中，如果温度达到了露点温度，在外围护结构之中就有可能出现结露的现象，这时材料就受潮。结露现象如发生在保温层中，因为水的导热系数远比干燥的空气要高，这样就会降低材料的保温效果。如果水汽不能够被排出，就可能使材料发生霉变，影响使用寿命。在冬季室外温度较低的情况下，如果水汽进而受冻结冰，体积膨胀，就会使材料的内部结构遭到破坏，称为冻融性破坏。因此，在对建筑物的外围护结构进行热工设计时，不能不考虑水汽的影响。其基本原则一是要阻止水汽进入保温材料内，二是要安排通道以使进入建筑外围护结构中的水汽能够排出。其具体做法视材料的内部结构而定。如果材料内部的孔隙相互间不连通，或者表面具有自防水的功能可以阻止水或水汽进入，就可以不做任何处理。否则应该在温度较高的一侧先设置隔蒸汽层，使水汽不能够进入材料内部，同时将受阻隔的水汽排出到围护结构外。在以下部分关于建筑屋面及外墙面的保温构造的讨论中，将进行具体的分析。

9.2　建筑外围护结构保温构造

需要进行保温设计的建筑物，多是所处环境冬季室外温度较低，室内需要采暖。这种情况下热源在室内，采取保温构造措施可以尽量减少热量通过建筑外围护结构自内向外流失。

9.2.1　建筑屋面保温构造

常用的屋面保温材料有聚苯乙烯泡沫塑料、硬质聚氨酯泡沫塑料、膨胀珍珠岩制品、泡沫玻璃制品、加气混凝土砌块、泡沫混凝土砌块等板状材料；玻璃棉制品、岩棉或矿渣棉制品等纤维材料以及喷涂硬泡聚氨酯，现浇泡沫混凝土等整体材料。其中挤压型的聚苯乙烯保温板因为表面结构全部封闭、不透水，所以可以不考虑防水的问题。其余材料在用作保温层时大多需要采取防水及隔蒸汽的措施。此外，由于保温材料多轻质多孔隙，为了防火的需要，必须注意，在不同耐火极限的屋顶基层上，所选择采用的保温材料应该按照规范的规定具有相应的燃烧性能等级，而且在屋顶与外墙交界处、屋顶开口部位四周的保温层，均应采用宽度不小于 500mm 的 A 级（不燃）保温材料设置水平防火隔离带。

一般来说，屋面保温层的设置部位可有以下几种：

1. 保温层放置在屋面结构层与防水层之间，下设隔蒸汽层

这是最普通的做法。大部分不具备自防水性能的保温材料都可以放在屋面的这个位置上。由于保温层下设隔蒸汽层，来自室内温度较高处的水蒸气在到达保温层之前被隔蒸汽层隔离。同时，处于最上层的屋面防水层又保护了保温材料，使其不会受到雨水的侵袭。

在图 4-9-2-1（a）所示的例子中，用作隔蒸汽层的高聚物油毡用花油法粘贴，使得被阻的蒸汽能够在粘结材料的空隙间有流动的通道，可以从例如图 4-9-2-1（b）所示的分仓缝中预留的排汽孔中排出。这是一种在隔蒸汽层下留有透气层的方法。像这样留透气层的方法还有很多。例如可以在图示的找平层位置之下先铺一层波形瓦垫空，或者先用垫块架起一层混凝土薄板，在上面经水泥砂浆找平后再粘贴隔蒸汽层材料。如果担心隔蒸汽层材料老化会影响到保温层的性能，还可以在保温层上设架空通风层，相当于在保温层中设透气层。但应注意隔汽层须沿周边墙面向上连续铺设，高出保温层上表面不得小于 150mm。

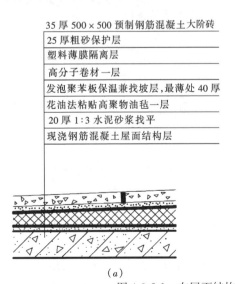

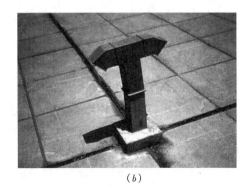

（a）　　　　　　　　　　　　　　（b）

图 4-9-2-1　在屋面结构层与防水层之间设保温层

（a）设在屋面结构层与防水层之间的保温层构造；（b）在屋面分仓缝中预留排汽孔

图 4-9-2-1（a）中的保温层如果不兼作为找坡层，也可以先在找平层之下用轻集料的混凝土找坡，则保温层可以做成统一的厚度。

2. 保温层放置在屋面防水层之上

只有具有自防水功能的保温材料才可以使用这种构造方法，例如挤压型聚苯乙烯板。将保温层铺设在屋面防水层之上，防水层可以不受到阳光的直射，而且温度变化幅度较小，对防水层有很好的保护作用。这种做法因为有别于将保温层放在防水层之下的习惯做法，所以又被称为"倒铺屋面"。但保温层处于最上层时容易遭到破坏，所以应该在上面再做保护层。图 4-9-2-2 是采用这种做法的卷材防水平屋面的构造层次的示意图。图 4-9-2-3 是采用同种方法做的现浇钢筋混凝土坡屋面的构造示意图。图中为了防止保温材料下滑，在檐口部位做了突起的挡台，而且为了防止有可能从瓦缝中渗入到卷材防水层面上的雨水在此积压，在挡台上还留有泄水口。图 4-9-2-4 所示的是保温层倒铺的屋面工程实例。

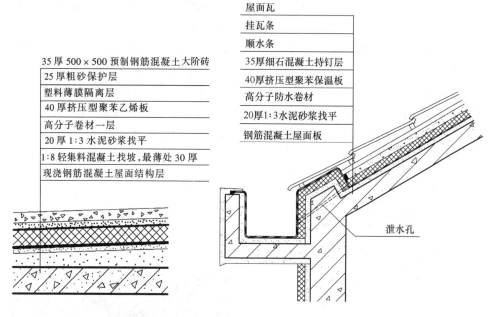

图 4-9-2-2　"倒铺屋面"保温构造　　　图 4-9-2-3　在坡屋顶上"倒铺"保温层

3. 保温层放置在屋面结构层之下

在顶层屋面结构层下面做吊顶的建筑物中，屋面保温层也可以直接放置在屋面板底或者板底与吊顶之间的夹层内。

图 4-9-2-5 所示的是在结构板底直接粘贴硬质或者半硬质的带反射铝箔的岩棉保温层的屋顶保温构造示意图，其工作机理与图 4-9-2-1 所示的保温构造原理是相类似的。图 4-9-2-6 所示的是将袋装保温散料搁在吊顶面板之上的例

图 4-9-2-4　保温层倒铺的屋面工程实例

子。除了袋装散料之外，保温板材、卷材等都可以像这样铺放在吊顶面板上面。不过吊顶与屋面板底之间的夹层最好有透气孔，可以将蒸汽排出。虽然这样会使夹层空间变得不闭合，夹层中的空气不能作为不流动的空气来考虑其保温效果，但却能够令保温材料保持干燥。在夏热冬冷的地区，这样的构造还能够兼顾夏季隔热。

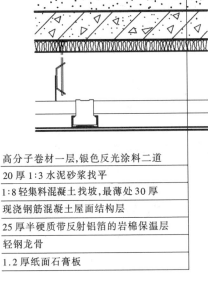

高分子卷材一层,银色反光涂料二道

20 厚 1:3 水泥砂浆找平

1:8 轻集料混凝土找坡,最薄处30厚

现浇钢筋混凝土屋面结构层

25 厚半硬质带反射铝箔的岩棉保温层

轻钢龙骨

1.2 厚纸面石膏板

图 4-9-2-5　在屋面结构板底粘贴保温材料

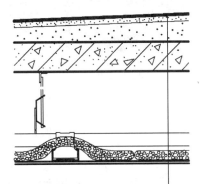

高分子卷材一层,银色反光涂料二道

20 厚 1:3 水泥砂浆找平

1:8 轻集料混凝土找坡,最薄处30厚

现浇钢筋混凝土屋面结构层

轻钢龙骨

30 厚塑料袋封装膨胀珍珠岩保温层

1.2 厚纸面石膏板

图 4-9-2-6　在吊顶面上铺设保温材料

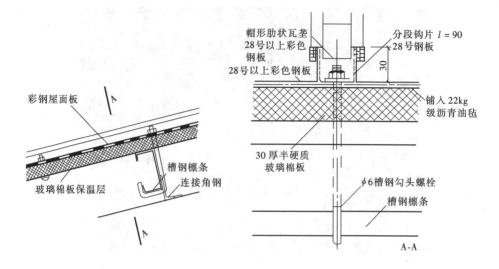

图 4-9-2-7   在钢结构建筑檩条与屋面板之间设保温层

图 4-9-2-8   钢结构用保温棉毡样品

在使用压型钢板作为屋面板的钢结构建筑中，在屋面板下放置成品的保温棉板或棉毡也是使用最为广泛的保温构造方法。保温面板或棉毡可以架设在檩条上面（图 4-9-2-7）。图 4-9-2-8 是一种可用于钢结构的保温玻璃棉毡的产品样本。

9.2.2   建筑外墙面保温构造

用于屋面保温的材料大多可以用在建筑外墙的保温上，不过保温层与基层墙体的连接方法与屋面有较大的区别，因为基层墙体在大多数情况下不可能像屋面那样托着保温层，而且还有诸多变形因素会作用在外墙上。所以做在墙面上的保温层与主体的连接构造显得格外重要。此外，由于外墙对于饰面的要求往往比屋面高，饰面材料与保温材料以及隔蒸汽层、防水层等构造层次之间的排列顺序、连接方法等，都需要综合考虑安全、美观、方便等诸多因素。因此，归纳起来，建筑外墙面的保温层构造应该能够满足：

（1）适应基层的正常变形而不产生裂缝及空鼓；

（2）长期承受自重而不产生有害的变形；

（3）承受风荷载的作用而不产生破坏；

（4）在室外气候的长期反复作用下不产生破坏；

（5）罕遇地震时不从基层上脱落；

（6）具有防止水渗透的功能；

（7）防火性能符合国家有关规定；

（8）各组成部分具有物理—化学稳定性，所有的组成材料彼此相容，并具有防腐性。

图 4-9-2-9 以空心砌块的砌体墙为例，列出了保温层在建筑外墙上面与基层墙体的相对位置。它们分别是：保温层设在外墙的内侧，称作内保温；设在外墙的外侧，称作外保温；设在外墙的夹层空间中，称作中保温。以下将就这三种情况下常用的外墙保温构造方法，结合对"热桥"部分的处理，分别加以介绍。

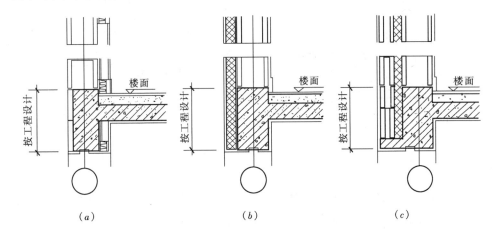

图 4-9-2-9　外墙保温层设置位置示意

（a）外墙内保温层做法示意；（b）外墙外保温层做法示意；（c）外墙中保温层做法示意

1. 外墙内保温构造

用于商场、宾馆、公共娱乐场所等人员密集场所、疏散楼梯间、避难走道、避难间和避难层的内保温材料的燃烧性能应为 A 级（不燃）；对于其他建筑、场所或部位，其内保温材料的燃烧性能不应低于 B1 级（难燃）；当采用难燃保温材料时，保温材料应采用不燃材料做防护层，且厚度不应小于 10mm。

外墙内保温，一般有以下几种构造方法：

（1）硬质保温制品内贴

具体做法是在外墙内侧用胶贴剂粘贴增强石膏聚苯复合保温板、增强水泥聚苯复合保温板等硬质建筑保温制品，然后在其表面抹粉刷石膏或砂浆，并在里面压入中碱玻纤涂塑网格布（满铺），最后用腻子嵌平，做涂料（图 4-9-2-10）。

由于石膏的防水性能较差，因此在卫生间、厨房等较潮湿的房间内不宜使用增强聚苯石膏板。

（2）保温层材料挂装

具体做法是先在外墙内侧固定衬有保温材料的保温龙骨，在龙骨的间隙中填入岩棉等保温材料，然后在龙骨表面安装纸面石膏板（图 4-9-2-11）。岩棉如果是采用卷材，石膏板板面处理详见本书有关面层构造的章节。

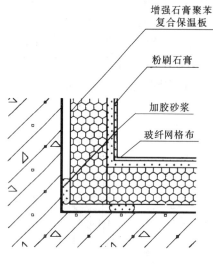

图 4-9-2-10 外墙硬质保温板内贴

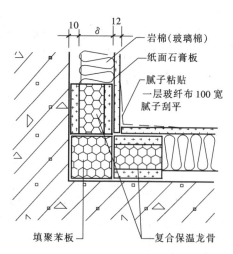

图 4-9-2-11 外墙保温层挂装

外墙内保温的优点是不影响外墙外饰面及防水等构造的做法，但需要占据较多的室内空间，减少了建筑物的使用面积，而且用在居住建筑上，会给用户的自主装修造成一定的麻烦。

2. 外墙外保温构造

外墙外保温比起内保温来，其优点是可以不占用室内使用面积，而且可以使整个外墙墙体处于保温层的保护之下，避免建筑热桥，防止墙体冬季结露甚至产生冻融破坏等。但因为外墙的整个外表面是连续的，不像内墙面那样可以被楼板隔开。同时外墙面又会直接受到阳光照射和雨雪的侵袭，所以外保温构造在对抗变形因素的影响和防止材料脱落等方面的要求更高。在防火安全方面，建筑外墙外保温系统保温材料的燃烧性能不应低于 B2（可燃）级。相关规范对不同性质和高度的建筑外保温系统材料的燃烧等级分别作了详细的规定，而且规定当采用难燃、可燃保温材料时，其外部应采用不燃材料做防护层；同时应每层采用高度不小于 300mm 的不燃材料设置水平防火隔离带。采用幕墙的建筑，幕墙与建筑外墙体之间的空间，应在每层楼板处采用防火封堵材料封堵。

常用外墙外保温构造有以下几种：

（1）保温浆料外粉刷

具体做法是先在外墙外表面做一道界面砂浆，然后粉胶粉聚苯颗粒保温浆料等保温砂浆。如果保温砂浆的厚度较大，应当在里面钉入镀锌钢丝网，以防止开裂（但满铺金属网时应有防雷措施）。保护层及饰面用聚合物砂浆加上耐碱玻纤布，用柔性耐水腻子嵌平后，再涂刷表面涂料（图4-9-2-12）。

在高聚物砂浆中夹入玻纤网格布是为了防止外粉刷空鼓、开裂。注意玻纤布应该做在高聚物砂浆的层间，而不应该先贴在聚苯板上，其原理与应当将钢筋埋在混凝土中制成钢筋混凝土，而不是将钢筋附在混凝土表面是一样的。其中保护层中的玻纤布在门窗洞口等易开裂处应加铺一道，或者改用钉入法固定的镀锌钢丝网来加强。

（2）外贴保温板材

用于外墙外保温的板材最好是自防水及阻燃型的，可以省去做隔蒸汽层及防水层等的麻烦，又较安全。外墙保温板一般采用粘结加上机械锚固件辅助连接，以防止脱落。其中不燃材料设置的水平防火隔离带与墙体之间应当满粘。

外贴保温板材的基本构造做法是：用粘结胶浆与辅助机械锚固方法一起固定保温板材，保护层用聚合物砂浆加上耐碱玻纤布，饰面用柔性耐水腻子嵌平，涂表面涂料（图4-9-2-13）。

图4-9-2-14还介绍了一种将结构构件和保温、装饰一体化设计的方法。图中的保

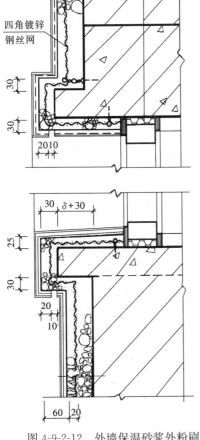

图 4-9-2-12　外墙保温砂浆外粉刷

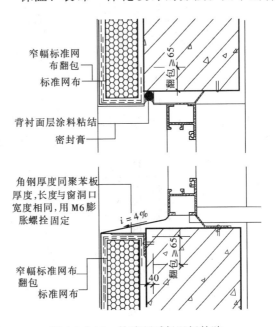

图 4-9-2-13　外墙硬质保温板外贴

温板被做成可以插接的模板，装配后在里面现浇钢筋混凝土墙板。调整跨越内外两层模板的塑料固定件的型号，还可以按照结构要求改变钢筋混凝土墙体的厚度。同时，固定件插入模板中的部分又可以作为墙筋来固定内外装饰面板。这种构造虽然材料费用较高，但工业化程度高，施工方便，可以节省大量现场人工，保温效果也非常好。

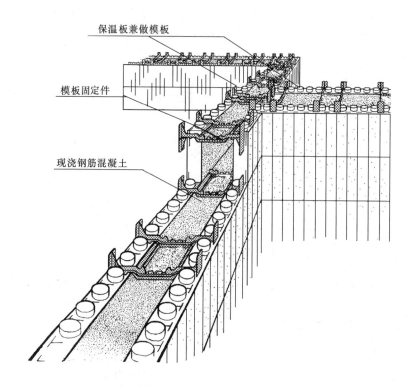

保温板兼做模板

模板固定件

现浇钢筋混凝土

图 4-9-2-14 保温层及现浇混凝土外墙组合

对于例如砌体墙上的圈梁、构造柱等热桥部位,可以利用砌块厚度与圈梁、构造柱的最小允许截面厚度尺寸之间的差,将圈梁、构造柱与外墙的某一侧做平,然后在其另一侧圈梁、构造柱部位墙面的凹陷处填入一道加强保温材料,厚度以与墙面做平为宜(图4-9-2-15)。考虑适应变形及安全的因素,当加强保温材料做在外墙外侧时,应该用钉加固。

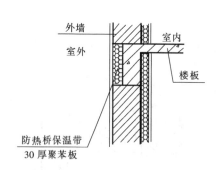

外墙
室内
室外
楼板
防热桥保温带
30厚聚苯板

图 4-9-2-15 外墙热桥部位
保温层加强处理

3. 外墙中保温构造

各地在墙体保温节能的实践过程中，发展出许多功能一体化的构件，将保温材料复合设置在砌块或墙板的中间，这些都属于外墙中保温的构造做法（图 4-9-2-16）。

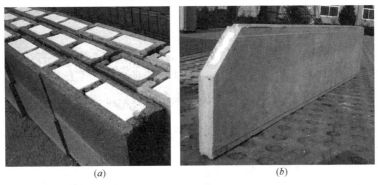

(a)　　　　　　　　　　(b)

图 4-9-2-16　复合保温砌块和外墙板实例

(a) 夹心保温砌块；(b) 带保温夹层的复合外墙板

在按照不同的使用功能设置多道墙板或者做双层砌体墙的建筑物中，外墙保温材料也同样可以放置在这些墙板或砌体墙的夹层中，或者并不放入保温材料，只是封闭夹层空间形成静止的空气间层，并在里面设置具有较强反射功能的铝箔等，起到阻挡热量外流的作用。

图 4-9-2-17 是在基层外墙板与装饰面板之间的夹层中铺钉保温板的实例。类

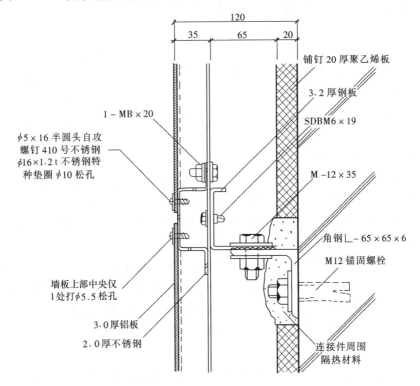

图 4-9-2-17　双层外墙板中保温实例一则

似这样的做法，保温板可以在现场安置，也可以预先在工厂叠加在基层板上后，再运到现场安装。由于在两层墙板之间的连接件处存在热桥，可以在节点处喷发泡聚氨酯，这样同时堵塞了连接件处的螺栓孔洞，防水的效果也很好。如果在基层板上不放保温板，完全用约 20～30mm 的发泡聚氨酯来代替它，不但保温效果不会受影响，基层板缝也可不用做特殊的防水处理，是整体处理的好方法。

图 4-9-2-18 是在双层砌块墙体的中间夹层中放置保温材料的例子。

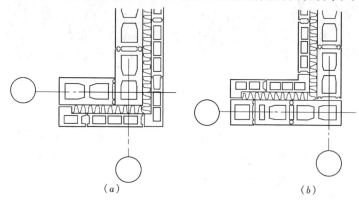

图 4-9-2-18　双层砌体墙中保温层做法示意
(a) 复合砌体墙在承重墙外；(b) 复合砌体墙在承重墙内

9.2.3　建筑外门窗保温构造

门窗的构造虽然在本书的有关章节里已经作了介绍，但鉴于门窗是建筑外围护结构的保温、隔热的重点部位，所以在此需要再次强调加强门窗缝的气密性以及选择具有良好热工性能的门窗材料的重要性。这个问题对于大面积的玻璃幕墙来说一样重要。

近年来我国在改进门窗的热工性能方面的研究主要集中在开发门窗的密封技术以及门窗的细部构造方面。经过有关部门的测试和研究，普通的金属型材单层玻璃窗根本满足不了建筑节能的要求，即便使用两层普通的金属型材单层玻璃窗，由于两层窗之间的间层难以做到密封，对热流的阻挡作用有限，节能效果仍不够理想。

图 4-9-2-19 所示的是一种带断热装置的金属型材双层玻璃窗的实例，与普通的金属型材单层玻璃窗比起来，热工性能可大幅提高。其主要的构造特点是：

（1）窗框虽然采用导热系数大的金属材料，但是在断面的设计方面做了三道空腔，而且中间用聚酰胺隔板做了断热层，能够有效阻挡热量在金属材料中的传导。这是一种比较好的做法。

事实上，金属型材用于门窗框具有工程塑料所无法代替的优点。首先是刚度好，不容易变形，其次是经表面处理后，耐久性及自装饰的性能也较好。因为用

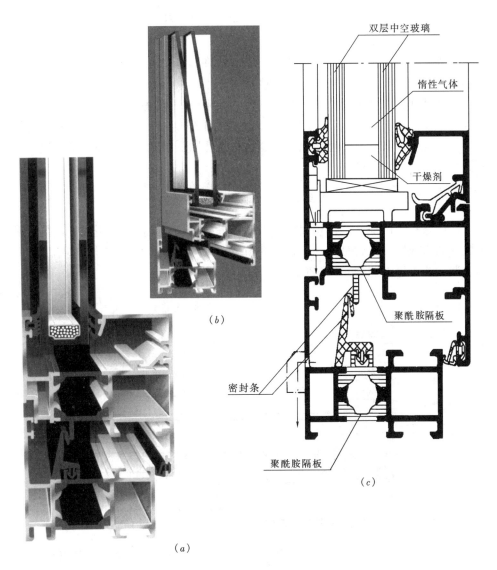

双层中空玻璃

惰性气体

干燥剂

聚酰胺隔板

密封条

聚酰胺隔板

（b）

（a）

（c）

图 4-9-2-19　保温金属窗实例
（a）闭合状态；（b）开启状态；（c）内部结构构成

塑料来做门窗框虽然导热系数较小，但刚度不够，如果不在截面空腹部位填入型钢，框料本身就很容易变形。但填入的型钢不容易互相连接，使得塑钢窗仍然容易变形，而且塑钢窗一般框料截面较大，影响采光面积，也不够美观。

　　至今为止在大片的玻璃幕墙上，仍然无法用工程塑料来代替金属材料。所以像图 4-9-2-19 所示的这样的门窗框截面构造技术，可以同样使用在玻璃幕墙上。

　　（2）在门窗可开启部分与门窗框之间，有很好的密封条，可以保证使用时的气密性。

（3）采用双层中空玻璃，并可在中间充入惰性气体。这样一来，通过玻璃流失的热量就会大大减少。

此外，对门窗玻璃的热工性能，还有其他许多可以改变的方法。例如可以在玻璃表面根据需要涂上各种具有反射或折射作用的涂层，或者在双层玻璃之间夹入各种片状或栅格状的小构件等等，这样，太阳光的辐射热以及室内用人工方法得到的热量通过玻璃流入流出的程度和角度就可以得到控制。由于这项技术比较专业，在此不展开讨论。但像这样综合材料特性以及构造和加工技术来开发产品的做法，是当前发展的方向。

9.2.4   建筑地面保温构造

在严寒和寒冷地区，建筑底层室内如果采用实铺地面构造，则对于直接接触土壤的周边地区，也就是从外墙内侧算起 2.0m 的范围之内，应当作保温处理。其构造做法可以参照图 4-9-2-20。

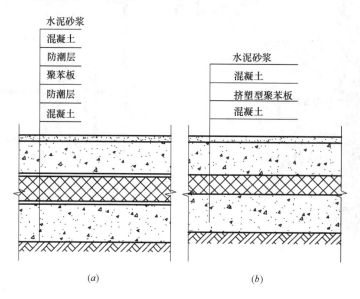

图 4-9-2-20   地面保温构造示意
(a) 地面保温层构造（1）；(b) 地面保温层构造（2）

此外，如果底层地面之下还有不采暖的地下室，则地下室以上的底层地面应该全部作保温处理。保温层除了放在底层地面的结构面板与地面的饰面层之间之外，还可以考虑放在底层地面的结构面板，即地下室的顶板之下。不过实际工程中要这样做需先分析保温层的设置到底与板底的各种管道的架设会有多少相互影响，施工是否方便，是否有利于管道的检修，是否符合相关的防火规范，等等，权衡利弊，再做决定。读者可以自行参考本章的相关内容进行探讨，在此不再一一赘述。

9.3　建筑外围护结构隔热构造

需要采取隔热措施的建筑物，其热源主要来自太阳光的辐射热。不同于采暖建筑希望通过阳光的辐射热来取得热能，需要隔热的建筑物正相反，希望能够将一部分来自阳光的热能挡在室外，常用措施为在门窗玻璃上镀反射膜、在外墙上用浅颜色的饰面材料来反射掉部分辐射热、在门窗洞口上方做遮阳板阻挡直射光，以及在外围护结构表面设置通风的空气间层，来带走一部分热量等。

其中，门窗遮阳在夏季能够遮挡部分直射阳光，对建筑节能有利，不过在冬季却会妨碍从日光中获得热能，因此遮阳主要应用于只需夏季防热或要兼顾夏季防热的建筑外墙门窗洞口上。在各种类型的遮阳中，又以垂直活动遮阳的效果较好，因为这种类型的遮阳可以随着阳光的入射角转动，相比固定遮阳可以最大限度地获得阴影。另有一些卷帘式的活动遮阳，冬季可以收起，比较适合需要兼顾保温和防热的建筑。图 4-9-3-1 是各种形式的遮阳效果比较示意。

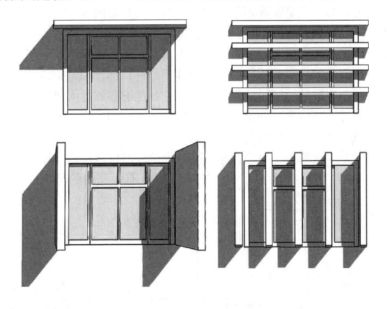

图 4-9-3-1　各种形式的遮阳效果比较示意

相比其他隔热措施，在外围护结构表面设置通风的空气间层，利用层间通风，带走一部分热量，使屋顶或外墙变成两次传热，以降低传至外围护结构内表面的温度，是最为有效的一种方法（图 4-9-3-2）。

虽说贴保温材料也能够阻止来自室外的热量向室内流动，但保温层不透气，

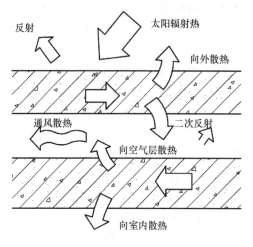

图 4-9-3-2   通风隔热原理示意

容易使人在室内觉得比较闷热，所以透气性对于夏季炎热地区的建筑仍然很重要，除非是属于夏热冬冷地区，需要兼顾冬季保温，否则不应该考虑用保温材料来隔热。

在本书第 4 篇第 3 章和第 4 章的内容中，我们已经介绍过了某些建筑是怎样利用外墙基层构件与装饰面板之间的空隙来形成通风间层的，我们还介绍过某些建筑是怎样通过安装带有可以启闭的通风口的双层玻璃幕墙，使得整个幕墙变得"可呼吸"，而且夏季有利于隔热，冬季有利于保暖，这些都是提高外墙隔热性能的好方法，本节将着重介绍建筑屋面的隔热构造方法。

在建筑物的屋面部分设通风间层可以有两个较为合适的位置，一个是放在屋面的面层之上，另一个是放在顶层房间的顶板与吊顶之间。

图 4-9-3-3 所示的是在平屋面上设置通风间层的最简单的方法。一般做法是用砖或其他小型砌块砌成墩状或者带状的支座，在上面放置钢筋混凝土的小型薄板。其中带形支座的通风效果较好。因为其间的开口部位如果是迎向夏季主导风向的话，一条条狭窄的管状通道有利于引风，并能够起到加大风速的作用，对迅速带走热量有好处。而墩状的支座虽有可能省了一些材料，但风在其间容易形成紊流，通风隔热的效果反而会受到影响。

在用钢筋混凝土的小型薄板做屋面架空隔热层时应该注意，屋面坡度不宜大于 5%；架空隔热层的高度宜为 180~300mm，在有女儿墙的屋顶上，隔热层面

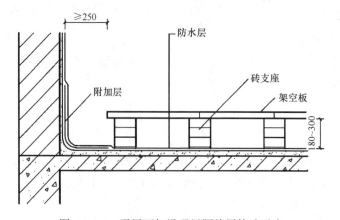

图 4-9-3-3   平屋面架设通风隔热层构造示意

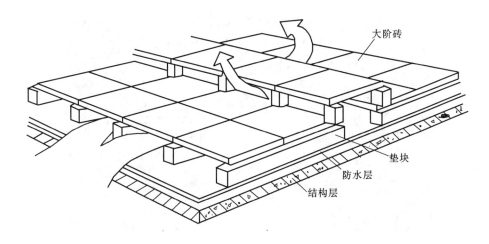

图 4-9-3-4　平屋面架设通风隔热层构造示意

上的顶板与女儿墙的距离不应小于 250mm，否则自然风很难进入到其下部的间层中去。此外，当房屋进深大于 10m 时，在隔热层的中间部位需要设引风口，以加强通风的效果（图 4-9-3-4）。

在做屋面通风隔热层时，如果有条件在靠近屋面的一侧设置反射铝箔，使反射面对着热流方向的话，总体的隔热效果将会提高。其工作原理可参考图 4-9-3-5。

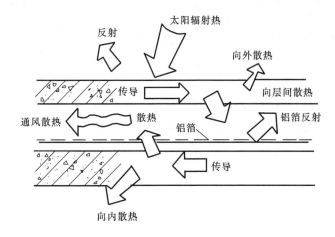

图 4-9-3-5　通风隔热层中加入反射铝箔的工作原理示意

近年来我国有些城市对许多平屋顶的旧住宅楼进行了"平改坡"的改造。在原有的平屋顶之上又架起了一个用轻钢屋架、木屋面板、钢板瓦、油毡瓦等制作的轻型坡屋顶。这样一方面可以解决老房子屋顶防水层年久失修所造成的麻烦，另一方面相当于在原有屋面上添加了一个空气间层。为了达到通风隔热的目的，新加的坡屋面往往采用仿气楼的方式来安装通风百页（图 4-9-3-6）。

图 4-9-3-6　"平改坡"工程用仿气楼的方式通风

至于屋盖系统本来就采用坡屋顶形式的建筑物，其顶层隔热的通风间层大多设在屋面板与顶层室内吊顶之间。为了取得通风的效果，外墙如有山墙的话，通常可以在山墙靠近屋顶的位置上做通风百页。四坡顶的建筑外墙上没有山尖，传统的做法是在屋面的挑檐部分的底部吊顶位置上用钢丝网做通风口。现浇的四坡顶屋面板无法在挑檐部分做通风口，有条件的可以在顶层圈梁以下留出洞口，但这样吊顶所占据的空间较大，不够经济，可以用在坡屋面上做气楼的办法解决。

除了设通风间层之外，淋水屋面、种植屋面也有良好的隔热作用。

淋水屋面是在屋面上系统地安装排列水管和喷嘴，在炎热的高峰时段喷水，利用水雾形成折射，并通过水蒸发从周围的空气中吸取热量，以减少屋面对热量的吸收。

种植屋面上种植的植物对屋面可以有遮阴的效果，防止阳光的直射。而且种植土应当处于潮湿状态，其中水分的蒸发也能够带走部分热量。

第10章　建筑变形缝构造

昼夜温差、不均匀沉降以及地震可能引起的变形，如果足以引起建筑物结构的破坏，就应该在变形的敏感部位或其他必要的部位预先将整个建筑物沿全高断开（图 4-10-0-1），令断开后建筑物的各部分成为独立的单元，或者是划分为简单、规则、均一的段，并令各段之间的缝达到一定的宽度，以能够适应变形的需要，这就是变形缝。

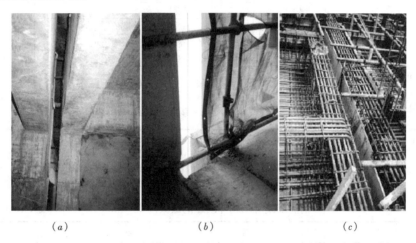

(a) (b) (c)

图 4-10-0-1　设变形缝处建筑物断开的情况
(a) 结构梁柱分别独立设置；(b) 楼板全部断开；(c) 基础部分在必要时也断开

对应不同的变形情况，变形缝可以分为：

伸缩缝（温度缝）——对应昼夜温差引起的变形；

沉降缝——对应不均匀沉降引起的变形；

防震缝——对应地震可能引起的变形。

10.1　变形缝设置的要求

10.1.1　伸缩缝（温度缝）设置的要求

伸缩缝的设置，需要根据建筑物的长度、结构类型和屋盖刚度以及屋面有否设保温或隔热层来考虑。其中，建筑物长度主要关系到温度应力累积的大小；结构类型和屋顶刚度主要关系到温度应力是否容易传递并对结构的其他部分造成影响；有否设保温或隔热层则关系到结构直接受温度应力影响的程度。表 4-10-1-1 和表 4-10-1-2 给出了具体的数据。

因为建筑物受昼夜温差引起的温度应力影响最大的部分是建筑物的屋面，越向地面影响越小，而建筑物的基础部分埋在土里，温度比较恒定，不容易受到昼夜温差的影响，所以在设置伸缩缝时，建筑物的基础不必要断开，而除此之外的结构部分应该沿建筑物的全高全部断开。

砌体房屋伸缩缝的最大间距（m）　　　　　表 4-10-1-1

砌体类别	屋顶或楼板层的类别		间距
各种砌体	整体式或装配整体式钢筋混凝土结构	有保温层或隔热层的屋顶、楼板层	50
		无保温层或隔热层的屋顶、楼板层	40
	装配式无檩体系钢筋混凝土结构	有保温层或隔热层的屋顶	60
		无保温层或隔热层的屋顶	50
	装配式有檩体系钢筋混凝土结构	有保温层或隔热层的屋顶	75
		无保温层或隔热层的屋顶	60
普通黏土、空心砖砌体	黏土瓦或石棉水泥瓦屋顶木屋顶或楼板层砖石屋顶或楼板层		100
石砌体			80
硅酸盐砖、硅酸盐砌块和混凝土砌块砌体			75

注：1. 层高大于 5m 的混合结构单层房屋，其伸缩缝间距可以按表中数值乘以 1.3 采用，但当墙体采用硅酸盐砖、硅酸盐砌块和混凝土砌块砌筑时，不得大于 75m。
　　2. 温差较大且变化频繁地区和严寒地区不采暖的房屋及构筑物墙体的伸缩缝最大间距，应按表中数值予以适当减少后使用。

钢筋混凝土结构伸缩缝的最大间距（m）　　　　　表 4-10-1-2

项次	结　构　类　型		室内或土中	露　天
1	排架结构	装配式	100	70
2	框架结构	装配式	75	50
		现浇式	55	35
3	剪力墙结构	装配式	65	40
		现浇式	45	30
4	挡土墙及地下室墙壁等类结构	装配式	40	30
		现浇式	30	20

注：1. 如有充分依据或可靠措施，表中数值可以增减。
　　2. 当屋面板上部无保温或隔热措施时，框架、剪力墙结构的伸缩缝间距，可按表中露天栏的数值选用，排架结构可按适当低于室内栏的数值选用。
　　3. 排架结构的柱顶面（从基础顶面算起）低于 8m 时，宜适当减少伸缩缝间距。
　　4. 外墙装配、内墙现浇的剪力墙结构，其伸缩缝最大间距按现浇式一栏数值选用。滑模施工的剪力墙结构，宜适当减小伸缩缝间距。现浇墙体在施工中应采取措施减少混凝土收缩应力。

10.1.2　沉降缝设置的要求

沉降缝的设置，是针对有可能造成建筑不均匀沉降的因素，例如地基土质不均匀、建筑物本身相邻部分高差悬殊或荷载悬殊、建筑物结构形式变化大、新老建筑相邻（或扩建项目）等等，在结构变形的敏感部位，沿结构全高，包括基础，全部断开。这样可以使得结构的各个独立部分能够不至于因为沉降量不同，又互相牵制而造成破坏。

不过，除了设沉降缝以外，不属于扩建的工程还可以用加强建筑物的整体性等方法来避免不均匀沉降（图 4-10-1-1）；或者在施工时采用所谓的后浇板带法，即先将建筑物分段施工，中间留出约 2m 左右的后浇板带位置及连接钢筋，待各分段结构封顶并达到基本沉降量后再浇筑中间的后浇板带部分，以此来避免不均匀沉降有可能造成的影响。但是，这样做必须对沉降量把握准确，并且可能因对

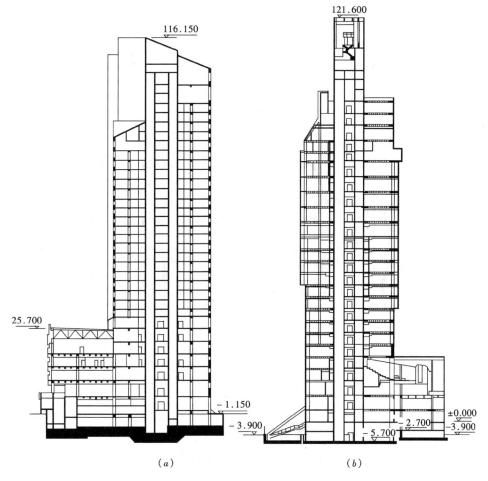

图 4-10-1-1 两体型近似的建筑物在高差悬殊处对抗不均匀沉降的不同处理方法
(a) 某建筑以 2.8m 厚的地下室底板来解决高层与裙房之间不设缝的问题
(b) 某建筑在高层与裙房之间设有沉降缝

建筑某些部位的特殊处理而需要较高的投资，因此大量的建筑有必要时目前还是选择设置沉降缝的方法来将建筑物断开。

10.1.3   防震缝的设置要求

建筑物的平面如果不规则，或在竖向为复杂体型，地震时就容易产生应力集中，发生破坏。表 4-10-1-3 和表 4-10-1-4 列出了混凝土、钢结构和钢-混凝土混合结构房屋平面和竖向不规则的主要类型。当建筑物存在多项不规则或某项不规则超过表中所规定的参考指标较多时，就属于特别不规则的建筑。图 4-10-1-2 和图 4-10-1-3 分别比较了对抗震有利和不利的建筑物的简单平面与复杂平面，以及简单体型与复杂体型。建筑设计应根据抗震概念设计的要求明确建筑形体的规则性。不规则的建筑应按规定采取加强措施；特别不规则的建筑应进行专门研究和论证，采取特别的加强措施；严重不规则的建筑不应采用。除此之外，在建筑物有可能因地震作用而引起建筑物结构断裂的部位，要设抗震缝将建筑物划分为多个较规则的抗侧力单元。设抗震缝时，建筑物的基础可断开，也可不断开，但两侧的上部结构应完全分开。

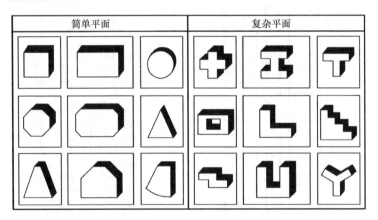

图 4-10-1-2   对抗震有利和不利的建筑物的简单平面与复杂平面的比较

平面不规则的主要类型   表 4-10-1-3

不规则类型	定义和参考指标
扭转不规则	在规定的水平力作用下，楼层的最大弹性水平位移（或层间位移），大于该楼层两端弹性水平位移（或层间位移）平均值的 1.2 倍
凹凸不规则	平面凹进的尺寸，大于相应投影方向总尺寸的 30%
楼板局部不连续	楼板的尺寸和平面刚度急剧变化，例如，有效楼板宽度小于该层楼板典型宽度的 50%，或开洞面积大于该层楼面面积的 30%，或较大的楼层错层

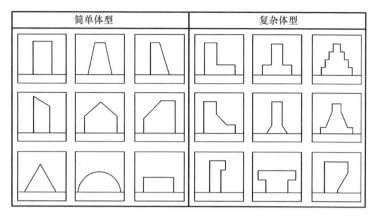

图4-10-1-3 对抗震有利和不利的建筑物的简单体型与复杂体型的比较

竖向不规则的主要类型 表 4-10-1-4

不规则类型	定义和参考指标
侧向刚度不规则	该层的侧向刚度小于相邻上一层的70%，或小于其上相邻三个楼层侧向刚度平均值的80%；除顶层或出屋面小建筑外，局部收进的水平向尺寸大于相邻下一层的25%
侧向抗侧力构件不连续	竖向抗侧力构件（柱、抗震墙、抗震支撑）的内力由水平转换构件（梁、桁架等）向下传递
楼层承载力突变	抗侧力结构的层间受剪承载力小于相邻上一楼层的80%

10.1.4 变 形 缝 比 较

表 4-10-1-5 是三种不同的变形缝的设置情况以及缝宽的比较。在抗震设防的地区，无论需要设置哪种变形缝，其宽度都应该按照抗震缝的宽度来设置。这是为了避免在震灾发生时，由于缝宽不够而造成建筑物相邻的分段相互碰撞，造成破坏。

变 形 缝 设 缝 比 较 表 4-10-1-5

变形缝类别	对应变形原因	设置依据	断开部位	缝 宽（mm）
伸缩缝	昼夜温差引起的热胀冷缩	按建筑物的长度、结构类型与屋盖刚度	除基础外沿全高断开	20～30
沉降缝	建筑物相邻部分高差悬殊、结构形式变化大、基础埋深差别大、地基不均匀等引起的不均匀沉降	地基情况和建筑物的高度	从基础到屋顶沿全高断开	一般地基 建筑物高<5m　缝宽30 　　　　5～10m　缝宽50 　　　　10～15m　缝宽70 软弱地基 建筑物2～3层　缝宽50～80 　　　　4～5层　缝宽80～120 　　　　≥6层　缝宽>120 沉陷性黄土　缝宽≥30～70

变形缝类别	对应变形原因	设置依据	断开部位	缝 宽（mm）
抗震缝	地震作用	设防烈度、结构材料种类、结构类型、结构单元的高度和高差以及可能的地震扭转效应情况（8度、9度设防且房屋立面高差相差在 6m 以上，或错层楼板相差 1/3 层高或 1m，毗邻部分各段刚度、质量、结构形式均不同时设置）	沿建筑物全高设缝，基础可断开，也可不断开	多层砌体建筑　缝宽 50～100 框架框剪建筑 当建筑物高≤15m　缝宽 100 当建筑物高＞15m 时： 6 度设防，高度每增高 5m 7 度设防，高度每增高 4m ⎫缝宽加大20 8 度设防，高度每增高 3m 9 度设防，高度每增高 2m ⎭ 框架-抗震墙结构房屋的防震缝宽度不应小于此项规定数值的 70%，抗震墙结构房屋的防震缝宽度不应小于此项规定数值的 50%，且均不宜小于 100mm； 防震缝两侧结构类型不同时，宜按需要较宽防震缝的结构类型和较低房屋高度确定缝宽

10.2　设变形缝处建筑的结构布置

在建筑物设变形缝的部位，应按设缝的性质和条件设计，既要使两边的结构满足断开的要求，自成系统，又要使变形缝在产生位移或变形时不受阻、不被破坏，且不破坏建筑物。其布置方法主要有以下几种：

（1）按照建筑物承重系统的类型，在变形缝的两侧设双墙或双柱。这种做法较为简单，但容易使缝两边的结构基础产生偏心。用于伸缩缝时则因为基础可以不断开，所以可以无此问题。图 4-10-2-1～图 4-10-2-3 分别是这种结构处理方法的实例及基础部分的示意图。

（2）变形缝两侧的垂直承重构件分别退开变形缝一定距离，或单边退开，再像做阳台那样用水平构件悬臂向变形缝的方向挑出。这种方法基础部分容易脱开距离，设缝较方便，特别适用于沉降缝。此外建筑的扩建部分也常常采用单边悬

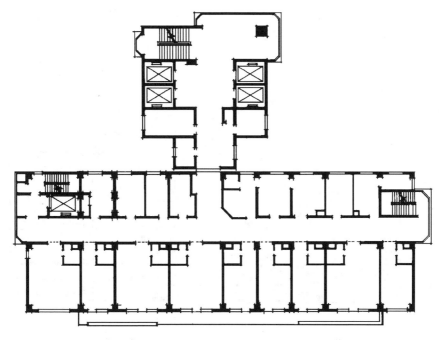

图 4-10-2-1　某建筑在变形缝两侧分别以墙及柱承重

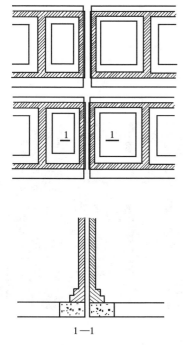

1—1

图 4-10-2-2　双墙承重方案易
造成基础偏心

图 4-10-2-3　某采用双柱承重
方案的建筑室内

臂的方法，以避免影响原有建筑的基础。图 4-10-2-4～图 4-10-2-6 分别是这种结构处理方法的实例及基础部分的示意。

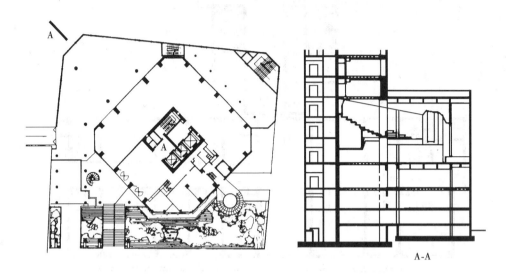

图 4-10-2-4　某用单边悬臂方案设缝的建筑实例

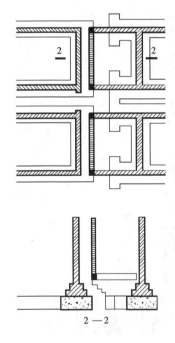

图 4-10-2-5　用悬臂方案
设缝时基础的状况

图 4-10-2-6　某用双边悬臂方
案设缝的建筑实例

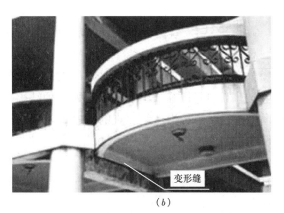

图 4-10-2-7　某用简支水平构件设缝的建筑实例
（a）某建筑柱廊部分用简支水平构件的方式设变形缝；（b）简支部分水平构件搁置状况；
（c）从另一角度看简支部分水平构件搁置状况

（3）用一段简支的水平构件做过渡处理，即在两个独立单元相对的两侧各伸出悬臂构件来支承中间一段水平构件。这种方法多用于连接两个建筑物的架空走道等，但在抗震设防地区需谨慎使用。图 4-10-2-7 和图 4-10-2-8 分别是这种结构处理方法的实例及基础部分的示意。

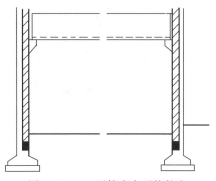

图 4-10-2-8　用简支水平构件来
设变形缝的方法示意

10.3   变形缝盖缝构造

在建筑物设变形缝的部位必须全部作盖缝处理。其主要目的是为了满足使用的需要，例如通行等。此外，处于外围护结构部分的变形缝还要防止渗漏，以及防止热桥的产生。当然，美观的问题也是相当重要的。为此，对变形缝作盖缝处理时，有以下几点应当予以重视：

（1）所选择的盖缝板的形式必须能够符合所属变形缝类别的变形需要。例如伸缩缝上的盖缝板不必适应上下方向的位移，而沉降缝上的盖缝板则必须满足这一要求。

（2）所选择的盖缝板的材料及构造方式必须能够符合变形缝所在部位的其他功能需要，特别是防水和防火的需要。例如用于屋面和外墙面部位的盖缝板应选择不易锈蚀的材料，如镀锌铁皮、彩色薄钢板、铝皮等，并做到节点能够防水；变形缝内的封堵、填充材料和构造基层材料应不燃烧；而用于室内地面、楼板地面及内墙面的盖缝板则可以根据内部面层装修的需要来做。

不过应当注意，对于高层建筑及防火要求较高的建筑物，室内变形缝四周的基层，应采用不燃烧材料，表面装饰层也应采用不燃或难燃材料。在变形缝内不应敷设电缆、可燃气体管道和易燃、可燃液体管道，如必须穿过变形缝时，应在穿过处加设不燃烧材料套管，并应采用不燃烧材料将套管两端空隙紧密填塞。

（3）在变形缝内部应当用具有自防水功能的柔性材料来塞缝，例如挤塑型聚苯板、沥青麻丝、橡胶条等，以防止热桥的产生。

图 4-10-3-1～图 4-10-3-3 分别介绍屋面变形缝处的盖缝构造做法。其中的盖缝和塞缝材料可以另行选择，但防水构造必须同时满足屋面防水规范的要求。

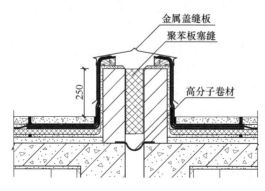

图 4-10-3-1   屋面伸缩缝构造

图 4-10-3-4～图 4-10-3-6 分别介绍内、外墙面变形缝处的盖缝构造做法。

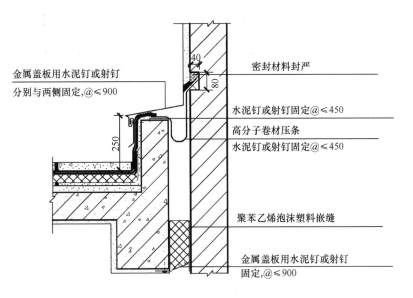

图 4-10-3-2 存在高差处沉降缝构造

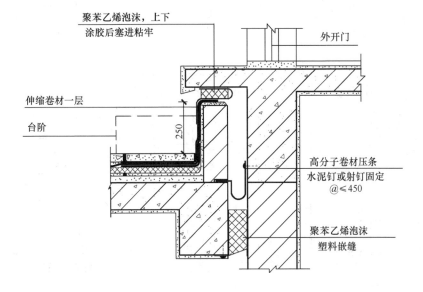

图 4-10-3-3 存在高差处沉降缝出屋面开门部位构造

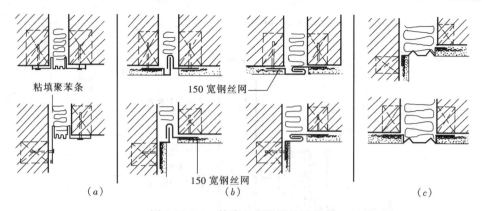

图 4-10-3-4   外墙面变形缝盖缝节点

（a）外墙伸缩缝盖缝；（b）外墙沉降缝盖缝；（c）外墙抗震缝盖缝

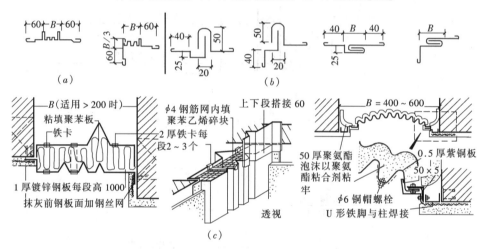

图 4-10-3-5   适应变形的盖缝板形式

（a）伸缩缝盖缝板形式；（b）沉降缝盖缝板形式；（c）较宽的抗震缝盖缝板形式

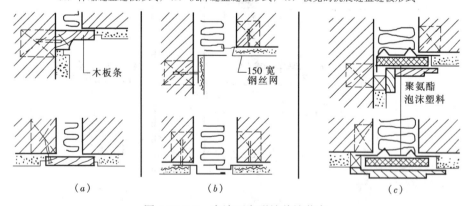

图 4-10-3-6   内墙面变形缝盖缝节点

（a）内墙伸缩缝盖缝；（b）内墙沉降缝盖缝；（c）内墙抗震缝盖缝

图 4-10-3-7 介绍楼面变形缝处的盖缝构造做法。

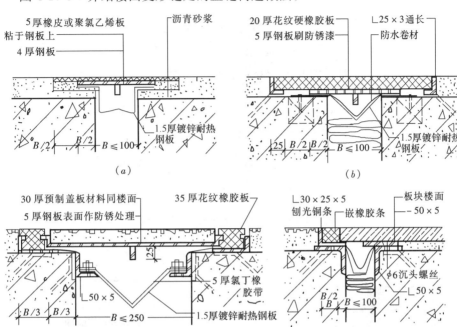

图 4-10-3-7　楼面变形缝盖缝构造

(a) 粘贴盖缝面板的做法；(b) 搁置盖缝面板的做法；

(c) 采用与楼板面层同样材料盖缝的做法；(d) 单边挑出盖缝板的做法

图 4-10-3-8～图 4-10-3-12 分别介绍地下室变形缝处的盖缝构造做法。设变形缝处是地下室最易发生渗漏的部位，因而地下室应尽量不要做伸缩缝。其他变形缝应采用止水带、遇水膨胀橡胶腻子止水条等高分子防水材料和接缝密封材料做多道防线。止水带构造做法有内埋式和可卸式两种，对水压大于 0.3MPa、变形量为 20～30mm、结构厚度大于和等于 300mm 的变形缝，应采用中埋式橡胶止水带；对环境温度高于 5℃、结构厚度大于和等于 300mm 的变形缝，可采用 2mm 厚的紫铜片或 3mm 厚的不锈钢等金属止水带，其中间呈圆弧形。无论采用哪种形式，止水带中间空心圆或弯曲部分须对准变形缝，以适应变形需要。

图 4-10-3-8　地下室变形缝止水带形式

(a) 橡胶止水带形状；(b) 金属盖缝板形状

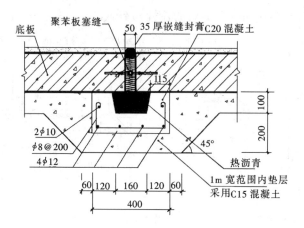

图 4-10-3-9   地下室底板变形缝构造

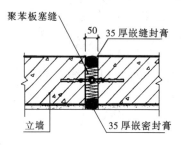

图 4-10-3-10   地下室立墙
变形缝构造

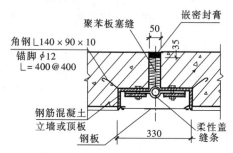

图 4-10-3-11   地下室立墙或
顶板柔性材料盖缝

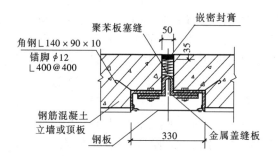

图 4-10-3-12   地下室立墙或
顶板金属板盖缝

第11章 建筑工业化

11.1 建筑工业化概述

建筑工业化是通过现代化的制造、运输、安装和科学管理的大工业的生产方式，来代替传统建筑业中分散的、低水平的、低效率的手工业生产方式。在我国，建筑工业化的总目标主要是以提高劳动生产率，改变国内建筑业目前落后的手工操作和高空危险性较大的作业，消除工人笨重体力劳动，减少现场作业，大大提高工厂化、机械化和装配化水平为目的，通过在技术和管理方面继续改革创新达到加快施工速度、降低工程成本，提高科技水平和劳动效率，确保工程质量，安全和绿色施工，达到或接近国际先进水平。这意味着要尽量利用先进的技术，在保证质量的前提下，用尽可能少的工时，在比较短的时间内，用最合理的价格来建造合乎各种使用要求的建筑。

发展建筑工业化，不能够单单看成是建造技术方面的问题，而应当将其作为一项涉及多学科、多部门、跨行业的综合性的系统工程来看待。其过程需要建筑师、工程师和生产厂商的密切合作，建立起从规划设计质量、工程施工质量、建筑相关配套的产品质量到物业管理质量等一整套的建筑质量管理体系。这样，建筑业才能由粗放型向集约型转化，不断加大科技含量和调整产业结构，以此全面提高建筑的工业化和标准化的整体水平，促进建筑产业现代化的快速发展。

要实现建筑工业化，必须形成工业化的生产体系。也就是说，针对大量性建造的房屋及其产品实现建筑部件系列化开发，集约化生产和商品化供应，使之成为定型的工业产品或生产方式，以提高建筑的速度和质量。

工业化建筑体系，一般分为专用体系和通用体系两种。

专用体系——适用于某一种或几种定型化建筑使用的专用构配件和生产方式所建造的成套建筑体系。具有一定的设计专用性和技术先进型，但缺少与其他体系配合的通用性和互换性（图 4-11-1-1）。

通用体系——开发目标是建筑的各种预制构配件、配套制品和构造连接技术，做到产品和连接技术标准化、通用化，使得各类建筑所需的构配件和节点构造可互换通用，以适应不同类型建筑体系使用的需要（图 4-11-1-2）。

专用建筑体系与通用建筑体系二者的区别是：在专用体系中，其产品是建成的建筑物；而在通用体系中，其产品是建筑物的各个组成部分，即构件和相应的配件（图 4-11-1-3）。但无论哪种开发成熟的体系，都需有计划地安排包括所有

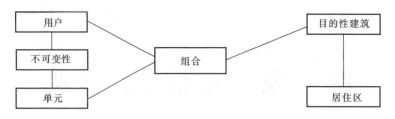

图 4-11-1-1　专用体系的特征

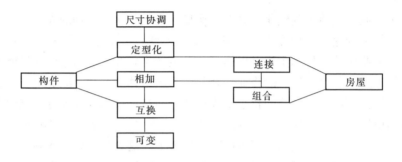

图 4-11-1-2　通用体系的特征

装修和设备等附属配套设施在内。

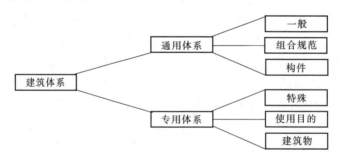

图 4-11-1-3　专用体系和通用体系之间的区别

　　发展建筑工业化，主要有以下两种途径：一是发展预制装配式的建筑；二是发展现浇或现浇与预制相结合的建筑（亦称装配整体式建筑）。

　　通过工厂加工生产的预制构件和配件，在施工现场用机械装配而成的建筑，被称为预制装配式建筑。而现浇或现浇与预制相结合的建筑则是在现场采用工具模板和泵送混凝土等机械化施工的方式，实现建筑整体现浇或主体结构现浇，并与围护、分隔构件的预制装配相结合。工厂化生产和机械装配现场作业，充分体现了现代建筑的产业化特征。这种工业化的建筑方式加快了建造速度，减少了施工现场环境污染，并大大提高了建造效率。预制装配式建筑的应用和发展对现代建筑业的发展意义重大。

建筑工业化建造模式不仅适用于住宅建筑，也适用于公共建筑类型。工业化建筑所用的结构材料，主要分为混凝土结构、（轻）钢结构和木结构等几种。

11.2　预制装配式的建筑

预制装配式的建筑是用工厂流水线生产产品的工业化方式来组装建造房屋用的预制构配件产品。其建筑主体结构形式分板材装配式、框架装配式、盒子装配式等几种。

11.2.1　板材装配式建筑

板材装配式建筑是开发最早的预制装配式建筑，工艺是将预制的墙板及大块的楼板作为主要的预制构件，在工厂预制后运到现场安装。按照预制板材的大小，又可分为中型板材和大型板材两种（图 4-11-2-1）。其承重方式以横墙承重为主，也可以采用纵、横墙混合承重。

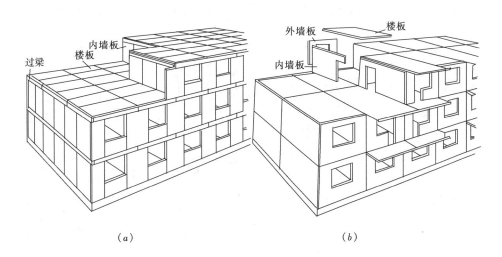

(a)　　　　　　　　　　　　(b)

图 4-11-2-1　板材装配式建筑
(a) 中型板材；(b) 大型板材

这种装配式混凝土板材建筑一般适用于抗震设防烈度在 8 度或 8 度以下地区的多层住宅，也有做到 12 层以上的高层建筑。但由于其预制墙板的位置固定，不能够移动，而且受到吊装、运输设备的限制，用作一般住宅时往往采用的开间较小，因此使用不够灵活，发展受到限制，多数用在复合板材或者混凝土轻板的低层、多层及可拆卸的建筑中。

针对装配式建筑的特点，建筑宜选用大开间、大进深的平面布置。工业化建筑设计应符合建筑功能和性能要求，并宜采用主体结构、装修和设备管线的装配化集成技术。目前，这类装配式建筑更倾向于"内浇外挂"的现浇与预制相结合的工艺，即装配整体式建筑。

有关板材装配式建筑，这里将不再作进一步的介绍。但是本书中其他章节中所提及的有关装配式（或装配整体式）内、外墙板的许多加工工艺和预制墙板节点部位的连接构造做法，包括防水及保温构造等，都是由板材装配式建筑发展而来的，具有超过六十年的历史，而且已经相当成熟，并日臻完善。

11.2.2 盒子装配式建筑

这类预制装配式建筑是按照室内空间分隔，在工厂里将建筑物划分成单个的盒子，然后运到现场组装。有一些盒子内部由于使用功能明确，还可以将内部的设备甚至于装修一起在工厂完成后再运往现场。预制盒子装配式建筑的工业化程度高，现场工作时间短，但需要相应的加工、运输、起吊、甚至于道路等设备和设施。

图 4-11-2-2 介绍了单个预制盒子的形式，这与加工、运输、安装等设备都有关，与盒子之间组合时的传力方式也有关。其成形方式可以参阅图 4-11-2-3。

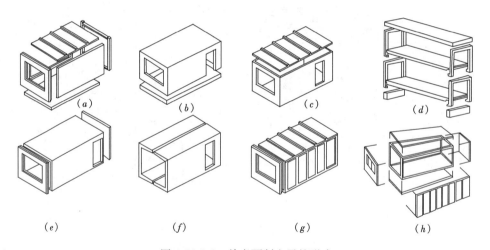

图 4-11-2-2 单个预制盒子的形式
(a) 平板型；(b) 钟罩型；(c) 杯型；(d) 框板型；(e) 隧道型；(f) 复合型；
(g) 卧杯型；(h) 框板型

根据设计的要求，盒子间的组合可以是相互叠合（图 4-11-2-4），也可以用筒体作为支承，将盒子悬挂或者悬吊在其周围（图 4-11-2-5），还可以像抽屉一样放置在框架中（图 4-11-2-6）。叠合者用于低层和多层的建筑较为合适，而后者适用于各种高度的建筑。

除了钢筋混凝土材料外，盒子或者支承盒子的框架等，也可以用轻钢结构材料来制作，这可以减轻其结构的自重及简化连接方式。

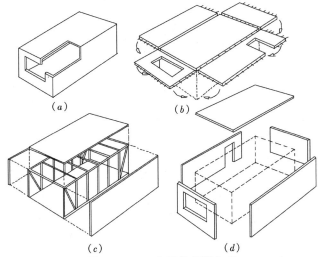

图 4-11-2-3　盒子的成形方式

(a)整体浇筑盒子;(b)预制板材组装盒子;(c)骨架和预制板组装盒子;(d)预制板拼装盒子

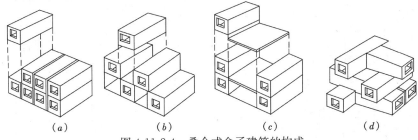

图 4-11-2-4　叠合式盒子建筑的构成

(a) 叠合式;(b) 错开叠合式;(c) 盒子—板材组合式;(d) 双向交错叠合式

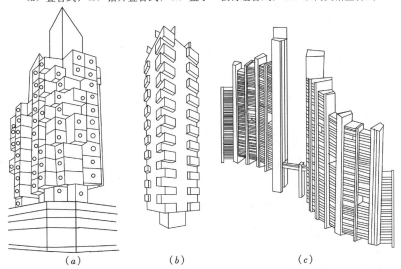

图 4-11-2-5　由筒体和桁架、剪力墙支承的盒子建筑

(a) 筒体悬臂盒子;(b) 筒体与桁架悬挂盒子;(c) 筒体与剪力墙共同支承盒子

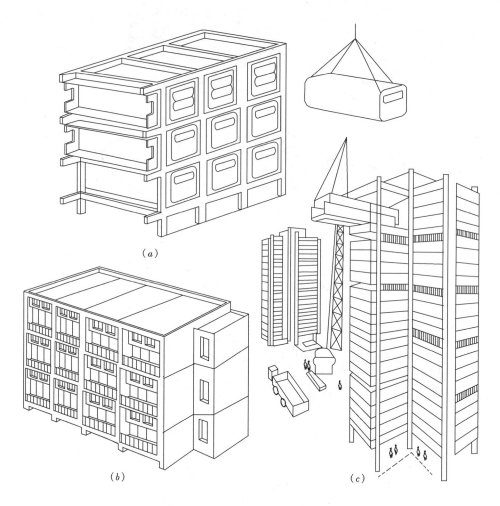

图 4-11-2-6　由框架结构支承的盒子建筑

（a）单层盒子空体框架建筑；（b）有平台框架盒子建筑；

（c）多层盒子空体框架示意

11.2.3　钢筋混凝土骨架装配式建筑

这类预制装配式建筑是以钢筋混凝土预制构件组成主体骨架结构，再用定型构配件装配其围护、分隔、装修及设备等部分而成的建筑。

按照构成主体结构的预制构件的形式及预制装配方式，钢筋混凝土骨架装配式建筑又可以分为框架（包括横向及纵向框架）、板柱及部分骨架等几种体系。

1. 框架体系

预制框架体系装配式建筑的柱子可分为长柱和短柱两种。长柱为数层连续；短柱长度一般为一个层高，其连接点可以在楼板处，也可以放在层间弯矩的反弯点处。其结构梁可以在柱间简支，也可以将其一部分在梁、柱连接处和柱子一起预制成长牛腿的形式，使得梁柱在该处成为刚性连结，梁的断点大约也在连续梁弯矩的反弯点处，这样可以减小梁的跨中弯矩。其具体的做法可以参照下图 4-11-2-7 和图 4-11-2-8。其中图 4-11-2-8 所举的例子中，将承重的纵向的框架梁和窗肚板结合起来处理，可以减少构件数量以及构件之间的连接，也是一种创意。

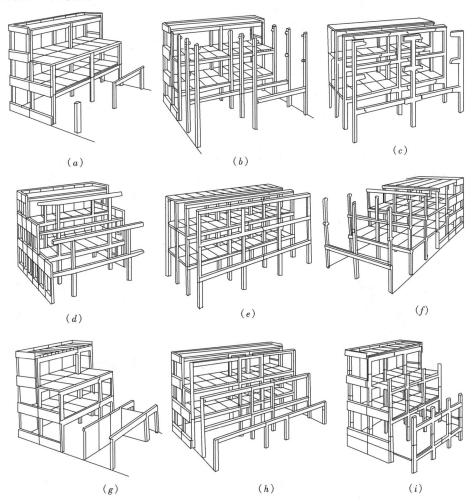

图 4-11-2-7　横向承重的装配式框架

(a) 逐层短柱，单跨梁，牛腿支承；(b) 多层统长柱，单跨梁，牛腿支承；

(c) 多层统长柱，简支梁，悬臂牛腿支承；(d) 逐层短柱，双向悬臂梁；

(e) 逐层短柱，单向悬臂梁；(f) 多层统长柱，双梁双跨，牛腿支承；

(g) 冂形，L 型刚架组合；(h) 中间刚架，双侧逐层梁，柱组合；

(i) 土字形梁，柱组合框架

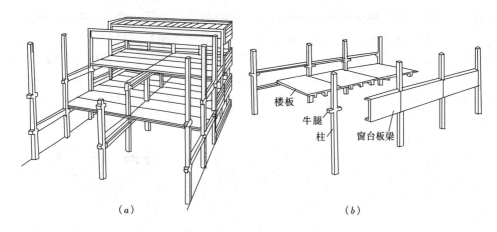

(a)   (b)

图 4-11-2-8   纵向承重的装配式框架

(a) 长柱暗牛腿单跨梁纵向框架；(b) 牛腿支承窗台板纵向框架

　　预制装配式框架梁柱之间的连接除了可以在构件中放置预埋件，在现场焊接外，还可以做湿节点连接（图 4-11-2-9）。其中图 4-11-2-9（c）所示的方法是将柱和叠合梁整浇在一起，或者连预制楼板面上的叠合层一起整浇，这样可以加强装配式骨架的整体刚度。

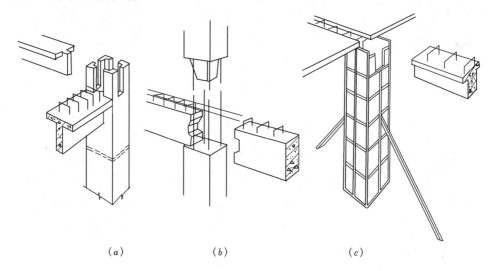

(a)   (b)   (c)

图 4-11-2-9   装配式框架的梁、柱连接节点

(a) 预制空心套管现浇柱；(b) 装配整体式柱梁组合节点；(c) 工具式模板临时搁置预制梁现浇柱

　　此外，利用建筑物的垂直交通部分用实墙围合成刚性的核心筒，或者在重要部位设置剪力墙，都是提高框架体系装配式建筑的整体刚度的有效方法。

　　2. 板柱体系

　　板柱体系装配式建筑的柱子采用短柱时，楼板多直接支承在柱子的承台（即柱帽）上（图 4-11-2-10a），或者通过插筋与柱子相连（图 4-11-2-10b）；当采用长柱时，楼板可以搁置在长柱上预制的牛腿上（图 4-11-2-10c），也可以搁置在后焊的钢牛腿上（图 4-11-2-10d）；另有在板缝间用后张应力钢索现浇混凝土作为支承（图 4-11-2-10e、图 4-11-2-10f）。其中做后张应力钢索现浇混凝土的抗震的效果最好。

　　图 4-11-2-11 是各种装配方式的整体透视示意。

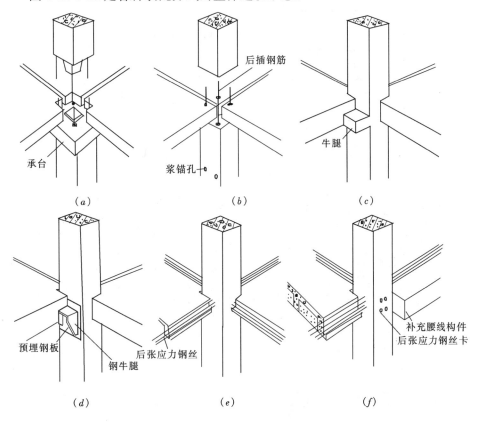

图 4-11-2-10　板柱体系的板、柱连接节点
（a）短柱承台节点；（b）短柱插筋浆锚节点；（c）长柱双侧牛腿支承节点；（d）长柱钢牛腿支承节点；（e）长柱后张应力节点；（f）边柱后张应力补充构件

3. 部分骨架体系

　　部分骨架体系装配式建筑是由部分柱子和部分墙板以及楼板或者梁组成的骨架结构系统。一般有以下几种类型：

　　（1）内柱、承重外墙板和楼板的组合（图 4-11-2-12a）；

　　（2）外柱、承重内墙板和楼板的组合（图 4-11-2-12b、c）；

　　（3）柱子和窗肚板结合的外柱与 T 形大跨楼板的组合（图 4-11-2-12d）。

　　其余还可有一些结构形式，在此限于篇幅，不再一一作详细介绍。

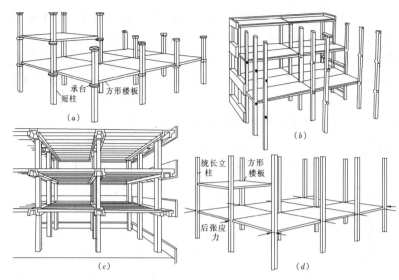

图 4-11-2-11　板柱体系的装配方式整体透视

(*a*) 短柱承台式；(*b*) 长柱大跨楼板；(*c*) 长柱板梁式；(*d*) 后张应力板柱摩擦支承

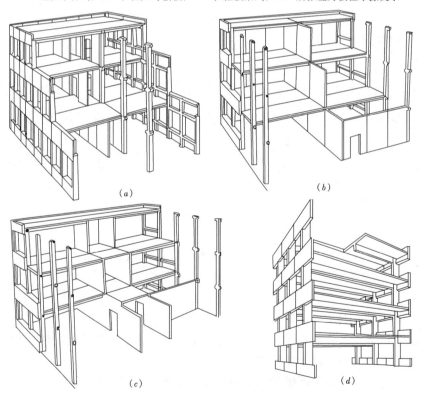

图 4-11-2-12　部分骨架结构组合形式

(*a*) 内柱与外墙板的组合；(*b*) 外柱与内墙板的组合；(*c*) 外柱与两道
内墙板的组合；(*d*) 与窗肚墙结合的外柱与 T 形楼板的组合

11.3 装配整体式建筑

装配整体式建筑指在现场采用工具模板、通过泵送混凝土进行机械化施工的方式，将建筑结构的主体部分整体浇筑或者是浇筑其中的核心筒等部分，其他部分用装配式的方法完成。这类建筑包括内浇外挂（指内墙和楼板用工具模板现浇，外墙采用非承重预制复合外墙板）、内浇外砌（指内墙和楼板用工具模板现浇，外墙为砌体砌筑的自承重墙）以及全现浇（指内、外墙板及楼板全现浇）等几种。

关于装配整体式建筑结构的适用高度，根据国内多年的研究成果，在地震区的装配整体式框架结构，当采取了可靠的节点连接方式和合理的构造措施后，装配整体式框架结构的结构性能可以等同现浇混凝土框架结构。因此，装配整体式框架结构的最大适用高度与现浇结构相同。但在装配整体式剪力墙结构中，由于墙体之间的接缝数量多且构造复杂，接缝的构造措施及施工质量对结构整体的抗震性能影响较大，使装配整体式剪力墙结构抗震性能很难完全等同于现浇结构。因此，装配整体式剪力墙结构与现浇结构相比要适当降低其最大适用高度。此外，框架-剪力墙结构是目前国内广泛采用的一种结构体系。在装配整体式框架-剪力墙结构体系中，建议剪力墙采用现浇结构，以保证结构整体的抗震性能。装配整体式框架-剪力墙结构中，框架的性能与现浇框架结构等同，因此其整体结构的适用高度与现浇的框架-剪力墙结构相同，见表 4-11-3-1。

装配整体式结构房屋的最大适用高度 表 4-11-3-1

结构类型	非抗震设计	抗震设防烈度			
		6 度	7 度	8 度 (0.2g)	8 度 (0.3g)
装配整体式框架结构	70	60	50	40	30
装配整体式框架-现浇剪力墙结构	150	130	120	100	80
装配整体式剪力墙结构	140 (130)	130 (120)	110 (100)	90 (80)	70 (60)
装配整体部分框支剪力墙结构	120 (110)	110 (100)	90 (80)	70 (60)	40 (30)

注：房屋高度指室外地面到主要屋面的高度，不包括局部突出屋顶的部分。

装配整体式建筑的钢筋混凝土墙板的厚度一般多层建筑可做到 $160\sim180\mathrm{mm}$，高层建筑可做到 $200\sim250\mathrm{mm}$；现在一般还要考虑保温层设置，因此其外墙板的厚度需再加厚些。由于结构整体性好，特别是其中的内浇外挂和全现浇两种方式，更适合于高层建筑使用。其施工速度快，模具可以重复使用，当前使用较为普遍。其中工业化程度较高的有：

（1）墙板用大模板立模、楼板用台模流水作业的方式（图 4-11-3-1）；

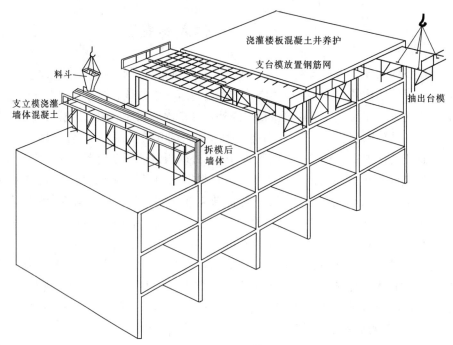

图 4-11-3-1　墙体用大模板、楼板用台模流水作业现浇主体结构

（2）墙板和楼板用一体化的整体隧道模或者隧道模与台模组合施工的方式（图 4-11-3-2）；

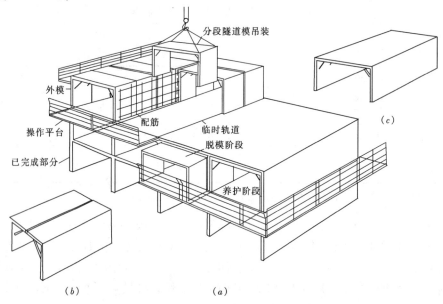

图 4-11-3-2　台模和隧道模流水作业现浇主体结构

（*a*）隧道模流水作业示意图；（*b*）分体隧道模；（*c*）整体隧道模

（3）用滑模连续浇筑墙体或建筑的核心筒等部分（图 4-11-3-3）。

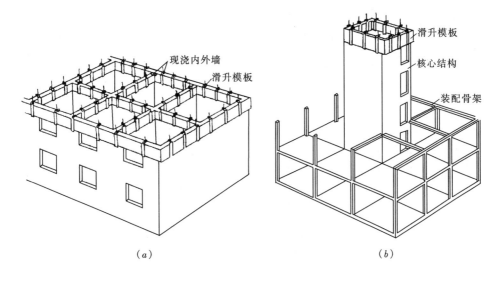

（a）　　　　　　　　　　　　　　（b）

图 4-11-3-3　滑模现浇主体结构或者核心筒
（a）滑模现浇主体结构；（b）装配骨架＋滑模现浇结构核心筒

但使用前二者时，建筑结构布置必须是符合能够使用大型工具模具施工而且具有脱模的可能性的。例如隧道模使用后需要像抽屉一样抽出来，需要有足够的空间才行。因此，目前使用较多的还是较小的定型模板组合现浇钢筋混凝土墙板及楼板的方式。

11.4　轻钢装配式建筑

这类装配式建筑是以轻型钢结构为骨架、轻型复合墙体为外围护结构所建成的房屋。其轻型钢结构的支承构件通常由厚度为 1.5～5mm 的薄钢板经冷弯或冷轧成型，或者用小断面的型钢以及用小断面的型钢制成的小型构件如轻钢组合桁架等（图 4-11-4-1～图 4-11-4-3）。

轻钢结构建筑施工方便，适用于低层及多层的建筑物。由于使用薄壁型钢，与需要设置许多道圈梁、构造柱来满足抗震要求的砌体墙混合结构建筑相比，用钢量并不会高出多少，而且内部空间使用较为灵活；轻钢结构建筑采用轻型复合墙板等技术，可以使建筑的防水、热工等综合性能指标得到提升，有利于建筑节能，是近年来在我国发展较快的一种建筑体系。其骨架的构成形式分柱梁式、隔扇式、混合式、盒子式等几种。图 4-11-4-4～图 4-11-4-7 分别是这几种骨架形式的示意图。其中柱梁式为常见的柱、梁、板的结构形式。隔扇式系将柱、梁拆分为若干形同门扇的内骨架的隔扇，在现场拼装成类似"墙板"的形式，再与结构

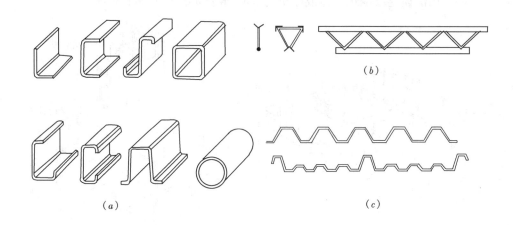

图 4-11-4-1 薄壁型钢截面形式和轻钢组合构件

(a) 薄壁型钢截面形式；(b) 轻钢组合桁架；(c) 压型薄钢板

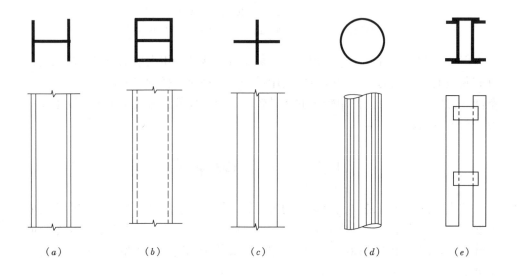

图 4-11-4-2 小断面型钢的断面及立面形式

(a) H 型钢柱；(b) 封闭式 H 型钢柱；(c) 角钢组合柱；(d) 钢管圆柱；(e) 槽钢连接柱

梁组合。这种构造形式用钢量虽较多，但垂直承重构件定位方便，容易达到施工的精度。混合式系以轻钢隔扇组成外部结构，内部则辅以承重的结构柱。盒子式则系在工厂先将轻钢型材组装成盒形框架构件，再在现场组装。

　　和压型钢板上覆混凝土一样，图 4-11-2-21 所示的其他几种防水纤维板加钢筋网片现浇的楼板形式在轻钢结构建筑中，也是经常用到的。

(a)　　　　　　　　　　　　　　　　　　(b)

图 4-11-4-3　小断面型钢及其组合柱轴测图

(a) 由两个型材组成的立柱；(b) 由四个型材组成的立柱

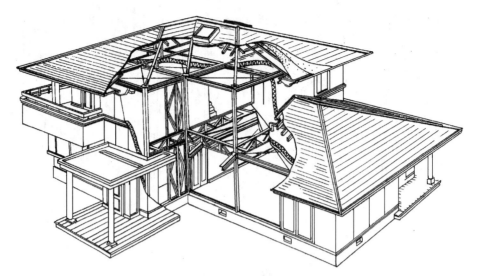

图 4-11-4-4　柱梁式轻钢结构建筑骨架构成

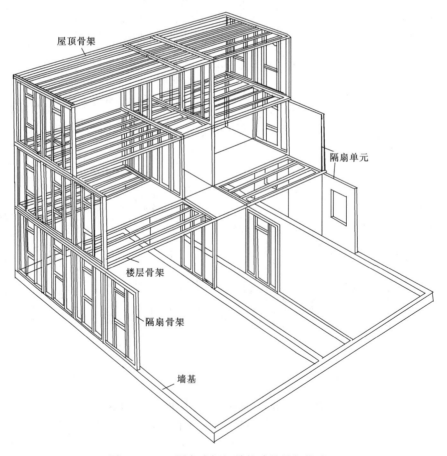

图 4-11-4-5　隔扇式轻钢结构建筑骨架构成

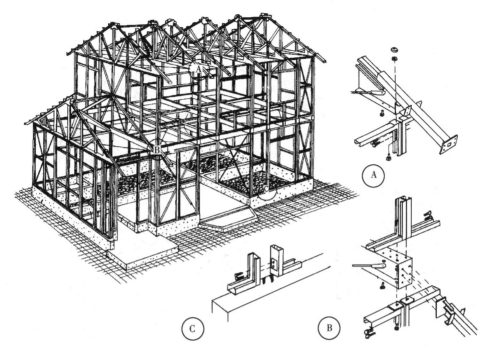

图 4-11-4-6　混合式轻钢结构建筑骨架构成

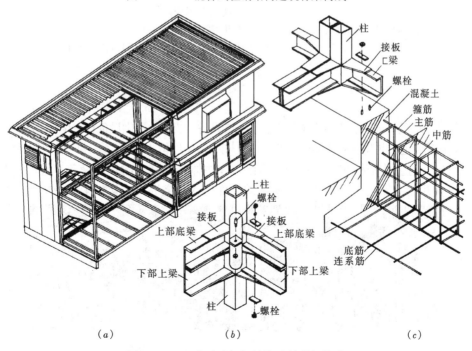

（a）　　　　　　　　　　　　（b）　　　　　　　　　　　　（c）

图 4-11-4-7　盒子式轻钢结构建筑骨架构成

（a）盒子框架组装形式；（b）上下框架连接；（c）框架与基础连接

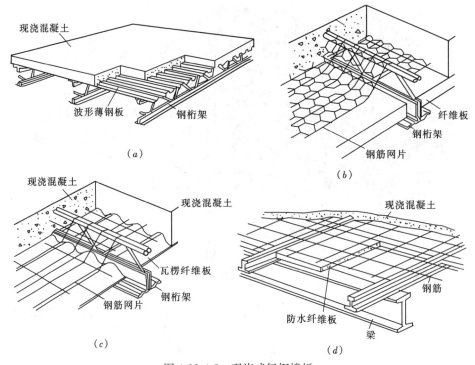

图 4-11-4-8   现浇式轻钢楼板

(a) 压型钢板叠合混凝土楼面；(b) 厚质纤维板衬模现浇钢筋混凝土楼面；(c) 瓦楞
纤维板衬模现浇钢筋混凝土楼面；(d) 防水纤维板衬模现浇钢筋混凝土楼面

11.5   配套设备的工业化

　　建筑中的普通配套设备有电气设备、采暖设备、厨房、卫生设备和空调设备等，还有大量的管道会与建筑主体结构交叉。它们与建筑的主体结构的关系分别有以下几种：

　　(1) 与主体结构交叉的设备、管线，在主体结构施工时预留设备套管、孔洞或设备井，例如在图 4-11-5-1 中所示的那样，在现浇混凝土楼板中预埋电线的穿

图 4-11-5-1   建筑主体结构施工的过程与设备管线布置交叉进行

(a) 在现浇楼板层中放置设备管道或套管；(b) 在结构梁中放置设备套管

线管、在结构梁上预留设备孔洞等，等主体
结构完成后，再进行设备及管线的安装。

此外，工业化建筑卫生间的设备管线设
计宜采用同层排水方式。卫生间楼板与上下
水管道的处理除按传统的预留管道洞口外，
同层排水系统常用的主要有降板排水和后
（墙）排水两种方式。降板排水（将卫生间
楼板降低 300～400mm），其上布置排水管
道见图 4-11-5-2 和图 4-11-5-3；而采用后
（墙）排水的方式不需降低楼板，通过配置
后排水卫生洁具，将相关排水管道砌入矮墙
内。这样卫生间只有排水立管穿越楼板，其

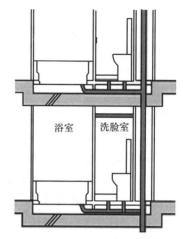

图 4-11-5-2　卫生间同层排水
降板构造示意

他设备的排水支管不再穿越楼板，而且今后
当卫生间管道出现堵塞可以直接在本层进行维修，方便物业管理并减少用户间的
矛盾。

图 4-11-5-3　同层排水——降板构造

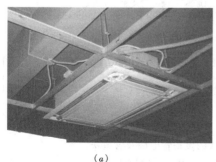

(a)　　　　　　　　　　　　　　　(b)

图 4-11-5-4　主体结构完成后再结合装修等进行设备安装及管线布置
(a) 结合吊顶安放空调设备；(b) 结合墙、柱的面装修安置采暖设备及各种管道

（2）与主体结构不交叉的设备、管线，在主体结构完成后结合面装修等另行布置，例如在图 4-11-5-4 中所示的那样，结合吊顶及墙、柱的装修设置空调、供暖等设备和管道；

（3）将设备管道、通风管道、烟道以及卫生间、厨房的整个设备系统或部分设备，做成特殊的预制构件，表面留有接插口，在现场组装后管线很容易连通。这种方法的工业化程度显然比前二者高。例如图 4-11-5-5 中所示的做在相邻卫生间之间或者卫生间与浴室之间的管道墙、管道块，图 4-11-5-6 中所示的整体盒子式的卫生间等等，经过工厂预制，有的甚至完成了部分或全部的面装修，因此现场工作量小，施工速度快。而且这样的设备预制构件在用材及加工方面容易达到较高的质量标准，例如其隔声、保温、防渗漏等方面的效果，一般都比现场现做的要来得好。不过这样的做法需要具有系统性，而且应该满足相关规范关于某些不同种类的管道之间必须分设井道的要求。如图 4-11-5-7 的实例所示，构件所预留的设备孔洞经过系统设计，部分设备管线可以在工厂预安装后，到现场快速准确地连接。

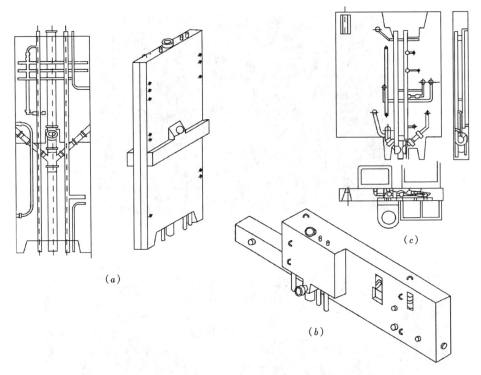

图 4-11-5-5   预制装配式的设备管道墙及管道块

(a) 相邻卫生间之间；(b) 横向管道块；(c) 厕所与浴室之间

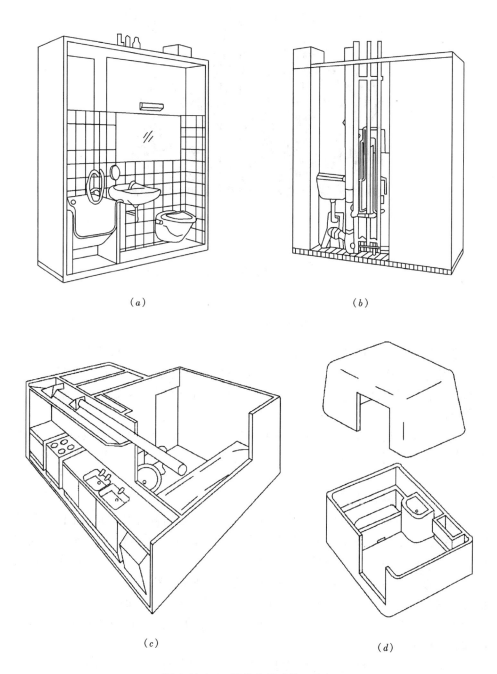

(a) (b)

(c) (d)

图 4-11-5-6 整体盒子式的卫生间

(a) 带卫生洁具和装修的盒子卫生间;(b) 盒子卫生间反面管道的布置;
(c) 组合卫生洁具与厨房设备的盒子;(d) 玻璃钢整体式盒子卫生间

图 4-11-5-7 方便设备管道预安装和在现场快速连接的系统设计实例

11.6 模数制度及模数尺寸协调

11.6.1 模 数 制 度

模数是一种度量单位。在建筑业中，通过实行模数制度来从数学的组织原则上对构配件的生产进行标准化的控制，以实现工厂化管理和生产组织的目标，并且实现产品的通用性和可互换性。因此说，模数制度是实现建筑工业化和体系化的重要保证。

不过，由于长期以来国际上一直通行英制和公制两种基本的度量单位，难以做到整个社会之间的协调，为此，经过反复的协商，终于达成共识，规定了1个基本模数的尺寸是：

1M＝100mm≈4 英寸

这样，只要将基本模数的简单倍数扩展成一个系列就可以构成一个模数化的度量系统。例如我国在住宅构件的平面尺寸上采用 3M 来控制，而在垂直方向采用 1M。因此我们经常使用的住宅平面模数会是 3M 的倍数，如做成 33M、36M、39M……的开间及 42M、45M、48M……的进深等等；在实际工程项目中，住宅也可采用 2M 的模数进行设计，其室内分隔墙可采用 1M。而在层高方面一般则以 1M 递进，如做成 28M、29M、30M……等，原则上就可以方便地使用工厂预制的建筑构配件。

除了控制建筑构配件的基本尺寸之外，模数制度的确立还有利于确定在建筑物中构配件的相对位置以及构件间的连接方式。例如在使用预制板作为楼板的横向承重的骨架体系建筑中，如果两边跨的承重的梁与柱的相对位置为外平，而不是像中间跨那样梁的中心线与柱的中心线重合的话，两边跨的定位轴线以定在边梁的中心线位置为宜，这样可以满足同样长短的标准化的楼板的搁置需要。在全部使用标准预制构件的体系化建筑的设计中，还应该引入模数网格线定位的方法，读者可以查阅有关的专业书籍，在此不继续展开讨论。

　　总之，按照模数化的原则来进行设计和组织生产是非常重要的，特别是在逐渐限制黏土砖的使用过程中，更是如此。黏土砖的尺寸虽不符合 3M 的制度，但是因为黏土砖可以在施工过程中轻易地进行剁砖等处理，因此与经过标准化设计生产的预制构件混合使用矛盾并不突出；但是如今开发使用的大量水泥或混凝土替代品如果不按照统一模数进行设计和生产，则会给使用带来困难。例如混凝土的外墙板，板缝间还要进行防水等处理，在现场是不允许随意切割的。就是水泥空心小砌块，还需要上下孔洞对齐，以方便做芯柱等，而且规范还规定了在 ±0.00 以上不允许空心小砌块与黏土砖混用。为此，即便是对单个建筑进行"个性化"的设计，仍然应当重视模数化和标准化设计对加快工业化生产和控制质量标准的重要性。

　　图 4-11-6-1 所示的是上海金茂大厦的整体、局部外观及外置的玻璃幕墙的支撑杆件。由于采取"塔"形的建筑体型，该建筑在垂直方向分楼层段每段有 0.75m 的收进，而且每一个楼层段的高度要减少上一个楼层段的 1/8。为此，其柱网采用了不等跨布置，中间 3 跨为 9m 不变，边跨则按照上述收进的情况分楼层段变动。这样有利于幕墙采用标准的构件。因为该建筑对幕墙的支撑杆件的要求很高，既要轻质以适应超高层的需要；又要高强以适应各种变形应力的影响；还要满足气密性及保温的要求，在分作两层的竖框间嵌入高强度、低导热系数的胶木作连接，所以构件的几何尺寸及细部构造均需精确，要求做到丝丝入扣。这只有采用标准构件在工厂精细加工的条件下，才有可能实现。同时，采用标准构件还有利于降低造价以及提高建筑立面的韵律感。

　　像这样的构件标准化设计和加工甚至在某些非圆形的曲面屋盖上也能够实现。例如有些建筑的椭圆形屋盖系统的构件虽然无法做到完全标准化，但可以做到局部标准化，即把屋盖上划分的小型单元之间的连接点处做成标准构件，在这些标准构件之间插入可以调节长短的杆件，就能够构成不同几何形状的小块屋盖单元。这样可以保证构造最复杂、要求也最高的连接点处的加工质量，还可以简化现场安装的过程。

11.6.2　模 数 尺 寸 协 调

　　模数尺寸协调是指在对建筑物进行体系化设计的过程中，对各种采用不同模数系列的构件在定位时采取尺寸协调，即做到尽量符合：安装的任何构配件必须给相邻的构配件留下一个模数化的自由空间，一个构件的自由度应在相邻构件的自由限度开始的地方结束。

　　这样做的原因主要是因为分属于建筑物不同构成系统的构配件有时很难用一种模数系列来统一，例如钢筋混凝土结构的梁、柱断面尺寸习惯上按 1/2 基本模

(a)　　　　　　　　　　(b)　　　　　　　　　　(c)

(d)

图 4-11-6-1　上海金茂大厦的整体、局部外观及外置的玻璃幕墙的支撑杆件

(a) 金茂大厦（右）整体外观；(b) 金茂大厦顶部外观；(c) 金茂大厦外部幕墙局部；
(d) 金茂大厦玻璃幕墙外置的支撑杆件进行标准化设计

数即 50mm 递增，但是柱的轴线尺寸和填充墙板的平面尺寸往往都是 3M 的，这时如果想在柱间安装标准化的填充墙板，就需要调整柱子的轴线尺寸，使得柱间留下一个模数化的空间。但这有可能使得楼面板的尺寸变成非模数化的，这就需要进行模数尺寸协调。

图 4-11-6-2 所示的建筑楼面虽然采用整体现浇钢筋混凝土的工艺，但因为使

用的是标准化的模壳，所以也应该为模壳的使用在楼面上留下一个尺寸为模数化的空间。这样即便在建筑主体结构完成后，需要进行内部的分隔装修时，分隔构件也同样可以得到一个模数化的空间，因而能够采用标准构件及标准的安装和连接节点。

　　像这样的尺寸协调往往还会表现在建筑的主体构件与设备系统之间。例如厨房的平面尺寸与厨房设备以及管道井等等之间的协调关系，有时不是单单靠建筑一个行业的模数化就能够解决的，还要靠整个社会的协调。例如小至一个洗碗机，如果不是实行产品外壳的统一模数化设计，就很难确定放置它的空间的大小，也就很难与其他厨房设备进行模数化的尺寸协调，进行整体化的厨房设计。而且，一旦一样设备产品坏了，如果放置它的空间确定了，再与其他不同类型的产品实现互换，选择余地也会较小。因此，建筑工业化的实现，有赖于整个社会的统一协调。

图 4-11-6-2　用标准化模壳作为底模进行整体化浇筑的钢筋混凝土楼面

第5篇 工业建筑设计

第1章 工业建筑概述

1.1 工业建筑概念

工业建筑是指从事工业生产和为生产服务的建筑物、构筑物的总称，一般称为"厂房"（图5-1-1-1）。常以厂房从事的某种主要生产加工工艺过程将其称为某某"车间"（图5-1-1-2）。

图5-1-1-1 单层工业厂房

图5-1-1-2 车间内景

现代工业建筑起源于18世纪的后半叶，即工业生产完成了从工场手工业向机械化工业的转化，以机械取代人力，以大规模工厂化生产取代个体工场手工生产，因而产生了规模化的生产性建筑空间。工业建筑随着生产的需求而不断发展，逐步形成了适应各种生产工艺的种类繁多的建筑类型。

我国现代工业的发展追溯至19世纪后半叶洋务运动时期，如1865年成立的上海江南机器制造厂，19世纪90年代创建的汉阳钢铁厂、汉阳兵工厂等。新中国成立后新建和扩建了大量的工厂和工业基地，形成了比较完整的工业体系。

图5-1-1-3 某工业园区的厂房

现代工业生产技术发展迅速，生产工艺变革和产品更新换代频繁，厂房在向大型化和专业化发展的同时，普遍要求工业建筑在使用上具有更大的灵活性及通用性，以利于发展和扩建，并便于生产、运输机具的设置和改装。

为满足生产向专业化发展的需求，出现了不同规模的工业区（工业园区）（图5-1-1-3），其集中一个行业的各类厂房，或集中若干行业的工厂，需要在园区总体规划的要求下进行设计。

随着时代的发展、产品的淘汰与更新，有的工业建筑已改变了使用功能，这类工业建筑作为文化遗产需要合理利用和妥善保护。

1.2　工业建筑的特点、分类与设计要求

1.2.1　工业建筑的特点

工业建筑在设计原则、建筑技术、建筑材料等方面与民用建筑相比，有许多相同之处，但尚具有以下特点：

1. 厂房应满足生产工艺要求

厂房的设计以生产工艺设计为基础，必须满足不同工业生产的要求，并为产业工人创造良好的生产环境。

2. 厂房内部有较大的通敞空间

由于厂房内各生产工部联系紧密，需要大量的或大型的生产设备和起重运输设备。因此，厂房的内部大多具有较大的面积和通敞的空间（图 5-1-2-1）。

3. 采用大型的承重骨架结构

由于上述原因，厂房屋盖和楼板荷载较大，多数厂房采用由大型的承重构件组成的钢筋混凝土骨架结构，而随着我国钢产量的提升，目前工业建筑大多采用钢结构（图 5-1-2-2）。

图 5-1-2-1　厂房内部空间

图 5-1-2-2　钢框架结构

4. 结构、构造复杂，技术要求高

由于厂房的面积、空间较大，有时采用多跨组合，工艺联系密切，不同的生产类型对厂房提出不同的功能要求。因此与民用建筑相比，在空间、采光通风和给水排水等建筑处理上以及结构、构造上都比较复杂，技术要求高。

1.2.2 工业建筑分类

工业建筑通常按厂房的用途、内部生产状况及层数等分类。

1. 按厂房用途分

（1）主要生产厂房——用于完成产品从原料到成品的加工的主要工艺过程的各类厂房。例如：机械厂的铸造、锻造、热处理、铆焊、冲压、机加工和装配车间。

（2）辅助生产厂房——为主要生产车间服务的各类厂房。如：机修和工具等车间。

（3）动力用厂房——为工厂提供能源和动力的各类厂房。如：发电站、锅炉房、煤气站等。

（4）储藏类建筑——储存各种原料、半成品或成品的仓库。如：材料库、零件库、成品库等。

（5）运输工具用房——停放、检修各种运输工具的库房。如：汽车库和电瓶车库等。

2. 按厂房生产环境分

（1）冷加工厂房——在正常温湿度状况下进行生产的车间，如：机械加工、装配等车间。

（2）热加工厂房——在高温或熔化状态下进行生产的车间。在生产中产生大量的热量及有害气体、烟尘。如：冶炼、铸造、锻造和轧钢等车间。

（3）恒温恒湿厂房——在稳定的温湿度状态下进行生产的车间。如：纺织车间和精密仪器等车间。

（4）洁净厂房——为保证产品质量，在无尘无菌，无污染的洁净状况下进行生产的车间。如：集成电路车间、医药工业、食品工业的一些车间等。

（5）有侵蚀的厂房——在生产过程中会受到酸、碱、盐等侵蚀性介质的作用，对厂房耐久性有影响的车间。这类厂房在建筑材料选择及构造处理上应有可靠的防腐蚀措施，如化工厂和化肥厂中的某些生产车间、冶金工厂中的酸洗车间等。

3. 按厂房层数分

（1）单层厂房——广泛应用于机械、冶金等工业。适用于生产工艺中有大型设备及加工件、有较大动荷载和大型起重运输设备、需要水平方向组织工业流程和运输的生产项目（图 5-1-2-3）。

（2）多层厂房——用于电子、精密仪器、食品和轻工业。适用于设备、产品较轻、竖向布置工艺流程的生产项目（图 5-1-2-4）。

（3）混合层数厂房——同一厂房内既有多层也有单层，单层或跨层内设置大型生产设备，多用于化工和电力工业（图 5-1-2-5）。

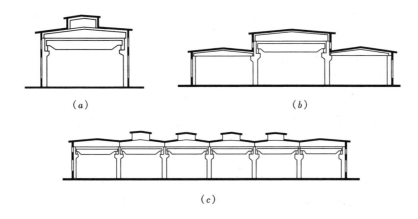

图 5-1-2-3　单层厂房示意

(a) 单跨；(b) 高低跨；(c) 多跨

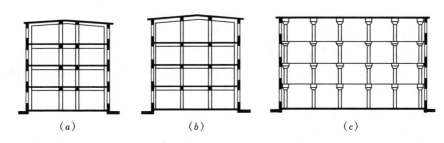

图 5-1-2-4　多层厂房

(a) 内廊式；(b) 统间式；(c) 大宽度式

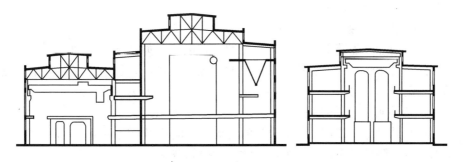

图 5-1-2-5　混合层数厂房

以上三种厂房都可以根据需要做成单跨、双跨、多跨或高低跨。

4. 按专业用途分

(1) 通用厂房——建筑柱距、跨度较大的生产厂房，根据生产工艺要求，并随时能够进行设备调整的工业厂房。

(2) 专业厂房——某些特定行业生产所需的厂房。

（3）联合厂房——是由几个车间合并成的面积较大的车间，目前世界上最大的联合车间面积可达 20 万 m²。

5. 研发、生产、储存综合体

在同一建筑里既有行政办公、科研开发，又有工业生产、产品储存的综合性建筑，是现代高新产业界出现的新型建筑。如：某企业一栋近 3 万 m² 的综合体内，设有行政办公，产品研发设计、生产车间，并在车间分隔出自动化高架仓库，用以储存产品。

1.2.3　工业建筑设计要求

工业建筑设计是根据我国的建筑方针和政策，按照"坚固适用、技术先进、经济合理"的设计原则，在满足工艺要求的前提下，处理好厂房的平面、剖面、立面，选择合适的建筑材料，确定合理的承重结构、围护结构和构造做法。工业建筑的设计要求如下：

1. 符合生产工艺的要求

满足生产工艺的各种要求，便于设备的安装、操作和维修。要正确选择厂房的平面、剖面、立面形式及跨度、高度和柱距。确定合理的载重、维护结构与细部构造。

2. 满足有关的技术要求

厂房应坚固耐久，能够经受自然条件、外力、温湿度变化和化学侵蚀等各种不利因素的影响。应具有较大的通用性和适当的扩展条件。应遵循《厂房建筑模数协调标准》，合理选择建筑参数（跨度、柱距、高度等）。应尽量选用标准构件，提高建筑工业化水平。

3. 满足卫生等要求

厂房应消除或隔离生产中产生的各种有害因素，如：冲击振动、有害气体、烟尘余热、易燃易爆、噪声等，有可靠的防火安全措施，创造良好的工作环境，以利工人的身体健康。

4. 具有良好的经济效益

厂房在满足生产使用、保证质量的前提下，应适当控制面积、体积，合理利用空间，尽量降低建筑造价，节约日常运营维修费用。

1.3　绿色工业建筑

1.3.1　工业建筑与环境保护

工业建设项目的总图布置在环境保护方面涉及大气、地面水、地下水、噪声、固体废弃物、环境风险等诸多因素，总图布置应满足相关行业的环保设计规定的要求，以保障安全生产、工艺流程合理、节约建设工程投资、方便检修和可持续发展、注重环境质量为原则。

1. 大气环境

（1）有大气污染的企业选址应位于环境空气敏感区常年小频率风向的上风方位，并要有一定的环境防护距离（或卫生防护距离）。总图布置在满足主体工程生产需要的前提下，宜将污染危害最大的设施布置在远离非污染设施的地段，然后合理地确定其余设施的相应位置，尽可能避免互相影响和污染。

（2）有烟囱（排气筒），有毒有害原料、成品的贮存设施，装卸站、污水处理站及废物焚烧装置等，宜布置在厂区常年主导风向的下风侧。

（3）原则上厂房主要朝向宜南北向。对于产生大气污染，平面布置成 L 形、U 形的厂房，其开口部分应位于夏季主导风向的迎风面，且各翼的纵轴与主导风向呈 0°～45°夹角以内，防止其散发的有害物污染厂区（图 5-1-3-1）。

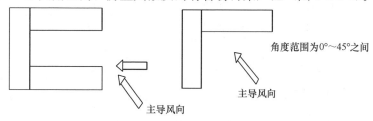

图 5-1-3-1　L 形、U 形厂房方位与风向

（4）洁净厂房与交通干道之间的距离宜大于 50m。

2. 水环境

（1）工业废水和生活污水排入城市排水系统时，其水质应符合排入城镇下水道的水质标准的要求；排入地表时，应满足相关排放标准要求。

（2）输送有毒有害或含有腐蚀性物质的废水的沟渠、地下管线检查井等，必须采取防渗漏和防腐蚀措施。

（3）在生活饮用水源地、风景名胜区水体、重要渔业水体和其他有特殊经济文化价值的水体的保护区内，不得新建排污口。

（4）在海洋自然保护区、重要渔业水域、海滨风景名胜区和其他需要特殊保护的区域内，不得新建排污口。

（5）为了防止地下水污染，禁止企事业单位利用渗井、渗坑、裂隙和溶洞排放、倾倒含有毒污染物的废水、含病原体的污水和其他废弃物。

3. 噪声

总图布置应综合考虑声学因素，合理规划，利用地形建筑物等阻挡噪声传播。并合理分隔吵闹区和安静区，避免或减少高噪声设备对安静区的影响，对于大的噪声源，不宜布置在靠近厂界的地带。表 5-1-3-1 是以噪声污染为主的工业企业卫生防护距离标准，表 5-1-3-2 是行业准入条件等规定项目选址与敏感目标之间的距离标准。

以噪声污染为主的工业企业卫生防护距离标准（m）　表 5-1-3-1

厂名		规模	声源强度 dB（A）	卫生防护距离
纺织	棉纺织厂	≥5 万锭	100～105	100
	棉纺织厂①		90～95	50
	织布厂②	—	96～108	100
	毛巾厂③	—	95～100	100
机械	制钉厂	—	100～105	100
	标准件厂	—	95～105	100
	专用汽车改装厂	中型	95～110	200
	拖拉机厂	中型	100～112	200
	汽轮机厂	中型	100～118	300
	机床制造厂④	中型	95～105	100
	钢丝绳厂	中型	95～100	100
	铁路机车车辆厂	大型	100～120	300
	风机厂	—	100～118	300
	锻造厂⑤	中型	95～110	200
		小型	90～100	100
	轧钢厂⑥	中型	95～110	300

注：① 含 5 万锭以下的中小型工厂以及车间、空调机房的外墙与外门、窗具有 20dB（A）以上的隔声量的大中型棉纺织厂、下设织布车间的棉纺厂；
②、③ 车间、空调机房的外墙与外门、窗具有 20dB（A）以上的隔声量时，可缩小 50m；
④ 小机床生产企业；
⑤ 不装汽锤或只用 0.5t 以下汽锤；
⑥ 不设炼钢车间的轧钢厂。

行业准入条件等规定项目选址与敏感目标之间的距离（m）　表 5-1-3-2

行业	与城市规划区边界距离	与敏感目标距离
电石行业	≥2000	≥1000
铝行业	大中城市及其近郊不宜建设	≥1000
氯碱（烧碱、聚氯乙烯）行业	≥2000	≥1000
铅锌行业	大中城市及其近郊不宜建设	≥1000
电解金属锰行业	大中城市及其近郊不宜建设	≥1000
危险化学品经营企业（门店/大中型仓库）	—	≥500/≥1000
危险废物填埋场		≥800

行业	与城市规划区边界距离	与敏感目标距离
危险废物焚烧厂	—	≥1000
一般工业废物处置场	—	≥500
畜禽养殖场	—	≥500

注：敏感目标指风景名胜区、自然保护区、饮用水水源保护区、文化遗产保护区、居民聚集区、学校、医院、疗养地和食品、药品、电子、精密制造产品等对环境要求较高的企业。

1.3.2 绿色工业建筑

绿色工业建筑是指在建筑的全寿命周期内，最大限度地节能、节水、节地、节材，保护环境和减少污染，为生产、科研和人员提供适用、健康安全和高效的使用空间，与自然和谐共生的生产性建筑。

工业建筑具有建筑能耗大、环境控制要求高、能耗影响因素多等特点，同时工业建筑能耗又与工艺能耗密切联系。因此，在工业建筑领域引入绿色建筑理念，在设计中予以注重和改进，体现绿色与环保势在必行。

1.3.3 绿色工业建筑的设计导则

1. 绿色工业建筑节地与土地资源合理利用

工业建筑最大的特征就是内部的生产工艺自身有一定的流程，并对所在的空间和环境有相应的要求和影响，高科技的生产空间和建筑设备的发展趋势使生产设备和建筑空间互动结合。工业建筑建筑设计结合生产特点及生产工艺流程有机协调不仅可以提高生产效率，也可以最大限度的利用节约土地，节约资源。

绿色工业建筑的选址应选择在合理的位置，减少对环境的破坏，保障城市自然生态系统基本功能的连续性与完整性，保证城市的安全与健康，保障生态安全。

在总图规划阶段时，不仅应该考虑合理布局，避免人物流交叉；也应考虑如何结合环境以最大限度利用太阳能、风能等自然资源；将动力车间及公辅设施的布置靠近负荷中心，使得管线短捷，减少线路、管道的损耗以降低能耗；同时努力创造园林式工业建筑，将绿化引入工业建筑，一方面节能，另一方面追求一种努力与自然接近的生活，为生产者创造一个亲切、舒适的劳动生产环境。

2. 绿色工业建筑的节能与能源高效利用

（1）积极使用可再生能源。

可再生能源主要指太阳能、水能、风能、生物质能、地热能、海洋能和氢能等非化石能源。把可再生能源应用到建筑节能中，既减少了一次能源的消耗，又降低了对环境的破坏作用，是解决建筑能源问题的重要途径。

工业建筑相比于民用建筑有建筑体量大、占地面积大的特点。占地面积大可以充分满足地源热泵需要大量空间埋设地源导管的要求，而大体量的屋面及墙面则可以大面积的布置太阳能集热板。对于风力资源丰富的地区，在高大厂房中也可以利用风能发电。因此，对于工业建筑来说，利用可再生能源有着天然的优势，应加以大力推广。

可再生能源暂时还只能充当工业建筑的辅助能源，可再生能源大规模应用于工业建筑领域还有诸多的经济、技术问题需要解决。尽管如此，近年来随着技术的不断进步，可再生能源在工业建筑中的应用也在不断地发展。

（2）采用绿色建材，降低建筑耗能。

建筑行业新型材料的出现，大量绿色材料的普及和运用，为实现建筑节能创造了条件。绿色建材具备如下特征：节约能源与资源，少用或不用天然资源及能源，大量使用工业废弃物，生产过程无毒害、无污染，使用过程中充分体现其"健康、环保、安全"的属性。结合工业建筑体量大、施工工期短的特点，可按实际情况因地制宜地采用预制发泡混凝土复合墙板、蒸压加气混凝土板、钢丝网架聚苯乙烯夹芯板、石膏空心条板、聚氨酯硬泡复合板等轻质节能板材。

在实际应用中不仅要积极使用各种新型绿色建材，也要注重提升传统建材的潜力。例如改造混凝土材料。通过对混合料进行绿化改造可以得到智能混凝土，具有性能强、材质优、成本低等优点。

（3）节约资源，提高资源利用效率。

在工业生产中，会产生大量各种形式的余热。余热是指受历史、技术、理念等因素的局限性，在已投运的工业企业耗能装置中，原始设计未被合理利用的显热和潜热。它包括高温废气余热、冷却介质余热、废汽废水余热、高温产品和炉渣余热、化学反应余热、可燃废气废液和废料余热等。根据调查，各行业的余热总资源约占其燃料消耗总量的 17% ~67%，可回收利用的余热资源约为余热总资源的 60%。

例如，生产工艺中产生的蒸汽，在利用所产生的凝结水的同时，可增设热交换装置以交换出采暖的热水温度，也可以回收利用二次蒸汽，直接接入汽水热交换器或散热器，供水加热或采暖用。

3. 绿色工业建筑的节水与水资源利用

工业建筑生产过程所需的用水量是由生产工艺来决定的，因而通过生产工艺的改革来节约用水，减少排放或污染才是根本措施。

例如，在不少的工业中，由于工艺上的要求，需以水作为冷却剂进行降温。这种冷却水的用量是比较大的，并且在一般情况下，它除了受热污染以外，水质还是比较好的，因此，应通过各种手段予以回收利用。节约冷却水往往是工业节水的主要部分，可以采用以下几种措施：

（1）采用非水冷却；

（2）改直接冷却为间接冷却；

（3）利用人工冷源或海水作冷却水，减少地下水或淡水用量。

工业园区通常能汇集大量的雨水，工业建筑屋面面积较大，雨水收集量可观，如果对雨水进行收集处理再利用将会大大节约用水。采用雨水收集回用系统，将雨水收集起来，经过一定的设施和药剂处理后，得到符合某种水质指标的水再利用，处理后的雨水可以用于厕所冲洗、园区绿化、景观用水以及其他适应中水水质标准的用水，从而减少用水量，减轻污水处理费用。雨水的收集是采用排水管把建筑物屋面的雨水引入雨水沉淀池，沉淀池可以做成几级，一级比一级稍低，最后一级沉淀池的水流入蓄水池，然后送入中水系统。

4. 绿色工业建筑的污染物控制

工业建筑在生产运行过程中往往产生大量的污染物：如散发大量余热和烟尘，排出大量酸、碱等腐蚀物质，排出有毒、易燃、易爆气体，产生废渣废物，发出巨大的噪音以及生产设备产生的振动等。如果处理不当，这些污染物可能给周围环境和人群带来致命危害。绿色工业建筑需要对产生的所有污染物进行处理：对废气进行回收净化，对废液废水进行收集、中和、沉淀、净化处理，对废物进行收集封装使之达到甚至要超过国家和所在地区排放标准的要求，并符合环境影响评价报告的要求。

针对空气污染，可在厂房适当位置安装排烟系统，及时把有害气体输送到厂房外部，或者完成相应的空气净化处理。其次，工业污水也是绿色建筑设计需考虑的问题，在工业厂房内配置给排水系统，避免污水聚积产生的污染。再者，工业生产过程中产生的噪声污染也是不容忽略的问题。应当采用低噪声设备，各类液压、润滑泵、水泵等均设置在独立泵房内隔声降噪；鼓风机设有吸风口消声器，风机考虑基础减振，其进（出）风口与管道之间为弹性连接等。

绿色工业建筑设计应当提倡清洁生产的理念，从污染的源头生产过程抓起，将整体预防的环境战略持续应用于生产过程、产品和服务中，以增加生态效率和减少对人员及环境的风险。

5. 旧工业建筑的再利用

随着人类历史保护意识、人文思想和环境意识的不断加强，人们对旧建筑的关注范围已从少量精品类历史建筑扩展到大量普通非历史性旧建筑。同时由于城市产业布局的调整，大量的近、现代旧工业建筑面临着再开发的要求。

对旧工业建筑的再利用与再创造，是将其看作一个能够进行新陈代谢的生命体。旧建筑是建筑生命体发展过程中的一个阶段，不断地对之进行更新改造并加以利用，可使它恢复活力，从而符合绿色建筑理论的循环使用要求，可以在对环境冲击最小的状态下创造出最佳效用。对于自然资源而言，进行再利用可以减少不必要的新的投资、资源能耗以及由于建造新建筑和拆除旧建筑所造成的环境污染。

绿色工业建筑给我们带来的是节约资源、防止污染、尊重自然、尊重环境、保护生态的高品质建筑，是健康舒适的工作环境。针对不同工艺特点的工业建筑需要利用普遍性的原则结合实际情况，有侧重点地确定设计方案。如对于电子仪表、轻工等行业，对室内的温湿度、照度等方面的要求高，就可以侧重于工业建筑形体和布局、利用自然光、太阳能、可再生能源等方面的节能设计。对于冶金、机械、化工等重工业，建筑面积大、能源消耗大、污染物多，就需要在选址、园区整体规划布局优化、能源优化利用、污染物控制等方面优化方案设计。

绿色建筑理论已经成为工业建筑设计领域新的潮流和趋势，绿色节能工业建筑设计必将成为新的发展方向。

第2章　工业建筑选址及环境设计

2.1　工业建筑选址的原则及要求

工厂厂址的选择是根据国民经济发展的需要和当地实际情况做出的城市长远规划所确定的，根据政治、经济、自然、地理、技术条件、社会环境等进行综合比较后，选出最优厂址。

厂址选择是由企业所属的主管机构组织勘察、设计单位及厂址所在地区的铁道、交通、电力、能源、水利、土地、环保、城建等有关单位组成选厂工作组，完成选址工作。

2.1.1　工业建筑选址原则

1. 厂址选择的基本原则

(1) 必须符合国家工业布局及城镇（乡）总体规划要求，按照国家有关法律、法规及建设项目前期工作的规定执行。

(2) 配套的居住用地、交通运输、动力公用、废物处理等用地应与工厂用地同时选择。

(3) 厂址选择应贯彻国家的方针政策，不占基本农田，节约用地、提高土地利用率、因地制宜、合理利用荒地、坡地或低产地。

(4) 具有较好的建厂条件（如可靠的水源，足够的电源，方便的交通等，尽可能地靠近原材料、燃料基地，节约物流成本），要适度考虑后期发展余地。

(5) 有利于保护景观，尽量远离风景名胜区和自然保护区，能有利于三废处理、保护环境。

2. 厂址选择的一般要求

(1) 选择工厂用地时，应符合工艺流程和厂内外运输条件要求，用地紧凑，外形简单，尽量选择起伏较小的场地，以减少土石方。厂址地面坡度一般5‰为宜，丘陵不宜大于40‰。

(2) 厂址的外部运输条件应便利通畅，接线接轨方便。

(3) 地质条件良好，地基承载力不低于100kPa，建筑物载荷较大的工厂，不宜低于150kPa，地下水位宜在建筑物基础以下。

(4) 厂址不得被洪水、潮水淹没。应高出当地最高洪水位0.5m以上，防洪应满足现行国家《防洪标准》GB 50201的有关规定。

(5) 对气压、湿度、空气含尘量、防磁、防电磁波、防辐射等有特殊要求的工厂，在厂址选择时应考虑周围已有工厂生产对本厂的影响。

(6) 在山区或丘陵地区建厂，必须对山体的稳定性做出地质灾害危险性评估报告，防止切坡、滑坡引起的危害。

(7) 场地不应选择在下列地区：

1) 有用矿藏的矿床上或矿山采空区；

2) 有泥石流、滑坡、流沙、溶洞等直接危害的地段；

3) 基本地震烈度大于 9 度的地区；

4) 爆破危险范围内；

5) 重要的供水水源卫生保护区；

6) 国家规定的风景区和森林、自然保护区；

7) 历史文物保护区；

8) 自重湿陷性黄土地区和 1 级膨胀土地区；

9) 具有开采价值的矿藏区。

2.1.2　工业建筑选址的程序

1. 准备阶段

选厂前的准备阶段，是指从接受任务开始至现场踏勘为止。

(1) 组织选厂工作组，一般主管部门组织设计、筹建、施工、勘测、城市规划、环保等部门参加。

(2) 明确厂址选择的具体任务和要求，按厂址选择的原则及一般要求进行工作。

(3) 根据选厂工作的任务及要求拟定选厂工作计划。

(4) 各专业对选厂的各项主要指标进行估算。工程选厂时，则应根据可行性研究报告或下达的企业规模、产品方案，对选厂的主要指标进行详细估算。

1) 年产量；

2) 厂区占地面积；生产及辅助部分的建筑面积；

3) 对环境影响的预评价指标；

4) 公用动力耗量及性质；

5) 厂运输量及运输方式，做出企业总体规划方案；

6) 全厂职工总数及最大工班人数，职工家属总数。

(5) 了解厂址所在地区的情况和协作条件，如铁道、交通、水利、电力、城建等，以确定协作工程项目。

(6) 拟出选厂资料收集提纲。主要包括：地形、地质、水文、气象、交通运输、给水排水、能源、供电、通信、材料供应、环保、人防等资料。

2. 现场踏勘阶段

　　现场踏勘是整个厂址选择的关键环节，它关系到整个厂址选择方案的正确性及可行性。

　　（1）向当地主管部门汇报拟建企业的生产性质、规模和选厂要求及准备工作情况。并了解当地工业布局、城市规划、已有工业情况和选厂的地点。

　　（2）收集指定选厂地区城乡规划、地形、工程地质、气象、交通运输、供水、供电、燃料供应、洪水位等技术、经济、自然和社会有关资料。

　　（3）在现场踏勘的过程中，及时核对有关原始资料，最后确定几个厂址，以供方案比较。

　　（4）现场踏勘要注意以下几点：

　　1）厂区外形、地势和地貌能否满足工厂初期及发展要求；

　　2）厂区内有哪些建筑物；

　　3）厂区的地质构造，有无地下矿藏、地震、洪水淹没等情况；

　　4）厂区与电源、水源的距离以及线路的走向；

　　5）生活区、废料场的位置；

　　6）工厂与附近铁路、公路接线的可能性；

　　7）附近企业的运输设施、卫生条件、协作条件；

　　8）建筑材料基地和施工基地的距离、规模和成本。

　　3. 厂址选择方案的比较

　　将踏勘和现场收集的资料进行整理，加以对证和鉴别，力求准确和完善，对初步选定的厂址做出技术、经济和环境影响的比较，并绘出各厂址的规划方案总平面图。

　　（1）技术条件比较

　　技术条件比较内容见表 5-2-1-1。

技术条件比较　　　　　　　　　　　　　表 5-2-1-1

序号	项目名称	序号	项目名称
1	区域位置	10	与城市距离及交通条件
2	面积及土地	11	风向及卫生条件
3	地势及坡道	12	供电供热情况
4	风向、日照	13	供水
5	地质条件、土壤、地下水、地耐力	14	排水
6	土石方工程量	15	地震
7	用地的拆迁、赔偿情况	16	防洪措施
8	铁路接轨情况	17	协作条件
9	公路连接情况	18	建厂速度

　　（2）建设费用的比较

　　建设费用比较的内容见表 5-2-1-2。

建设费用比较　　　　　　　　　　　　　表 5-2-1-2

序号	项目名称	序号	项目名称
1	区域开拓费	3	供水、排水站房、管道费
	（1）土石方及场地平整	4	防洪措施费用
	（2）建、构拆除赔偿	5	供电供热费用
	（3）土地购置及农作物赔偿	6	施工临时设施费
	（4）公用设施配套费	7	生活及配套设施费用
	（5）城市建设配套费	8	原材料、燃料、成品运输
	（6）土地使用开发费	9	供水排水费用
2	交通运输费	10	供电费用（生产用电费用）
	（1）铁路及桥涵	11	动力费用
	（2）道路及桥涵	12	其他
	（3）码头建设费用		
	（4）其他费用		

（3）环境影响比较

环境影响比较的内容见表 5-2-1-3。

环境影响比较　　　　　　　　　　　　　表 5-2-1-3

序号	项目名称	序号	项目名称
1	厂址的污染现状	5	控制污染和生态变化的初步方案
2	主要污染源和污染物	6	环境保护投资的费用
3	建厂可能引起的生态变化	7	环境影响的结论
4	设计采用的环保标准	8	存在的问题及建议

根据以上比较内容，经济部门可以做出初步的经济效益判断，据此进行选厂报告的编制。

2.2　工业建筑防火、防爆

为了保障工业建筑的安全生产，必须加强防火、防爆设计。其主要设计内容涉及生产工艺、火灾危险性分类、建筑耐火等级、防火间距、防火分区、安全疏散及厂房防爆等。由于篇幅所限，本章仅阐述厂房建筑的防火、防爆设计。

2.2.1　火灾危险性分类

生产的火灾危险性应根据生产中使用或产生的物质性质及其数量等因素划分，可分为甲、乙、丙、丁、戊类，并应符合表 5-2-2-1 的规定。

生产的火灾危险性分类表　　　　　　　表 5-2-2-1

生产的火灾危险性类别	使用或产生下列物质生产的火灾危险性特征
甲	1. 闪点小于 28℃的液体； 2. 爆炸下限小于 10% 的气体； 3. 常温下能自行分解或在空气中氧化能导致迅速自燃或爆炸的物质； 4. 常温下受到水或空气中水蒸气的作用，能产生可燃气体并引起燃烧或爆炸的物质； 5. 遇酸、受热、撞击、摩擦、催化以及遇有机物或硫黄等易燃的无机物，极易引起燃烧或爆炸的强氧化剂； 6. 受撞击、摩擦或与氧化剂、有机物接触时能引起燃烧或爆炸的物质； 7. 在密闭设备内操作温度不小于物质本身自燃点的生产
乙	1. 闪点不小于 28℃，但小于 60℃的液体； 2. 爆炸下限不小于 10% 的气体； 3. 不属于甲类的氧化剂； 4. 不属于甲类的易燃固体； 5. 助燃气体； 6. 能与空气形成爆炸性混合物的浮游状态的粉尘、纤维、闪点不小于 60℃的液体雾滴
丙	1. 闪点不小于 60℃的液体； 2. 可燃固体
丁	1. 对不燃烧物质进行加工，并在高温或熔化状态下经常产生强辐射热、火花或火焰的生产； 2. 利用气体、液体、固体作为燃料或将气体、液体进行燃烧作其他用的各种生产； 3. 常温下使用或加工难燃烧物质的生产
戊	常温下使用或加工不燃烧物质的生产

　　同一座厂房或厂房的任一防火分区内有不同火灾危险性生产时，厂房或防火分区内的生产火灾危险性类别应按火灾危险性较大的部分确定；当生产过程中使用或产生易燃、可燃物的量较少，不足以构成爆炸或火灾危险时，可按实际情况确定；当符合下述条件之一时，可按火灾危险性较小的部分确定：

　　1. 火灾危险性较大的生产部分占本层或本防火分区建筑面积的比例小于 5% 或丁、戊类厂房内的油漆工段小于 10%，且发生火灾事故时不足以蔓延至其他部位或火灾危险性较大的生产部分采取了有效的防火措施；

　　2. 丁、戊类厂房内的油漆工段，当采用封闭喷漆工艺，封闭喷漆空间内保持负压、油漆工段设置可燃气体探测报警系统或自动抑爆系统，且油漆工段占所在防火分区建筑面积的比例不大于 20%。

2.2.2　工业建筑的耐火等级

　　厂房和仓库的耐火等级可分为一、二、三、四级，相应建筑构件的燃烧性能和耐火极限不应低于表 5-2-2-2 的规定。

不同耐火等级厂房和仓库建筑构件的燃烧性能和耐火极限（h） 表 5-2-2-2

构件名称		耐火等级			
		一级	二级	三级	四级
墙	防火墙	不燃性 3.00	不燃性 3.00	不燃性 3.00	不燃性 3.00
	承重墙	不燃性 3.00	不燃性 2.50	不燃性 2.00	难燃性 0.50
	楼梯间和前室的墙电梯井的墙	不燃性 2.00	不燃性 2.00	不燃性 1.50	难燃性 0.50
	疏散走道两侧的隔墙	不燃性 1.00	不燃性 1.00	不燃性 0.50	难燃性 0.25
	非承重外墙房间隔墙	不燃性 0.75	不燃性 0.50	难燃性 0.50	难燃性 0.25
柱		不燃性 3.00	不燃性 2.50	不燃性 2.00	难燃性 0.50
梁		不燃性 2.00	不燃性 1.50	不燃性 1.00	难燃性 0.50
楼板		不燃性 1.50	不燃性 1.00	不燃性 0.75	难燃性 0.50
屋顶承重构件		不燃性 1.50	不燃性 1.00	难燃性 0.50	可燃性
疏散楼梯		不燃性 1.50	不燃性 1.00	不燃性 0.75	可燃性
吊顶（包括吊顶搁栅）		不燃性 0.25	难燃性 0.25	难燃性 0.15	可燃性

注：二级耐火等级建筑内采用不燃材料的吊顶，其耐火极限不限。

在设计工业建筑耐火等级时，还应符合以下要求：

1. 高层厂房，甲、乙类厂房的耐火等级不应低于二级；建筑面积不大于 $300m^2$ 的独立甲、乙类单层厂房可采用三级耐火等级。

2. 单、多层丙类厂房和多层丁、戊类厂房的耐火等级不应低于三级。

使用或产生丙类液体的厂房和有火花、赤热表面、明火的丁类厂房，其耐火等级均不应低于二级；当为建筑面积不大于 $500m^2$ 的单层丙类厂房或建筑面积不大于 $1000m^2$ 的单层丁类厂房时，可采用三级耐火等级。

3. 使用或储存特殊贵重的机器、仪表、仪器等设备或物品的建筑，其耐火等级不应低于二级。

4. 锅炉房的耐火等级不应低于二级，当为燃煤锅炉房且锅炉的总蒸发量不大于 4t/h 时，可采用三级耐火等级。

2.2.3 工业建筑的层数、面积和平面布置

厂房的层数和每个防火分区的最大允许建筑面积应符合表 5-2-2-3 的规定。

厂房的层数和每个防火分区的最大允许建筑面积　　　表 5-2-2-3

生产的火灾危险性类别	厂房的耐火等级	最多允许层数	每个防火分区的最大允许建筑面积（m²）			
			单层厂房	多层厂房	高层厂房	地下或半地下厂房（包括地下或半地下室）
甲	一级	宜采用单层	4000	3000	—	—
	二级		3000	2000	—	—
乙	一级	不限	5000	4000	2000	—
	二级	6	4000	3000	1500	—
丙	一级	不限	不限	6000	3000	500
	二级	不限	8000	4000	2000	500
	三级	2	3000	2000	—	—
丁	一、二级	不限	不限	不限	4000	1000
	三级	3	4000	2000	—	—
	四级	1	1000	—	—	—
戊	一、二级	不限	不限	不限	6000	1000
	三级	3	5000	3000	—	—
	四级	1	1500	—	—	—

注：1. 防火分区之间应采用防火墙分隔。除甲类厂房外的一、二级耐火等级厂房，当其防火分区的建筑面积大于本表规定，且设置防火墙有困难时，可采用防火卷帘或防火分隔水幕分隔。

　　2. 厂房内的操作平台、检修平台，当使用人数少于 10 人时，平台的面积可不计入所在防火分区的建筑面积内。

　　3. 表中"—"表示不允许。

2.2.4　工业建筑的防火间距

厂房之间及与乙、丙、丁、戊类仓库、民用建筑等的防火间距按照《建筑设计防火规范》GB 50016—2014 的规定执行，不应小于表 5-2-2-4 的规定。

2.2.5　工业建筑的安全疏散

1. 厂房的安全出口

厂房的安全出口应分散布置。每个防火分区或一个防火分区的每个楼层，其相邻 2 个安全出口最近边缘之间的水平距离不应小于 5m。

厂房内每个防火分区或一个防火分区内的每个楼层，其安全出口的数量应经计算确定，且不应少于 2 个；当符合下列条件时，可设置 1 个安全出口：

（1）甲类厂房，每层建筑面积不大于 100m²，且同一时间的作业人数不超过 5 人；

（2）乙类厂房，每层建筑面积不大于 150m²，且同一时间的作业人数不超过 10 人；

（3）丙类厂房，每层建筑面积不大于 250m²，且同一时间的作业人数不超过 20 人；

厂房之间及与乙、丙、丁、戊类仓库、民用建筑等的防火间距 (m)　　　　　表 5-2-2-4

名称		甲类厂房 单、多层 一、二级	乙类厂房(仓库) 单、多层 一、二级	乙类厂房(仓库) 单、多层 三级	乙类厂房(仓库) 高层 一、二级	丙、丁、戊类厂房(仓库) 单、多层 一、二级	丙、丁、戊类厂房(仓库) 单、多层 三级	丙、丁、戊类厂房(仓库) 单、多层 四级	丙、丁、戊类厂房(仓库) 高层 一、二级	民用建筑 裙房,单、多层 一、二级	民用建筑 三级	民用建筑 四级	民用建筑 高层 一类	民用建筑 高层 二类
甲类厂房	单、多层 一、二级	12	12	14	13	12	14	16	13	25	25	25	50	50
乙类厂房	单、多层 一、二级	12	10	12	13	10	12	14	13	25	25	25	50	50
乙类厂房	单、多层 三级	14	12	14	15	12	14	16	15	25	25	25	50	50
乙类厂房	高层 一、二级	13	13	15	13	13	15	17	13	25	25	25	50	50
丙类厂房	单、多层 一、二级	12	10	12	13	10	12	14	13	10	12	14	20	15
丙类厂房	单、多层 三级	14	12	14	15	12	14	16	15	12	14	16	25	20
丙类厂房	单、多层 四级	16	14	16	17	14	16	18	17	14	16	18		
丙类厂房	高层 一、二级	13	13	15	13	13	15	17	13	13	15	17	20	15
丁、戊类厂房	单、多层 一、二级	12	10	12	13	10	12	14	13	10	12	14	15	13
丁、戊类厂房	单、多层 三级	14	12	14	15	12	14	16	15	12	14	16	18	15
丁、戊类厂房	单、多层 四级	16	14	16	17	14	16	18	17	14	16	18		
丁、戊类厂房	高层 一、二级	13	13	15	13	13	15	17	13	13	15	17	15	13
室外变、配电站	变压器 >5, ≤10	25	25	25	25	25	25	25	25	15	20	25	20	20
室外变、配电站	总油量(t) >10, ≤50	25	25	25	25	25	25	25	25	20	25	30	25	25
室外变、配电站	>50	25	25	25	25	25	25	25	25	25	30	35	30	30

注：1. 乙类厂房与重要公共建筑的防火间距不宜小于50m；与明火或散发火花地点不宜小于30m。单、多层戊类厂房之间及与戊类仓库的防火间距可按本表减少2m，单、多层戊类厂房与民用建筑的防火间距可将戊类厂房等同民用建筑按本规范第 5.2.2 条的规定执行。为丙、丁、戊类厂房服务而单独设置的生活用房应按民用建筑确定，与所属厂房的防火间距不应小于6m。确需相邻布置时，应符合本表注 2、3 的规定。

2. 两座厂房相邻较高一面外墙为防火墙，或高出相邻较低一座一、二级耐火等级厂房的屋顶不低于 15m 范围内的外墙为防火墙时，其防火间距不限。两座一、二级耐火等级厂房，当相邻较低一面外墙为防火墙，且较低一座厂房的屋顶无天窗、屋顶的耐火极限不低于 1.00h，或相邻较高一面外墙的门、窗等开口部位设置甲级防火门、窗或防火分隔水幕或按本规范第 6.5.3 条规定设置防火卷帘时，甲、乙类厂房之间的防火间距不应小于6m；丙、丁、戊类厂房之间的防火间距不应小于4m。

3. 两座一、二级耐火等级的厂房，当相邻较低一面外墙为不燃性墙体，当无外露的可燃性屋檐，每面外墙上的门、窗、洞口面积之和各不大于该外墙面积的 5%，且门、窗、洞口不正对开设时，其防火间距可按本表的规定减少 25%。甲、乙类厂房(仓库)不应与本规范第 3.3.5 条规定外的其他建筑贴邻。

4. 发电厂内的主变压器，其油量可按单台确定。

5. 耐火等级低于四级的既有厂房，其耐火等级可按四级确定。

6. 当丙、丁、戊类厂房与丙、丁、戊类仓库相邻时，应符合本表注 2、3 的规定。

7. 甲类厂房与重要公共建筑的防火间距不应小于50m，与明火或散发火花地点的防火间距不应小于30m。

（4）丁、戊类厂房，每层建筑面积不大于 $400m^2$，且同一时间的作业人数不超过 30 人；

（5）地下或半地下厂房（包括地下或半地下室），每层建筑面积不大于 $50m^2$，且同一时间的作业人数不超过 15 人。

地下或半地下厂房（包括地下或半地下室），当有多个防火分区相邻布置，并采用防火墙分隔时，每个防火分区可利用防火墙上通向相邻防火分区的甲级防火门作为第二安全出口，但每个防火分区必须至少有 1 个直通室外的独立安全出口。

2. 厂房的疏散距离

厂房内任一点至最近安全出口的直线距离不应大于表 5-2-2-5 的规定。

厂房内任一点至最近安全出口的直线距离（m）　　　表 5-2-2-5

生产的火灾危险性类别	耐火等级	单层厂房	多层厂房	高层厂房	地下或半地下厂房（包括地下或半地下室）
甲	一、二级	30	25	—	—
乙	一、二级	75	50	30	—
丙	一、二级	80	60	40	30
	三　级	60	40	—	—
丁	一、二级	不限	不限	50	45
	三　级	60	50	—	—
	四　级	50	—	—	—
戊	一、二级	不限	不限	75	60
	三　级	100	75	—	—
	四　级	60	—	—	—

3. 厂房的疏散净宽度

厂房内疏散楼梯、走道、门的各自总净宽度，应根据疏散人数按每 100 人的最小疏散净宽度不小于表 5-2-2-6 的规定计算确定。但疏散楼梯的最小净宽度不宜小于 1.10m，疏散走道的最小净宽度不宜小于 1.40m，门的最小净宽度不宜小于 0.90m。当每层疏散人数不相等时，疏散楼梯的总净宽度应分层计算，下层楼梯总净宽度应按该层及以上疏散人数最多一层的疏散人数计算。

厂房内疏散楼梯、走道和门的每 100 人最小疏散净宽度（m/百人）

表 5-2-2-6

厂房层数（层）	1～2	3	≥4
最小疏散宽度（m/百人）	0.60	0.80	1.00

首层外门的总净宽度应按该层及以上疏散人数最多一层的疏散人数计算，且该门的最小净宽度不应小于 1.20m。

高层厂房和甲、乙、丙类多层厂房的疏散楼梯应采用封闭楼梯间或室外楼梯。建筑高度大于 32m 且任一层人数超过 10 人的厂房，应采用防烟楼梯间或室外楼梯。

2.2.6　工业建筑的防爆泄压

1. 厂房防爆所适应的结构与构造

有爆炸危险的甲、乙类厂房需独立设置，其承重结构需采用钢筋混凝土或钢框架、排架结构；有爆炸危险的厂房或厂房内有爆炸危险的部位应设置泄压设施。

泄压设施宜采用轻质屋面板、轻质墙体和易于泄压的门、窗等，应采用安全玻璃等在爆炸时不产生尖锐碎片的材料。

泄压设施的设置应避开人员密集场所和主要交通道路，并宜靠近有爆炸危险的部位。

在厂房防爆设计中，用作泄压面积的轻质屋面板和墙体的质量不大于 $60kg/m^2$。在寒冷地区，屋顶上的泄压设施应采取防冰雪积聚措施。

2. 泄压面积的计算

厂房的泄压面积需按下式计算，但当厂房的长径比大于 3 时，需将建筑划分为长径比不大于 3 的多个计算段，各计算段中的公共截面不得作为泄压面积：

$$A = 10CV^{2/3} \qquad \text{（式 5-2-2-1）}$$

式中　A——泄压面积（m^2）；

　　　V——厂房的容积（m^3）；

　　　C——泄压比，可按表 5-2-2-7 选取（m^2/m^3）。

长径比为建筑平面几何外形尺寸中的最长尺寸与其横截面周长的积和 4.0 倍的建筑横截面积之比。

$$长径比 = L \times [(W+H) \times 2]/(4 \times W \times H) \qquad \text{（式 5-2-2-2）}$$

式中　L——建筑平面几何外形尺寸中的最长尺寸；

　　　W——建筑的宽度；

　　　H——建筑的平均高度。

厂房内爆炸性危险物质的类别与泄压比规定值（m^2/m^3）　　表 5-2-2-7

厂房内爆炸性危险物质的类别	C 值
氨，粮食、纸、皮革、铅、铬、铜等 $K_\text{尘} < 10MPa \cdot m \cdot s^{-1}$ 的粉尘	≥0.030
木屑、炭屑、煤粉、锑、锡等 $10MPa \cdot m \cdot s^{-1} \leqslant K_\text{尘} \leqslant 30MPa \cdot m \cdot s^{-1}$ 的粉尘	≥0.055
丙酮、汽油、甲醇、液化石油气、甲烷、喷漆间或干燥室，苯酚树脂、铝、镁、锆等 $K_\text{尘} > 30MPa \cdot m \cdot s^{-1}$ 的粉尘	≥0.110
乙烯	≥0.160
乙炔	≥0.200
氢	≥0.250

例1： 根据图5-2-2-1～图5-2-2-3所示条件，计算甲类厂房的泄压面积。

有爆炸危险的乙类镁粉厂房

$1/2L=18.0\text{m}$　　$1/2L=18.0\text{m}$

$L=36.0\text{m}$

$W=12.0\text{m}$

图5-2-2-1　平面图

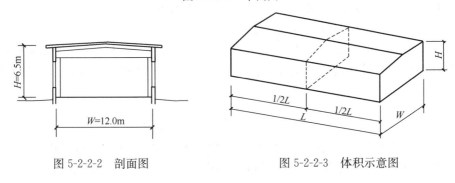

图5-2-2-2　剖面图　　　　　图5-2-2-3　体积示意图

已知：厂房跨度（W）12.0m，长度（L）36.0m，平均高度（H）6.5m

解：

（1）查表5-2-2-7得$C=0.110\text{m}^2/\text{m}^3$

（2）按公式（式5-2-2-2）计算厂房的长径比：

$$36.0\times(12.0+6.5)\times2/(12.0\times6.5\times4.0)=1332/312=4.3>3$$

（3）以上计算结果不满足长径比不大于3的要求，因此将该厂房分为两段再进行长径比计算（也可视情况分成多个计算段）：

$$18.0\times(12.0+6.5)\times2/(12.0\times6.5\times4.0)=666/312=2.1<3$$

（满足长径比的要求）

（4）计算厂房的容积：

$$V=18.0\times12.0\times6.5=1404(\text{m}^3)$$

（5）代入公式（式5-2-2-1）计算每段的泄压面积：

$$A_1=10\times0.110\times1404^{2/3}=1.1\times125.4=137.9(\text{m}^2)$$

（6）计算整个厂房需要泄压面积：

$$A=A_1\times2=137.9\times2=275.8(\text{m}^2)$$

答：厂房需要泄压面积为275.8m²

2.3　工业建筑环境设计

1. 厂房的热环境

（1）恒温恒湿厂房

某些工业生产要求生产环境温、湿度的变化偏差和区域偏差很小，即具有恒定的温度和湿度（常称为恒温恒湿），否则就会影响产品质量和降低成品率。例如机械工业中，高精度刻线机室要求温度 $20\pm0.2℃$（即温度波动控制在 $\pm0.2℃$ 以内），否则就要影响刻线的准确性。这种为保证室内温湿度恒定而将进入室内的新鲜空气加温降温、加湿干燥使之达到预定要求的过程，称为空气温湿度处理。这种厂房称为恒温恒湿厂房。

恒温恒湿厂房的控制标准包括两方面内容：一是空气温度和相对湿度基数，也称作基准度；另一是空气温度和相对湿度的允许波动范围，称作温、湿度精度。例如

$$t = 23℃\pm1℃, \phi = 71\%\pm5\%$$

根据生产工艺的不同，恒温恒湿厂房的温湿度基数和精度要求不同。

恒温恒湿厂房宜采用全空气定风量空调系统，新鲜空气由进风口进入，通过对空气的加热（或冷却）、干燥（或加湿）等达到一定的温湿度后，再由风机通过风道、送风口输入室内。室内的部分气流又从回风口抽回和新鲜空气混合后，经过处理循环使用。因此，空调机房、风道、送回风口的布置和气流组织方式都和厂房的建筑空间设计有着密切的关系。

1）建筑布置

在进行恒温恒湿厂房建筑设计时，对建筑围护结构有一些具体要求，见表 5-2-3-1 和表 5-2-3-2。

为了节约能源和降低空调系统的造价，恒温恒湿厂房建筑设计时应限制外窗的传热系数。此外，对于外窗、外门和门斗是否需要设置以及窗的朝向也都有具体的规定（见表 5-2-3-2）。

恒温恒湿厂房对外墙、屋顶等的要求　　　　　　　　　　表 5-2-3-1

室温允许波动范围	外墙	外墙朝向	层次	最大传热系数 [W/ (m² · K)]（括号内为热惰性指标）			
				外墙	内墙和楼板	屋顶	顶棚
$\geqslant\pm1℃$	宜减少外墙	宜北向	避免顶层	1.0	1.2	0.8	0.9
$\pm0.5℃$	不宜有外墙	如有外墙时，宜北向	宜底层	0.8 (4)	0.9	— (3)	0.8 (3)
$\pm0.1\sim0.2℃$	不应有外墙	—	宜底层	—	0.7	—	0.5 (4)

恒温恒湿厂房对外窗、门等的要求　　　　表 5-2-3-2

室温允许波动范围	外窗	外门和门斗	内门和门斗
≥±1℃	宜北向、不应有东、西向外窗	不宜有外门，如有经常开启的外门，应设门斗	门两侧温差≥7℃时，宜设门斗
±0.5℃	不宜有外窗	不应有外门，如有外门，必须设门斗	门两侧温差大于 3℃ 时，宜设门斗
±0.1～0.2℃	—	—	内门不宜通向室温基数不同或室温允许波动范围大于±1.0℃时的临室

恒温室宜集中布置，可同层水平集中，分层竖向对齐集中，也可混合集中或布置在地下层。当不同精度要求的恒温室相邻布置时，可将要求高的恒温室布置在要求较低的恒温室的里面。

恒温恒湿厂房的体形系数要小，尽量减少外墙长度。在气流分布许可条件下，可加大恒温室的进深。室内净高也要尽量降低，厂房净高可根据气流组织形式进行计算。一般顶板送风净高均在 2.5～3.0m 左右；侧送及散流器送风可在 3.5～4.2m 左右。有技术夹层时，夹层高度要考虑管道设备及检修所需的高度。

在剖面设计时，还应配合空调系统、风口位置并按充分利用空间的原则来布置管道，如将空调管道集中布置在走廊顶部、技术夹层或管道竖井等的空间处理方式。

恒温恒湿厂房一般还有洁净、防振等各方面的工艺要求，因此在布置厂房时要注意这方面的要求，例如选择在较为洁净、远离振源的地区等。

2）空调机房的布置

空调机房一般应布置在恒温室的附近，靠近其负荷中心，以减少冷热能量的损失，缩短风管长度，节约投资。但由于风机有振动，机房还应远离需要防振、防噪声的恒温车间。有时也可以利用变形缝将两者分开布置。

机房分为集中式和分散式两种。当空调面积较大又布置集中时，宜采用集中式的布置。当空调面积不大，且又分散布置时，则可采用分散式的布置。

（2）厂房的自然通风

厂房通风分机械通风和自然通风两种。机械通风是依靠通风机的力量作为空气流动的动力来实现通风换气的。它要耗费大量电能，设备投资及维修费也很高，但其通风稳定、可靠、有效。自然通风是利用自然力作为空气流动的动力来实现厂房通风换气的。它是一种既简单又经济的办法，但易受外界气象直接影响，通风不稳定。除个别的生产工艺有特殊要求的厂房和工段选用机械通风（特别是空气调节）外，一般厂房主要是采用自然通风或以自然通风为主，辅之以简单的机械通风。为有效地组织好自然通风，在剖面设计中要正确地选择厂房的剖面形式，合理布置进排风口位置，使外部气流不断地进入室内，迅速排除厂房内部的热量、烟尘和有害气体，创造良好的生产环境。

1）自然通风的基本原理

自然通风是利用热压和风压作为动力来实现的。

A. 热压作用

厂房内各种热源排出大量热量，使厂房内部的气温比室外高，于是室内外的空气形成了重力差。因而在建筑物的下部，室外空气所形成的压力要比室内空气所形成的压力大。这时，如果在厂房外墙下部开门窗洞（如侧窗），则室外的冷空气就会经由下部窗洞进入室内，室内的热空气由厂房上部开的窗口（天窗或高侧窗）排至室外。进入室内的冷空气又被热源加热变轻，上升并由厂房上部开的窗口（天窗或高侧窗）排至室外，如此循环，就在厂房内部形成了空气对流，达到了通风换气的目的（图 5-2-3-1）。这种由于厂房内外温度差所造成的空气压力差，叫做热压。热压愈大，自然通风效果愈好。其表达式为：

$$p = g \cdot h \cdot (\rho_\mathrm{W} - \rho_\mathrm{n}) \qquad (式 5\text{-}2\text{-}3\text{-}1)$$

式中，P 为热压（Pa）；g 为重力加速度（m/s^2）；h 为上下进排风口的中心距离（m）；ρ_W 为室外空气密度（kg/m^3）；ρ_n 为室内空气密度（kg/m^3）。

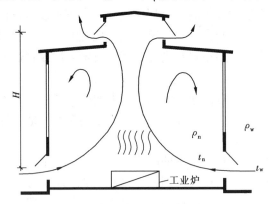

图 5-2-3-1   热压通风原理图

式 5-2-3-1 表明，热压大小取决于两个因素，即上下进排风口的中心距离和室内外温度差。为了加强热压通风，可以设法增大上下进排风口的中心距离或增大室内外温度差。

B. 风压作用

根据流体力学原理，当风吹向房屋时，迎风面墙壁空气流动受阻，风速降低，使风的部分动能变为静压，作用在建筑物的迎风面上，因而使迎风面上所受到的压力大于大气压，从而在迎风面上形成正压区。风受到迎风面的阻挡后，从建筑物的屋顶及两侧快速绕流过去。绕流作用增加的风速使建筑物屋顶、两侧及背风面受到的压力小于大气压，形成负压区（图 5-2-3-2）。

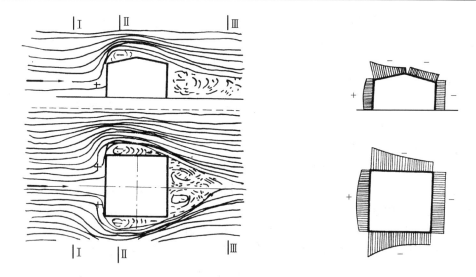

图 5-2-3-2　风绕房屋流动状况及风压分布

如果在建筑物的迎风面和背风面上开口，气流就会从正压区流入室内，再从室内流向负压区，把室内的热空气或有害气体从排风口排至室外，达到通风换气的目的，这就形成了风压通风。风压的计算公式如下：

$$p = g \cdot K \cdot \frac{v^2 \rho}{2g}　　　　（式 5-2-3-2）$$

式中，p 为风压（Pa）；v 为风速（m/s）；ρ 为空气密度（kg/m³）；g 为重力加速度（m/s²）；K 为空气动力系数，K 的绝对值在 0～1 之间。

2）自然通风设计一般原则

A. 建筑朝向的选择

为了充分利用自然通风，应限制厂房宽度并使其长轴垂直于当地夏季主导风向。从减少建筑物接受太阳辐射和组织自然通风角度综合来说，厂房南北朝向是最合理的。

B. 建筑群的布局

一般建筑群的平面布局有行列式、错列式、斜列式、周边式、自由式五种。从自然通风角度来看，行列式和自由式能争取到较好的朝向，使大多数房间能够获得良好的自然通风，其中又以错列式和斜列式的布局为更好。

C. 厂房开口与自然通风

一般来说，进风口直对着出风口，会使气流直通，风速较大，但风场影响范围小。通常人们把进风口直对着出风口称为穿堂风。如果进出风口错开互为对角，风场影响的区域会大一些。若进出风口相距太近会使气流偏向一侧，室内通风效果不佳。如果进出口都开在正压区域或负压区域墙面一侧或者整个房间只有一个开口，则室内通风状态较差。

为了获得舒适的通风，开口的高度应低一些，使气流才能作用到人身上。高窗和天窗可以使顶部热空气更快散出。室内的平均气流速度只取决于较小的开口尺寸，通常，取进出风口面积相等为宜，如无法相等，以进风口小些为佳。

D. 导风设计

窗扇，中轴旋转窗扇，水平挑檐、挡风板、百页板，外遮阳板及绿化均可以挡风、导风，有效地组织室内通风。

3）冷加工车间的通风

夏季冷加工车间室内外温差较小，在剖面设计中，主要是合理布置进出风口的位置，选择通风有效的进、排风口形式及构造，合理组织气流路径，组织好穿堂风，使其较远地吹至操作区，增加人体舒适感。实践证明，限制厂房宽度并使其长轴垂直夏季主导风向；在侧墙上开窗，在纵横贯通的通道端部设大门；室内少设和不设隔墙等措施对组织穿堂风都是有利的。但是，穿堂风只适用于厂房通道和厂房不太宽的情况。当厂房较宽时，为使车间内部气流稳定，提高工人的舒适感，在夏季厂房都应辅设机械通风，这是我国目前冷加工车间夏季通风的主要方式。

未设天窗时，为排出一定数量的积聚在屋盖下部的热空气，比较简单的措施是在屋脊上设置通风屋脊（图 5-2-3-3）。也可以将排风扇设在屋脊上，驱使室内空气流动，这也是冷加工车间的有效通风措施之一。

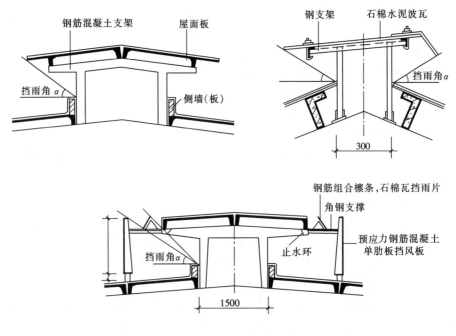

图 5-2-3-3   通风屋脊

4）**热加工车间的通风**

热加工车间除有大量热量外，还可能有灰尘，甚至有害气体。因此，热加工车间更加要求充分利用热压和合理地设置进排风口，有效地组织自然通风。

A. 进排风口设置

南方地区夏季炎热，且延续时间长、雨水多，冬季短、气温不低。南方地区散热量较大车间的剖面形式可如图 5-2-3-4 所示。墙下部为开敞式，屋顶设通风天窗。为防雨水溅入室内，窗口下沿应高出室内地面 60～80cm。因冬季不冷，不需调节进排风口面积控制风量，故进排风口可不设窗扇，但为防雨水飘入室内，必须设挡雨板。

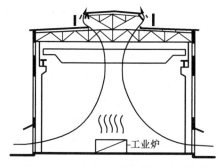 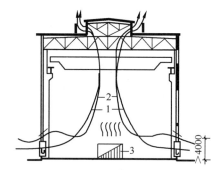

图 5-2-3-4　南方地区热车间剖面示意　　　图 5-2-3-5　北方地区热车间剖面示意
　　　　　　　　　　　　　　　　　　　　　　　1—夏季气流；2—冬季气流；3—工业炉

对于北方地区散热量很大的厂房，厂房剖面形式可如图 5-2-3-5 所示。由于冬夏季温差较大，进排风口均须设置窗扇。夏季可将进排风口窗扇开启组织通风，根据室内外气温条件，调节进排风口面积进行通风。侧窗窗扇开启方式有上悬、中悬、立旋和平开四种。其中，平开窗、立旋窗阻力系数小，流量大，立旋窗还可以导向，因而常用于进气口的下侧窗。其他需开启的侧窗可用中悬窗（开启角度可达 80°），便于开关。上悬窗开启费力，局部阻力系数大，因此，排风口的窗扇也用中悬。冬季，应关闭下部进气口，开上部（距地面大于 2.4～4.0m）的进气口，以防冷气流直接吹至工人身上，影响健康。

B. 通风天窗的选择

目前我国常用的通风天窗形式有矩形通风天窗和通风帽。

a. 矩形通风天窗

当热压和风压共同作用时，厂房迎风面外墙下部开口，热压和风压的作用方向是一致的，因此从下部开口的进风量比热压单独作用时大。而此时厂房迎风面外墙上部开敞口，热压和风压方向相反，因此从上部开口排风量，要比单独热压作用小，如风压大于热压时，上部开口不能排风，从而形成了所谓"风倒灌"的现象。为了防止风倒灌现象的产生，在天窗侧面设置挡风板，当风吹到挡风板上时产生气流飞跃，在天窗口与挡风板之间形成负压区，保证天窗在任何风向的情况下都能稳定排风。这种带挡风板的矩形天窗称为矩形通风天窗或避风天窗（图

5-2-3-6)，在实际中应用较广。

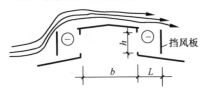

图 5-2-3-6 矩形通风天窗图

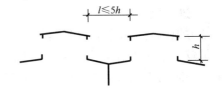

图 5-2-3-7 天窗互起挡风作用

挡风板与窗口的距离影响天窗的通风效果，根据实验，挡风板距天窗的距离 L，应在 $L/h=0.6\sim2.5$ 的范围内。$L/h<0.6$ 时，挡风板距离窗口太近，通风效果差；当 $L/h>2.5$ 时，加大 L 值实用意义不大，而且不经济。因此，常用的 L/h 值是：当天窗挑檐较短时，可用 $L/h=1.1\sim1.5$；当天窗的挑檐较长时，可用 $L/h=0.9\sim1.25$。大风多雨地区此值还可偏小。喉口宽度 b 与窗高 h 之间的关系为：$b<6\mathrm{m}$，$h=(0.4\sim0.5)b$；$b>6\mathrm{m}$，$h=(0.3\sim0.4)b$（图 5-2-3-6）。

根据风绕建筑物流动时风压的分布情况，符合下列条件时，天窗前可不设挡风板：

ⅰ 单跨或多跨厂房的边跨，满足表 5-2-3-3 的条件时，可不设挡风板。

ⅱ 两相邻天窗间距 $l\leqslant5h$ 时，两天窗互起挡风板作用，可不设挡风板（图 5-2-3-7）。

ⅲ 符合表 5-2-3-4 的情况，低跨天窗靠近跨一侧的排风口不会产生风倒灌，可不设挡风板。

天窗迎风面上产生负压条件　　　　　　　　表 5-2-3-3

h/H	$\alpha=0°$	$\alpha=5°$	$\alpha=10°$	
0.05	$0.2<x/H<2.6$	$0.2<x/H<1.8$	$0.2\leqslant x/H<0.95$	
0.10	$0.2<x/H<2.2$	$0.2<x/H<1.7$	$0.2<x/H\leqslant0.9$	
0.20	—	$0.2<x/H<1.5$	$0.2<x/H<0.70$	
0.30	$0.2<x/H<2.0$	$0.2<x/H<1.35$	—	h—天窗高度 H—厂房高度 x—迎风面檐口距天窗的距离 α—风与水平面的夹角
0.40	$0.2<x/H<1.8$	—	—	

注：1. 空地时可视 $\alpha=0°$；2. 建筑间距为 $10\sim16H$（H 为前面建筑物的高度）时，可视 $\alpha=5°$；3. 建筑物间距 $<10H$ 时，可视 $\alpha=10°$；4. 建筑间距 $>16H$ 时，$\alpha=0°$；5. 天窗高度 h 在屋面坡度大于 1/5 时，为屋檐至天窗脊距离。

Z 值最小距离要求　　　　　　　　表 5-2-3-4

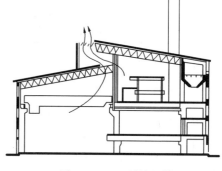	当 Z/a	0.4	0.6	0.8	1.0	1.2	1.4	1.6	1.8	2.0	2.1	2.2	2.3
	$(L-Z)/H\leqslant$	1.3	1.4	1.45	1.5	1.65	1.8	2.1	2.5	2.9	3.7	4.0	5.6

注：$Z/a>2.3$，不论厂房相关尺寸如何，天窗均不产生倒灌。

　　b. 在实际工作中应用较广的还有通风屋顶（图 5-2-3-8）。

　　C. 合理布置热源和其他措施

　　在利用穿堂通风时，热源应布置在夏季主导风向的下风侧，进出风口应布置在一条线上。最好是将热源布置在下风侧的坡屋中，并用下开敞隔墙分隔。以热压为主的自然通风，热源宜布置在天窗喉口下面，使气流排出路线短。设下沉式天窗时，热源应与下沉底板错开布置。

　　在多跨厂房中，为有效地组织通

图 5-2-3-8　通风屋顶

风，可将高跨适当抬高，增大进排风口高差。此时，不仅侧窗进风，低跨的天窗也可以进风。但两跨间的距离不应小于 24～40m，以避免高跨排出的脏空气进入低跨。当不可能抬高时或抬高不经济时，而各跨高度又基本相等的情况下，这时应将冷热跨间隔布置，并用轻质吊墙把二者分隔组织通风。吊墙距地面高度 3m 左右。实测证明，这种措施通风有效，气流源源不断地由冷跨流向热跨（有通风天窗），气流速度可达 1m/s 左右。

　　2. 厂房的光环境

　　（1）天然采光标准

　　白天，厂房室内通过窗口取得光线称为天然采光。天然采光设计就是根据厂房室内生产对光线的要求，确定窗口的大小、形式及其布置，保证室内光线的强弱和质量。窗口的大小、形式及其布置直接影响车间采光状况。如果窗口面积太小，车间光线太暗，影响车间生产；如补充照明，则消耗电能。如果窗口面积太大，一方面增加厂房造价；另一方面，影响冬季和夏季车间空气温度，则会增加冬季采暖和夏季空调能耗。因此，经济、适用的采光设计，必须根据厂房室内生产对光线的要求，按照建筑采光设计标准进行设计。

　　1）天然采光标准

　　天然光强度高，变化快，不好控制。因此，我国《建筑采光设计标准》GB/T 50033—2013 规定，在采光设计中，天然采光标准以采光系数和室内天然光照度为评价指标。采光系数是室内某一点直接或间接接受天空漫射光所形成的照度与同一时间不受遮挡的该天空半球在室外水平面上产生的天空漫射光照度之比。这样，不管室外照度如何变化，室内某一点的采光系数是不变的。采光系数用符号 C 表示，它是无量纲量。照度是水平面上接受到的光线强弱的指标，照度的单位是 lx，称作勒克斯。

视觉作业场所工作面上的采光标准 表 5-2-3-5

采光等级	视觉作业分类		侧面采光		顶部采光	
	作业精确度	识别对象的最少尺寸 d（mm）	室内天然光照度标准值（lx）	采光系数标准值（%）	室内天然光照度标准值（lx）	采光系数标准值（%）
I	特特精细	$\leqslant 0.15$	750	5	750	5
II	很精细	$0.15 < d \leqslant 0.3$	600	4	450	3
III	精细	$0.3 < d \leqslant 1.0$	450	3	300	2
IV	一般	$1.0 < d \leqslant 5.0$	300	2	150	1
V	粗糙	$d > 5.0$	150	1	75	0.5

工业建筑的采光等级 表 5-2-3-6

采光等级	车 间 名 称	采光等级	车 间 名 称
I	特别精密机电产品加工、装配、检验工艺品雕刻、刺绣、绘画	III	机电产品加工、装配、检修、机库、一般控制室，木工、电镀、油漆、铸工，理化实验室，造纸、石化产品后处理，冶金产品冷扎、热轧、拉丝、粗炼
II	精密机电产品加工、装配、检验 通信、网络、视听设备、电子元器件、电子零部件加工、抛光、复材加工、纺织品精纺、织造、印染、服装裁剪、缝纫及检验、精密理化实验室、计量室、测量室、主控制室 印刷品的排版、印刷 药品制剂	IV	焊接、钣金、冲压剪切、锻工、热处理，食品、烟酒加工和包装、饮料、日用化工产品，炼铁、炼钢、金属冶炼，水泥加工与包装，配、变电所、橡胶加工、皮革加工、精细库房（及库房作业区）
		V	发电厂主厂房、压缩机房、风机房、锅炉房、泵房、动力站房、（电石库、乙炔库、氧气瓶库、汽车库、大中件贮存库）一般库房、煤的加工、运输、选煤配料间、原料间、玻璃退火、熔制

《建筑采光设计标准》给出不同作业场所工作面上的采光系数标准值（表 5-2-3-5）和工业建筑的采光等级（表 5-2-3-6）。

我国幅员辽阔，各地光气候差别较大。因此，国家标准中将我国划分为Ⅰ～Ⅴ个光气候区，采光设计时，各光气候区取不同的光气候系数 K（详见《建筑采光设计标准》）。表 5-2-3-5 和表 5-2-3-6 中采光系数标准值都是以Ⅲ类光气候区为基准给出的。在其他光气候区，各类建筑的工作面上的采光系数标准值应为标准中给出的数值乘以相应的光气候系数所得到的数值。

2）天然采光的质量要求

厂房采光设计时，应注意光的方向性，应避免对生产工作产生遮挡和不利的阴影。采光应均匀照亮整个车间。应采取措施以减小窗户对工人产生的不舒适眩光影响，主要措施有：

A. 作业区应减少或避免直射阳光；

B. 工作人员的视觉背景不宜为窗口；

C. 可采用室内外遮挡设施；

D. 窗户结构的内表面或窗户周围的内墙面，宜采用浅色饰面。

（2）采光窗口面积的确定

采光窗口面积的确定，通常根据厂房的采光、通风、立面处理等综合要求，先大致确定窗口面积，然后根据厂房的采光要求进行校验，验证其是否符合采光标准值。采光计算方法很多，《建筑采光设计标准》规定了一种简易图表计算方法。如果一般厂房对采光要求不十分精确时，《建筑采光设计标准》中还给出了窗地面积比表（表 5-2-3-7），窗地面积比是指窗洞口面积与室内地面面积之比。利用窗地面积比可以简单地估算出采光窗口面积。

采光窗窗地面积比　　　　　　　　　　　　表 5-2-3-7

采光等级	侧窗	矩形天窗	锯齿形天窗	平天窗
Ⅰ	1/3	1/3	1/4	1/6
Ⅱ	1/4	1/4	1/5	1/8
Ⅲ	1/5	1/5	1/7	1/10
Ⅳ	1/6	1/6.5	1/9	1/13
Ⅴ	1/10	1/11.5	1/15	1/23

注：非Ⅲ类光气候区的窗地面积比应乘以相应的光气候系数 K。

（3）天然采光方式和采光窗的选择

采光方式有三种：侧面采光（侧窗）、顶部采光（天窗）、混合采光（侧窗＋天窗）。侧面要光是利用开设在侧墙上的窗子进行采光。顶部采光是利用开设在屋顶上的窗子进行采光。混合采光是这两种方式组合起来同时采光。实际工业建筑中大多采用侧面采光（侧窗）、和混合采光（侧窗＋天窗），很少单独采用顶部采光。

1) 侧面采光

侧面采光分单侧采光和双侧采光两种。单侧窗采光不均匀,房间的天然光照度随进深的增加而迅速降低,采光系数衰减很快(图5-2-3-9)。单侧采光的有效进深约为侧窗口上沿至地面高度 d 的 $1.5\sim2.0$ 倍,即 $B=1.5\sim2.0d$。即单侧采光房间的进深一般不超过窗高的 $1.5\sim2$ 倍为宜。如厂房很宽,超越单侧采光所能解决的范围时,就要用双侧采光或辅以人工照明。

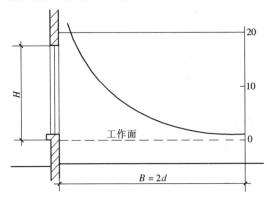

图 5-2-3-9   单侧采光光线衰减示意图

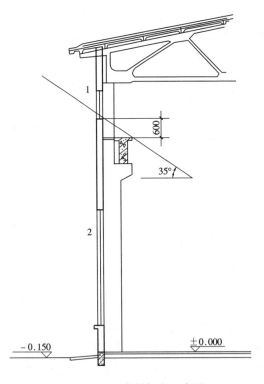

图 5-2-3-10   高低侧窗示意图

在有桥式起重机的厂房中,常将侧窗分上下两段布置,上段称之为高侧窗,下段称之为低侧窗(图 5-2-3-10)。高侧窗投光远,光线均匀,能提高远窗点的采光效果。低侧窗投光近,对近窗点光线有利。这种高低侧窗结合布置,不仅使结构构件位置所分隔,而且也充分利用各自窗特点,解决较高、较宽厂房的采光问题。同时,侧窗造价便宜,构造简单,施工方便,能减少屋顶承重的集中荷载。因此,在设计中应尽量利用高低侧窗结合布置方式解决多跨厂房的采光问题(图5-2-3-11)。

为方便工作(如检修起

重机轨等）和不使起重机梁遮挡光线，高侧窗下沿距起重机梁顶面不应太高和过低，一般取 600mm 左右为宜（图 5-2-3-10）。低侧窗下沿（窗台）一般应略高于工作面的高度，工作面高度一般取 0.8m 左右。

沿侧墙纵向工作面上光线分布情况和窗子及窗间墙宽度有关。窗间墙愈宽，光线愈明暗不均，因而窗间墙不宜设得太宽，一般以等于或小于窗宽为宜。如沿墙工作面上要求光线均匀，可减少窗间墙的宽度或取消窗间墙做成带形窗。

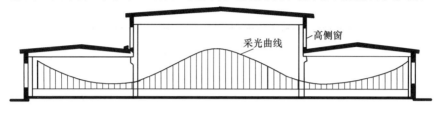

图 5-2-3-11　高低侧窗结合布置采光

2）顶部采光

顶部采光形式包括矩形天窗、锯齿形天窗、平天窗等。

A. 矩形天窗

图 5-2-3-12 是采用矩形天窗的厂房剖面形式。当窗扇朝向南北时，室内光线均匀，直射光较少。由于玻璃面是垂直的，受污染程度小，易于防水。窗扇可开启，有一定的通风作用。矩形天窗的缺点是增加了厂房的体积和屋顶承重结构的集中荷载，屋顶结构复杂，造价高，抗震性能不好。

图 5-2-3-12　矩形天窗厂房剖面

为了获得良好的采光效果，合适的天窗宽度为 $1/2 \sim 1/3$ 厂房跨度。两天窗的边缘距离 L 应大于相邻天窗高度和的 1.5 倍，即 $L > 1.5 (h_1 + h_2)$（图 5-2-3-13）。

B. 锯齿形天窗

在某些工厂，由于生产工艺的特殊要求，如纺织厂等，为了使纱线不易断头，厂房内要保持一定的温湿度，要有空调设备。这就要求室内光线稳定、均匀，无直射光进入室内，避免产生眩光及不增加空调设备负荷。因而这种厂房常采用窗口向北或接近北向的锯齿形天窗（图 5-2-3-14）。采用锯齿形天窗时，厂房工作面不仅能得到由天窗透入光线，而且还由于屋顶内表面的反射增加了反射光。因此，锯齿形天窗采光效率高，在满足同样的采光标准的前提下，锯齿形天窗可比矩形天窗节约玻璃面积 30% 左右。由于玻璃面积小又朝北，因而在炎热地区对防止室内过热也有好处。

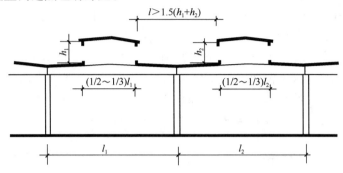

图 5-2-3-13   天窗宽度与跨度的关系

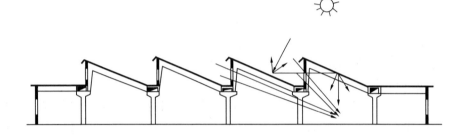

图 5-2-3-14   锯齿形天窗厂房剖面

C. 平天窗

平天窗就是在屋面板上直接设置水平或接近水平的采光口（图 5-2-3-15）。这种天窗采光效率高，采光均匀，它比矩形天窗平均采光系数要大 2～3 倍，即在同样采光标准要求的采光面积为矩形天窗的 1/3～1/2，可节约大量的玻璃面积。

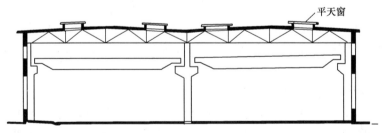

图 5-2-3-15   平天窗厂房剖面

平天窗采光口可分采光板、采光罩和采光带三种。带形或板式天窗多数是在屋面板上开洞，覆以透光材料构成的。采光口面积较大时，则设三角形或锥形钢框架，窗玻璃斜置在钢架上。采光带可以纵向或横向布置。采光罩是一种用有机玻璃、聚丙烯塑料或玻璃钢整体压铸的采光构件，有圆穹形、扁平穹形、方锥形等各种形状。采光罩一般分为固定式和开启式。开启式可以自然通风。采光罩的特点是重量轻，构造简单，防水可靠，布置灵活。

平天窗的缺点：在采暖地区，玻璃面上容易结露；如设双层玻璃，则造价高，构造复杂。在炎热地区，通过平天窗透过大量的太阳辐射热；在直射阳光作用下工作面上眩光严重。此外，平天窗在尘多雨少的地区容易积尘和污染，使用几年以后采光效果大大降低。

此外，为便于排水，减少积尘，在实践中还出现了三角形天窗（图 5-2-3-16）。即将玻璃面抬高（一般与水平面呈 30°～45°），宽度为 3～6m，需设天窗架。此外，还有折板屋顶的采光天窗布置（图 5-2-3-17）和壳体结构的采光处理（图 5-2-3-18）等。

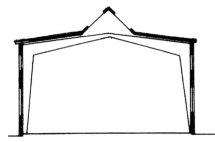

图 5-2-3-16　三角形天窗厂房剖面图

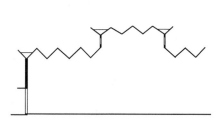

图 5-2-3-17　折板屋顶的采光天窗布置

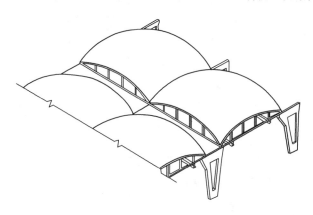

图 5-2-3-18　壳体屋顶采光示意

3. 厂房的声环境

广义的噪声定义为，凡人们不愿听的各种声音都是噪声。从物理学的角度来看，噪声是指由频率和强度都不同的各种声音杂乱地组合而产生的声音。噪声的危害是多方面的。噪声可以使人听力衰退，严重的可导致噪声性耳聋；会引起多种疾病；会影响人的正常生活；使劳动生产率降低等。近年来，随着城市建设的发展和人类活动的丰富，噪声污染已成为现代社会的四大公害之一。在我国环境污染投诉中，噪声投诉已排到了第一位。

（1）噪声允许标准

我国现已颁布的和工业建筑声环境有关的噪声控制标准有：《中华人民共和国环境噪声污染防治法》、《城市区域环境噪声标准》、《工业企业噪声控制设计规范》和《工业企业厂界噪声标准》等。为了防止环境振动污染，我国也颁布了《城市区域环境振动标准》，但尚无工业企业卫生振动标准。表 5-2-3-8～表 5-2-3-10 给出了部分噪声标准。

城市区域环境噪声标准 Leq（dBA）（GB 3096—2008）　　　表 5-2-3-8

类　别	适　用　区　域	昼　间	夜　间
0	疗养区、高级宾馆和别墅区等需特别安静的区域	50	40
1	居住、文教机关为主的区域	55	45
2	居住、商业、工业混杂区	60	50
3	工业区	65	55
4a	公路、内河航道两侧区域	70	55
4b	铁路干线两侧区域	70	60

工业建筑室内允许噪声级（dBA）（GBJ 50681—2011）　　　表 5-2-3-9

序号	地点类别		噪声限值
1	生产厂房及作业场所（工人每天连续接触噪声 8h）		85
2	高噪声车间设置的值班室、观察室、休息室（室内背景噪声）	无电话通话要求时	75
		有电话通话要求时	70
3	精密装配线、精密加工车间的工作地点、计算机房（正常工作状态）		70
4	车间所属办公室、实验室、设计室（室内背景噪声级）		65
5	主控室、集中控制室、通讯室、电话总机室、消防值班室（室内背景噪声级）		60
6	厂部所属办公室、会议室、设计室、中心实验室（包括试验、化验、计量室）（室内背景噪声级）		60
7	医务室、教室、哺乳室、托儿所、工人值班宿舍（室内背景噪声级）		55

各类厂界噪声标准 Leq（dBA）（GB 12348—2008）　　　表 5-2-3-10

类　别	适　用　区　域	昼　间	夜　间
Ⅰ	居住、文教机关为主的区域	55	45
Ⅱ	居住、商业、工业混杂区及商业中心区	60	50
Ⅲ	工业区	65	55
Ⅳ	交通干线道路两侧区域	70	55

标准中对昼间和夜间的划分，通常认为 7：00～22：00 为昼间，22：00～7：00 为夜间。

（2）噪声的控制

　　为了防止工业噪声的危害，保障职工的身体健康，给工人创造一个良好的生产环境，在厂房设计中对室内噪声必须采取相应措施，使其达到有关规范所允许的水平。目前厂房内噪声控制方法有：控制噪声源，降低声源噪声；在噪声传播途径上控制噪声；对接受者采取保护措施（劳动保护）等。详见第 6 篇第 3.4 节。

第3章　单层工业建筑设计

3.1　单层工业建筑的结构类型与构件组成

工业建筑的结构支承方式可以分为承重墙支承与骨架支承两类。只有当工业建筑的跨度、高度、起重机荷载较小时才用承重墙承重结构，而当工业建筑的跨度、高度和起重机荷载较大时，则多采用骨架承重结构。

3.1.1　骨　架　结　构

骨架结构系由柱子、屋架或屋面大梁（或柱梁结合或其他空间结构）等承重构件组成，以承受工业建筑的各种荷载。

骨架结构可提供宽大通敞的工业建筑室内空间，有利于生产工艺及其设备的布置、工段的划分，也有利于生产工艺的更新和改善；骨架主要用来承受工业建筑的各种荷载，内外墙仅起围护或分隔作用，使骨架和墙体材料均能充分发挥各自的材料工程性能，使设计更趋合理、有效、节省工程造价。

骨架结构按材料可分为砌体结构、钢筋混凝土结构和钢结构。

1. 砌体结构

它由砖石等砌块砌筑成柱子，钢筋混凝土屋架（或屋面大梁）、钢屋架等组成，图 5-3-1-1 所示为砖柱、组合屋架的工业建筑。

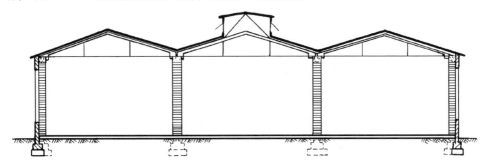

图 5-3-1-1　砖砌体结构工业建筑

2. 装配式钢筋混凝土结构

这种骨架结构主要由横向骨架和纵向连系构件组成，见图 5-3-1-2。横向骨架主要包括屋面大梁（或屋架）、柱子、柱基础。纵向连系构件包括屋面板、连系梁、起重机梁、基础梁等。

这种结构坚固耐久，采用预制装配法施工、建设周期短，与钢结构相比可节省钢材，造价较低，故在国内外工业建筑中应用十分广泛。但是其自重大，抗震性能不如钢结构工业建筑。图 5-3-1-3 所示为这种骨架结构几种常见的预制钢筋混凝土柱的形式。

3. 钢结构

钢结构工业建筑的主要承重构件全部采用钢材制作，如图 5-3-1-4 所示。这种骨架结构自重轻，抗震性能好，施工速度快，主要用于跨度巨大、空间高、起重荷载重、高温或振动荷载大的工业建筑。对于那些要求建设速度快，早投产、早受益的工业建筑也采用钢结构。但钢结构易锈蚀，保护维修费用高，耐久性能较差，防火性能差，使用时应采取必要的防护措施。

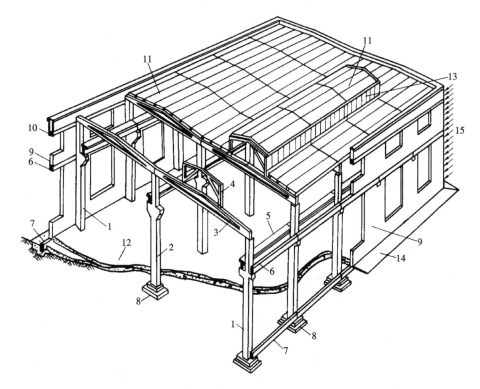

图 5-3-1-2　装配式钢筋混凝土骨架及主要构件

1—边列柱；2—中列柱；3—屋面大梁；4—天窗架；5—起重机梁；6—连系梁；7—基础梁；8—基础；
9—外墙；10—圈梁；11—屋面板；12—地面；13—天窗扇；14—散水；15—风荷载

3.1.2　其 他 结 构

单层工业建筑的承重结构除上述骨架结构外，还有其他形式结构。一类是上述骨架结构中，屋顶部分并非采用屋架及连系构件系统，而是改用轻型屋盖，如

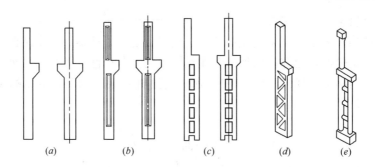

图 5-3-1-3　几种常见预制钢筋混凝土柱

(a) 矩形柱；(b) 工字型柱；(c)、(d) 双肢柱；(e) 管柱

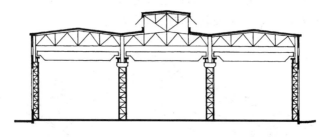

图 5-3-1-4　钢结构工业建筑

Ｖ型折板结构、单面或双面曲壳结构，或者网架结构，如图 5-3-1-5 所示。这类结构均属空间结构，其共同特点是受力合理，能充分地发挥材料的力学性能，空间刚度大，抗震性能较强。缺陷在于施工复杂，大跨及连跨工业建筑使用时受限制较大。

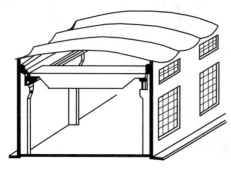

图 5-3-1-5　薄壳式屋顶结构

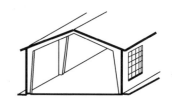

图 5-3-1-6　门式刚架结构

另一类是如门式刚架（图 5-3-1-6）、Ｔ形板等特殊结构。门式刚架（简称门架），是一种梁柱合一的结构形式，可用钢筋混凝土制作，也可用钢结构制作；而Ｔ形板用作竖向承重构件时相当于墙柱结合的构件。这一类结构的共同特点是构件类型少，节省材料。

3.1.3　骨架结构的构件组成与作用

1. 承重结构

骨架结构工业建筑主要由横向排架、纵向连系构件和支撑系统组成。

（1）横向排架由基础、柱子、屋架（或屋面大梁）组成，用以承受厂房的各种荷载。

（2）纵向连系构件包括基础梁、连系梁、起重机梁、大型屋面板（或檩条）等。它们与横向排架构成整个骨架，保证工业建筑的整体性与稳定性；纵向构件还要承受作用于山墙上的风荷载及起重机纵向制动力，并将其传给柱子。

（3）为了保证工业建筑骨架的整体刚度，还需在工业建筑屋架之间和柱间设置支撑系统，分别称为屋盖支撑、柱间支撑和系杆。

组成骨架的柱子、屋架、柱基础和起重机梁是工业建筑的主要承重构件，关系到厂房的坚固与安全，设计时必须给予足够的重视。

2. 围护结构

单层工业建筑的外围结构主要包括外墙、屋顶、门窗及天窗，是单层工业建筑的外壳，只起围护作用，对于维持工业建筑室内良好的物理环境起着重要的保障作用。

3.2　单层工业建筑总平面设计

1. 工厂总平面布置的原则

工厂总平面布置是在选厂报告经上级主管部门审查批准后，正式开展工厂设计的基础上进行的。根据计划任务书所确定的工厂建设规模，合理地布置厂区内的各种建筑物、构筑物、堆场和道路，并使建筑群体获得必要的艺术效果，创造一个良好的、舒适的劳动和工作环境。

（1）合理进行功能分区

根据工厂生产特点和建筑物的使用功能要求，对厂区内各种建筑物和构筑物进行分区布置。例如，将厂区分成生产区、动力设施与仓库区、公共活动中心区等。布置时应尽量做到布局紧凑、合理。辅助厂房和生活福利设施房屋的安排应有利于生产、方便生活。

（2）满足生产工艺要求

生产工艺流程是进行总平面布置的主要依据。要根据工艺流程的要求和特点，合理安排各种建筑物和构筑物的位置，以满足它们之间的联系和要求。

（3）正确选择厂内外运输方式，合理组织好人流和货流

人流是指职工上下班行走的路线。货流则是指物料以原料形式运进工厂至以成品形式运出厂在厂内运行的路线。在总平面布置中确定各个车间相对位置

时，应使货流和人流路线短捷，避免或尽量减少人流与货流交叉，以确保道路通畅和安全。合理组织人流、货流路线的关键在于正确选择人流和货流入口的位置。

一般工厂的主要出入口都布置在厂前区，面向工人居住区或城市的主要干道，也是人流路线的主要出入口，这样布置可使工人上下班的路线短而方便。职工人数多的车间应靠近工厂的主要出入口。

货流入口大多布置在厂后邻近仓库区，可使物料入厂、成品出厂方便，以避免人流与货流形成交叉。

（4）合理布置建筑物的方位与间距

在布置各种建筑物的相对位置时，必须考虑建厂地区的主导风向。应将生产区布置在生活区的下风向。主厂房的方位需根据厂房形式、地区、日照和城镇的总体规划确定，要保证主厂房有良好的自然通风和自然采光。

（5）适当考虑工厂发展与扩建要求

在进行工厂总平面布置时，应当综合考虑远近期的发展规划要求，本着节约用地的原则，为以后工厂的发展扩建合理地预留用地。

（6）满足卫生、安全、消防等要求

在工厂总平面布置中，应注意遵守国家有关建筑物的防火规范和满足安全、卫生等要求。

2. 工厂总平面布置的内容和要求

工厂的总平面布置就是根据工厂的生产特点、建设规模，结合建厂地区的条件，经济合理地对厂内各种建筑物和构筑物进行平面与竖向布置，安排交通运输线路和各种工程管网，进行厂区绿化和美化，从而为工厂创造良好的生产管理条件，为员工创造良好的工作环境。

（1）工厂总平面布置的内容如下：

1）生产建筑：为主要的生产车间。

2）动力建筑：包括供应动力和照明用电的变电所和供应蒸汽和热水的锅炉房。

3）辅助建筑：指为生产车间服务的部门，如机修间、电修间、空压机站等。

4）仓储及运输设施：包括原料、辅料、机物料、成品、燃料和其他材料仓库或露天堆场以及运输设施。

5）行政福利建筑：如厂部办公楼、餐厅、托儿所、医务室、传达室和俱乐部等。

（2）总平面布置的要求

不同地区的工厂都有自己的特点和风貌，但是它们的总平面布置又都是根据工业企业的生产和管理要求以及用地特征进行设计的。各个组成部分的布局一般需要满足生产功能要求、安全防火和卫生要求、发展要求：

1) 符合本地总体规划要求；

2) 符合生产功能要求；

厂区按行政、生产、辅助和生活等划分区域布局。行政、生活区应位于厂前区，并处于夏季最小频率风向的下风侧。厂区进出口及主要道路应贯彻人流与货流分开的原则。选用整体性好，发尘少的材料。行政、生产和辅助区的总体布局应合理、不得相互妨碍，根据这个规定，结合厂区的地形、地质、气象、卫生、安全防火、施工等要求，进行厂区总平面布置。

为了保证生产的顺利进行，厂房布置必须满足生产的连续性和顺序性要求。生产工艺路线的组织，不仅要有利于工人操作，减少制品的迂回周转，提高生产效率和降低生产成本，还应为节约用地、便于生产管理创造良好的条件。

厂区中心布置主要生产区，而将辅助车间布置在它的附近。生产性质相类似或工艺流程相联系的车间要靠近或集中布置。

运输量大的车间、仓库、堆场等布置在货运出入口及主干道附近，避免人、货流交叉。

3) 符合安全防火和卫生要求；

生产厂房的耐火等级和厂房之间防火间距，必须符合建筑设计防火规范的要求。厂区应设消防通道，洁净厂房宜设置环形消防车道。如有困难可沿厂房的两个长边设置消防车道。

洁净厂房应布置在厂区内环境清洁、人物流交叉又少的地方。并位于最大频率风向的上风侧，距市政主干道不宜小于 50m。

动力设施应接近负荷量大的车间，三废处理、锅炉房等严重污染的区域应置于厂区的最大频率风向的下风侧。变电所的位置应考虑电力线引入厂区的便利。

布置各种建筑物的相对方位时，还应考虑建厂地区全年（或夏季）的主导风向，建厂地区的主导风向可从当地气象部门编制的风玫瑰图中查得。生产区一般应布置在生活区的下风向。

厂区布置必须注意保护环境和搞好厂区的绿化与美化，厂区绿化设计面积一般不应低于厂区总面积的 10%。

4) 符合发展要求；

对工厂的远期发展规模，一般在计划任务书中已有规划；但是还要预计到工厂投产后，随着工艺技术的革新与进步，生产品种与产量的进一步扩大，往往要求工厂进行扩建。因此，新建厂在总平面布置中应适当考虑和安排预留用地。规划工厂的远期发展规模，还需考虑最初投资额与工厂积累的合理平衡。

（3）工业园区的功能分区

1) 生产加工区

工业园区得以生存和运转的动力，规划中应在位置、规模、对外联系、环境等方面满足企业生产、运输的需要（图 5-3-2-1），其开发指标按照《工业项目建设用地控制指标》（国土资发［2008］24 号）规定执行。

　　工业用地应按照不同门类、项目需要进行地块的划分，一般分"生产单元—标准生产单元"两个层次。首先，根据各企业的交通需求和厂区的环境容量要求，一般将用地大约以 300m×500m 的标准划分成 15ha 左右大小的生产单元（图 5-3-2-2）。其次，根据标准厂房的建设需要和相关生产要求，对生产单元再进行进一步细分，一般可划分成 50m×100m、100m×100m、100m×150m 的标准生产单元（图 5-3-2-3）。

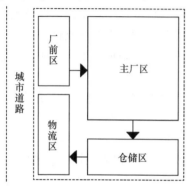

图 5-3-2-1　生产加工区功能流线图

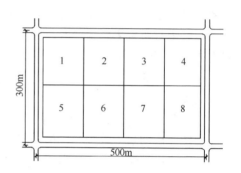

图 5-3-2-2　生产单元划分示意
1～8—生产单元

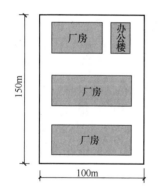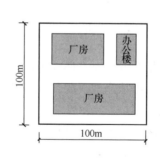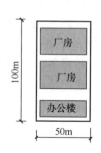

图 5-3-2-3　工业园区标准生产单元划分示意

　　2）综合管理区

　　现代工业园的重要组成部分，产业园区的智慧集中区，一般设有管理办公大楼、科技中心、信息中心、展览中心、培训中心、产业孵化中心等办公楼（图 5-3-2-4）。

　　3）生活服务区

　　主要包括居住、商业服务、休闲娱乐等功能，一般处于园区的附属位置，其区位选择应尽量避免受工业的污染，且自身应集中布置，以便于生活及配套设施的组织（图 5-3-2-5）。

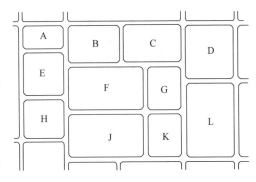

图 5-3-2-4 工业园区综合管理区规划示意
B、C—管理办公大楼；F—科技中心；G—广场绿地；K—信息管理中心；J—企业孵化中心；D、L—展览中心；A、E、H—职工培训中心

现代工业园区规划布局结构模式按照产业特征、地形地貌、园区规模及企业需求等，各功能组成的布局结构也相应不同，主要有平行式、环状式、组团式和混合式四种布局结构模式（图 5-3-2-6）。

A. 平行式：

企业群与公共中心沿一条城市道路一字形串联式布置，即研发生产与居住生活平行布置，形成平行发展的态势。使管理、居住等配套服务区与工业生产区长边相接，既能保持密切联系，又互不干扰。此模式适用于规划区域呈带状，且发展规模不大的工业区。

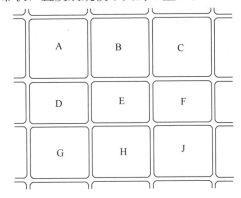

图 5-3-2-5 工业园区生活服务区规划示意
A、B—高档住宅区；E—公园绿地；F—住区服务中心；G、H——般住宅区；C、J—单身宿舍；D—教育用地

B. 环状式：

企业从一个公共中心向四周作环状辐射式展开，路网作环状式布置形成辐合和辐散的布局秩序。利于工业拓展，但当生产区发展到一定程度超出公共中心的服务半径时，生产区的发展将会受到限制。此模式适用于分区明确、重点突出、位于城市边缘、规模较小的工业园区。

C. 组团式：

企业围绕一个公共中心以组团的方式集聚，每个组团都是一个相对独立的片区，它是环状式结构模式的一种衍生模式。此模式可实现分期建设，滚动开发，共享公共设施，节约投入费用；各组团也能相对独立运作，灵活经营，实现企业内部之间、组团之间的协作。

D. 混合式：

将多种结构模式相结合，根据具体地形和区域条件，将科研生产、居住生活有机地结合在一起。此模式通常是设定一轴或多轴，且围绕轴线相隔一定的距离布置多个工业组团，每个组团都较为独立完整，是工业园区较为理想的一种规划结构。

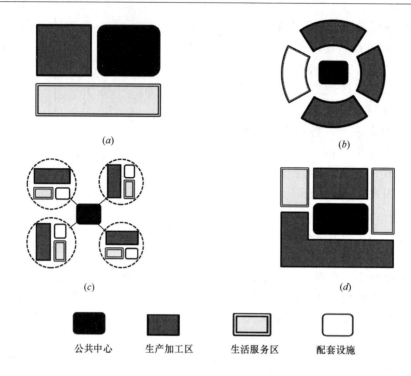

图 5-3-2-6 工业园区规划布局结构模式图

(*a*) 平行式；(*b*) 环状式；(*c*) 组团式；(*d*) 混合式

3.3 单层工业建筑平面设计

3.3.1 平面设计与生产工艺的关系

生产工艺是工业建筑设计的依据。民用建筑的平面设计及空间组合设计，主要是根据建筑物使用功能的要求进行的。而单层工业建筑平面及空间组合设计，则是在工艺设计及工艺布置的基础上进行的。因此，生产工艺是工业建筑设计的重要依据之一。

一个完整的工艺平面图，主要包括下面五个内容：①根据生产的规模、性质、产品规格等确定的生产工艺流程；②选择和布置生产设备和起重运输设备；③划分车间内部各生产工段及其所占有的面积；④初步拟定工业建筑的跨间数、跨度和长度；⑤提出生产对建筑设计的要求，如采光、通风、防振、防尘、防辐射等。图 5-3-3-1 是某机械加工车间生产工艺平面图。

1. 生产工艺流程与平面形式

生产工艺流程的形式有直线式、直线往复式和垂直式三种。各种流程类型的工艺特点及与之相适应的工业建筑平面形式如下（图 5-3-3-2）：

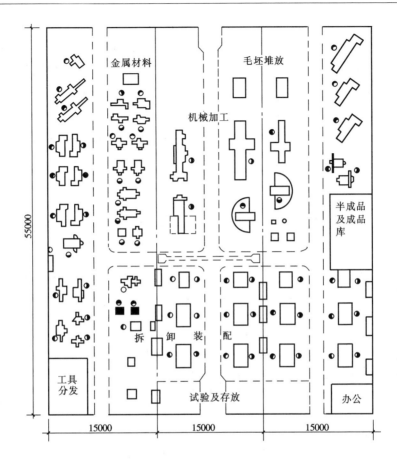

图 5-3-3-1　生产工艺平面

（1）直线式

即原料由工业建筑一端进入，而成品或半成品由另一端运出（图 5-3-3-2a），其特点是工业建筑内部各工段间联系紧密，唯运输线路和工程管线较长。相适应的工业建筑平面形式是矩形平面，可以是单跨，亦可是多跨平行布置。如果是单跨或两跨平行矩形平面，采光通风较易解决，但当工业建筑长宽比过大时，外墙面积过大，对保温隔热不利。这种平面简单规整，适合对保温要求不高或生产工艺流程无法改变的工业建筑，如线材轧钢车间。

（2）往复式

原料从工业建筑一端进入，产品则由同一端运出（图 5-3-3-2b、c、d）。其特点是工段联系紧密，运输线路和工程管线短捷，形状规整，占地面积小，外墙面积较小，对节约材料和保温隔热有利。结构构造简单，造价低。相适应的平面形式是多跨并列的矩形平面，甚至方形平面，如图 5-3-3-3 所示。适合于多种生产性质的工业建筑。存在的技术问题是采光通风及屋面排水较复杂。

（3）垂直式

指原材料从工业建筑一端进入，加工后成品则从横跨的装配一端运出（图5-3-3-2f），特点是工艺流程紧凑，运输和工程管线较短，相适应的平面形式是 L 形平面，即出现垂直跨。但纵横跨相接处，结构和构造复杂，经济性较差。

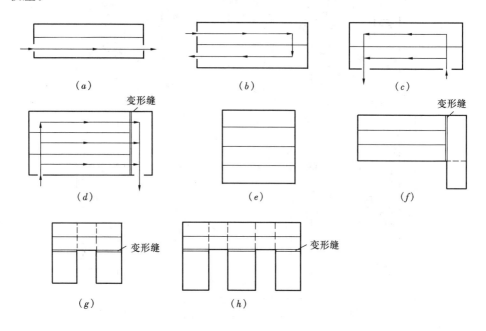

图 5-3-3-2　单层工业建筑平面形式

2. 生产状况与工业建筑平面形式

生产状况也影响着工业建筑的平面形式，如热加工车间对工业建筑平面形式的限制最大。热车间（如机械厂的铸钢、铸铁、锻造车间，钢铁厂的轧钢车间等）在生产过程中散发出大量的余热和烟尘。在平面设计中应创造具有良好的自然通风条件。因此，这类工业建筑平面不宜太宽。

为了满足生产工艺的要求，有时要将工业建筑平面设计成 L 形（图 5-3-3-2f）、U 形（图 5-3-3-2g）和 E 形（图 5-3-3-2h）。这些平面的特点：有良好的通风、采光、排气、散热和除尘功能，适用于中型以上的热加工工业建筑，如轧钢、铸工、锻造等，以便于排除产生的热量、烟尘和有害气体。在平面布置时，要将纵横跨之间的开口迎向夏季主导风向或与主导风向呈 0°～45°夹角，以改善通风效果和工作条件。

图 5-3-3-3 是几种平面形式经济比较，可以看出，在面积相同情况下，矩形、L 形平面外围护结构的周长比方形平面长约 25%。

图 5-3-3-3　平面形式比较

3.3.2　平面设计与起重运输设备的关系

在生产中为运送原材料、半成品或成品，检修安装设备，厂房内需设置必要的起重运输设备。其中各种起重机对厂房设计影响最大，必须有所了解。常用起重机有以下几种。

1. 单轨悬挂式起重机

在厂房的屋架下弦悬挂单轨，起重机装在单轨上，按单轨线路运行或起吊重物。轨道转弯半径不小于2.5m，起重量不大于5t。它操纵方便，布置灵活，但起重幅宽不大（图 5-3-3-4）。

2. 梁式起重机

一种是悬挂式起重机（图 5-3-3-5a），在屋架下弦悬挂双轨，在双轨下部安装起重机。一种是支承梁式起重机（图 5-3-3-5b），在两列柱的牛腿上设起重机梁和轨道，起重机装于轨道上。两种起重机的横梁均可沿轨道纵向运行，梁上电葫芦可横向运行和起吊重物，起重量不超过5t，起重幅面较大。

图 5-3-3-4　单轨悬挂式
起重机

3. 桥式起重机

起重机的桥架支承在起重机梁的钢轨上，沿厂房纵向运行。起重小车安装在桥架上面的轨道上横向运行。起重量为5～400t，甚至更大。司机室设在桥架一端的下方。起重量及起重幅面均较大（图 5-3-3-6）。

根据工作班时间内的工作时间，桥式起重机的工作制分重级工作制（工作时间＞40%），中级工作制（工作时间＞25%～40%），轻级工作制（工作时间＞15%～25%）三种情况。

设有起重机时，应注意厂房跨度起重机跨度的关系，使厂房的宽度和高度满足起重机运行的需要，并应在柱间适当位置设置通向起重机司机室的钢梯及平台。当起重机为重级工作制或其他需要时，尚应沿起重机梁侧设置安全走道板，以保证检修和人员行走的安全。

除上述几种起重机形式外，厂房内部根据生产特点的不同，还有各式各样的

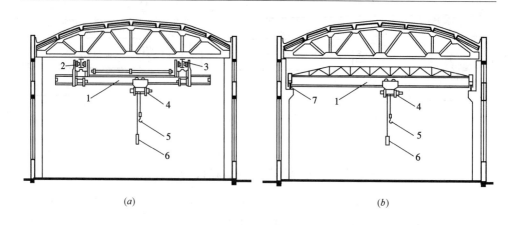

(a) (b)

图 5-3-3-5　梁式起重机

（a）悬挂梁式起重机；（b）支承在梁上的梁式起重机

1—钢梁；2—运行装置；3—轨道；4—提升装置；5—吊钩；6—操纵开关；7—起重机梁

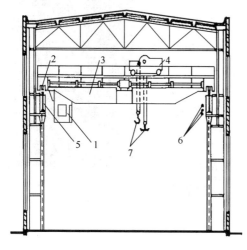

图 5-3-3-6　桥式起重机

1—起重机司机室；2—起重机轮；3—桥架；4—起重
小车；5—起重机梁；6—电线；7—吊钩

运输设备，例如：吊链、锟道、传送带等，此外还有气垫等较新的运输工具，这些就不一一详述了。

3.3.3 柱 网 选 择

柱子在工业建筑平面上排列所形成的网格称为柱网。如图 5-3-3-7 所示，柱子纵向定位轴线之间的距离称为跨度，横向定位轴线之间的距离称作柱距。柱网尺寸是由跨度和柱距确定的，柱网的选择实际上就是选择工业建筑的跨度和柱距。

工艺设计人员在设计中，根据工艺流程和设备布置状况，对跨度和柱距提出初始的要求，建筑设计人员在此基础上，依照建筑及结构的设计标准，最终确定工业建筑的跨度和柱距。柱网确定的原则是：

1. 满足生产工艺要求

跨度和柱距要满足设备的大小和布置方式、材料和加工件的运输、生产操作和维修等生产工艺所需的空间要求。

2. 平面利用和结构方案经济合理

跨度和柱距的选择要使平面的利用和结构方案达到经济合理。工业建筑由于

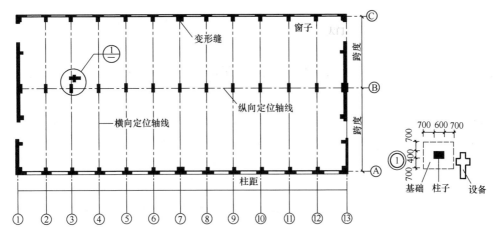

图 5-3-3-7　柱网布置示意

工艺的要求，常将个别大型设备越跨布置，采用
抽柱方案，上部用托架梁承托屋架（图 5-3-3-
8）。根据生产工艺实际情况，适当调整跨度和柱
距，达到结构统一，充分利用面积，达到较好的
经济效益。

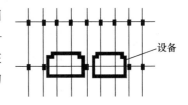

图 5-3-3-8　跨越布置设备示意

3. 符合《厂房建筑模数协调标准》GB/T
50006—2010 的要求

满足《厂房建筑模数协调标准》GB/T 50006—2010 的要求。该标准规定，
对于钢筋混凝土结构厂房和轻型钢结构厂房，当工业建筑跨度<18m 时，应采
用扩大模数 30M 的尺寸系列，即跨度可取 9m、12m、15m。当跨度尺寸≥18m
时，按 60M 模数增长，即跨度可取 18m、24m、30m、36m、42m、48m 等。对
于普通钢结构厂房，当工业建筑跨度<30m 时，应采用扩大模数 30M 的尺寸系
列，当跨度尺寸≥30m 时，按 60M 模数增长。钢筋混凝土结构厂房柱距采用
60M 数列，即 6m、12m、18m，普通钢结构厂房和轻型钢结构厂房柱距按 15M
模数增长，即 6m、7.5m、9m、12m 等。

4. 扩大柱网及其优越性

现代工业生产的生产工艺、生产设备和运输设备在不断更新变化，且其周期
越来越短。为适应这种变化，工业建筑应具有相应的灵活性与通用性，在设计中
还应考虑可持续性使用，扩大柱网是途径之一。将柱距由 6m 扩大至 12m、18m
乃至 24m，如采用柱网（跨度×柱距）为 12m×12m、15m×12m、18m×12m、
24m×12m、18m×18m、24m×24m 等。采用钢结构工业建筑，大柱网更易于
实现。

有研究成果证明：扩大柱网的主要优点是：①可以有效提高工业建筑面积的
利用率；②有利于大型设备的布置及产品的运输；③能提高工业建筑的通用性，

适应生产工艺的变更及生产设备的更新；④有利于提高起重机的服务范围；⑤能减少建筑结构构件的数量，并能加快建设速度。

3.3.4　厂区行政管理用房及生活间的设置

厂区行政管理用房及生活间是工业建筑的重要组成部分之一，由于现代工业生产的生产工艺、生产设备和运输设备在不断更新变化，机械化程度愈来愈高，生产环境越来越得到改善，故行政管理用房及生活间多数采用相对厂房独立设置或在厂房外周设置附属跨，其具体设计与一般民用建筑相同，不再赘述。

3.4　单层工业建筑剖面设计

3.4.1　厂房高度的确定

1. 生产工艺对工业建筑剖面设计的影响

单层工业建筑剖面设计是在平面设计的基础上进行的，剖面设计着重解决建筑在垂直空间方面如何满足生产的各项要求。

生产工艺对工业建筑剖面设计影响很大，生产设备的体形大小，工艺流程的特点，生产状况，加工件的体量与重量，起重运输设备的类型和起重量等都直接影响工业建筑的剖面形式。

2. 单层工业建筑的高度

单层工业建筑的高度是指由室内地坪到屋顶承重结构最低点的距离，通常以柱顶标高来代表工业建筑的高度。但当特殊情况下屋顶承重结构为下沉式时，工业建筑的高度必须是由地坪面至屋顶承重结构的最低点。

（1）柱顶标高的确定

1）无起重机工业建筑

在无起重机工业建筑中，柱顶标高是按最大生产设备高度及安装检修所需的净空高度来确定的，且应符合《工业企业设计卫生标准》GBZ1—2010 要求，同时柱顶标高还必须符合扩大模数 3M（300mm）数列规定。无起重机工业建筑柱顶标高一般不得低于 3.9m。

2）有起重机工业建筑（图 5-3-4-1a，b）

其柱顶标高可按下式来计算：

$$H = H_1 + h_6 + h_7 \qquad (\text{式 } 5\text{-}3\text{-}4\text{-}1)$$

式中　H——柱顶标高（m），必须符合 3M 的模数；

　　　H_1——起重机轨道顶面标高（m），一般由工艺设计人员提出；

　　　h_6——起重机轨顶至小车顶面的高度（m），根据起重机资料查出；

h_7——小车顶面到屋架下弦底面之间的安全净空尺寸（mm）。此间隙尺寸，按国家标准及根据起重机起重量可取 300mm、400mm 及 500mm。

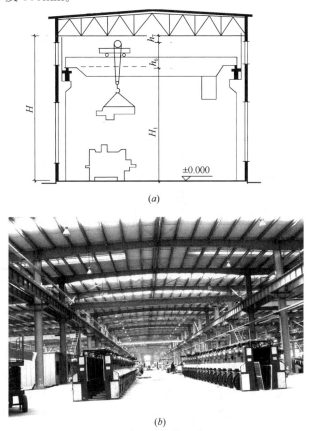

(a)

(b)

图 5-3-4-1　工业建筑高度

（a）工业建筑高度的确定；（b）工业建筑剖面实景

H_1 为柱牛腿标高（应符合扩大模数 3M 数列，如牛腿标高大于 7.2m 时，应符合扩大模数 6M 数列）与起重机梁高、起重机轨高及垫层厚度之和。

由于起重机梁的高度、起重机轨道及其固定方案的不同，计算得出的轨顶标高（H_1）可能与工艺设计人员所提出的轨顶标高有差异。最后轨顶标高应等于或大于工艺设计人员提出的轨顶标高。H_1 值重新确定后，再进行 H 值的计算。

为了简化结构、构造和施工，当相邻两跨间的高差不大时，可采用等高跨，虽然增加了用料，但总体还是经济的。基于这种考虑，我国《工业建筑统一化基本规则》规定：在多跨工业建筑中，当高差值等于或小于 1.2m 时不设高差；在不采暖的多跨工业建筑中，高跨一侧仅有一个低跨，且高差值等于或小于 1.8m 时，也不设置高差。另外，有关建筑抗震的技术文件还建议，当有地震设防要求时，上述高差小于 2.4m，宜做等高跨处理。

（2）室内地坪标高的确定

单层厂房室内地坪的标高，由厂区总平面设计而确定，其相对标高定为 ±0.000。

一般单层厂房室内外需设置一定的高差，以防止雨水浸入室内，同时为便于汽车等运输工具通行，室内外高差宜小，一般取 100～150mm。应在大门处设置坡道，其坡度不宜过大。

当厂房内地坪有两个以上不同的地坪面时，主要地坪面的标高为 ±0.000（图 5-3-4-2）。

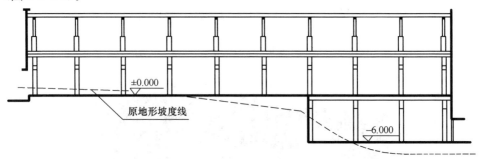

图 5-3-4-2   厂房的室内外地坪标高

3.4.2 空间的利用

厂房的高度直接影响厂房的造价，在确定厂房高度时，应在不影响生产使用的前提下，充分发掘空间的潜力，节约建筑空间，降低建筑造价。当厂房内有个别高大设备或需高空间操作的工艺环节时，为了避免提高整个厂房的高度，可采取降低局部地面标高的方法。如某厂房变压器修理工段（图 5-3-4-3），修理大型变压器芯子时，需将芯子从变压器外壳中抽出，经设计与工艺人员共同研究，将变压器直接放在 ±0.000 标高上操作改为在 3m 深的地坑内抽芯操作。这样，轨顶标高由 11.4m 降低到 8.4m。从而降低了整个厂房的高度，既满足了修理操作的要求，又经济合理。有时，也可利用两榀屋架间的空间来布置个别特殊高大的设备。如某铸铁车间，砂处理工段的混砂设备高 11.8m，由正对屋架布置移到两榀屋架间布置（图 5-3-4-4），使柱顶高度由 13.2m 降低到 10.5m。如果少数需要高空间的设备无法采用前述办法时，还可以局部提高个别设备处厂房的净空高度。此外，若能在确保生产和工人安全的情况下，利用车间内走道空间进行起重运输，则需跨越的设备高度可不计入柱顶高度之内。这样，使厂房高度降低，剖面空间得到充分利用。

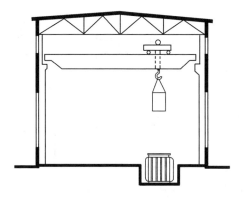

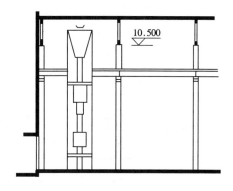

图 5-3-4-3　利用降低设备地坪降低工业　　　　图 5-3-4-4　利用屋顶空间布置设备降低
　　　　　　建筑高度　　　　　　　　　　　　　　　　　　工业建筑高度

3.4.3　屋顶特点与屋顶排水方式

常用的屋顶形式有两种：一种为多脊双坡屋顶长天沟排水（图 5-3-4-5、图 5-3-4-6）。特点是屋架受力合理，构件定型。但排水立管多，屋面易渗漏，施工较困难，造价偏高。

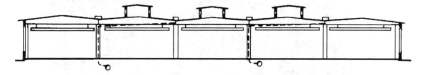

图 5-3-4-5　有组织内排水

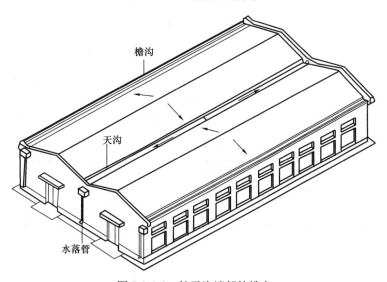

图 5-3-4-6　长天沟端部外排水

另外一种为缓长坡屋顶（图 5-3-4-7a，b），这种屋顶可避免多脊双坡屋顶的缺点，管网短，构造简单，可以减少维修和投资费用。采用压型钢板屋面时，坡度可减小到 5％，既可节约室内空间，又可提高屋面的耐久性，特别适合严禁漏水以防引起爆炸事故的车间（如冶炼车间）等。

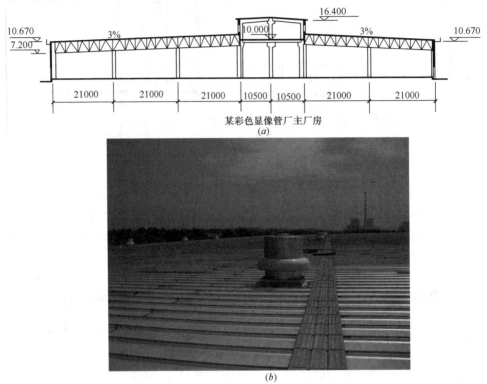

某彩色显像管厂主厂房

(a)

(b)

图 5-3-4-7   天沟
(a) 多跨工业建筑减少内天沟实例；(b) 多跨工业建筑减少内天沟实景

此外，从 20 世纪 60 年代起，美国、西欧以及苏联发展平屋顶工业建筑（图 5-3-4-8），主要用于机械厂，苏联还推广应用于轧钢厂。国内也有应用实例，如成都机电设备仓库等，利用平屋顶和缓长坡屋顶种植蔬菜和花草，丰富了蔬菜供应，美化了环境，净化了空气，同时是隔热的良好措施。

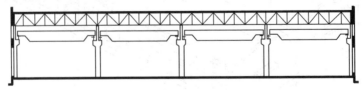

图 5-3-4-8   平屋顶工业建筑

3.5　单层工业建筑的定位轴线

单层工业建筑定位轴线是确定工业建筑主要承重构件的平面位置及其标志尺寸的基准线，同时也是工业建筑施工放线和设备安装定位的依据。确定工业建筑定位轴线必须执行《厂房建筑模数协调标准》GB/T 50006—2010 有关规定。

通常，把工业建筑长轴方向的定位轴线称为纵向定位轴线，相邻两条纵向定位轴线间的距离标志着工业建筑跨度。将短轴方向的定位轴线称为横向定位轴线，相邻两条横向定位轴线之间的距离标志着工业建筑柱距，如图 5-3-5-1 所示。

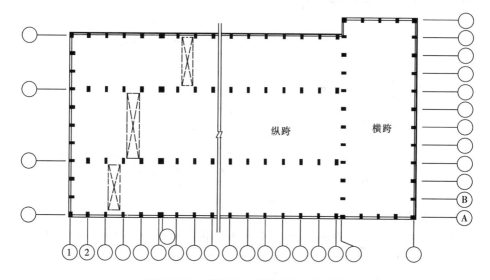

图 5-3-5-1　单层工业建筑定位轴线示意

1. 横向定位轴线

横向定位轴线标定了纵向构件的标志端部，如起重机梁、联系梁、基础梁、屋面板、墙板、纵向支撑等。确定横向定位轴线应主要考虑结构的合理性和构造的简单可行。

（1）柱与横向定位轴线的联系

中间柱的截面中心线与横向定位轴线重合，而且屋架中心线与横向定位轴线重合（图 5-3-5-2），工业建筑的纵向结构构件如屋面板、起重机梁、连系梁的标志长度皆以横向定位轴线为界。

（2）横向变形缝部位柱与横向定位轴线的联系

横向变形缝处一般采用双柱处理，为保证缝宽的要求，此处应设两条定位轴线，缝两侧柱截面中心均应自定位轴线向两侧内移600mm（图 5-3-5-3）。两条定位轴线之间的距离称做插入距，用 a_i 来表示。在这里，插入距 a_i 等于变形缝宽 a_e。

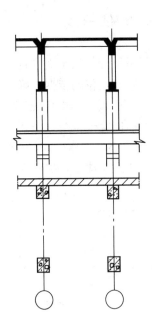

图 5-3-5-2　中柱与横向
定位轴线的联系

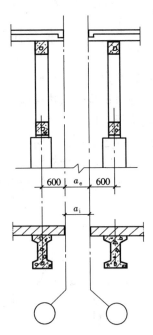

图 5-3-5-3　横向伸缩缝、防震缝
部位柱与横向定位轴线的联系

a_i—插入距；a_e—变形缝宽

（3）山墙与横向定位轴线的联系

单层工业建筑的山墙按受力情况分为非承重山墙和承重山墙，两种情况的横向定位轴线是不同的。

1）非承重山墙

当山墙为非承重山墙、普通钢结构采用大型屋面板时，钢筋混凝土结构和普通钢结构厂房山墙内缘与横向定位轴线重合，端部柱截面中心线应自横向定位轴线向内移 600mm（图 5-3-5-4），普通钢结构不采用大型屋面板时，内移尺寸可改为 3M。轻钢结构柱截面中心线内移尺寸符合 50mm 的整数倍。端柱之所以内移 600mm，这是由于山墙内侧设有抗风柱，抗风柱上柱需与屋架上弦连接的构造需要。轻钢结构厂房端部柱子中心线还可以与横向定位轴线重合。

2）承重山墙

当山墙为承重山墙时，承重山墙内缘与横向定位轴线的距离应按砌体块材的半块或半块的倍数，或者取墙体厚度的一半，如图 5-3-5-5 所示。以应保证足够的结构支承长度的要求。

2. 纵向定位轴线

纵向定位轴线标定横向构件屋架或屋面大梁标志尺寸的端部位置，也是大型屋面板边缘的位置。

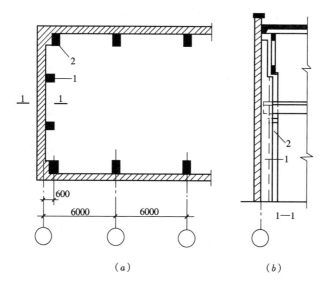

图 5-3-5-4 非承重山墙处端柱与横向定位轴线的联系

(a) 平面；(b) 剖面

1—抗风柱；2—端部柱

工业建筑纵向定位轴线的确定原则是结构合理、构件规格少、构造简单，在有起重机的情况下，还应保证起重机运行及检修的安全需要。

(1) 外墙、边柱与纵向定位轴线的关系

在有起重机的工业建筑中，起重机规格与工业建筑跨度的关系为：

$$L_k = L - 2e \qquad (式\ 5\text{-}3\text{-}5\text{-}1)$$

式中 L_k——起重机跨度，即起重机两轨道中心线之间的距离（m）；

L——工业建筑跨度（m）；

e——起重机轨道中心线至纵向定位轴线的距离（m），一般取 750mm，当起重机起重量大于 50t 或者为重级工作制需设安全走道板时，取 1000mm（图 5-3-5-6）。

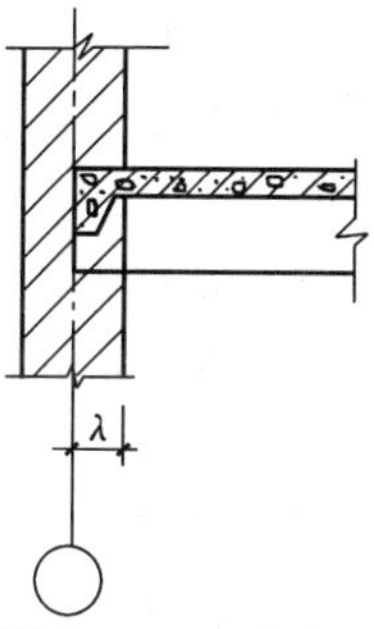

图 5-3-5-5 承重山墙横向定位轴线

λ—墙体块材的半块（长）、半块的倍数（长）或墙厚的一半

由图 5-3-5-6 可知：

$$e = h + C_b + B \qquad (式\ 5\text{-}3\text{-}5\text{-}2)$$

式中 h——上柱截面高度（mm），根据工业建筑高度、跨度、柱距及起重机起重量确定；

B——起重机桥架端部构造长度（mm），即起重机轨道中心线至起重机端部外缘的距离；

C_b——起重机端部外缘至上柱内缘的安全
净空尺寸（mm），当起重机起重量
$Q \leqslant 50t$ 时，$C_b \geqslant 80mm$；$Q \geqslant 75t$
时，$C_b \geqslant 100mm$。C_b 值主要考虑起
重机和柱子的安装误差以及起重机
运行中的安全空隙。

由于起重机起重量、工业建筑柱距、跨度不
同、是否有安全走道板等条件，边柱外缘与纵向
定位轴线的关系有两种情况：

1）封闭式结合

在无起重机或只有悬挂式起重机，以及柱距
为 6m，桥式起重机起重量 $Q \leqslant 20t/5t$ 条件下的
工业建筑中，一般采用封闭结合式定位轴线（图
5-3-5-7），即边柱外缘与纵向定位线相重合。

此时相应的参考数为：$B \leqslant 260mm$，$C_b \geqslant$
$80mm$，$h \leqslant 400mm$，$e = 750mm$，则：$e-(h+B)$
$\geqslant 90mm$，满足 $C_b \geqslant 80mm$ 的要求。

在封闭式结合中，屋面板全部采用标准板，
不需设补充构件，具有构造简单、施工方便等
优点。

2）非封闭式结合

在柱距为 6m、起重机起重量 $Q \geqslant 30t/5t$ 的
工业建筑中，边柱外缘与纵向定位轴线之间有一
定的距离，如图 5-3-5-8 所示。

当 $Q \geqslant 30t/5t$ 时，$B = 300mm$，$C_b = 80mm$；
起重机较重或柱距较大，故 $h = 400mm$；如不设
安全走道板 $e = 750mm$。则：$C_b = e-(h+B) =$
$50mm$，不能满足上述 $C_b \geqslant 80mm$ 的要求。

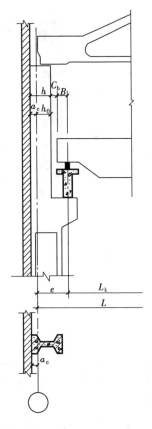

图 5-3-5-6　起重机与工业
建筑空间关系示意

h—上柱宽度；h_0—轴线至上柱内缘的距
离；C_b—上柱内缘至起重机桥架端部的
缝隙宽度（安全缝隙）；B—桥式端部构
造长度，其值随起重机起重量大小而异；
a_c—联系尺寸，即轴线至柱外缘的距离

由于 B 和 h 值均较 $Q \leqslant 20t/5t$ 时大，如继续采用封闭式结合，已不能满足
起重机运行所需安全空隙要求。解决问题的办法是将边柱外缘自定位轴线向外
移动一定距离，这个距离称为联系尺寸，用 a_c 来表示。为了减少构件类型，
a_c 值须取 300mm 或 300mm 的倍数。当外墙为砌体时，可为 50mm 或 50mm
的倍数。

在非封闭结合时，按常规布置标准屋面板只能铺至定位轴线处，与外墙内缘
出现了非封闭的构造间隙，需要非标准的补充构件板。非封闭式结合构造复杂，
施工较为麻烦。

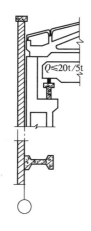

图 5-3-5-7 外墙、边柱与纵向
定位轴线的关系（封闭结合）

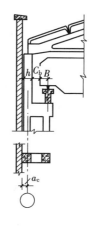

图 5-3-5-8 外墙、边柱与纵向
定位轴线的关系（非封闭结合）

（2）中柱与纵向定位轴线的关系

在多跨工业建筑中，中柱有等高跨和不等高跨（习惯称高低跨）两种情况。

1）等高跨中柱与纵向定位轴线

当工业建筑为等高跨时，中柱通常采用单柱，其柱截面中心与纵向定位轴线相重合（图 5-3-5-9a）。当相邻跨内需设插入距时，中柱可采用两条纵向定位轴线（图 5-3-5-9b）。

2）高低跨中柱与纵向定位轴线的关系

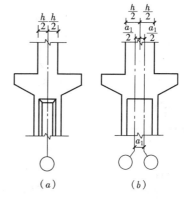

（a）   （b）

图 5-3-5-9 等高跨中柱与纵向定位轴线的联系
h—上柱高度

A. 设一条定位轴线

当高低跨处采用单柱时，如果高跨起重机起重量为 $Q \leqslant 20t/5t$，则高跨上柱外缘和封墙内缘与纵向定位轴线相重合（图 5-3-5-10a）。

B. 设两条定位轴线

当高跨起重机起重量较大，如 $Q \geqslant 30t/5t$，其上柱外缘与纵向定位轴线不能重合时，应采用两条定位轴线。高跨轴线与上柱外缘之间设联系尺寸 a_c，低跨定位轴线与高跨定位轴线之间的插入距离为插入距 a_i，为简化屋面构造，其定位轴线应自上柱外缘、封墙内缘通过，即插入距 a_i 等于联系尺寸 a_c（图 5-3-5-10b）。此时同一柱子的两条定位轴线分属高低跨。如封墙采用墙板结构时，可按图 5-3-5-10（c）、（d）处理。

（3）纵向变形缝处柱与纵向定位轴线的关系

当工业建筑宽度较大时，沿宽度方向须设置纵向变形缝，以解决横向变形的

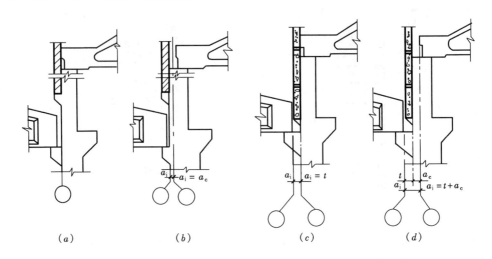

图 5-3-5-10   高低跨中柱与纵向定位轴线的联系

(a) 单轴线；(b) 双轴线；(c) 双轴线；(d) 双轴线

a_i—插入距；a_c—联系尺寸；t—封墙厚

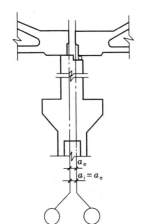

图 5-3-5-11   等高工业建筑
纵向变形缝处单柱与纵向
定位轴线的关系

问题。

等高工业建筑需设置纵向变形缝时，可采用单柱并设两条定位轴线。变形缝一侧的屋架或屋面梁搁置在活动支座上（图 5-3-5-9b、图 5-3-5-11）。此时，a_i = a_e。

不等高工业建筑设置纵向变形缝时，一般设置在高低跨处。当采用单柱处理时，低跨的屋架或屋面梁可搁置在设有活动支座的牛腿上，高低跨处应采用两条定位轴线，其间设插入距 a_i，此时插入距 a_i 在数值上与变形缝宽度 a_e、联系尺寸 a_c、封墙厚度 t 的关系如图 5-3-5-12 所示。

高低跨采用单柱处理，结构简单，吊装工程量少，但柱外形较复杂，制作不便，尤其是当两侧高差悬殊或起重机起重量差异较大时不宜采用，此时可结合变形缝采用双柱结构方案。

当变形缝处采用双柱时，应采用两条定位轴线，并设插入距。柱与定位轴线的关系可分别按各自的边柱处理（图 5-3-5-13）。此时，高低跨两侧的结构实际是各自独立、自成系统，仅是互相靠拢，以便下部空间相通，有利于组织生产。

3. 纵横跨相交处的定位轴线

工业建筑纵横跨相交时，常在相交处设变形缝，使纵横跨各自独立。纵横跨应有各自的柱列和定位轴线。然后再将相交体都组合在一起。对于纵跨，相交处

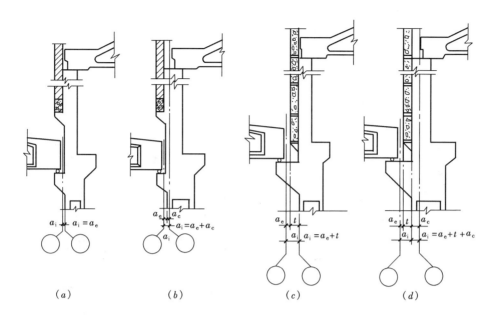

图 5-3-5-12　不等高工业建筑纵向变形缝处单柱与纵向定位轴线的关系

(a) 未设联系尺寸 D；(b) 设联系尺寸；(c) a＋封墙厚度；(d) b＋封墙厚度

a_i—插入距；a_c—联系尺寸；t—封墙厚；a_e—缝宽

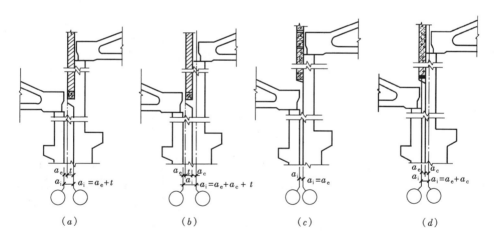

图 5-3-5-13　不等高工业建筑纵向变形缝处双柱与纵向定位轴线的关系

a_i—插入距；a_c—联系尺寸；t—封墙厚；a_e—缝宽

的处理相当于山墙处；对于横跨，相交处的处理相当于边柱和外墙处的处理。纵横跨相交处采用双柱单墙处理，相交处外墙不落地，成为悬墙，属于横跨。相交处两条定位轴线间插入距 $a_i＝a_e＋t$ 或 $a_i＝a_e＋t＋a_c$（图 5-3-5-14）。当封墙为砌体时，a_e 值为变形缝的宽度；封墙为墙板时，a_e 值取变形缝的宽度或吊装墙板所需净空尺寸的较大者。

有纵横相交跨的工业建筑，其定位轴线编号常是以跨数较多部分为准统一编排。

轻型钢结构工业建筑，纵向轴线标定具体做法参照《厂房建筑模数协调标准》GB/T 5006—2010 执行。

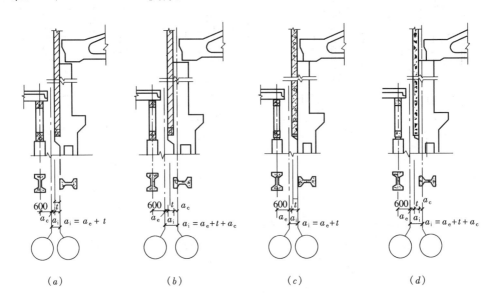

图 5-3-5-14　纵横跨相交处柱与定位轴线的联系

（a）未加联系尺寸；（b）加联系尺寸；（c）封墙为墙板；（d）封墙为墙板

a_i—插入距；a_c—联系尺寸；t—封墙厚；a_e—缝宽

3.6　单层厂房立面造型设计及内部空间处理

单层工业厂房的体形和空间组合设计受到气候条件、基地环境、生产工艺、建筑结构以及内部环境要求等因素的制约。厂房的生产工艺和体形是建筑立面设计和室内设计的前提条件。厂房的外部形象和内部空间处理、色彩运用，会对人的心理产生影响。在厂房的外部形式和室内设计中，要根据生产工艺、技术、经济条件，运用建筑艺术构图规律和处理手法，创造内容与形式统一、舒适宜人的生产环境，并反映企业的文化和企业形象。

3.6.1　立　面　设　计

厂房立面设计是以厂房体形组合为前提的。不同的生产工艺流程有着不同的平面布置和剖面处理，厂房体形也不同，如轧钢、造纸等工业，由于其生产工艺流程是直线的，多采用单跨或单跨并列体形（图 5-3-6-1）。一般中小型机械工业多采用垂直式生产流程，厂房的体形多为方形或长方形的多跨组合，内部空间连通，厂房高差一般悬殊不大。但重型机械厂的金工车间，由于各跨加工的部件和所采用的设备大小相差很大，厂房体形起伏较多（图 5-3-6-2）；铸工车间往往各跨的高宽均有不同，又有冲出屋面的化铁炉，露天跨的起重机栈桥，烘炉及烟囱等，体形组合较为复杂（图 5-3-6-3）。

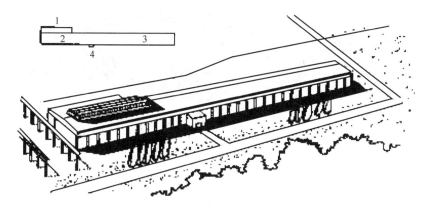

图 5-3-6-1　某钢厂轧钢车间
1—加热炉；2—热轧；3—冷轧；4—操纵室

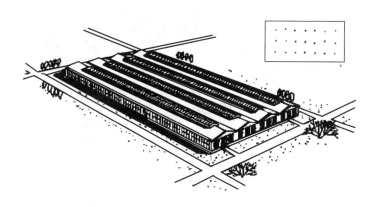

图 5-3-6-2　某机械厂金工车间

由于生产的机械化和自动化程度的提高及为了节约用地和投资，国外常采用方形或长方形大型联合厂房（图 5-3-6-4）。贮存散碎材料的贮藏建筑多采用适于自动运输的各种拱形或三角形剖面的通长体形（图 5-3-6-5）。

结构形式对厂房体形也有着直接影响。同样的生产工艺，可以采用不同的结构方案。因而厂房结构形式，特别是屋顶承重结构形式在很大程度上决定着厂房的体形。如某些厂房中的锯齿形屋顶、拱形和各种壳体结构屋顶及平屋顶等（图5-3-6-6）。

不同的环境和气候条件对厂房的体形组合也有一定的影响。例如寒冷地区，

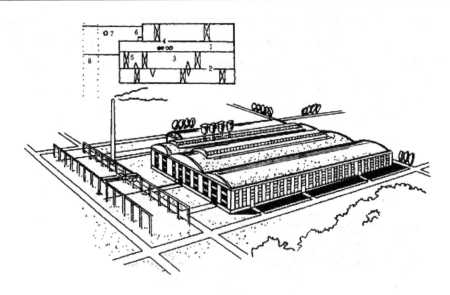

图 5-3-6-3 上海某铸造厂铸工车间

1—沙型处理；2—造型及型芯；3—浇注合箱；4—熔化；

5—清理；6—烘炉；7—烟囱；8—栈桥

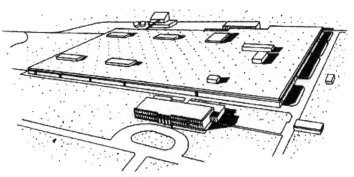

图 5-3-6-4 美国密苏里州克来斯勒汽车联合装配厂

图 5-3-6-5 某石油厂油母页岩仓库

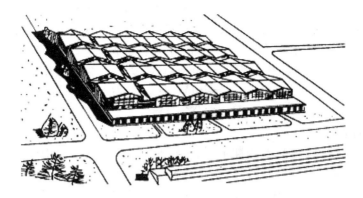

图 5-3-6-6　某拖拉机厂第二金工车间

由于防寒的要求，窗面积较小，厂房的体形一般显得稳重、集中、浑厚；而炎热地区，由于通风散热要求，窗数量较多、面积较大，厂房体形多形成开敞、狭长布局（图 5-3-6-7）。

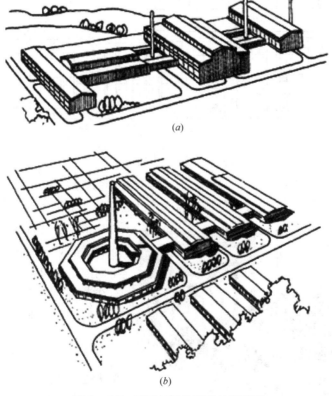

(a)

(b)

图 5-3-6-7　不同气候条件下的陶瓷厂
(a) 建于北方的陶瓷厂；(b) 建于南方的陶瓷厂

进行厂区总体布置时,在工艺流程允许的条件下,要把体形的最好视景安排在人们经常活动或驻足观看的方位,这是厂区空间处理的重要措施之一。

厂房立面设计是在已有的体形基础上利用柱子勒脚、门窗、墙面、线脚、雨篷等部件,结合建筑构图规律进行有机地组合与划分,使立面简洁大方、比例恰当,达到完整匀称、节奏自然、色调质感协调统一的效果。在实践中,立面设计常采用垂直划分、水平划分和混合划分等手法。

1. 垂直划分

根据外墙结构特点,利用柱子、壁柱、竖向组合的侧窗等构件所构成的竖向线条,有规律地重复分布,使立面具有垂直方向感,形成垂直划分(图 5-3-6-8)。这种组合大多以柱距为重复单元。单层厂房的纵向外墙,多为扁平的条形,采用垂直划分可以改变墙面的扁平比例,使厂房显得庄重、雄伟、挺拔。

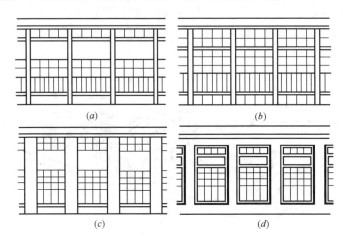

图 5-3-6-8   垂直划分示意

如图 5-3-6-9 所示,为北京第三构件厂某车间粉煤灰墙板立面。为了车间采光通风,在起重机梁上下设高低侧窗与凸出外墙面的柱子作竖向组合,在起重机梁处留有实墙面,与窗洞形成明显的虚实对比,垂直的柱子与水平向的条窗和墙板,形成了以垂直线条为主,又有水平联系的构图,使厂房立面处理既完整统一,又有变化,取得较好的整体效果。如图 5-3-6-10 所示为某重型机械厂装配车间。高大而扁平的立面用挺拔的竖向窗间墙垂直排列,分隔出竖长的窗洞,明亮

图 5-3-6-9   北京第三构件厂某车间

的玻璃窗与高大窗间墙形成明显的对比，立面两端用一定宽度的实墙面作收束，表现出主体厂房的雄伟面貌，产生稳重、浑厚的效果。图 5-3-6-11 为某汽车制造厂某车间。其立面采用长墙短分的手法，以重点处理的窗洞把垂直排列的侧窗成组分隔，既节奏分明，又打破了单调感，取得较好的效果。

图 5-3-6-10　某重型机械厂装配车间

在采用大型墙板时，为取得垂直划分的效果，可采取图 5-3-6-10 和图 5-3-6-11 所示的处理。如图 5-3-6-12 所示，是水平布置的大型墙板和高大通顶的竖向条形玻璃窗相结合，取得了既稳重、又挺拔的和谐效果，立面显得雄伟大方。如图 5-3-6-13 所示，是垂直布置的墙板与竖向条窗有节奏地重复，形成强烈的韵律感，墙体下部又

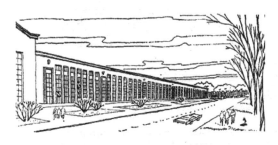

图 5-3-6-11　某汽车制造厂某车间

有大面积的带形窗，使厂房立面取得了以垂直线条为主又有水平联系的雄伟、挺拔和稳重的效果。

2. 水平划分

水平划分通常的处理手法是在水平方向设整排的带形窗，用通长的窗眉线或窗台线，将窗连成水平条带；或利用檐口、勒脚等水平构件，组成水平条带；大型墙板厂房，常以与墙板相同大小的窗子代替墙板构成水平带形窗。也有用涂层钢板和淡色透明塑料制成的波纹板作为厂房外墙材料，它们与其他颜色墙面相间

图 5-3-6-12　大型墙板垂直划分示例

布置构成不同色带的水平划分，自然形成水平线条，既可简化围护结构，又利于建筑工业化。图 5-3-6-14 是水平划分示意图。水平划分的外形简洁舒展，很多厂房立面都采用这种处理手法。

如图 5-3-6-15 所示为某公司机修车间，墙面为大型墙板，钢筋混凝土大型墙

图 5-3-6-13　大型墙板垂直划分示例

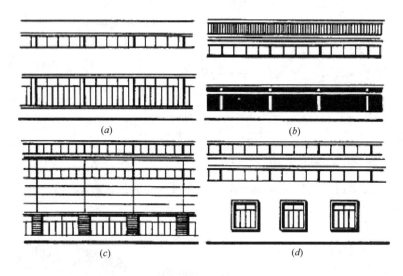

图 5-3-6-14　水平划分示意

板配以带形窗，采取窗墙合适的比例，自然构成水平线条划分。如图 5-3-6-16 所示为国外某汽车厂装配车间。厂房墙面下部采用 4m（高）×4.5m（宽）的钢筋混凝土墙板，上部为带形钢窗及铝板墙面。这两个例子采用不同墙板、玻璃窗等形成材料质感和色调的对比变化，反映出大型墙板厂房的特点，立面简洁大方。如图 5-3-6-17 所示为某钢铁公司轧板厂，地处夏季炎热、冬季较冷的地区，根据通风采光要求，立面采取水平划分，下部 4m 范围内设置钢筋混凝土立旋窗，冬季可以关闭。中部为固定玻璃窗，用以增加车间深部采光。上部为设有挡雨板的开敞口，立面通透。由于挡雨板的阴影作用使水平线条更加突出，既符合热加工车间的使用要求，又使立面简洁、舒展、稳重、大方、富有变化，是一种热加工车间立面处理常用的手法。图 5-3-6-18 所示也是水平划分的一种手法，下部采用大面积的水平带形玻璃窗，上部为大面积的实墙面，形成了明显的上下虚实对

比，使立面舒展、稳重、大方。突出的实墙面，必要时，可做一些浮雕、彩绘
处理。

图 5-3-6-15　某公司机修车间

图 5-3-6-16　国外某汽车厂装配车间

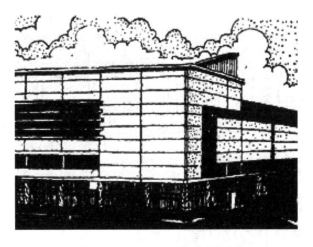

图 5-3-6-17　某钢铁公司轧板厂

3. 混合划分

立面的水平划分与垂直划分经常不是单独存在的，一般都是结合运用，以其
中某种划分为主，或两种方式混合运用，互相结合，相互衬托，不分明显的主

图 5-3-6-18 墙面水平划分示例

次，从而构成水平与垂直的有机结合。采用这种处理手法应注意垂直与水平的关
系，务使其达到互相渗透，混而不乱，以取得生动和谐的效果。图 5-3-6-19 为混
合划分示例，图 5-3-6-20 所示为某重型机械厂装配车间，立面设有竖向排列的高
低侧窗和水平实墙条带，构成混合划分。在色调上，灰白色窗间墙与红砖墙面形
成对比。水平划分与垂直排列相互结合和对比，使整个立面简朴而协调。如图
5-3-6-21 所示为某铸锻厂自由锻车间，立面处理手法是立柱与遮阳板混合划分的
例子。红砖实墙面与高低侧窗形成对比，加上顶部的水平通风板百页，变化自
然。立柱被下部侧窗的水平挑檐线分割，使水平与垂直线条互相渗透，互相呼
应，富有变化。

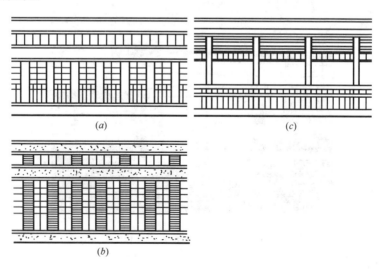

图 5-3-6-19 混合划分示例

图 5-3-6-20　某重型机械厂装配车间

图 5-3-6-21　为某铸锻厂自由锻车间

　　上面仅对影响单层厂房外形的基本因素和立面处理手法结合实例进行了简要的介绍，目的在于加深对运用建筑构图规律和艺术处理手法的理解。在具体设计中还必须深入实际，掌握情况，具体分析，灵活运用，切忌生搬硬套。

3.6.2　内部空间处理

　　生产环境的优劣直接影响着人们的生理和心理状态。优良的室内环境除了有良好照明、通风、采暖外，还应使室内井然有序、洁净和令人愉快。良好的室内环境对职工精神和心理方面起着良好的作用，对提高劳动生产率十分重要。厂房室内设计是工业建筑设计重要内容之一。

　　厂房的承重结构、外墙、屋顶、地面和隔墙等构成了厂房内部空间形式，是内部设计的重要内容；生产设备及其布置、管道组织、艺术装修及建筑小品设计、室内栽花种草、色彩处理等也都直接影响厂房内部的面貌及其使用效果，也是车间内部设计的有机组成部分，是为工人创造良好工作环境的重要方面。

　　厂房内部设计是一项综合设计，即把组成厂房内部空间的建筑构件和其他内含成分作为一个统一体，全面综合地进行构图设计。它涉及各个工种业务，只有建筑师是完不成此项任务的，必须各专业通力合作去完成。但建筑师不仅要配合工作，还要组织、领导此项工作。因为建筑设计从开始就和厂房内部设计有直接联系，只有建筑师才能全面、系统地考虑这些问题，协调这些问题。

1. 厂房承重结构材料、形式和布置对室内设计的影响

厂房承重结构（柱、屋架）材料、形式的选用和布置都直接影响厂房内部的空间形式。因此，在选择结构材料和形式时，要适当地考虑内部空间的观感效果，这不仅是建筑师不可推卸的责任，也是结构工程师应关注的一个方面。

在现代工业建筑中结构形式所形成的内部空间主要有以下三种形式：

（1）跨间式

这是目前最常用的一种形式。各跨并列组成了厂房的平剖面形式。为了采光和通风，屋顶上部设有各种形式的天窗。其特点是跨间纵向空间畅通，不感封闭和压抑，还具有明显的透视感和深远感（图5-3-6-22）。

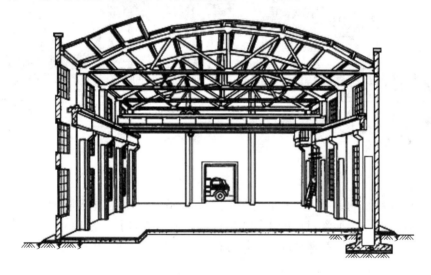

图5-3-6-22　跨间式厂房内部空间

钢筋混凝土屋架和双肢柱，其形式具有轻巧感和空透感。当采用钢结构时，因构件截面小，所以比钢筋混凝土构件还要轻巧和空透。在这类空间中宜注意跨间端头山墙面的处理（壁画、浮雕等），以丰富内部空间的艺术效果。

（2）方形柱网式

跨度和柱距大小相近或相等。其内部空间无明显的方向性。各结构的空间单元多为统一的，且相互连通，具有空间开阔感。整个厂房内部构图具有清楚的空间序列和节奏感。

这种结构形式多为各种壳体，具有较好的艺术表现力，结构单元划分明确，从而使内部空间节奏感和韵律感增强。屋顶虽是大片实体覆盖结构，但它具有自

然变化的曲面并用在壳面上开窗洞的办法，仍能使人们感到它是薄壁而轻巧的结构形式。同时，内柱较少，也开阔了人们的视野，使内部空间具有流动连续的趋势（图 5-3-6-23）。

图 5-3-6-23　方形柱网式厂房内部空间

（3）大厅式

跨度大，高度也较大，形成一个完整的空间。其特点是开阔，雄伟而统一。各种形式的天窗是厂房内部最明亮的部分，最容易被人们观察到。它是内部建筑构图中最积极、最突出的因素之一。各种形式的天窗及其布置方式对内部空间感受有不同的影响。平天窗在屋顶上均匀布置，犹如天空中的繁星点点，给人们以亲切自然感（参考图 5-3-6-23 室内顶棚处理）。

人们对厂房内部空间的感受，大多数是由一个空间过渡到另一个空间的过程中完成的。因此，内部空间构图的统一性是非常重要的。在厂房平剖面布置中不可避免地有一些需要隔开的工段、工作地点和各种用途的小房间。如果它们的位置选择不当，可能使整个空间被分割，显得零乱。因此，应将这类房间加以集中，统一布局，以保持内部空间的完整性和统一性。为减少遮挡和增加空透感，对某些需要分隔的工段、工作地点以及各种用途的小房间可采用封闭的玻璃隔墙进行分隔（图 5-3-6-24）。

2. 生产设备布置对室内设计的影响

生产设备占用厂房内部空间，其形式和

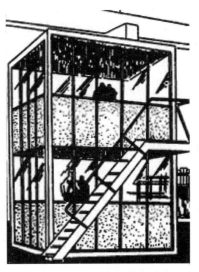

图 5-3-6-24　封闭的玻璃隔墙

布置对室内设计有较大的影响。在有许多设备（机械制造、纺织厂等）的大厂房中，墙、隔墙对室内设计的影响就退居次要地位，影响较大的是设备，一进厂房首先映入眼帘的是设备。设备形式、布置和色彩处理不仅满足生产工艺要求，也应考虑人们对其感受的效果。例如：采用体形优美、色彩悦目的机床可以有效地改善厂房内部空间的观感。水力、火力发电厂，原子能发电站内的设备就起到了创造内部空间的作用，具有雕塑感的设备本身，有节奏的布置，配合强大的起重运输设备，就能创造一个令人印象深刻、有规律的构图。各种起重机、运输皮带及其他设备也积极地改变着室内空间。地上的运输工具（涂以亮的对比色）也是创造室内空间的因素。建筑师在做室内设计时应按整体构思尽量把它们组织到统一的内部构图中去。这是一项比较复杂的工作，需要建筑师同其他专家共同工作。

设备布置可有以下几种形式：

（1）形状、规格相同或接近、量大的设备应使其形成有规律的排列，尤其是在相同的大型而复杂的设备布置中，用其形成断续的节奏和轮廓线，一般能获得明显的组织性、规律性的视觉效果；

（2）在很多情况下，一种形式的机床和辅助设备给人的印象是单调的，千篇一律的。在这种情况下较好的处理手法是用颜色按区段分组，用颜色区别主要的和辅助的设备；

（3）有的车间，因设备形状多样而复杂，生产设备的布置给人以无组织、无规律的感觉。此时，宜将车间通道在车间内均匀布置，突出和发挥通道在室内构图中的作用，相对地可改善设备布置无规律的感觉。

3. 管道组织

在管道组织中根据使用和内部构图要求按下列原则布置：

（1）内部管道不应给人以孤立无组织的感觉，应使它们成为内部整体构图中的有机组成部分；

（2）不同用途的管道，应分别涂以不同的色彩，如可能时，应组合在一起，敷设在厂房内部的指定地点；

1）暗藏式：将管道布置在技术夹层中、吊顶或格构式的结构中；

2）敞开式：管道直接暴露在内部空间中。常敷设在屋架空间、天窗架空间中，双肢柱的腹杆区域内，起重机下面以及设备平台板的下面等处。这是一般常用的布置方式，多用于单层厂房中。

（3）管道布置应有适应工艺流程变化的灵活性。

4. 绿化和建筑小品

在厂房内部进行装饰性绿化和美化能给人们愉快的感受，可以加强人与自然环境的联系，还可起着改善室内小气候的作用。尤其是在厂房内小食堂（半成品或成品食堂）、休息和人流较集中等地方进行绿化，效果就更显著。如能和小型水面相结合，自然气氛更浓。车间内部进行绿化一般有下列几种手法：

（1）庭院式：在车间内的一个独立空间中布置人工绿化景点，它可起着绿化和形成公共小庭院的作用；

（2）沿墙式：沿外墙布置，在观感上起着外部自然环境延续到室内的作用；

（3）架空式：在一定高度绕柱植花或将花盆悬吊于屋架上。

5. 生产用家具

生产用家具（工作台、工具柜、废品箱等）的形式和色彩的选择是室内设计不可忽视的内容。这些小家具的造型应美观大方，并应和整个内部空间设计协调一致。

6. 宣传画及图表

为保证生产安全，员工应遵守的生产操作规程，在车间内一般都设有很多宣传画和图表，这些宣传画及图表在生产环境中可起到宣传教育作用，应把它们放在一个适当的位置，纳入内部设计统一构思中去。

在操作地点附近布置一些生产操作规程、劳动保护条例标志牌，形式应美观、字迹应工整、艺术。行政和群众组织的通知，也应分别布置在特制的宣传栏上。宣传栏宜放在车间入口、门厅和休息地方。宣传栏可利用墙面或独立的宣传板，周围可布置一些盆栽花草。

7. 室内色彩处理

（1）色彩的作用

为打破车间内部的单调感及改变人们的心理状态，内部的色彩装饰起着重要的作用。车间内部进行色彩处理可获得如下的效果：

1）提高车间内部的建筑艺术效果，可创造明快、舒适的劳动环境，使人们得到美的感受，提高劳动热情；

2）改善视力条件，降低视觉疲劳，提高生产操作的准确性，提高产品质量；

3）减少生产事故，保证安全生产。在设备、管道、工具、运输设备上施以标志色、警戒色以后，给人视觉上以强烈的吸引和刺激，引起人们精神上的集中，按警示要求，小心操作，可显著地提高安全生产水平。

（2）室内色彩的分类

厂房内部的色彩一般分环境色、机械色和标志色。

1）室内环境色

环境色是指厂房建筑内部的色彩。由于色彩在人们心理上起着冷、暖、动、静、轻、重、远、近、紧缩和扩大等感觉，因此，在生产过程中散发出大量热量及噪声较大的车间，或经常在白炽灯照明下进行生产的车间宜用冷色，如浅蓝色、绿色、翠绿、湖蓝色等可使室内趋于安静，使人犹如置身于自然环境之中。温度正常、噪声小以及工作人员少的车间宜用暖色，如乳黄、橙黄、淡红、淡褐等色，使室内具有温暖、明亮的感觉。又如在狭窄、低矮使人感到压抑的车间里，如在顶棚和墙面上涂以浅绿或浅蓝色的涂料，车间可显得宽敞些。潮湿的房间（纺织、造纸、皮革、选矿等）可采用暖色，它可给人造成房间干燥的印象。生活间的更衣室宜采用低浓度的暖色，从心理方面减轻换衣时的寒颤。淋浴间应施以冷色调，从心理上减轻闷热感。厕所、盥洗室宜施以浅亮色，以使室内保持清洁。

纺织厂噪声大，温湿度高、工人视野范围内经常有一些较大的织机。这类车间色彩应按既要造成良好的视觉条件，又能在心理感觉上减轻噪声的要求选择。顶棚可用黄色或天蓝色。黄色可减轻湿度感，天蓝色可减轻温度感。墙的面积较小，可采用暖色，柱子可涂绿色。

精密机床、仪表、光学仪器等精密性的生产中，加工件非常纤细，加工时很费视力。在这些车间工作的工作人员的疲劳或兴奋都会影响产品质量和工作效率。为减轻疲劳，镇定精神宜选用浅蓝色或浅绿色。

室内环境色设计要有一些深浅的变化和局部对比。一般的作法是，根据车间内部面积的不同将色彩分成三组：基本色，辅助色和重点色。

基本色应用于大面积的表面，如顶棚、墙面、大的设备等；辅助色应用于中等面积的表面，如柱子、地面、设备的某些部位；重点色是指小面积的色饰，应重点突出、醒目、有趣，使厂房增加新鲜悦目气息，并与基本色形成对比，如门厅、起重机、地面上运输工具、爬梯、栏杆等。

室内色彩的深浅变化，一般是上浅下深，大面积的色彩应比小面积稍淡一些。色彩处理不仅美化环境，同时也能改善厂房的光照条件。因此，选择彩色的亮度（反射系数）主要根据上中下位置，并有所不同。开敞的屋架、梁及其类似的构件及起重运输起重机，这些构件组成了厂房上部空间，其色饰应采用亮色，其反射系数为 50%～80%，顶棚的反射系数要大一点，应为 60%～80%，墙、隔墙、柱、门为 40%～55%，设备部分（机床、运输工具）为 20%～55%，地面、墙的根部、设备基础为 20%～45%。

在选择色彩时，还必须考虑人工照明对色彩效果的影响。由于人工光源和自然光源的光谱组成不同，因而其显色效果也有差异。如在红黄色调的室内，用发出红光较多的白炽灯照明时，会使红黄色调看上去更加鲜艳，使人感到温暖而华丽。若改用冷白色荧光灯照明，因此种灯发出青蓝色光谱成分较多，使鲜艳的红黄色调冲淡或罩上一层灰亮色，因而破坏了温暖华丽的室内气氛。

2）机械色

机械色一般是由设备制造厂选定，建筑师应积极参与或结合室内环境色彩设计的总体构想，提出设备饰色的建议和方案，与制造厂商议。

当设备不多，但体积较大，设备色饰应与背景色（顶棚、墙面）形成对比，则可使机器在室内显得突出、美观。当机器设备多，排列又较密时，宜采用与房间内表面比较调合的色调。

3）标志色

A. 管道标志色

应有利于识别复杂的管道系统，以利于检修和防止事故为原则。管道标志色通常有墙面、顶棚、技术设备的各主要面的色调衬托着，因此，管道涂色要和背景色相协调。车间内的管道标志色可参阅表 5-3-6-1。

管道标志色 表 5-3-6-1

管道名称	颜色	管道名称	颜色
过热蒸气管	红	乙炔管	深蓝
饱和蒸气管	红	氢气管	白
煤气管	黄	给水管	蓝
液化石油管	黄	排水管	绿
压缩空气管	浅蓝	油管	棕黄

B. 警戒标志色

为生产安全，厂房内一些易发生安全事故的设备或设备的某部分，如机床的传动部分，起重机的吊钩、操纵手柄、电气开关等，应涂以警戒色。所用的颜色应使人迅速辨认，并在照明不足或物体迅速旋转时也能被辨认。黑色与白色组合的警戒色醒目，引人注意，特别在灯光照射下更加醒目。黄色与黑色组合成的警戒色适用地方也很多，如起重机的吊钩、桥架两端，叉车和电瓶车等。因黄色对黑色是认识性最高的彩色，警戒作用较明显，常用这两种色彩制作警戒标示牌（图 5-3-6-25）。

注意安全　　当心火灾　　当心触电　　当心落物

图 5-3-6-25　警戒标示牌

宜人的厂房内部环境在很大程度上依赖厂房的清洁和整齐，否则，车间文明生产的基本要求很难实现。对易产生烟尘的设备，要采取排烟消尘措施，不使其扩散污染整个车间。要及时清扫脏物，清除垃圾，及时清擦墙面、玻璃面和屋顶的灰尘。

工作服的色彩在厂房内部设计中也应注意。工作服的色彩应视生产活动和生产特点而异。锻工、轧钢车间的工作服应是蓝色调；精密仪表及其装配车间可采用玫瑰色或白色；实验室要求清洁，工作服宜为白色。

第4章 多层工业建筑设计

4.1 多层工业建筑概述

随着科学技术的发展、工艺和设备的进步、工业用地的日趋紧张，多层厂房、多层仓库在机械、电子、电器、仪表、光学、轻工、纺织、化工和仓储等行业中已具有举足轻重的地位，多层工业厂房在整个工业建筑中所占的比重将会越来越大。

4.1.1 主 要 特 点

1. 主要特点

（1）厂房占地面积较小，节约用地，缩短了厂区道路、管线、围墙等长度，不仅节约用地，而且还降低了基础和屋顶的工程量，节约建设投资和维护管理费；

（2）厂房进深较小。顶层空间可不设天窗而用侧窗采光，屋面雨水雪水排除方便，屋顶构造简单，屋顶面积较小，有利于节省能源；

（3）交通运输面积大。由于多层厂房不仅有水平方向，也有垂直方向的运输系统（如电梯间、楼梯间、坡道等），就增加了用于交通运输的建筑面积和空间；

（4）多层厂房多数有较大的通用性，适应工艺更新、产品升级、工艺调整、设备更新和重新组织生产线、多种使用功能的需求；

（5）多层厂房多采用轻型装配式结构，便于因生产需求而改建与扩建；

（6）多层厂房外形多变、色彩丰富，能点缀城市、美化环境、改变城市面貌。

2. 使用范围

（1）工艺流程适于垂直布置的生产厂房。这类企业的原材料大部分为粒状和粉状的散料或液体。经一次提升（或升高）后，可利用原料的自重自上而下传送加工，直至产品成型。如面粉厂、造纸厂、啤酒厂、乳品厂和化工厂的某些生产车间；

（2）生产设备、原料及产品重量较轻的厂房（楼面荷载小于 $20kN/m^2$，单件垂直运输小于 $30kN$）；

（3）生产工艺在不同层高上操作的厂房，如化工厂的大型蒸馏塔、碳化塔等设备，高度比较高，生产又需在不同层高上进行；

（4）对生产环境有特殊要求的厂房。由于多层厂房每层空间较小，容易解决生产所要求的特殊环境（如恒温恒湿、净化洁净、无尘无菌等）。如仪表、电子、医药及食品类企业。

4.1.2　多层厂房的结构形式

厂房结构型式的选择首先应该结合生产工艺及层数的要求进行。其次还应该考虑建筑材料的供应、当地的施工安装条件、构配件的生产能力以及基地的自然条件等。目前我国常用的多层工业厂房结构体系主要有：现浇钢筋混凝土框架结构、现浇钢筋混凝土框架-剪力墙结构、钢框架结构、钢框架-支撑结构及钢-混凝土组合结构。

（1）钢筋混凝土框架结构

钢筋混凝土结构是我国目前采用最广泛的结构形式。它的构件截面较小、强度较大，能适应层数较多、荷重较大、跨度较大的厂房的需要。

框架结构宜采用双向梁柱刚接的抗侧力体系，以承受纵横两个方向的地震作用或风荷载；抗震区不宜采用单跨框架。框架结构按抗震设计时，不应采用部分由砌体墙承重的混合形式。框架结构中的楼梯间、电梯间及局部出屋顶的电梯机房、楼梯间、水箱间等，应采用框架承重。

框架结构的填充墙及隔墙宜选用轻质墙体。抗震设计时，框架结构如采用砌体填充墙，其布置应符合下列规定：①避免形成上、下层刚度变化过大；②避免形成短柱；③减少因抗侧刚度偏心而造成的结构扭转。

（2）现浇钢筋混凝土框架-剪力墙结构

框架与剪力墙共同工作的结构形式，具有较大的承载能力。一般适用于层数较多，高度和荷载较大的厂房。框架-剪力墙结构应设计成双向抗侧力体系。抗震设计时，结构两主轴方向均应布置剪力墙，剪力墙的布置宜使结构各主轴方向的刚度接近，减少结构的扭转变形。纵横向剪力墙宜组成 L 型、T 形、匚形等形式，以增加结构的抗侧刚度和抗扭能力。

（3）钢框架结构

钢结构具有重量轻、强度高、施工方便等优点，是国内外采用较多的一种结构形式。采用钢框架结构应合理确定柱距、平面模数与结构单元，使结构成为布置合理、承载可靠的体系。立面布置时，应使框架柱能沿建筑物全高设置，避免出现悬空柱和错层。楼盖梁的布置宜采用主梁和次梁均布置在同一层平面内的平接方案。次梁与主梁宜采用铰接连接，必要时也可采用刚接。

（4）钢框架-支撑结构

钢框架-支撑结构是多层钢结构厂房中常用的一种结构形式，钢框架-支撑结构是在钢结构的基础上，通过在部分框架之间布置支撑来提高结构承载力及侧向刚度。支撑结构与框架结构体系共同作用形成双重抗侧力结构体系，既保证了正常受力下的刚度，又为结构提供了抵抗水平地震力及较大风荷载的能力。

（5）钢-混凝土组合结构

跨度较大、对变形要求严格或荷载较大的厂房，可采用钢-混组合结构。国内外常用的钢-混凝土组合结构主要包括以下五大类：①压型钢板-混凝土组合结构；②钢-混凝土组合结构；③钢骨-混凝土结构（也称为型钢混凝土结构或劲性混凝土结构）；④钢管-混凝土结构；⑤外包钢混凝土结构。

4.2 多层工业厂房平面设计

多层厂房的平面设计应科学地进行功能分区，合理确定生产、办公、生活服务设施等区域，各项设施的布置应紧凑、合理，人行交通与货运交通应明确便捷，互不干扰。

4.2.1 生产工艺流程及平面布置

生产工艺流程的布置是厂房平面设计的主要依据。各种不同生产流程的布置在很大程度上决定着多层厂房的平面形式和各层相互关系。

多层厂房的生产工艺流程布置可归纳为以下三种类型，如图 5-4-2-1 所示。

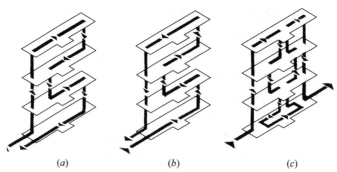

(a)   (b)   (c)

图 5-4-2-1 三种类型的生产工艺流程

(a) 自上而下式；(b) 自下而上式；(c) 上下往复式

1. 自上而下式

这种布置的特点是把原料送至最高层后，按照生产工艺流程的程序自上而下地逐步进行加工，最后的成品由底层运出。这时常可利用原料的自重，以减少垂直运输设备的设置。一些进行粒状或粉状材料加工的工厂常采用这种布置方式，如面粉厂和电池干法密闭调粉楼的生产流程就属于这一种类型。

2. 自下而上式

原料自底层按生产流程逐层向上加工，最后在顶层加工成成品。这种流程方式有两种情况：一是产品加工流程要求自下而上，如平板玻璃生产，底层布置溶化工段，靠垂直辊道由下而上运行，在运行中自然冷却形成平板玻璃；二是有些企业，原材料及一些设备较重，或需要有起重机运输等。同时，生产流程又允许或需要将这些工段布置在底层，其他工段依次布置在以上各层，这就形成了较为合理的自下而上的工艺流程。如轻工业类的手表厂、照相机厂或一些精密仪表厂的生产流程都属于这种形式。

3. 上下往复式

这是有上有下的一种混合布置方式。它能适应不同情况的要求，应用范围较广。由于生产流程是往复的，不可避免地会引起运输上的复杂化，但它的适应性较强，是一种经常采用的布置方式。

在进行平面设计时，一般应注意：厂房平面形式应力求规整，以利于减少占地面积和围护结构面积，便于结构布置、计算和施工；按生产需要，可将一些技术要求相同或相似的工段布置在一起。如要求空调的工段和对防振、防尘、防爆要求高的工段可分别集中在一起，进行分区布置；按通风、日照要求合理安排房间朝向。一般说，主要生产工段应争取南北朝向。但对一些具有特殊要求的房间，如要求空调的工段为了减少空调设备的负荷，在炎热地区应注意避免太阳辐射热的影响；寒冷地区应注意减少室外低温及冷风的影响。

平面布置原则如下：

1）厂房的平面应根据生产工艺流程、工段组合、交通运输、采光通风及生产上各种技术要求，经过综合研究后加以决定。

2）厂房的柱网尺寸应满足生产使用的需要，还应具有较大限度的灵活性，以适应生产工艺的发展及变更的需要。

3）各工段之间，由于生产性质、生产环境的不同，组合时应将具有共性的工段，水平和垂直集中分区布置。

由于各类企业的生产性质、生产特点、使用要求和建筑面积的不同，其平面布置形式也不相同，一般有以下几种布置形式：

1）内廊式

内廊式布置形式适宜于各工段面积不大，生产上既需相互紧密联系，但又不希望相互干扰的工段。各工段可按工艺流程的要求布置在各自的房间内，再用内廊（内走道）联系起来。对一些有特殊要求的生产工段，如恒温恒湿、防尘、防振的工段可分别集中布置，以减少空调设施并降低建筑造价，如图 5-4-2-2、5-4-2-3 所示。

2）统间式

统间式布置方式适用于生产工艺相互间需紧密联系，不宜分隔成小间布置，这时可采用统间式平面布置。这种布置对自动化流水线的操作较为有利。在生产过程中如有少数特殊的工段需要单独布置时，可将它们加以集中，分别布置在车间的一端或一隅，避免造成厂房中部采光变差，以保证生产工段所需的采光与通风要求（图 5-4-2-4）。

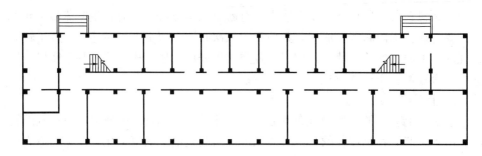

图 5-4-2-2　内廊式平面布置

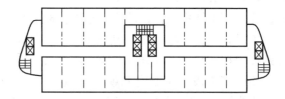

图 5-4-2-3　香港荃湾工业厂房平面布置

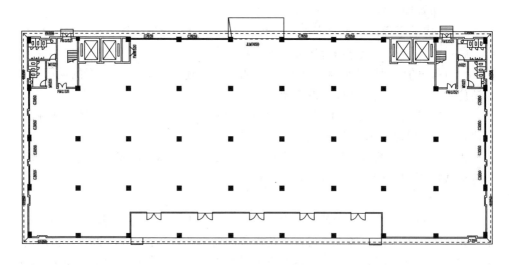

图 5-4-2-4　统间式平面布置

3）大宽间式

这种大宽间式适应生产工段所需大面积、大空间或高精度的要求，交通运输枢纽及生活辅助用房布置在厂房中间或一侧（图 5-4-2-5）。

4）混合式

根据生产工艺及使用面积的不同需要，采用多种平面形式的组合布置，组成一个有机的整体，使其更好地满足生产工艺的要求和辅助空间的布置，并具有较大的灵活性。图 5-4-2-6 所示为混合式。

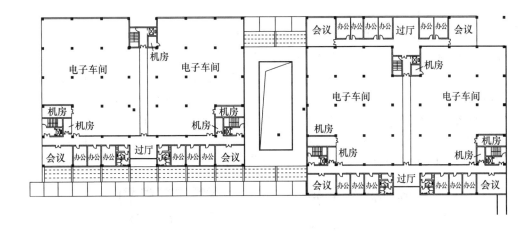

图 5-4-2-5　大宽间式平面布置

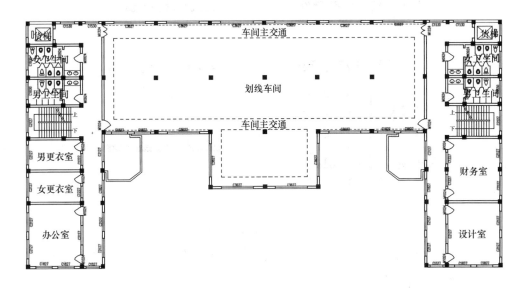

图 5-4-2-6　混合式平面布置

4.2.2　柱　网　选　择

多层厂房柱网的尺寸应综合考虑厂房的结构形式、采用的建筑材料、构造做法及在经济上的合理性。柱网的选择首先应满足生产工艺的需要，其尺寸的确定应符合《建筑模数协调统一标准》GB/T 50002—2013 和《厂房建筑模数协调标准》GB/T 50006—2010 的要求。

在工程实践中结合上述平面布置形式，多层厂房的柱网可概括为以下几种主要类型（图 5-4-2-7）：

1. 内廊式柱网

这种平面布置多采用对称式。在仪表、电子、电器等企业中应用较多，主要用于零件加工或装配车间。常见柱距为 6m、6.6m、7.2m、7.8m、8.4m、9.0m，跨度宜采用 6.0m、6.6m、7.2m，走廊的跨度宜采用 2.4m、2.7m、3.0m。

这种柱网布置的特点是用走道、隔墙将交通与生产区隔离，生产上互不干扰。同时可将空调等管道设在走道的吊顶里，既充分利用了空间，又隐蔽了管道。这种柱网布置还有利于车间的自然采光和通风，如图 5-4-2-7（a）所示。

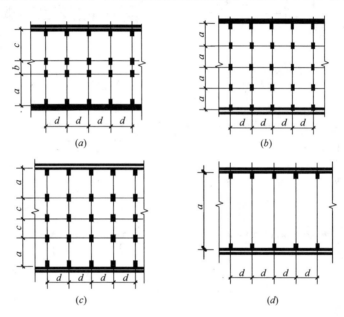

图 5-4-2-7　柱网布置的类型
(a) 内廊式柱网；(b) 等跨式柱网；(c) 对称不等跨式柱网；(d) 大跨度式柱网

2. 等跨式柱网

这种布置方式适用于机械、轻工、仪表、电子、仓库等需要大面积布置生产工艺的厂房，底层一般布置机械加工、仓库或总装配车间等，有的还布置有起重运输设备。这类柱网可以是二个以上连续等跨的形式。用轻质隔墙分隔后，亦可作内廊式的平面布置，如图 5-4-2-7（b）所示。目前采用的柱网有（6m+6m+6m）×6m、（7.5m+7.5m）×6m、（9m+9m+9m）×6m、（12m+12m+12m）×12m 等。如图 5-4-2-8 所示为某钢铁研究院生产基地等跨厂房平面图，左侧为大起重运输设备的生产区，右侧为需要分隔的生产区，功能分区明确。

3. 对称不等跨柱网

这种柱网的特点及适用范围基本和等跨式柱网类似。从建筑工业化的角度，

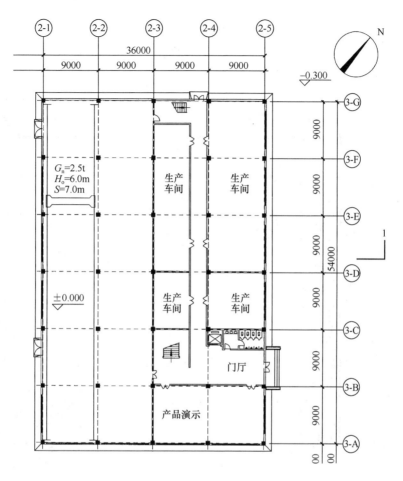

图 5-4-2-8 某钢铁研究院生产基地厂房

厂房构件类型比等跨式多，但能满足工艺要求，合理利用面积，如图 5-4-2-7 (c)、图 5-4-2-9 所示。

现在常用的柱网尺寸有（7.2m＋6m＋7.2m＋6m）×6m、（9m＋6m＋6m）× 9m 等。也有为辅助用房布置选择相邻边跨对称布置，如图 5-4-2-9 所示柱网尺寸 为（6m＋12m＋12m＋12m＋12m）×（6m＋12m＋12m＋12m＋12m）的厂房， 边跨采用 6m 柱网布置楼梯、电梯及办公等辅助用房。

4. 大跨度式柱网

这种柱网由于取消了中间柱子，为生产工艺的变革提供更大的适应性。因为 扩大了跨度（大于 12m），楼层常采用桁架结构，这样楼层结构的空间（桁架空 间）可作为技术层，用以布置各种管道及生活辅助用房，如图 5-4-2-7（d）。如 图 5-4-2-10 所示为某奥迪 4S 店柱网布置，两侧大跨度通高空间作为展示空间， 中间普通柱网设置办公及辅助功能。

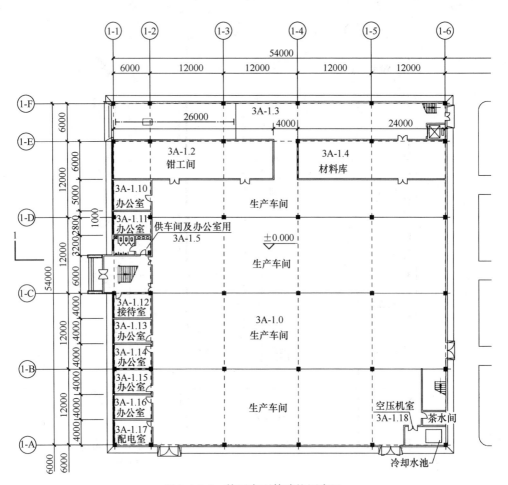

图 5-4-2-9   某厂房不等跨柱网布置

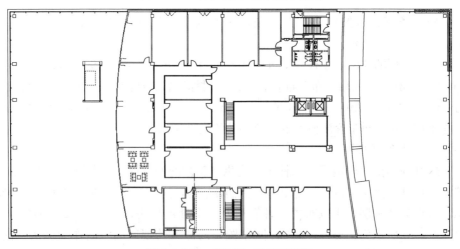

图 5-4-2-10   某奥迪 4S 店平面图

4.2.3 楼、电梯间和生活间布置

多层厂房的电梯间和主要楼梯通常布置在一起，组成交通枢纽。在满足生产要求的基础上，楼、电梯的位置应为厂房的空间组合及立面造型创造好条件。如图 5-4-2-11 所示为楼、电梯间在平面中的位置。

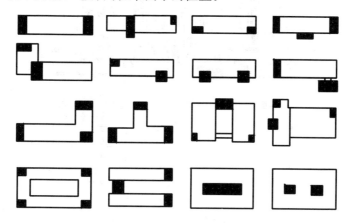

图 5-4-2-11　楼、电梯间在平面中的位置

楼、电梯布置原则如下：

（1）厂房疏散楼梯应布置在明显、易找的部位，其数量及布置应满足有关防火安全疏散的要求；

（2）楼、电梯布置宜采取人流、货流互不交叉原则，电梯前厅需留够一定面积，以利货运回转及货物的临时堆放。电梯间在底层平面最好有直接对外出入口；

（3）电梯间附近宜设楼梯或辅助楼梯，以便在电梯发生故障或检修时能保证运输；

（4）货梯布置应方便货运，布置在原材料进口和成品出口处；

（5）电梯数量设置应满足生产工艺及货流运输需要，尽量减少水平运输距离；

（6）水平运输通道应有一定宽度，主要电梯口与出入口之间，应预留临时堆物及装卸货空间，通道之间应以坡道连接。

如图 5-4-2-12 所示，为香港某公司工业大厦，电梯、楼梯布置在建筑四面的外墙上，高出屋面的楼梯及电梯机房丰富了建筑形体和立面造型。

常见的楼电梯间与出入口间关系的处理有两种方式。一种是人、货流由同一出入口进出（图 5-4-2-13）。楼梯与电梯的相对位置可有不同的布置方案。但无论组合方式如何，均要达到人、货同门进出，直接通畅而互不相交。另一种方式是人、货流分门进出，设置人行和货运两个出入口（图 5-4-2-14）。这种组合方式易使人、货流分流明确，互不交叉干扰，对生产上要求洁净的厂房尤其适用。

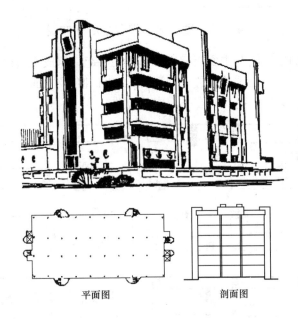

平面图　　　　　　剖面图

图 5-4-2-12　香港某工业大厦

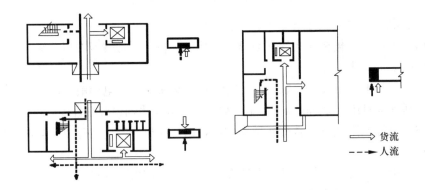

⟹ 货流
┄┄▶ 人流

图 5-4-2-13　人流货流同门进入

多层厂房内浴室、盥洗室、厕所的设计，应按劳动者最多的班组人数进行设计，并设计好男女比例。多层厂房内厕所不宜距工作地点过远，并应有防臭、防潮、防蝇措施，一般应为水冲式，同时应设洗手池、洗污室。男女厕位及比例设置应满足《工业企业设计卫生标准》GBZ 1—2010 规定的要求。

多层厂房的生活间的位置与生产厂房的关系，从平面布置上可归纳为两类：

1. 生活间设置于厂房内部

将生活间布置在生产车间所在同一结构体系内。其特点是可以减少结构类型和构件，有利于施工。如图 5-4-2-15、图 5-4-2-16 所示为生活间在主体内部的两种布置方式。

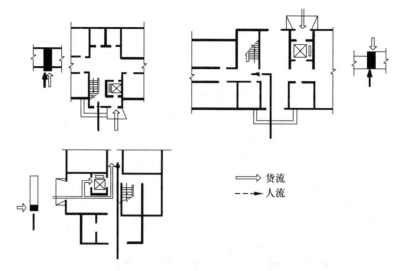

图 5-4-2-14　人流货流分门布置

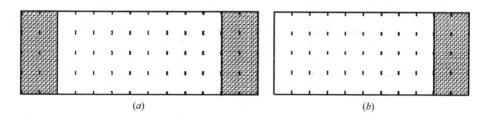

(a)　　　　　　　　　　　　　　　　　(b)

图 5-4-2-15　生活间布置在主体端部

(a) 车间两端布置生活间；(b) 车间一端布置生活间

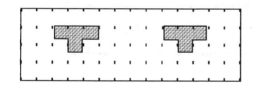

图 5-4-2-16　生活间布置在主体中部

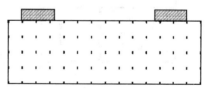

图 5-4-2-17　生活间在主体纵墙外侧

2. 生活间设于生产厂房外

生活间布置在与生产车间相连接的另一独立的楼层内，这种布置可使主体结构统一，并使生活间与主体可采用不同的层高、柱网和结构形式，有利于降低建筑造价。通常布置方式有：布置在侧墙外和布置在山墙外，如图 5-4-2-17、图 5-4-2-18 所示。

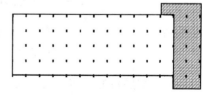

图 5-4-2-18　生活间在主体山墙外侧

生活间的房间组合一般分两种方式：一种是非通过式，另一种是通过式。

（1）非通过式是对人流活动不进行严格的控制的房间组合方式。适用于生产环境清洁度要求不高的一般生产车间。可将更衣室布置在上、下班人流线上，将用水的房间集中布置。

（2）通过式是对人流的活动要进行严格控制的房间组合方式。适用于生产环境清洁要求严格的空调车间、超净车间、无菌车间。如光学仪器厂的光学车间，电视机厂的显像管车间。布置房间时，应使工人按照特定路线活动，防止将不清洁的东西带进车间。清洁度要求愈高，控制线路也愈严格，通常按以下程序布置生活间：工人在通过式生活间的换鞋室换鞋，由于上下班人流集中，换鞋室面积不应太小。换鞋室是生活间脏、洁区的分界处，布置时要注意不要使已换上清洁拖鞋的工人再去经过踩脏的地面（图 5-4-2-19 所示为通过式生活间）。

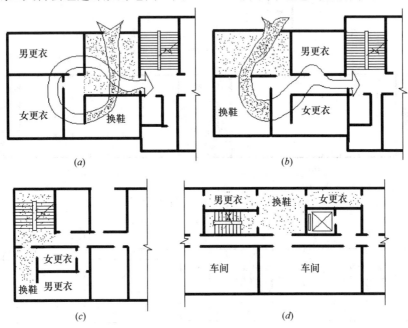

图 5-4-2-19　通过式生活间

（a）生活间集中布置，污洁路线交叉；（b）生活间集中布置，污洁路线分开；
（c）、（d）生活间分层布置

4.3　多层工业厂房剖面设计

4.3.1　层　数　的　确　定

多层厂房层数的确定主要取决于生产工艺，同时应考虑厂房的地质条件、结构形式、施工方法等因素。

1. 生产工艺对层数的影响

生产工艺流程、机具设备（大小和布置方式）以及生产工段所需的面积等方面在很大程度上影响着层数的确定。厂房根据竖向生产流程的布置，确定各工段的相对位置，同时相应地也就确定了厂房的层数。例如面粉加工厂，就是利用原料或半成品的自重，用垂直布置生产流程的方式，自上而下地分层布置除尘、平筛、清粉、吸尘、磨粉、打包等六个工段，相应地确定厂房层数为六层（图 5-4-3-1）。

2. 城市规划及其他条件的影响

多层厂房布置在城市时，层数的确定还尽量符合城市规划、城市建筑面貌、周围环境以及工厂群体组合的要求。此外厂房层数还要随着厂址的地质条件、结构形式、施工方法及是否处于地震区等而有所变化。

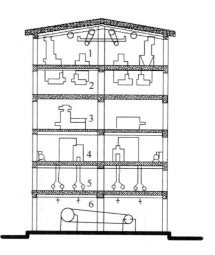

图 5-4-3-1　面粉加工厂剖面
1—除尘间；2—平筛间；3—精粉，原筛间；4—吸尘、刷面、管子间；5—磨粉机间；6—打包间

4.3.2　层　高　的　确　定

多层厂房的层高宜按模数设计，综合考虑生产标准及设备管道布置，起重运输设备等要求及厂房进深、采光和通风等因素。

1. 层高和生产、运输设备的关系

多层厂房的层高在满足生产工艺要求的同时，还要考虑生产和运输设备（起重机、传送装置等）对厂房层高的影响。一般在生产工艺许可的情况下，把一些重量重、体积大和运输量繁重的设备布置在底层，这样就须相应地加大底层的层高。有时由于某些个别设备高度很高，布置时就可把局部楼面抬高，而形成层高参差的剖面形式。

2. 层高与采光通风的关系

多层厂房宜采用双面侧窗天然采光，当厂房进深过大时，宜提高侧窗的高度，相应地增加建筑层高满足采光要求，采光要求应根据我国《工业企业采光设计标准》GB 50033 的规定进行计算。

在一般采用自然通风的车间，厂房净高应满足《工业企业设计卫生标准》GBZ 1—2010 的有关规定。如冬季自然通风用的进气窗，其下端一般低于 4m。用此来计算或核算厂房的层高。一般在符合卫生标准和其他建筑要求的前提下，宜尽量降低厂房的层高，不随便增加其高度。

3. 层高与管道布置的关系

生产上所需要的各种管道对多层厂房的层高的影响较大。图 5-4-3-2 表示几种管道的布置方式，其中（a）及（b）表示干管布置在底层或顶层的形式，这时就需加大底层或顶层的层高。（c）、（d）则表示管道集中布置在各层的走廊上部或吊顶层的情形。这时厂房层高也将随之变化。再如当管线数量及种类较多，布置又较复杂时，则可设置技术夹层，集中布置管道，这时就需相应提高厂房的层高。

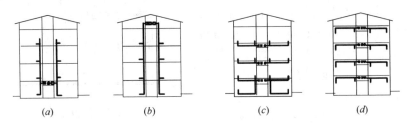

(a)　　　　　(b)　　　　　(c)　　　　　(d)

图 5-4-3-2　几种管道的布置方式

在恒温恒湿的厂房中空调管道的高度是影响层高的主要因素。如图 5-4-3-3 所示在某些要求恒温恒湿的厂房中，空调管道的断面较大，而空调系统的送回风方式又不相同，这些都会影响厂房的层高。为了获得有利的空调效果，一般送风口和工人操作地带之间还应保持一定距离，这都影响厂房层高的确定。图 5-4-3-3 中 H_1 为恒温操作区域；H_2 为冷热空气混合区域；H_3 为结构和通风管道区域。

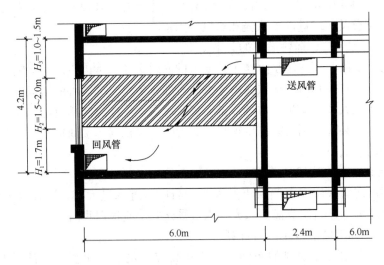

图 5-4-3-3　多层空调车间空调管道高度对层高的影响

4.4　多层工业厂房立面设计

4.4.1　体　形　组　合

多层厂房的体型，一般由三部分组成：生产部分；生活、办公、辅助部分；交通运输部分。生产部分体量大，造型上起主导作用。生活辅助部分体量小，可组合在生产体量之内，又可突出于生产体量之外。这两种体量配合得当，可以起到丰富厂房造型的作用。

多层厂房的交通联系部分也是丰富立面的因素，交通联系部分常将楼梯、电梯组合在一起，电梯机房、楼梯常需高出屋面，这部分可与生产体量部分形成横竖对比，使厂房立面富有变化。如图 5-4-4-1～图 5-4-4-3 所示。如图 5-4-4-4 所示则是利用檐口、辅助空间及交通联系体量使多层厂房立面丰富。

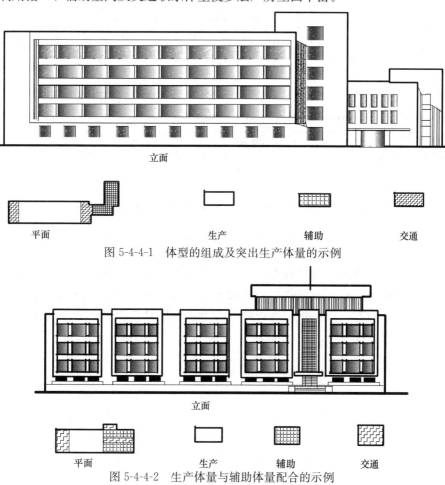

立面

平面　　　　　　　　生产　　　　辅助　　　　交通

图 5-4-4-1　体型的组成及突出生产体量的示例

立面

平面　　　　　　　　生产　　　　辅助　　　　交通

图 5-4-4-2　生产体量与辅助体量配合的示例

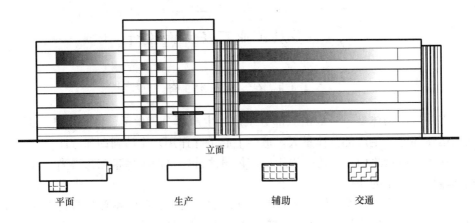

图 5-4-4-3　利用辅助及交通联系体量使立面发生变化

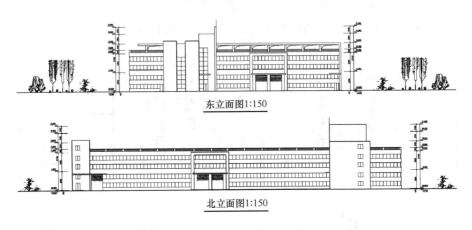

图 5-4-4-4　利用檐口、辅助空间及交通联系体量使立面丰富

4.4.2　墙　面　处　理

多层厂房的墙面处理是造型设计的一个主要部分，应根据厂房的采光、通风、结构、施工等各方面的要求，处理好门窗与墙面的关系。采光要求高的厂房，墙面上可开大片玻璃窗，显得外观通透。具体处理方法与民用建筑基本一致，在此不再叙述。

第6篇 工业建筑构造

第1章 单层工业建筑构造

单层工业建筑的构造包括很多内容，本章仅叙述外墙、大门及侧窗、屋面和地面的构造，其余构造将在后续章节中介绍。

1.1 外 墙 构 造

单层厂房的外墙，根据其功能要求、材料和构造形式等不同可采用砖墙、砌块墙、块材墙、板材墙以及开敞式外墙等。

1.1.1 砖 墙 与 砌 块 墙

1. 承重砖墙

由承重砖墙（包括墙垛）直接承担屋盖与起重运输设备等荷载的厂房外墙类型（图 6-1-1-1），经济实用，但整体性差，抗震能力弱，使用范围受到很大的限制。

根据《建筑抗震设计规范》GB 50011—2010 的规定，6～8 度抗震设防地区，砖柱承重结构仅适用于下列中小型单层厂房：①单跨和等高多跨且无桥式起重机；②跨度不大于 15m 且柱顶标高不大于 6.6m。

2. 自承重砖墙与砌块墙

当厂房跨度及高度较大、起重运输设备吨位较大时，通常由钢筋混凝土（或钢）排架柱承担屋盖与起重运输设备等

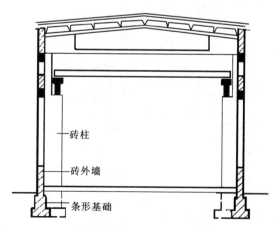

图 6-1-1-1　承重砖墙单层厂房

荷载，而外墙只承担自重，仅起围护作用，这种墙称为自承重墙（图 6-1-1-2）。自承重墙可采用砖砌体或砌块砌筑，是单层厂房常用的外墙形式之一。

（1）墙和柱的相对位置及连接构造

① 墙和柱的相对位置：排架柱和外墙的相对位置通常有 4 种构造方案（图
6-1-1-3）。其中方案（a）构造简单、施工方便、热工性能好，便于厂房构配件
的定型化和通用性，采用最多，其余 3 种方案很少采用。

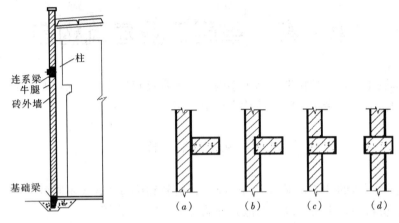

图 6-1-1-2　自承重砖墙剖面　　　　图 6-1-1-3　厂房外墙与柱的相对位置

② 墙和柱的连接构造：为使自承重墙与排架柱保持一定的整体性与稳定性，
必须加强墙与柱的连接。其中最常见的做法是采用钢筋拉结（图 6-1-1-4）。

③ 女儿墙的拉结构造：女儿墙的厚度一般不小于 240mm，其高度应满足安
全和抗震的要求。非出入口无锚固的女儿墙高度，6～8 度地区不宜超过 0.5m。
女儿墙拉结构造详见图 6-1-1-5。

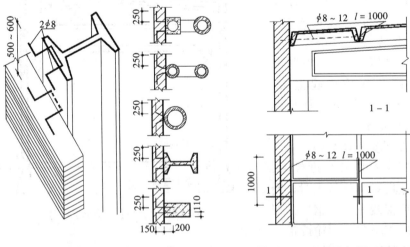

图 6-1-1-4　墙和柱的连接　　　　图 6-1-1-5　女儿墙与屋面的连接

　　④ 抗风柱的连接构造：山墙承受水平风荷载作用，应设置钢筋混凝土抗风柱来保证自承重山墙的刚度和稳定性（图 6-1-1-6）。抗风柱的间距以 6m 为宜，个别可采用 4.5m 和 7.5m 柱距，应符合 15M 的模数。抗风柱的下端插入基础杯口，其上端通过特制的"弹簧"钢板与屋架上悬节点相连接，使二者之间只传递水平力而不传递垂直力（图 6-1-1-7）。

图 6-1-1-6　山墙抗风柱

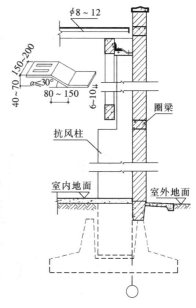

图 6-1-1-7　山墙与抗风柱的连接

　　（2）自承重砖墙基础梁构造

　　① 自承重墙的基础：单层厂房中自承重墙直接支承在基础梁上，基础梁支承在杯形基础的杯口上，这样可以保证墙、柱、基础之间的变形协调一致，简化

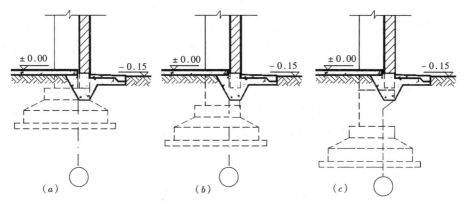

图 6-1-1-8　自承重砖墙下部构造

（a）基础梁设置在杯口上；（b）基础梁设置在垫块上；

（c）基础梁设置在小牛腿（或高杯基础的杯口）上

构造，加快施工进度，方便构件的定型化和通用性。

根据基础埋深不同，基础梁有3种搁置方式（图6-1-1-8）。

基础梁顶标高通常较室内地面低50～60mm，并高于室外地面。单层厂房室内外地面高差一般为150mm，可防止雨水倒流，也便于设置坡道，方便运输车辆出入。

② 连系梁构造：连系梁是连系排架柱并增强厂房纵向刚度的重要措施之一，同时它还承担着上部墙体荷载。连系梁多采用预制装配式和装配整体式的构造方式。连系梁跨度同柱距，支承在排架柱的牛腿上，通过螺栓或焊接与柱子连接（图6-1-1-9）。若梁的位置与门窗过梁一致，并在同一水平面上能交圈封闭时，可兼做过梁和圈梁。

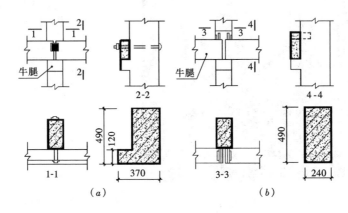

图 6-1-1-9　连系梁构造
(a) 螺栓连接；(b) 焊接连接

1.1.2　钢筋混凝土大型板材墙

采用大型板材墙可成倍地提高施工效率，加快建设速度。同时它还具有良好的抗震性能。因此大型板材墙是我国工业建筑应优先采用的外墙构造类型之一。

1. 墙板的类型

墙板的类型按其保温性能分为保温墙板和非保温墙板；按所用材料分为单一材料墙板和复合材料墙板；按其规格分为基本板、异形板和各种辅助构件；按其在墙面的位置可分为一般板、檐下板和山尖板等。

2. 墙板的布置

墙板的布置方式，最广泛采用的是横向布置，其次是混合布置，竖向布置采用较少（图6-1-1-10）。

横向布置时板型少，以柱距为板长，板柱相连，板缝处理较方便。山墙板布置与侧墙相同，山尖部位可布置成台阶形、人字形、折线形（图6-1-1-11）等。

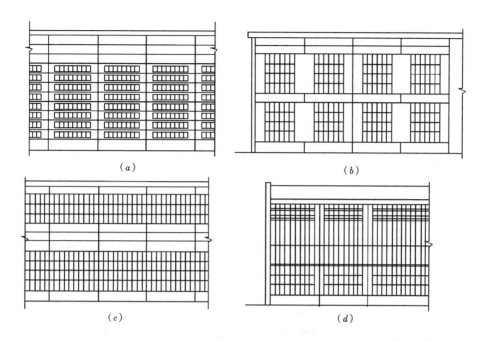

图 6-1-1-10　墙板布置方式

(a) 横向布置（带窗板）；(b) 混合布置；(c) 横向布置（通长带形窗）；
(d) 竖向布置

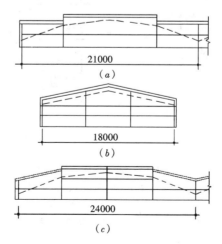

图 6-1-1-11　山墙山尖墙板布置

(a) 台阶形；(b) 人字形；(c) 折线形

台阶形山尖异形墙板少，但连接用钢较多，人字形则相反，折线形介于两者之间。

3. 墙板的规格

厂房墙体基本板的长度应符合《厂房建筑模数协调标准》GB/T 50006—2010 的规定，外墙墙板的两端宜与横向定位轴线或抗风柱中心线相重合，一般有 4.5m、6.0m、7.5m、12.0m 等规格。根据生产工艺的需要，也可采用 9.0m 的板长。基本板的宽度应符合 3M 模数，一般为 1.8m、1.5m、1.2m 和 0.9m 四种。基本板厚度应根据围护需要和结构计算确定。

4. 墙板连接

（1）板柱连接

板柱连接应安全可靠，便于制作、安装和检修。一般分柔性连接和刚性连接两类。

柔性连接的特点是：墙板与厂房骨架以及板与板之间在一定范围内可相对独立位移，能较好地适应振动引起的变形。设防烈度高于 7 度的地震区宜用此法连接墙板。

图 6-1-1-12(a) 所示为螺栓挂钩柔性连接。其优点是安装时一般无焊接作业，维修换件也较容易，但用钢量较多，暴露的零件较多，在腐蚀性环境中必须严加防护。图 6-1-1-12(b) 所示为角钢挂钩柔性连接。其优点是用钢量较少，暴露的金属面较少，有少许焊接作业，对土建施工的精度要求较高。角钢挂钩连接施工方便快捷，但相对独立位移较差。

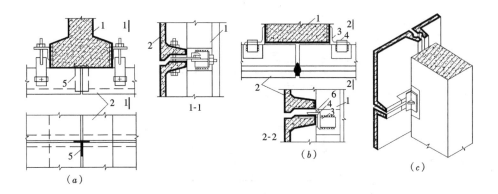

图 6-1-1-12　墙板与柱连接示例

(a) 螺栓挂钩柔性连接和钢支托；(b) 角钩挂钩柔性连接；(c) 刚性连接

1—柱；2—墙板；3—柱侧预焊角钢；4—墙板上预焊角钢；

5—钢支托；6—上下板连接筋（焊接）

刚性连接（图 6-1-1-12c）就是将每块板材与柱子用型钢焊接在一起，无需另设钢支托。其突出的优点是连接件钢材少，由于丧失了相对位移的条件，对不均匀沉降和振动较敏感，主要用在地基条件较好，振动影响小和抗震设防烈度小于7度的地区。

（2）板缝处理

对板缝的处理首先要求是防水，并应考虑制作及安装方便，对保温墙板尚应注意满足保温要求。水平缝（图 6-1-1-13a）宜选用高低缝，滴水平缝和肋朝外的平缝。对防水要求不严或雨水很少的地方也可采用平缝。垂直缝的较常用有直缝、喇叭缝、单腔缝、双腔缝等，如图 6-1-1-13（b）所示。

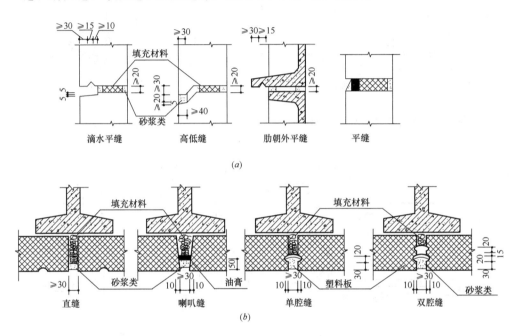

图 6-1-1-13　板缝构造

（a）水平缝构造示例；（b）垂直缝构造示例

1.1.3　彩色压型钢板外墙

在单层厂房外墙中，石棉水泥波瓦、金属外墙板等轻质板材的使用日益广泛。它们的连接构造基本相同，现以金属外墙板为例简要叙述如下。

金属板外墙构造力求简单，施工方便，与墙梁连接可靠，转角等细部构造应有足够的搭接长度，以保证防水效果。压型钢板外墙板在构造上增设了墙梁等构件。图 6-1-1-14 和图 6-1-1-15 分别为非保温型（单层板）和保温型外墙压型钢板之墙梁、墙板及包角板的构造图。图 6-1-1-16 为窗侧、窗顶、窗台包角构造。图 6-1-1-17 为山墙与屋面处泛水构造。图 6-1-1-18 为墙板与砖墙节点构造。

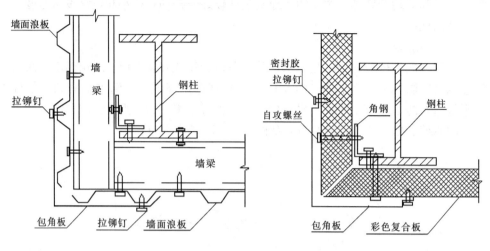

图 6-1-1-14 非保温外墙转角构造　　　　图 6-1-1-15 保温外墙转角构造

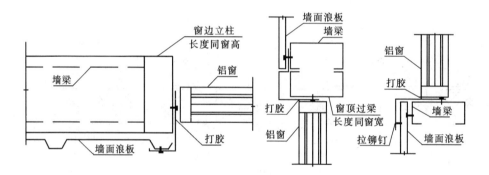

图 6-1-1-16 窗户包角构造

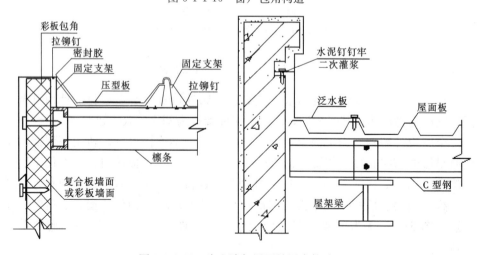

图 6-1-1-17 为山墙与屋面处泛水构造

1.1.4　开敞式外墙

　　南方夏热冬暖地区热加工车间常采用开敞或半开敞式外墙（图 6-1-1-19），该外墙的主要特点是既能通风又能防雨，故其外墙构造主要是挡雨板的构造，常用的有：

　　1. 石棉水泥波瓦挡雨板：特点是轻，图 6-1-1-20(a) 即其构造示例，该例中基本构件有：型钢支架（或钢筋支架）、型钢檩条、中波石棉水泥波瓦挡雨板及防溅板。挡雨板垂直间距视车间挡雨要求与飘雨角而定。

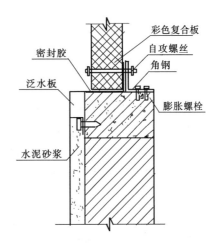

图 6-1-1-18　墙板与砖墙节点

　　2. 钢筋混凝土挡雨板（图 6-1-1-20b、c）：（b）图基本构件有三：支架、挡雨板、防溅板。（c）图构件最少，但风大雨多时飘雨多。室外气温较高，风沙大的干热地区不应采用开敞式外墙。

图 6-1-1-19　某开敞式外墙厂房

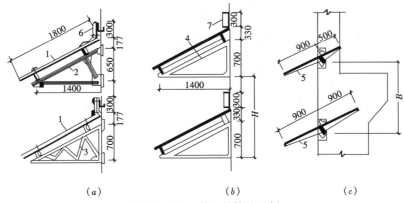

(a)　　　　　　　　　(b)　　　　　　　　　(c)

图 6-1-1-20　挡雨板构造示例

1—石棉水泥波瓦；2—型钢支架；3—圆钢筋轻型支架；4—轻型混凝土挡雨板及支架；
5—无支架钢筋混凝土挡雨板；6—石棉水泥波瓦防溅板；7—钢筋混凝土防溅板

1.2　大门及侧窗构造

1.2.1　门的尺寸与类型

工业厂房大门主要是供人、货流通行及疏散之用。因此门的尺寸应根据所需运输工具类型、规格、运输货物的外形尺寸并考虑通行方便等因素来确定。一般门的宽度应比满装货物时的车辆宽 600～1000mm，高度应高出 400～600mm。常用厂房大门的规格尺寸如图 6-1-2-1 所示。

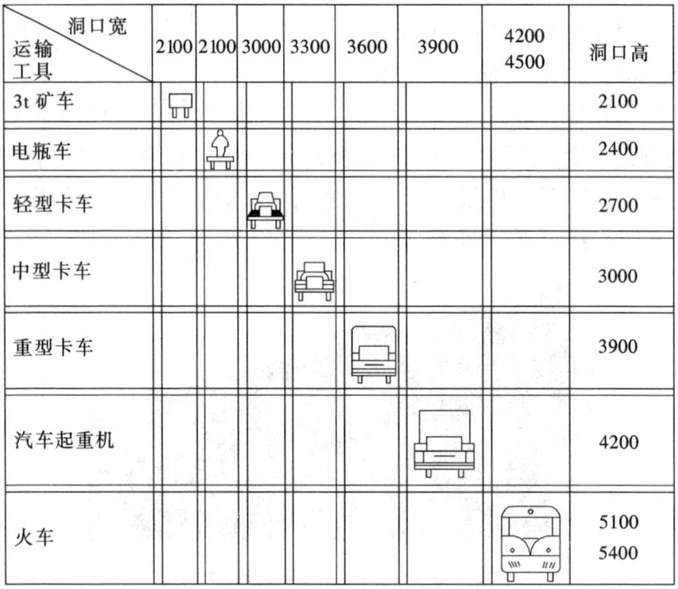

运输工具 \ 洞口宽	2100	2100	3000	3300	3600	3900	4200 4500	洞口高
3t 矿车	□							2100
电瓶车		♦						2400
轻型卡车			🚗					2700
中型卡车				🚙				3000
重型卡车					🚚			3900
汽车起重机						🏗		4200
火车							🚃	5100 5400

图 6-1-2-1　厂房大门尺寸（mm）

一般大门的材料有木、钢木、普通型钢和空腹薄壁钢等几种。门宽 1.8m 以内时可采用木制大门。当门洞尺寸较大时，为了防止门扇变形常采用钢木大门或钢板门。高大的门洞需采用各种钢门或空腹薄壁钢门。

大门的开启方式有平开、推拉、折叠、升降、上翻、卷帘等，如图 6-1-2-2 及图 6-1-2-3 所示。

1.2.2　一般大门的构造

1. 平开门：平开门是由门扇、铰链及门框组成。门洞尺寸一般不宜大于 3.6m×3.6m，门扇可由木、钢或钢木组合而成。门框有钢筋混凝土和砖砌两种（图 6-1-2-4）。当门洞宽度大于 3m 时，设钢筋混凝土门框。洞口较小时可采用砖

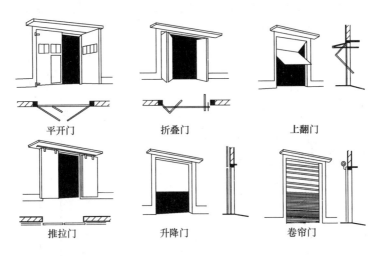

图 6-1-2-2　大门开启方式

图 6-1-2-3　各种不同开启方式的大门实例

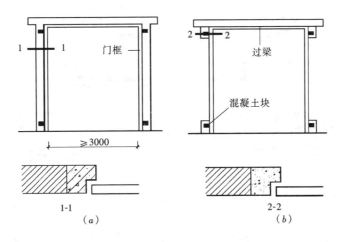

图 6-1-2-4　大门门框

砌门框,墙内砌入有预埋铁件的混凝土块。一般每个门扇设两个铰链。图 6-1-2-5 为常用钢木平开大门构造示例。

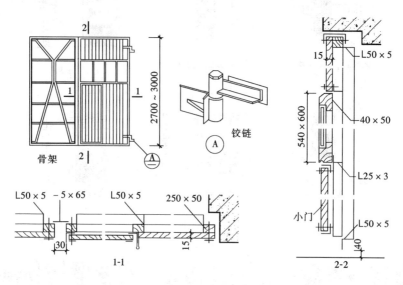

图 6-1-2-5 钢木平开门构造示例

2. 推拉门:推拉门由门扇、门轨、地槽、滑轮及门框组成。门扇可采用钢木门、钢板门、空腹薄壁型材门等。根据门洞大小,可布置成多种形式(图 6-1-2-6)。推拉门的支承方式分为上挂式和下滑式两种,当门扇高度小于 4m 时,用上挂式。当门扇高度大于 4m 时,多用下滑式。推拉门位于墙外时,需设雨篷。图 6-1-2-7 为上挂式钢木推拉门示例。

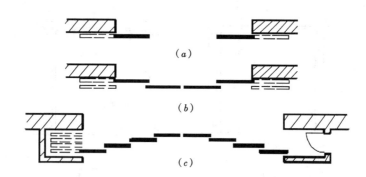

图 6-1-2-6 推拉门布置形式
(a) 单轨双扇;(b) 多轨多扇;(c) 多轨多扇

3. 卷帘门:卷帘门主要由帘板、导轨及传动装置组成。帘板由铝合金页板组成。页板的下部采用钢板和角钢增强刚度,并便于安设门锁。页板的上部与卷轴连接,开启时,页板沿着门洞两侧的导轨上升并卷在卷轴上。门洞的上部安设传动装置，传动装置分手动和电动两种。图 6-1-2-8 电动式卷帘门示例。

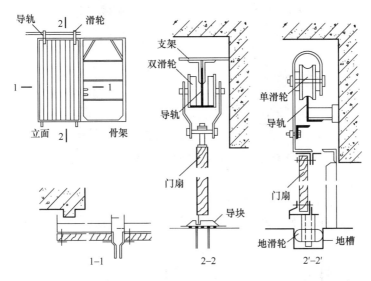

图 6-1-2-7　上挂式推拉门构造示例

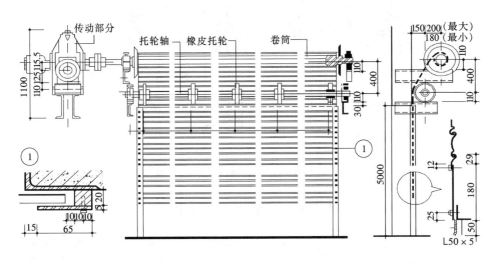

图 6-1-2-8　电动式卷帘门构造示例

1.2.3　特殊要求的门

1. 防火门：防火门用于加工易燃品的车间或仓库，应根据耐火等级的要求选用。防火门目前多采用自动控制联动系统启闭（图 6-1-2-9）。

2. 保温门、隔声门：一般保温门和隔声门的门扇常采用多层复合板材，在两层面板间填充保温材料或吸声材料。门缝密闭处理和门框的裁口形式对

图 6-1-2-9　防火门

保温、隔声和防尘有很大影响。一般保温门和隔声门的节点构造如图6-1-2-10
所示。

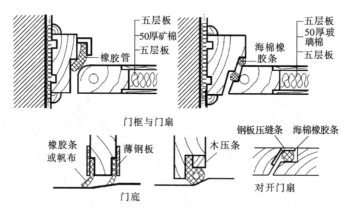

图 6-1-2-10　保温门、隔声门门缝处理

1.2.4　侧窗及其构造

　　工业厂房侧窗面积大，多采用拼樘组合窗，其不仅要满足采光和通风的
要求，还应满足与生产工艺有关的一些特殊要求。有爆炸危险的厂房，侧窗
应便于泄压；要求恒温、恒湿和洁净的厂房，侧窗应有足够的保温、隔热性
能等。

　　在钢组合窗中，需采用拼樘构件来联系相邻的基本窗，以加强窗的整体刚度
和稳定性。两个基本窗左右拼接，称为横向拼樘；两个基本窗上下拼接，称为竖
向拼樘。横向拼接时加竖梃，竖向拼接时加横档，见图 6-1-2-11。工业厂房侧窗
与民用建筑窗户的材料、开启方式等基本相同，但由于面积较大，往往需进行拼
樘组合。

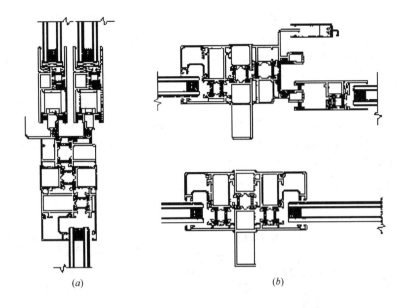

(a)　　　　　　　　　　　　　(b)

图 6-1-2-11　断桥铝合金拼樘构造
(a) 垂直拼樘；(b) 水平拼樘

1.3　屋　面　构　造

厂房屋面体系根据屋面构造可分为无檩体系和有檩体系。

无檩体系：将大型屋面板直接搁置在屋架上。无檩体系的构件尺寸大，构件型号少，有利于工业化施工，如图 6-1-3-1 所示。大型屋面板的长度是柱子的间距，多为 6m。厂房屋顶应满足防水、保温隔热等基本围护要求。同时，根据厂房需要，设置天窗解决厂房采光问题。

有檩体系：由搁置在屋架上的檩条支承小型屋面板构成的，如图 6-1-3-2 所示。小型屋面板的长度为檩条的间距。这种体系构件尺寸小、重量轻、施工方便，

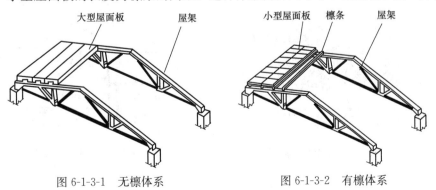

图 6-1-3-1　无檩体系　　　　　　　　　图 6-1-3-2　有檩体系

但构件数量较多，施工周期长。当采用轻型屋面板时，为避免屋面板产生较大挠度并保证屋面结构稳定，也采用在屋面板下铺设檩条。

钢结构厂房屋面采用压型钢板有檩体系，即在刚架斜梁上设置C形或Z形冷轧薄壁钢檩条，再铺设压型钢板屋面。彩色压型钢板屋面施工速度快、重量轻，表面带有色彩涂层，防锈、耐腐、美观，并可根据需要设置保温、隔热、防结露涂层等，适应性较强。压型钢板屋面构造做法与墙体做法有相似之处。图6-1-3-3为压型钢板屋面及檐沟构造做法，图6-1-3-4为屋脊节点构造，图6-1-3-5为檐沟构造做法，图6-1-3-6、图6-1-3-7为双层板屋面构造，图6-1-3-8为内天沟构造做法。图6-1-3-9为屋面变形缝构造做法。

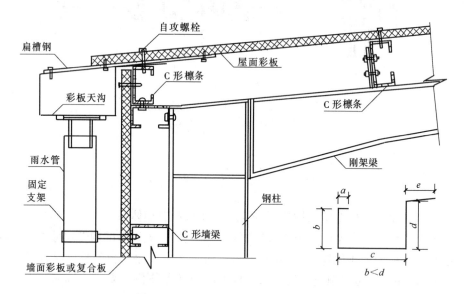

图 6-1-3-3　压型钢板屋面及檐沟构造

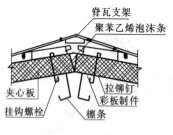

图 6-1-3-4　屋脊节点构造

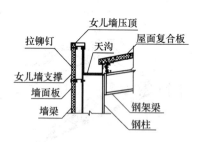

图 6-1-3-5　为檐沟构造做法

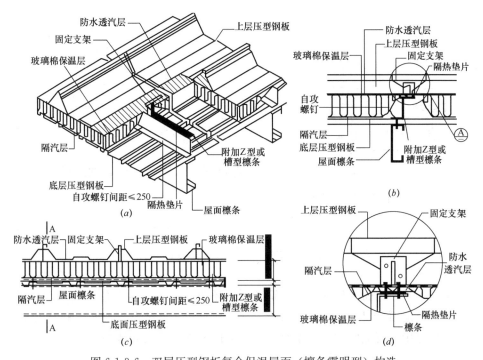

图 6-1-3-6　双层压型钢板复合保温屋面（檩条露明型）构造

(a) 双层压型钢板复合保温屋面构造示意；(b) A—A 剖面；(c) 层面横向连接；(d) ③节点构造图

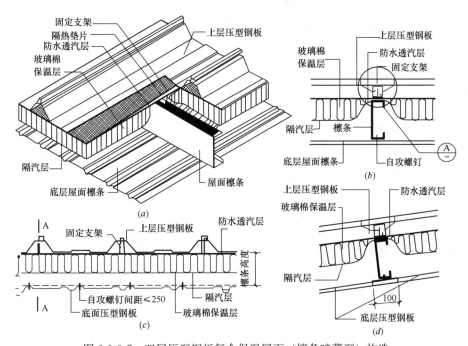

图 6-1-3-7　双层压型钢板复合保温屋面（檩条暗藏型）构造

(a) 双层压型钢板复合保温屋面构造示意；(b) A—A 剖面；(c) 层面横向连接；(d) ③节点构造图

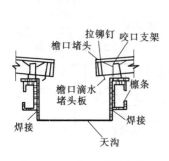

图 6-1-3-8　内天沟构造做法

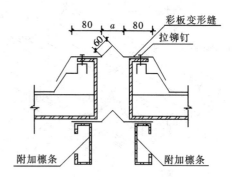

图 6-1-3-9　屋面变形缝构造

1.4　地　面　构　造

工业建筑的地面不仅面积大、荷载重，还要满足各种生产使用要求。因此，合理地选择地面材料及构造，不仅对生产，而且对投资都有较大的影响。工业建筑地面与民用建筑地面构造基本相同，一般由面层、垫层和地基组成。

1.4.1　面　层　选　择

面层是直接承受各种物理和化学作用的表面层，应根据生产特征、使用要求和影响地面的各种因素来选择地面。面层的选用可参见表 6-1-4-1。

地面面层选择　　　　　　　　　　　　　　表 6-1-4-1

生产特征及对垫层使用要求	适宜的面层	生产特征举例
机动车行驶、受坚硬物体磨损	混凝土、铁屑水泥、粗石	车行通道、仓库、钢绳车间等
坚硬物体对地面产生冲击（10kg 以内）	混凝土、块石、缸砖	机械加工车间、金属结构车间等
坚硬物体对地面有较大冲击（50kg 以上）	矿渣、碎石、素土	铸造、锻压、冲压、废钢处理等
受高温作用地段（500℃以上）	矿渣、凸缘铸铁板、素土	铸造车间的熔化浇铸工段、轧钢车间加热和轧机工段、玻璃熔制工段
有水和其他中性液体作用地段	混凝土、水磨石、陶板	选矿车间、造纸车间
有防爆要求	菱苦土、木砖沥青砂浆	精苯车间、氢气车间、火药仓库等
有酸性介质作用	耐酸陶板、聚氯乙烯塑料	硫酸车间的净化、硝酸车间的吸收浓缩
有碱性介质作用	耐碱沥青混凝土、陶板	纯碱车间、液氨车间、碱熔炉工体段

生产特征及对垫层使用要求	适宜的面层	生产特征举例
不导电地面	石油沥青混凝土、聚氯乙烯塑料	电解车间
要求高度清洁	水磨石、陶板马赛克、拼花木地板、聚氯乙烯塑料、地漆布	光学精密器械、仪器仪表、钟表、电讯器材装配

1.4.2　垫层的设置与选择

垫层是承受并传递地面荷载至地基的构造层次，可分为刚性和柔性两类。刚性垫层整体性好、不透水、强度大，适用于荷载大且要求变形小的地面；柔性垫层在荷载作用下产生一定的塑性变形，造价较低，适用于承受冲击和强振动作用的地面。

垫层的厚度主要由作用在地面上的荷载确定，地基的承载能力对它也有一定的影响，对于较大荷载需经计算确定。地面垫层的最小厚度应满足表 6-1-4-2 的规定。

垫层最小厚度　　　　　　　　　　　表 6-1-4-2

垫层名称	材料强度等级或配合比	厚度（mm）
混凝土	≥C10	60
四合土	1∶1∶6∶12（水泥∶石灰膏∶砂∶碎砖）	80
三合土	1∶3∶6（熟化石灰∶砂∶碎砖）	100
灰土	3∶7或2∶8（熟化石灰∶黏性土）	100
砂、炉渣、碎（卵）石		60
矿渣		80

1.4.3　地 基 的 要 求

地面应铺设在均匀密实的地基上。当地基土层不够密实时，应用夯实、掺骨料、铺设灰土层等措施加强。地面垫层下的填土应选用砂土、粉土、黏性土及其他有效填料，不得使用过湿土、淤泥、腐殖土、冻土、膨胀土及有机物含量大于8%的土。

1.4.4　细 部 构 造

1. 缩缝：混凝土垫层需考虑温度变化产生的附加应力的影响，同时防止因

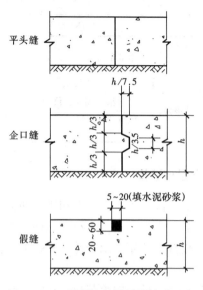

图 6-1-4-1 混凝土垫层缩缝构造示意

混凝土收缩变形所导致的地面裂缝。一般厂房混凝土垫层按 3～6m 间距设置纵向缩缝，6～12m 间距设置横向缩缝，设置防冻胀层的地面纵横向缩缝间距不宜大于 3m。缝的构造形式有平头缝、企口缝、假缝（图 6-1-4-1），一般多为平头缝。企口缝适合于垫层厚度大于 150mm 的情况，假缝只能用于横向缩缝。

2. 变形缝：地面变形缝的位置应与建筑物的变形缝一致。同时在地面荷载差异较大和受局部冲击荷载的部分亦应设变形缝。变形缝应贯穿地面各构造层次，并用嵌缝材料填充（图 6-1-4-2）。

3. 交界缝：两种不同材料的地面，由于强度不同，接缝处易遭受破坏。应根据不同情况采取措施。图 6-1-4-3 为不同交接缝的构造示例。

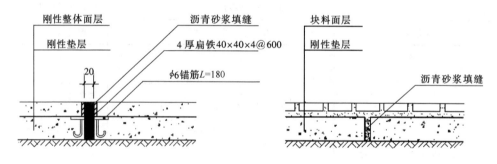

图 6-1-4-2 地面变形缝构造

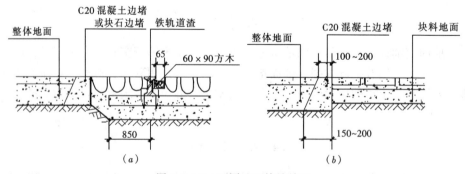

（a）   （b）

图 6-1-4-3 不同地面接缝处理

第2章　单层工业建筑天窗构造

天窗在单层厂房中应用非常广泛，主要作用是厂房的天然采光和自然通风。在工业厂房中，以天然采光为主的天窗称为采光天窗，以通风排烟为主的天窗称为通风天窗。鉴于天窗在单层工业厂房中的重要性，本章将就单层厂房中天窗的构造作较为详细的介绍。

2.1　采　光　天　窗

2.1.1　矩　形　天　窗

矩形天窗（图 6-2-1-1）具有采光好，光线均匀，防雨较好，窗扇可开启以兼作通风的优点，故在冷加工车间广泛应用。缺点是构件类型多，造价高，抗震性能差。

图 6-2-1-1　矩形天窗内、外景

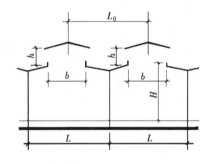

图 6-2-1-2　矩形天窗的几何尺寸

为了获得良好的采光效率，矩形天窗的宽度 b 宜等于厂房跨度 L 的 $1/3 \sim 1/2$，天窗高宽比 h/b 为 0.3 左右，相邻两天窗的轴线间距 L_0 不宜大于工作面至天窗下缘高度 H 的四倍（图 6-2-1-2）。

矩形天窗主要由天窗架、天窗扇、天窗屋面板、侧板及端壁等构件组成（图 6-2-1-3）。

1. 天窗架

天窗架是天窗的承重构件，支承在屋架上弦上，常用钢筋混凝土或型钢制作。钢天窗架重量轻、制作及吊装方便，除用于钢屋架外，也可用于钢筋混凝土屋架。钢天窗架常用的形式有桁架式和多压杆式两种（图 6-2-1-4a）。钢筋混凝

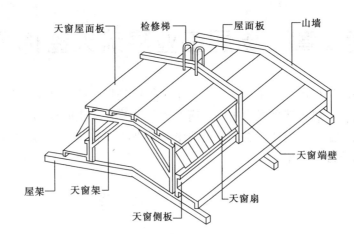

图 6-2-1-3　矩形天窗组成

土天窗架与钢筋混凝土屋架配合使用，一般为 Π 形或 W 形，也可做成双 Y 形（图 6-2-1-4b）。

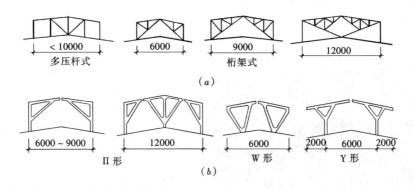

图 6-2-1-4　天窗架形式示例

（a）钢天窗架；（b）钢筋混凝土天窗架

2. 天窗扇

天窗扇的主要作用是采光、通风和挡雨。用钢材制作。它的开启方式有两种：上悬式和中悬式。前者防雨性能较好，但开启角度不能大于 45°，故通风较差；后者开启角度可达 60°～80°，故通风流畅，但防雨性能欠佳。

（1）上悬式钢天窗扇

我国定型上悬钢天窗扇的基准高度有三种：900mm、1200mm、1500mm，由此可组合成不同高度的天窗。上悬钢天窗扇可采用通长布置和分段布置两种。

1）通长天窗扇（图 6-2-1-5a），它由两个端部固定窗扇和若干个中间开启窗扇连接而成，其组合长度应根据矩形天窗的长度和选用天窗扇开关器的启动能力来确定。

　　2）分段天窗扇（图 6-2-1-5*b*），它是在每个柱距内分别设置天窗扇，其特点是开启及关闭灵活，但窗扇用钢量较多。

　　（2）中悬式钢天窗扇

　　中悬钢天窗扇因受天窗架的阻挡只能分段设置，一个柱距内仅设一樘窗扇。我国定型产品的中悬钢天窗扇高度有三种：900mm、1200mm 和 1500mm，可按

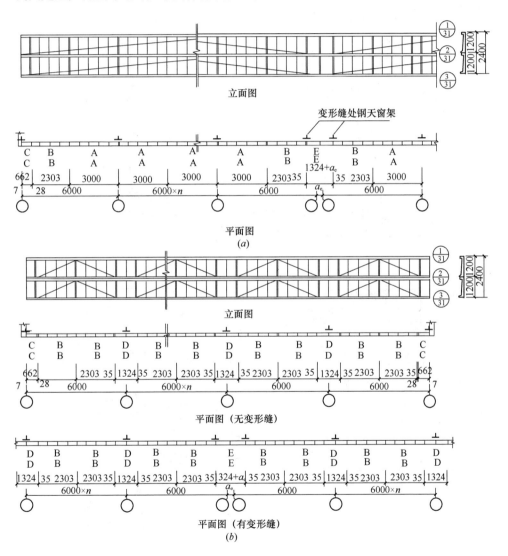

图 6-2-1-5　上悬钢天窗扇构造示例（一）

（*a*）通长天窗扇立面；（*b*）分段天窗扇立面

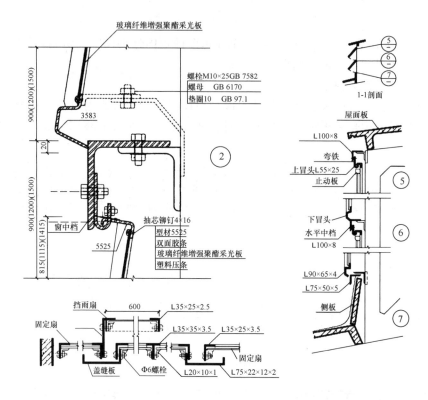

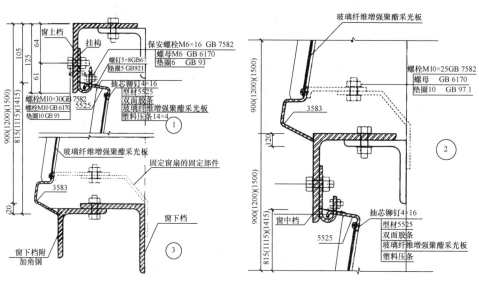

图 6-2-1-5 上悬钢天窗扇构造示例 (二)

(c) 钢天窗剖面节点详图

需要组合。窗扇的上冒头、下冒头及边梃均为角钢，窗芯为 T 型钢，窗扇转轴固定在两侧的竖框上。

3. 天窗端壁

天窗两端的承重围护构件称为天窗端壁（图 6-2-1-6）。通常，预制钢筋混凝土端壁用于钢筋混凝土屋架（图 6-2-1-7*a*）；而钢天窗架采用压型钢板端壁（图 6-2-1-7*b*），用于钢屋架。为了节省材料，钢筋混凝土天窗端

图 6-2-1-6　天窗端壁

壁常做成肋形板代替天窗架，支承天窗屋面板。端壁板及天窗架与屋架上弦的连接均通过预埋铁件焊接。

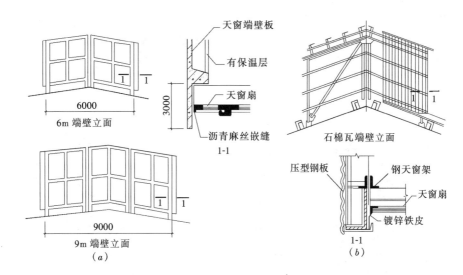

图 6-2-1-7　天窗端壁构造示意

（*a*）钢筋混凝土端壁；（*b*）压型钢板端壁

4. 天窗屋顶和檐口

天窗的屋顶构造一般与厂房屋顶构造相同。当采用钢筋混凝土天窗架，无檩体系大型屋面板时，其檐口构造有两类：①带挑檐的屋面板：无组织排水的挑檐出挑长度一般为 500mm（图 6-2-1-8*a*）；②设檐沟板：有组织排水可采用带檐沟屋面板（图 6-2-1-8*b*），或者在天窗架端部预埋铁件焊接钢牛腿，支承天沟（图 6-2-1-8*c*）。

钢结构天窗的屋顶、檐口与厂房的屋顶、檐口构造相同，可参见本篇第 1 章

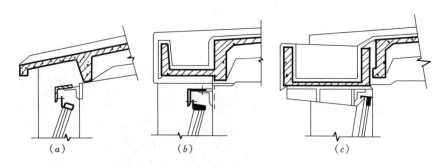

图 6-2-1-8   钢筋混凝土天窗檐口

(*a*) 挑檐板；(*b*) 带檐沟屋面板；(*c*) 牛腿支承天沟板

相关内容。

5. 天窗侧板

在天窗扇下部需设置天窗侧板，侧板的作用是防止雨水溅入车间及防止因屋面积雪挡住天窗扇。从屋面至侧板上缘的距离一般为 300mm，积雪较深的地区，可采用 500mm。侧板的形式应与屋面板构造相适应。当屋面为无檩体系时，侧板可采用钢筋混凝土槽型板（图 6-2-1-9*a*）或钢筋混凝土小型平板（图 6-2-1-9*b*）。当屋面为有檩体系时，侧板常采用石棉瓦、压型钢板等轻质材料，如图 6-2-1-10所示。

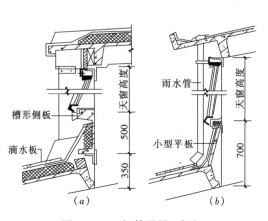

图 6-2-1-9   钢筋混凝土侧板

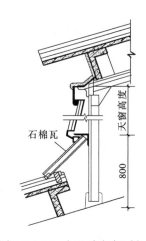

图 6-2-1-10   钢天窗架轻质侧板

2.1.2 平 天 窗

平天窗采光效率高，且布置灵活、构造简单、适应性强。但应注意避免眩光，做好玻璃的安全防护，及时清理积尘，选用合适的通风措施。它适用于一般冷加工车间。

1. 平天窗类型

平天窗的类型有采光罩、采光板、采光带等三种（图 6-2-1-11）。

图 6-2-1-11　采光带和采光罩

（1）采光罩是在屋面板的孔洞上设置锥形、弧形透光材料，图 6-2-1-12(a)
为弧形采光罩。

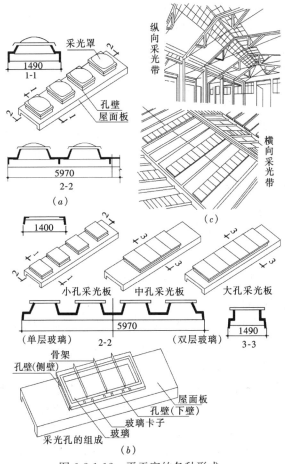

图 6-2-1-12　平天窗的各种形式

(a) 采光罩；(b) 采光板；(c) 采光带

（2）采光板是在屋面板的孔洞上设置平板透光材料，如图 6-2-1-12（b）所示。

（3）采光带是在屋面的通长（横向或纵向）孔洞上设置平板透光材料，如图 6-2-1-12（c）所示。

2. 平天窗的构造

平天窗可分别用于钢结构屋面和钢筋混凝土大型屋面板。用于钢结构屋面的平天窗根据屋面板材的不同，其构造也有所差异。图 6-2-1-13 是适用于压型钢板夹芯复合屋面板的构造详图。

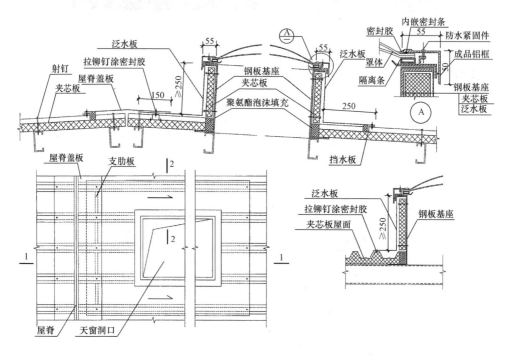

图 6-2-1-13 压型钢板夹芯复合屋面平天窗构造

（1）钢结构屋面的平天窗

图中平天窗的井壁由钢板基座、夹芯板、聚氨酯泡沫填充材料组成；其外侧覆泛水板，并采用拉铆钉涂密封胶锚钉在夹芯板屋面上。

（2）透光材料及安全措施

透光材料可采用玻璃、有机玻璃和玻璃钢等。由于玻璃的透光率高，光线质量好，所以采用最多。从安全性能看，可考虑选择钢化玻璃、夹层玻璃、夹丝玻璃等。从热工性能方面来看，可考虑选择吸热玻璃、反射玻璃、中空玻璃等。如果采用非安全玻璃应在其下设金属安全网。若采用普通平板玻璃，应避免直射阳光产生眩光及辐射热，可在平板玻璃下方设遮阳格片。

（3）通风措施

平天窗的作用主要是采光，若需兼作自然通风时，有以下几种方式：①采光板或采光罩的窗扇做成能开启和关闭的形式（图 6-2-1-14a）；带通风百页的采光罩（图 6-2-1-14b）；组合式通风采光罩，它是在两个采光罩之间设挡风板，两个采光罩之间的垂直口是开敞的，并设有挡雨板，既可通风，又可防雨（图 6-2-1-14c）；在南方炎热地区，可采用平天窗结合通风屋脊进行通风的方式（图 6-2-1-14d）。

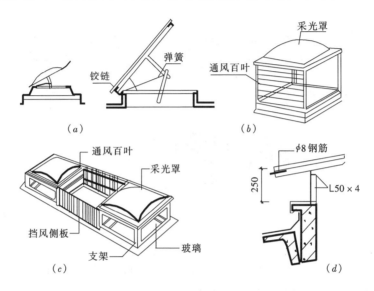

图 6-2-1-14　平天窗架的通风构造

3. 锯齿形天窗

锯齿形天窗（图 6-2-1-15）是将厂房屋盖做成锯齿形，在其垂直面（或稍倾斜）设置采光天窗。它具有采光效率高，光线稳定等特点，但应注意其采光方向

图 6-2-1-15　锯齿形天窗外观

性强，车间内的机械设备宜与天窗垂直布置。锯齿形天窗多用于要求光线稳定和需要调节温、湿度的厂房（如纺织、精密机械等类型的单层厂房）。

为了保证采光均匀，锯齿形天窗的轴线间距不宜超过工作面至天窗下缘高度的2倍。因此，在跨度较大的厂房中设锯齿形天窗时，宜在屋架上设多排天窗（图6-2-1-16）。锯齿形天窗的构成与屋盖结构有密切的关系，种类较多，以下介绍常见的两种。

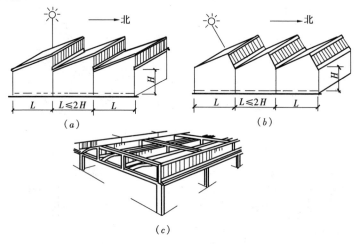

图 6-2-1-16　锯齿形天窗示意
(a) 垂直玻璃面；(b) 倾斜玻璃面；(c) 一跨内设多排锯齿形天窗

（1）纵向双梁及横向三角架承重的锯齿形天窗

它是两根搁置在 T 形柱上的纵向大梁、天沟板、三角架、屋面板、天窗扇及天窗侧板所组成。大梁和天沟板构成通风道，图6-2-1-17 为其构造示例。

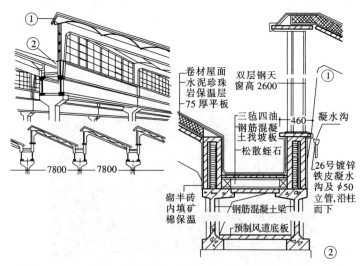

图 6-2-1-17　纵向双梁及横向三角架承重的锯齿形天窗构造示意

当横向跨度较大和不需要设通风道的厂房，可直接由三角形屋架支承屋面板组成锯齿形天窗（图 6-2-1-18、图 6-2-1-19）。

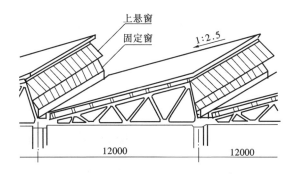

图 6-2-1-18　三角形屋架的锯齿形天窗示意

（2）纵向双梁及纵向天窗框承重的锯齿形天窗（图 6-2-1-20）

它也是由两根纵向大梁及天沟板组成通风道，但取消了横向三角架，屋面板上端直接搁置在钢筋混凝土天窗框上，下端搁置在另一大梁上，与上一种相比，简化了构件类型和施工工序。图 6-2-1-21 为其构造示例。也可采用箱形梁替代两根纵向大梁（图 6-2-1-22），它既是承重构件，又是通风道，构件的类型进一步减少，但由于箱形梁构件较大，需用大型吊装设备。

图 6-2-1-19　横向锯齿形天窗内景

图 6-2-1-20　纵向锯齿形天窗内景

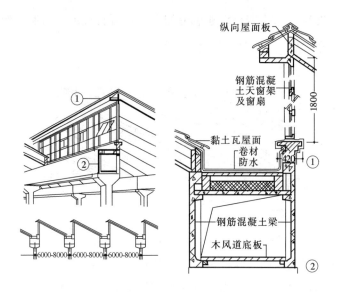

图 6-2-1-21   纵向双梁及纵向天窗框承重的锯齿形天窗构造示意

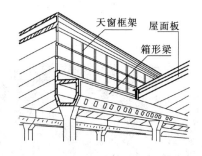

图 6-2-1-22   纵向箱形梁及纵向天窗框承重的锯齿形天窗构造示意

2.2 通 风 天 窗

通风天窗，主要用于热加工车间，亦称排风天窗。为使天窗能稳定排风，应在天窗口外加设挡风板。除寒冷地区采暖的车间外，其窗口开敞，不装设窗扇，为了防止飘雨，须设置挡雨设施。图 6-2-2-1 所示的是矩形通风天窗。

2.2.1　钢结构通风天窗

通风天窗的形式主要分为弧线形通风天窗、折线形通风天窗、薄型通风天窗及通风帽等。

1. 折线形通风天窗

折线形通风天窗如图 6-2-2-2 所示。当通风天窗为横向天窗时，其天窗钢支

图 6-2-2-1 矩形通风天窗

架与屋面的连接有两种方式：一种为钢板支座式，如图左侧所示，钢板支座可采用槽钢，支撑在钢檩条上，天窗钢支架固定在钢板支座及钢檩条上。另一种为槽钢托梁于钢檩条上。

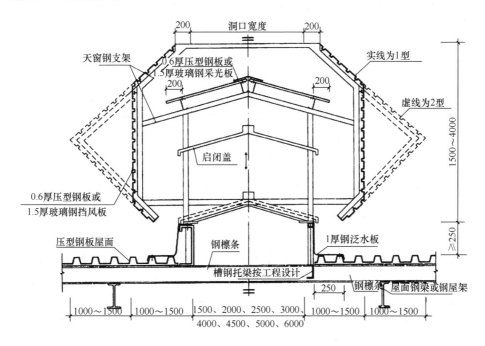

图 6-2-2-2 折线形通风天窗构造

折线形通风天窗的屋面采用 0.6mm 厚压型钢板或 1.5mm 厚玻璃钢采光板，主要起防雨作用。其下部设一层启闭盖，主要作用是调节通风开口的大小。

天窗钢支架由专业厂家生产，可采用角钢、方钢管或C型钢。折线形通风天窗既可用于横向天窗，也可用于屋脊的纵向天窗，仅天窗钢支架的连接节点不同。

2. 弧线形通风天窗

与折线形通风天窗相比，弧线形天窗由于其外形采用了曲线，对自然风阻力较小，能形成较好的气流，使厂房结构受风荷载较小，通风排烟更流畅。图6-2-2-3是弧线形通风天窗（用于屋脊的纵向通风天窗），选用不同的连接节点，亦可用于厂房横向天窗。

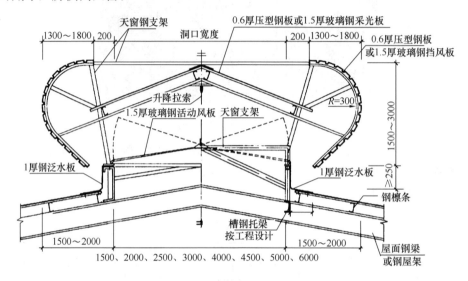

图 6-2-2-3　弧线形通风天窗

弧线形通风天窗的屋面板、侧板均采用 0.6mm 厚压型钢板或 1.5mm 厚玻璃钢采光板；与折线形通风天窗不同的是，弧线形通风天窗通风口的调节是由升降拉索操作活动风板（1.5mm 厚玻璃钢板）实现的。

2.2.2　钢筋混凝土通风天窗

1. 挡风板的形式及构造

挡风板由面板和支架两部分组成。面板材料常采用石棉水泥瓦、玻璃钢瓦、压型钢板等轻质材料，可做成垂直的、倾斜的、折线形和曲线形等几种形式（图6-2-2-4）。向外倾斜的挡风板通风性能最好。折线形和曲线形挡风板的通风性能介于外倾与垂直挡风板之间。内倾挡风板通风性能较差，但有利于挡雨。

支架的材料主要采用型钢及钢筋混凝土。其构造形式可参照本书相关内容，其中：

（1）立柱式

当屋面为无檩体系时，立柱支承在屋面板纵肋处的柱墩上，并用支撑与天窗架连接，挡风板与天窗架的距离会受到屋面板布置的限制。当屋面为有檩体系

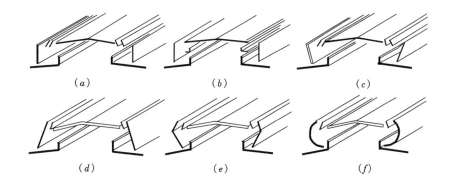

图 6-2-2-4　挡风板形成示意

（a）垂直挡风板水平口挡雨；（b）垂直挡风板垂直口挡雨；（c）外倾挡风板；
（d）内倾挡风板；（e）折线形挡风板（f）曲线形挡风板

时，立柱可支承在檩条上，但该构造处理复杂，很少采用。

（2）悬挑式

挡风板支架固定在天窗架上，屋面不承受挡风板的荷载，因此挡风板与天窗之间的距离不受屋面板的限制，布置灵活，但悬挑式挡风板增加了天窗架的荷载，且对抗震不利。

2. 挡雨设施

（1）挡雨方式及挡雨片的布置

天窗的挡雨方式可分为水平口、垂直口设挡雨片以及大挑檐挡雨三种（图6-2-2-5）。

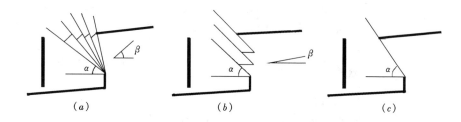

图 6-2-2-5　天窗挡雨方式示意图

（a）水平口设挡雨片；（b）垂直口设挡雨片；（c）大挑檐挡雨

α—挡雨角；β—挡雨片与水平夹角

挡雨片的间距和数量，可用作图法求出。图 6-2-2-6 为水平口挡雨片的作图法：先定出挡雨片的宽度与水平夹角，画出高度范围 h，然后以天窗口下缘"A"点为作图基点，按图中的1、2、3各点作图，顺序求出挡雨片的间距，直至等于或略小于挡雨角为止，即可定出挡雨片应采用的数量。

挡雨角 α 的大小，应根据当地的飘雨角及生产工艺对防雨的要求确定。有挡

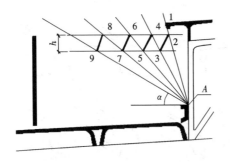

图 6-2-2-6　水平口挡雨片的作图法

风板的天窗，挡雨角可增加约 10°，一般按 35°～45° 选用；风雨较大地区按 30°～35° 选用；生产上对防雨要求较高的车间及台风暴雨地区，α 可酌情减小或使排风区完全处于遮挡区内。

（2）挡雨片构造

挡雨片所采用的材料有石棉瓦、钢丝网水泥板、钢筋混凝土

板、薄钢板、瓦楞铁等。当天窗有采光要求时，可改用铅丝玻璃、钢化玻璃、玻璃钢波形瓦等透光材料。其构造做法可参照图 6-2-2-7 所示。

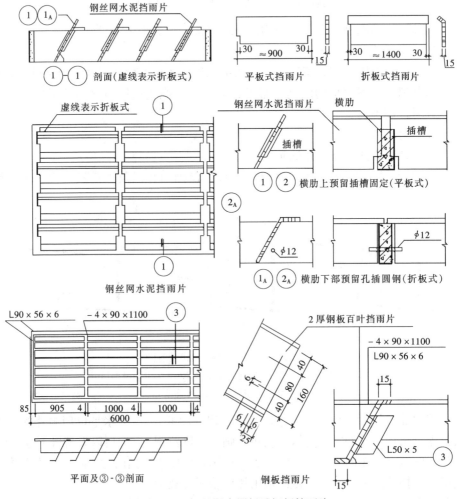

图 6-2-2-7　钢丝网水泥板及钢板挡雨片

2.3　其他形式的天窗

2.3.1　梯形天窗与 M 形天窗

梯形天窗与 M 形天窗的构造与矩形天窗构造类似，外形有所不同，因而在采光、通风性能方面有所区别。梯形天窗（图 6-2-3-1a）的两侧采光面与水平面倾斜，一般成 60°角。它的采光率比矩形天窗高 60%，但均匀性较差，并有大量直射阳光，防雨性能也较差，国外常有采用，国内应用较少。M 形天窗（图 6-2-3-1b）是将矩形天窗的顶盖向内倾斜而成。倾斜的顶盖便于疏导气流及增强光线反射，故其通风、采光效率比矩形天窗高，但排水处理较复杂。

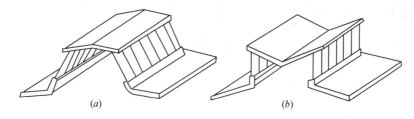

(a)　　　　　　　　　　　　　(b)

图 6-2-3-1　梯形天窗、M 形天窗示意
(a) 梯形天窗；(b) M 形天窗

2.3.2　三 角 形 天 窗

三角形天窗（图 6-2-3-2）与采光带类似，但三角形天窗的玻璃顶盖呈三角形，通常与水平面成 30°～40°角，宽度较宽（一般为 3～6m），须设置天窗架，常采用钢天窗架。三角形天窗同样具有采光效率高的特点，但其照度的均匀性比平天窗差，构造也复杂一些。

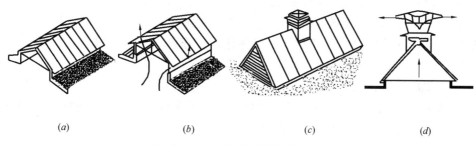

(a)　　　　　　(b)　　　　　　(c)　　　　　　(d)

图 6-2-3-2　三角形天窗的屋架形式
(a) 单纯采光的；(b) 天窗檐口下带通风口的；(c) 端部设通风百叶
及顶部设通风塔；(d) 顶部设有通风机的风帽

2.3.3　通　风　屋　脊

通风屋脊是在屋脊处留出一条狭长的喉口，然后将此处的脊瓦或屋面板架空，形成脊状的通风口。喉口宽度小时，可用砖墩或混凝土墩子架空（图6-2-3-3a）；喉口宽度大时，可用简单的钢筋混凝土或钢支架支承（图6-2-3-3b）。在两侧通风口处需设挡雨片挡雨；也可设置挡风板，使排风较为稳定。通风屋脊的构造简单、省工省料，缺点是易飘雨、飘灰，主要用于通风要求不高的冷加工车间。

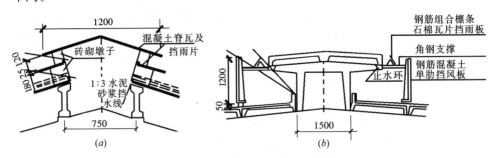

图 6-2-3-3　通风屋脊构造示意
（a）采用脊瓦及挡雨片；（b）带挡风板

2.3.4　下　沉　式　天　窗

下沉式天窗是在拟设置天窗的部位，把屋面板下移铺在屋架的下弦上，从而利用屋架上下弦之间的空间构成天窗。与矩形通风天窗相比，省去了天窗架和挡风板，降低了高度、减轻了荷载，但增加了构造、防水和施工的复杂程度。

根据其下沉部位的不同，可分为纵向下沉和横向下沉、井式下沉三种类型。

1. 井式天窗

井式天窗是将屋面拟设天窗位置的屋面板下沉铺在屋架下弦上，形成一个个凹嵌在屋架空间内的井状天窗（图6-2-3-4）。它具有布置灵活、排风路径短捷、通风性能好、采光均匀等特点。多用在热加工车间及一些局部热源的冷加工车间。

2. 纵向下沉式天窗

纵向下沉式天窗（图6-2-3-5）是将下沉的屋面板沿厂房纵轴方向通长地搁置在屋架下弦上。根据其下沉位置的不同分为：

两侧下沉、中间下沉和中间双下沉三种形式。两侧下沉的天窗通风采光效果均较好，中间下沉的天窗采光、通风均不如两侧下沉的天窗，较少采用；中间双下沉的天窗采光、通风效果好，适用面大。

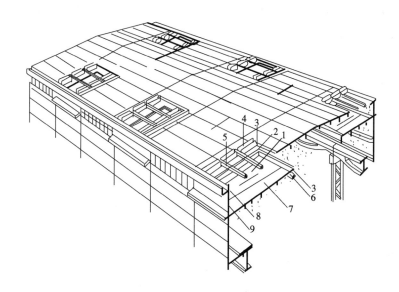

图 6-2-3-4 井式天窗示意

1—水平口；2—垂直口；3—泛水口；4—挡雨片；5—空格板；
6—檩条；7—井底板；8—天沟；9—挡风侧壁

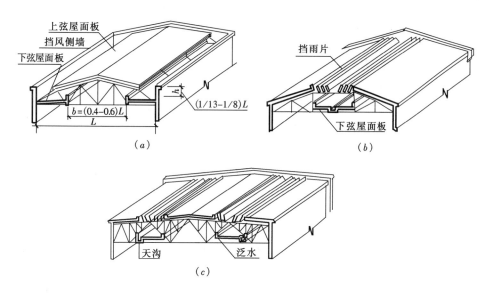

图 6-2-3-5 纵向下沉式天窗示意

(a) 两侧下沉；(b) 中间单下沉；(c) 中间双下沉

3. 横向下沉式天窗

横向下沉式天窗（图 6-2-3-6）是将相邻柱距的整跨屋面板上下交替布置在屋架的上、下弦，利用屋架高度形成横向的天窗。横向下沉式天窗可根据采光要求及热源布置情况灵活布置。特别是当厂房的跨间为东西向时，横向天窗为南北向，可避免东西晒。

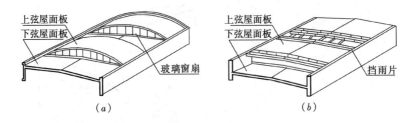

图 6-2-3-6 横向下沉式天窗示意

(a) 带玻璃窗扇；(b) 带挡雨片的开敞式

第3章 工业建筑的特殊构造

3.1 金属梯与走道板

3.1.1 金属梯

在厂房中需要设置各种钢梯，如从地面到工作平台的工作梯，到吊车操纵室的吊车梯，以及上屋面的消防检修梯等，其宽度一般为 600～800mm，梯级每步高为 300mm，其形式有直梯和斜梯两种。直梯的梯梁常采用角钢，踏步用 φ18 螺纹钢；斜梯的梯梁多用 6mm 厚钢板，踏步用 3mm 厚花纹钢板，也可用不少于 2 根的 φ18 螺纹钢替代钢板。金属梯一端支承在地面上，另一端则支承在墙或柱或工作平台上（图 6-3-1-1）。与墙结合时，应在墙内预留孔洞，钢材伸入墙后用 C20 混凝土嵌固；与钢筋混凝土构件结合时，应与构件内预埋件进行焊接，或采用螺栓固定。斜梯还须设置钢栏杆。

图 6-3-1-1 金属梯实景

1. 作业平台梯

作业平台梯的坡度有 45°、59°、73°及 90°等，前三种均为斜梯，后一种为直梯。

45°坡度较小，宽度采用 800mm，其休息平台高度不大于 4800mm；59°宽度有 600mm 和 800mm 两种，休息平台高度不超过 5400mm；73°梯休息平台高度不超过 5400mm，当工作平台高于斜梯第一个休息平台时，可做成双跑或多跑梯；90°梯的休息平台高度不超过 4800mm。

作业平台梯的形式如图 6-3-1-2 所示。

2. 吊车梯

吊车梯是为吊车司机上下吊车而设，其位置应设在便于上吊车操纵室的地方，一般设在第二个柱距。厂房一跨内有两台吊车时，每台吊车需设一个吊车梯。有时，相邻跨的两台吊车可考虑共用一个吊车梯。

吊车梯均用型钢制作，采用斜梯，梯段有直跑和双跑两种。吊车梯梯段的坡

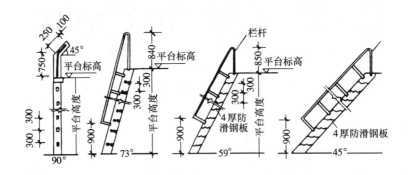

图 6-3-1-2 作业平台梯的形式

度为 63°，宽度为 600mm。为避免平台处与吊车梁碰头，梯平台一般低于桥式吊车操纵室约 1000mm 左右，再从梯平台设置爬梯上吊车操纵室。当梯平台的高度在 5~6m 时，其中间须设休息平台。当梯平台的高度在 7m 以上，则应采取双跑梯。

图 6-3-1-3 吊车梯实景

钢吊车梯的设置情况有三种：钢吊车梯位于厂房边柱；钢吊车梯位于厂房中柱，柱一侧有平台；钢吊车梯位于厂房中柱，柱两侧有平台。如厂房设有双层吊车，则可在低层吊车走道板上设置上层吊车梯（图 6-3-1-3）。钢吊车梯的设计如图 6-3-1-4 所示。

3. 消防检修梯

为了消防及屋面检修、清灰等需要，单层厂房需设置消防检修梯。相邻屋面高差在 2m 以上时，也应设置消防检修梯。为了便于梯的固定和避免火灾时火焰危及消防人员，其位置一般沿外墙设置。消防检修梯有直钢梯和斜钢梯两种。当厂房檐口高度小于 15m 时选用直钢梯，如图 6-3-1-5 所示；大于 15m 时宜选用斜钢梯。

直钢梯的宽度一般为 600mm，斜钢梯的宽度为 800mm。为了便于管理，梯的下端距室外地面宜小于等于 2m，梯与外墙的表面距离通常不小于 250mm。梯梁用焊接的角钢埋入墙内，墙预留 260mm×260mm 孔，深度最小为 240mm，然后用 C20 混凝土嵌固或做成带角钢的预制块随墙砌固。

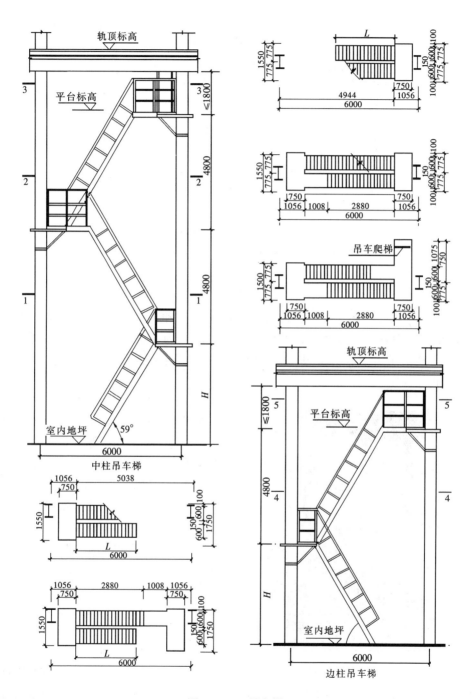

图 6-3-1-4　吊车梯

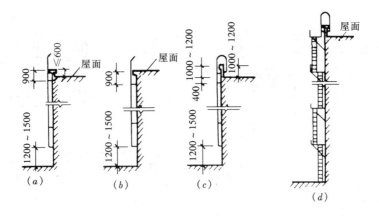

图 6-3-1-5 消防检修梯

(a) 山墙设置；(b)、(c) 纵墙设置；(d) 厂房很高时消防检修

3.1.2 走 道 板

走道板又称安全走道板，是为维修吊车轨道和检修吊车而设。走道板均沿吊车梁顶面铺设，如图 6-3-1-6 所示。当吊车为中级工作制、轨顶高度在 8m 以下时，宜只在吊车操纵室一侧设走道板。走道板在厂房中的位置有以下几种：

图 6-3-1-6 边柱走道板

在边柱位置：利用吊车梁与外墙间的空隙设走道板。

在中柱位置：当中列柱上只有一列吊车梁时，设一列走道板，并在上柱内侧考虑通行宽度；当有两列吊车梁，且标高相同时，可设一列走道板并考虑两侧通行时的宽度；当其标高相差很大或为双层吊车，则根据需要设两层走道板。

走道板的构造一般均由支架、走道板及栏杆三部分组成。支架及栏杆均采用钢材。走道板所用材料通常多采用防滑钢板或钢筋混凝土板。

走道板上的栏杆立柱采用 $\phi22$ 钢筋或 $\phi25$ 钢管，栏杆扶手则采用 $\phi25$ 钢管为宜，栏杆高度为 900mm。当走道宽度未满 500mm 者，中柱的走道板栏杆应改为单面栏杆；边柱走道板的栏杆改为靠墙扶手。

走道板的支架采用 75mm 角钢制作，当走道板在中柱，而中柱两侧吊车梁轨顶同高时，走道板直接放在两侧的吊车梁上，可不用支架。

3.2 钢结构厂房防火构造

3.2.1 钢结构防火保护材料

1. 混凝土

人们从钢筋混凝土结构比钢结构耐火这一事实出发，把混凝土最早、最广泛地用做钢结构的防火保护材料。混凝土作为防火材料主要是由于：

（1）混凝土可以延缓金属构件的升温，而且可承受与其面积和刚度成比例的一部分荷载。

（2）根据耐火试验，耐火性能最佳的粗集料为石灰岩碎石集料；花岗岩、砂岩和硬煤渣集料次之；由石英和燧石颗粒组成的粗集料最差。

（3）决定混凝土防火能力的主要因素是其厚度。

H 型钢柱混凝土防火层的做法如图 6-3-2-1 所示。

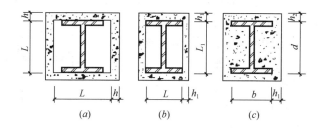

图 6-3-2-1 H 型钢柱混凝土防火保护层

(*a*) 正方形截面，四边宽度相同；(*b*) 长方形截面宽度不同；

(*c*) 长方形截面，混凝土灌满

2. 石膏

石膏具有较好的耐火性能。当其暴露在高温下时，可释放出 20％的结晶水而被火灾的热量所气化（每蒸发 1kg 的水，吸收 232.4×10^4 J 的热）。所以，火灾中石膏一直保持相对稳定的状态，直至被完全煅烧脱水为止。石膏作为防火材料，既可做成板材，粘贴于钢构件表面；也可制成灰浆，喷涂或手工抹灰到钢构件表面上（图 6-3-2-2）。

（1）石膏板：分普通和加筋两类，它们在热工性能上无大差别，只是后一种含有机纤维，结构整体性有一定提高。石膏板重量轻，施工快而简便，不需专用机械，表面平整可做装饰层。

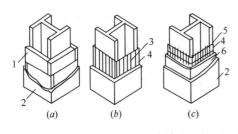

图 6-3-2-2   石膏防火保护层的几种做法

1—圆孔石膏板；2—装饰层；3—钢丝网或其他基层；

4—角钢；5—钢筋网；6—石膏抹灰层

（2）石膏灰浆：既可机械喷涂，也可手工抹灰。这类灰浆大多用矿物石膏（经过煅烧）做胶结料，用膨胀珍珠岩或蛭石作轻骨料。喷涂施工时，把混合干料加水拌合，密度为 $2.4 \sim 4.0 \mathrm{kg/m^3}$。当这种涂层暴露于火灾时，大量的热被石膏的结晶水所吸收，加上其中轻骨料的绝热性能，使耐火性能更为优越。

3. 矿物纤维

矿物纤维是最有效的轻质防火材料，它不燃烧，抗化学侵蚀，导热性低，隔声性能好。矿物纤维的原材料为岩石或矿渣，在 1371℃ 高温下制成。

（1）矿物纤维涂料：由无机纤维、水泥类胶结料以及少量的掺合料配成。加掺合料有助于混合料的浸润、凝固和控制灰尘飞扬。混合料中还掺有空气凝固剂、水化凝固剂和陶瓷凝固剂，按需要，这几种凝固剂可按不同比例混合使用，或只使用某一种。

（2）矿棉板：也可用岩棉板，它有不同的厚度和密度，密度越大，耐火性能越高。矿棉板的固定件有以下几种：用电阻焊焊在翼缘板内侧的销钉上；用电阻焊焊在翼缘板外侧的销钉上（距边缘 20mm）；用薄钢带固定于柱上的角铁形固定件上等（图 6-3-2-3）。把矿棉板插放在钢丝销钉上，销钉端头卡钢板片使矿棉板得到固定。

矿棉板防火层一般做成箱形，可把几层叠置在一起。当矿棉板绝缘层不能做太厚时，可在最外面

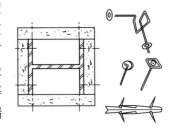

图 6-3-2-3   矿棉板的固定
方法和固定件

加高熔点绝缘层，但造价提高。当矿棉板的厚度为 62.5mm 时，耐火极限可达 2h。

4. 膨胀涂料

膨胀涂料是一种极有发展前景的防火材料，它极似油漆，直接喷涂于金属表面，粘结和硬化与油漆相同。涂料层上可直接喷涂装饰油漆，不透水，抗机械破坏性能好，耐火极限可达 2h。

3.2.2   钢结构防火构造

根据钢结构耐火等级要求不同，采用的防火材料不同，施工方法随之而异。英国钢结构协会（BSC）认为，钢梁喷涂矿物纤维灰浆，钢柱贴轻质防火板，是最经济、最有效的做法。钢结构通常采用的防火保护见表 6-3-2-1。

钢结构柱、梁、桁架通常采用的防火保护层　　　　表 6-3-2-1

	浇灌	喷涂（射）	板材	异形板	毡子
钢柱 实腹钢梁 钢桁架	● ○ ●	○ ● ●	● ○ —	● — ●	● ● —
施工法	现场施工		工厂预制		
形状	工字形		工字形或箱形	箱形	
材料	石膏混凝土*	喷射混凝土蛭石灰浆* 矿物纤维灰浆* 珍珠岩灰浆 蛭石珍珠岩灰浆	石膏板 灰泥板 石棉硅酸盐板* 纤维硅酸盐板 蛭石水泥板 石棉硅酸钙板	石膏件 珍珠岩石膏件 硅酸钙件	矿物纤维毡

注：●—很适用；○—比较适用；带 * 者为经常采用的材料。

1. 现浇法

现浇法一般用普通混凝土、轻质混凝土或加气混凝土，是最可靠的钢结构防火方法（图 6-3-2-4）。其优点是防护材料费低，而且具有一定的防锈作用，无接缝，表面装饰方便，耐冲击，可以预制。其缺点是支模、浇筑、养护等施工周期长，用普通混凝土时，自重较大。

现浇施工采用组合钢模，用钢管加扣件作抱箍。浇灌时每隔 1.5～2m 设一道门子板，用振动棒振实。为保证混凝土层断面尺寸的准确，先在柱脚四周地坪上弹出保护层外边线，浇灌高 50mm 的定位底盘作为模板基准，模板上部位置则用厚 65mm 的小垫块控制。

2. 喷涂法

喷涂法是目前钢结构防火保护使用最多的方法，可分为直接喷涂（图 6-3-2-5）和先在工字型钢构件上焊接钢丝网，而将防火保护材料喷涂在钢丝网上，形成中

图 6-3-2-4　现浇法

图 6-3-2-5　喷涂法

空层的方法,喷涂材料一般用岩棉、矿棉等绝热性材料。

喷涂法的优点是价格低,适合于形状复杂的钢构件,施工快,并可形成装饰层。其缺点是养护、清扫麻烦,涂层厚度难于掌握,因工人技术水平而质量有差异,表面较粗糙。

喷涂法首先要严格控制喷涂厚度,每次不超过20mm,否则会出现滑落或剥落;其次是在一周之内不得使喷涂结构发生振动,否则会发生剥落或造成日后剥落。

3. 粘贴法 (图6-3-2-6)

先将石棉硅酸钙、矿棉、轻质石膏等防火保护材料预制成板材,用胶粘剂粘贴在钢结构构件上,当构件的结合部有螺栓、铆钉等不平整时,可先在螺栓、铆钉等附近粘垫衬板材,然后将保护板材再粘到在垫衬板材上。

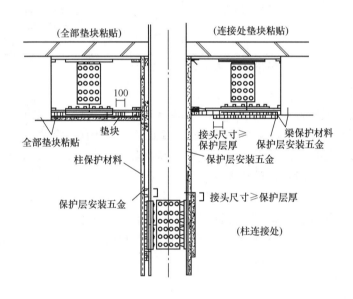

图 6-3-2-6 粘贴法

粘贴法的优点是材质、厚度等容易掌握,对周围无污染,容易修复,对于质地好的石棉硅酸钙板,可以直接用作装饰层。其缺点是这种成型板材不耐撞击,易受潮吸水,降低胶粘剂的粘结强度。

从板材的品种来看,矿棉板因成型后收缩大,结合部会出现缝隙,且强度较低,最近较少使用。石膏系列板材,因吸水后强度降低较多,破损率高,现在基本上不再使用。

防火板材与钢构件的粘结,关键要注意胶粘剂的涂刷方法。钢构件与防火板材之间的粘结涂刷面积应在30%以上,且涂成不少于3条带状,下层垫板与上层板之间应全面涂刷,不应采用金属件加强。

4. 吊顶法（图 6-3-2-7）

用轻质、薄型、耐火的材料制作吊顶，使吊顶具有防火性能，而省去钢桁架、钢网架、钢屋面等的防火保护层。采用滑槽式连接，可有效防止防火保护板的热变形。吊顶法的优点是省略了吊顶空间内的耐火保护层施工（但主梁还要做保护层），施工速度快。缺点是竣工后要有可靠的维护管理。

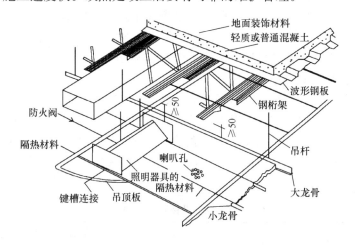

图 6-3-2-7　吊顶法

5. 组合法（图 6-3-2-8、图 6-3-2-9）

组合法是用两种以上的防火保护材料组合成的防火方法。将预应力混凝土幕墙及蒸压轻质混凝土板作为防火保护材料的一部分加以利用，从而可加快工期，减少费用。

这种防火保护方法，对于高度很大的超高层建筑物，可以减少较危险的外部作业，并可减少粉尘等飞散在高空，有利于环境保护。

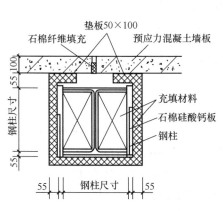

图 6-3-2-8　钢柱的组合法防火保护

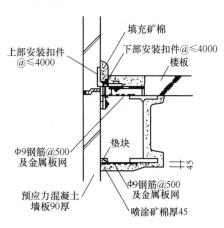

图 6-3-2-9　钢梁的组合法防火保护

3.3　厂　房　防　振

　　厂房产生振动的原因主要有两方面，一是来自厂房以外，如交通工具、冲压车间以及空压站、冷冻站等所发出的振动波，由地面或空气传递而来。二是由于厂房内部生产设备的运转、吊车的运行以及风管送风等引起的振动。但不论何种原因引起的振动，都对厂房建筑产生有害作用。例如通风机房设置在楼层时，它所产生的干扰振动频率和多层厂房框架楼板结构的固有振动频率相似时，就会产生共振，将影响厂房的正常使用。

　　由于实际工作中所采取的防振措施，都无法使传来的振动完全消失，而只能将振幅限制在一定的允许范围以内，以保证精密生产的正常运行（亦是各类精密仪器、精密生产设备、精密生产操作的允许振幅）。因而多层厂房的建筑防振，主要就是考虑防止振动对精密生产的有害影响。精密仪器、设备容许振动值如表6-3-3-1所示。

<table>
<tr><td colspan="4" align="center">精密仪器、设备容许振动值　　　　　　　　　　表 6-3-3-1</td></tr>
<tr><th>序号</th><th>精密仪器设备名称</th><th>振动位移
（μm）</th><th>振动速度
（mm/s）</th></tr>
<tr><td>1</td><td>每毫米刻 3600 线以上的光栅刻线机</td><td>—</td><td>0.01</td></tr>
<tr><td>2</td><td>每毫米刻 2400 线以上的光栅刻线机</td><td>—</td><td>0.02</td></tr>
<tr><td>3</td><td>每毫米刻 1800 线以上的光栅刻线机、自控激光光波比长仪及光栅刻线检刻仪、80 万倍电子显微镜、精度 0.03μm 光波干涉孔径测量仪、14 万倍扫描电镜、精度 0.02μm 柯氏干涉仪、精度 0.01μm 双管乌氏光管测角仪</td><td>—</td><td>0.03</td></tr>
<tr><td>4</td><td>每毫米刻 1200 线以上的光栅刻线机、6 万倍显微镜、▽14 光洁度干涉显微镜、▽13 光洁度测量仪、光导纤维拉丝机、胶片和相纸挤压涂布机、声表面波器件制版机</td><td>1.5</td><td>0.05</td></tr>
<tr><td>5</td><td>每毫米刻 600 线以上的光栅刻线机、立式金相显微镜、AC4 型检流计、0.2μm 分光镜（测角仪）、高精度机床装配台、超微粒干板涂布机</td><td>—</td><td>0.10</td></tr>
<tr><td>6</td><td>精度 1μm 的立式（卧式）光学比较仪、投影光学仪、测量计</td><td>—</td><td>0.20</td></tr>
</table>

　　厂房的防振措施基本上分为两类，一类是积极防振，即在振源附近采用隔振或消振措施，使振源发出的振动能量就地削弱或消失。这种措施在技术上、经济上均有较好效果，故称为积极防振。另一类为消极隔振，由于振源范围很广，振动情况多变，无法对振源进行积极隔振，而只能在生产车间或精密生产设备自身采取一些隔振措施，称作消极隔振。

　　厂房总平面布置时应该和厂区内具有较大振源的车间保持一定的距离。此外，在厂房平面、剖面设计时，为了避免厂房内部振动的干扰，应尽量把内部振源集中起来并与精密生产部分隔离布置，使其具有一定的防振间距。如可能，最好使振源和精密生产房间分别布置在变形缝的两侧，这样可以大大减少振源的干扰，并获得较好的隔振效果。图 6-3-3-1～图 6-3-3-5 是积极防振技术中建筑设备及基础隔振示意。

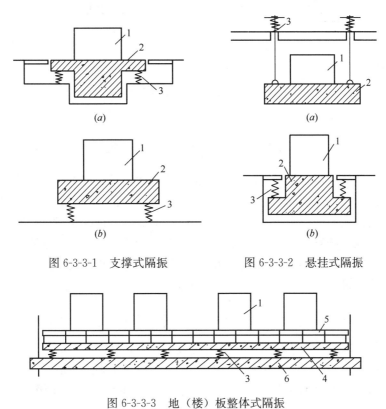

图 6-3-3-1　支撑式隔振　　　　　图 6-3-3-2　悬挂式隔振

图 6-3-3-3　地（楼）板整体式隔振

1—精密设备；2—隔振台座；3—隔振器；4—楼（地）板；5—活动地板；6—支承结构

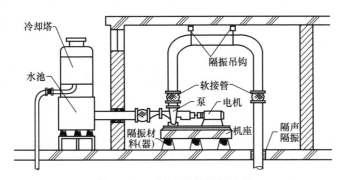

图 6-3-3-4　给水系统隔振示意

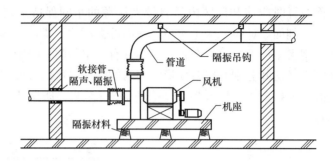

图 6-3-3-5 通风系统隔振示意

3.4 厂房内噪声的控制

3.4.1 厂房内噪声的控制标准

厂房内金属相撞、机床、吊车、电梯和风机运转都将产生使人心情烦躁的噪声，它直接干扰了人们的正常劳动和身心健康。如果长时间在噪声环境中从事生产活动将会使人们的听力下降，并有可能引起高血压、神经衰弱、心血管系统的病症，严重地影响着人们的身心健康。为给工人创造一个良好的生产环境，在厂房设计中对室内噪声必须采取相应措施，使其达到有关规定所允许的水平。工业企业噪声控制设计标准详见第5篇第2.3节。

3.4.2 降 低 声 源 噪 声

根据噪声级的叠加原理可知，厂房内设备较多，噪声源增加，但多个声源噪声合成的声压级的计算，不是算术相加，而是按对数法则进行运算。例如，两台同样响的风机，发出的都是 90dB 的声音，二者叠加起来的声压级不是 180dB，而是 93dB。

当很多不同的声源一起响时，用公式计算其总声压级，相当繁琐，通常查分贝和的增值表进行计算（表 6-3-4-1）。例如，一个风机 90dB，另一台风机 80dB，$\Delta L = 0.45dB$，加在 90dB 上，则计算结果为 90.45dB。

分贝和的增值表 表 6-3-4-1

$L_1 - L_2$	0	1	2	3	4	5	6	7	9	10	11
ΔL	.3	2.5	2.1	1.7	1.4	1.2	1	0.8	0.7	0.45	0.3

注：引自《工业噪声控制》，1981 年中国建筑工业出版社出版。

从表 6-3-4-1 中可以看出，两个相差 10dB 的声源叠加后，主要仍是大的起作用，声压级变化不大。同理，如车间内很多噪声级，声压级又不相等，应该抓住最大的几个声源采取措施，而不应同等对待。

3.4.3　在噪声传播途径上控制噪声

在传播途径上控制噪声主要是阻断和屏蔽声波的传播，或使声波传播的能量随距离增大而衰减。

1. 在建筑物布置上把噪声高、污染面大的车间或工段布置在较远的地方，使噪声最大限度地随距离自然衰减。当高噪声厂房与要求安静的建筑物之间距离足够大和无任何遮挡时，从高噪声厂房门窗传出的噪声可近似当做点声源，其噪声随距离的衰减值估算公式为：

$$L_2 = L_1 - 20\lg \frac{r_1}{r_2} \qquad (6\text{-}3\text{-}4\text{-}1)$$

式中　L_1——高噪声厂房门、窗外 1m 处的声压级（dB）；

L_2——传至要求安静的建筑物处的声压级（dB）；

r_1——取高噪声厂房门、窗外 1m；

r_2——高噪声厂房与要求安静的建筑物的距离（m）。

在布置设备时，应把强噪声设备与其他一般设备分开布置，并可把同类的噪声源（如空压机等）集中在一个房间，做成隔声间。

2. 隔声间

声音在大气中传播（空气传声），遇到障碍物以后，由于界面的声阻抗的改变，使部分声音能量被墙面反射回，一部分为墙面所吸收，另一部分透过墙体传至墙的另一面去（图 6-3-4-1）。隔声间的隔声性能，还要考虑门窗的隔声性能。如门窗的隔声效果不好，则会影响隔声性能。因此，在隔声要求较好的隔声间，应尽量少开门窗或开小一些，或采取固定窗扇及双层隔声门。门扇与门框之间的缝隙要严密处理。

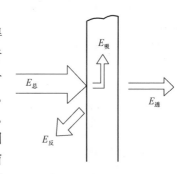

图 6-3-4-1　隔声原理示意

窗子的隔声效果取决于玻璃的厚度、窗子结构、窗与框、框与墙之间密封程度。据实测玻璃厚 3mm，其隔声值为 28dB，6mm 时为 31dB。因而，一般都采用两层或三层玻璃中间夹空气层的办法来提高窗的隔声性能。

玻璃四周接缝要严密。声音在空气中传播，通过障碍物的孔洞、缝隙等不严密处可以把声能透射到障碍物的另一边去。如一个理想的隔声间，如有 1/100 面积的孔洞，其隔声值不会超过 20dB。因此，结构的孔洞、缝隙必须进行严密处理。

3. 隔声罩

车间的各种压缩机、汽轮机、发电机等动力设备以及非常吵闹的设备，一般是将其密封在一个罩子里，这对改善环境、降低噪声有着明显的效果。

穿过隔声罩的各种管道以及传动轴等的孔洞，一般是安一个套管或在管外塞以泡沫塑料、毡等吸声材料密封。

4. 利用屏障阻止噪声传播

在车间内对吵闹的声源设置一定高度和宽度的隔声屏障、隔断可以起到一定的降低噪声效果，这种措施方法简单、经济。如在隔声屏朝声源一侧贴以吸声材料则减噪效果更好。

5. 利用声源的指向性控制噪声

对环境污染面大的高噪声源，如在传播方向上布置得当，也会有显著的减噪效果。有些车间内的小口径高速排气管道，如把出口引出室外，让高速气流向上空排放，一般可改善室内的噪声环境。

6. 吸声处理

一般车间内表面多是一些硬的、对声音反射很强的材料，如钢筋混凝土屋顶、光滑的地面和水泥地面，当机器发出噪声时，对操作人员来说，除了听到由机器传来的直达声外，还可听到由房间内表面多次反射而形成的反射声（又称混响声）。直达声和反射声叠加就加强了室内噪声的强度。据实验，同样的声源放在室内和放在室外相比，由于室内反射声的作用，可使声音提高几个分贝。

如果在室内屋顶和墙壁表面贴以吸声材料或吸声结构，在室内空间悬挂一吸声体或设置吸声屏，机器发出的噪声，碰到吸声材料时部分声能会被吸收掉，使反射声减弱，操作人员听到的只是从声源发出的经过最短距离到达的直达声和被减弱的反射声（图6-3-4-2），这时总的噪声级就会降低。

吸声处理只能吸收反射声，也就是只能降低房间的混响声，对直达声没有什么效果，这说明吸声处理有一定的局限性。

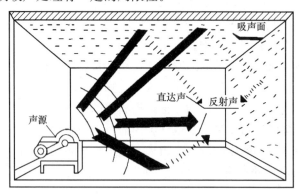

图 6-3-4-2   吸声原理示意

7. 减振阻尼

使用金属板做隔声罩、隔声屏或通管风道时，由于金属板材容易受振动而辐射噪声，为有效地抑制振动，需在薄的钢板上紧紧贴上或喷涂一层内摩擦阻力大的材料，如沥青、软橡胶或其他高分子涂料配成的阻尼浆，这种措施称为减振阻尼。

阻尼抑制板面的振动是利用材料的内损耗原理，当涂上阻尼材料的金属板作弯曲振动时，阻尼层也随之振动，一弯一折使得阻尼层时而被压缩，时而被拉伸，阻尼材料内部分子相对位移，由于摩擦而损耗一部分振动能量。另一方面，阻尼层的刚劲总是力图阻止板面的弯曲振动。

3.5　工业厂房防腐蚀

在工业生产过程中，建筑结构的某些部位经常受到化学介质的作用而逐渐破坏。各种化学介质对材料所产生的破坏作用，通常称为腐蚀。工业建筑防腐蚀设计应以预防为主。

3.5.1　腐　蚀　性　分　级

腐蚀性介质按其存在形态可分为气态介质、液态介质和固态介质；各种介质应按其性质、含量和环境条件划分类别。生产部位的腐蚀性介质类别，应根据生产条件确定。各种介质对建筑材料长期作用下的腐蚀性，可分为强腐蚀、中腐蚀、弱腐蚀、微腐蚀四个等级。

同一形态的多种介质同时作用同一部位时，腐蚀性等级应取最高者。环境相对湿度应采用构配件所处部位的实际相对湿度；生产条件对环境相对湿度影响较小时，可采用工程所在地区的年平均相对湿度；经常处于潮湿状态或不可避免结露的部位，环境相对湿度应取大于 75%。

当固态介质有可能被溶解或易溶盐作用于室外构配件时，腐蚀性等级应按液态介质对建筑材料的腐蚀性等级确定。

常温下，气态介质对建筑材料的腐蚀等级按表 6-3-5-1 确定。

气态介质对建筑材料的腐蚀性等级（节选）　　　表 6-3-5-1

介质类别	介质名称	介质含量（mg/m³）	环境相对湿度（%）	钢筋混凝土、预应力混凝土	水泥砂浆、素混凝土	普通碳钢	烧结砖砌体	木	铝
Q1	氯	1.00～5.00	＞75	强	弱	强	弱	弱	强
			60～75	中	弱	中	弱	微	中
			＜60	弱	微	中	微	微	中

续表

介质类别	介质名称	介质含量（mg/m³）	环境相对湿度（%）	钢筋混凝土、预应力混凝土	水泥砂浆、素混凝土	普通碳钢	烧结砖砌体	木	铝
Q2	氯	0.10～1.00	>75	中	微	中	微	微	中
			60～75	弱	微	中	微	微	中
			<60	微	微	微	微	微	弱

注：表 6-3-5-1～表 6-3-5-3 均摘自《工业建筑防腐蚀设计规范》GB 50046—2008。

常温下，液态介质对建筑材料的腐蚀等级按表 6-3-5-2 确定。

液态介质对建筑材料的腐蚀性等级（节选）　　　　表 6-3-5-2

介质类别	介质名称	pH 值或浓度	钢筋混凝土、预应力混凝土	水泥砂浆、素混凝土	烧结砖砌体
Y1	无机酸 硫酸、盐酸、硝酸、铬酸、磷酸、各种酸洗液、电镀液、电解液、酸性水（pH 值）	<4.0	强	强	强
Y2		4.0～5.0	中	中	中
Y3		5.0～6.5	弱	弱	弱
Y4	氢氟酸（%）	≤2	强	强	强

常温下，固态介质对建筑材料的腐蚀等级按表 6-3-5-3 确定。

固态介质对建筑材料的腐蚀性等级（节选）　　　　表 6-3-5-3

介质类别	溶解性	吸湿性	介质名称	环境相对湿度（%）	钢筋混凝土、预应力混凝土	水泥砂浆、素混凝土	普通碳钢	烧结砖砌体
G1	难溶	—	硅酸铝，磷酸钙，钙、钡、铅的碳酸盐和硫酸盐，镁、铁、铬、铝、硅的氧化物和氢氧化物	>75	弱	微	弱	微
				60～75	微	微	弱	微
				<60	微	微	弱	微

3.5.2　材料的耐腐蚀性能

常用耐腐蚀块材、塑料、聚合物水泥砂浆、沥青类、水玻璃类材料和弹性嵌缝材料的耐腐蚀性能，按表 6-3-5-4 确定。树脂类材料的耐腐蚀性能按表 6-3-5-5 确定。

材料的耐腐蚀性能（节选）　　　　表 6-3-5-4

介质名称	花岗岩	耐酸砖	硬聚氯乙烯板	氯丁胶乳水泥砂浆	聚丙烯酸酯乳液水泥砂浆	环氧乳液水泥砂浆	沥青类材料	水玻璃类材料	氯磺化聚乙烯胶泥
硫酸（%）	耐	耐	≤70,耐	不耐	≤2,尚耐	≤10,尚耐	≤50,耐	耐	≤40,耐

续表

介质名称	花岗岩	耐酸砖	硬聚氯乙烯板	氯丁胶乳水泥砂浆	聚丙烯酸酯乳液水泥砂浆	环氧乳液水泥砂浆	沥青类材料	水玻璃类材料	氯磺化聚乙烯胶泥
盐酸（%）	耐	耐	耐	≤2,尚耐	≤5,尚耐	≤10,尚耐	≤20,尚耐	耐	≤20,耐
硝酸（%）	耐	耐	≤50,耐	≤2,尚耐	≤5,尚耐	≤5,尚耐	≤10,耐	耐	≤15,耐
醋酸（%）	耐	耐	≤60,耐	≤2,尚耐	≤5,尚耐	≤10,尚耐	≤40,耐	耐	—
铬酸（%）	耐	耐	≤50,耐	≤2,尚耐	≤5,尚耐	≤5,尚耐	≤5,尚耐	耐	—
氢氟酸（%）	不耐	不耐	≤40,耐	≤2,尚耐	≤5,尚耐	≤5,尚耐	≤5,耐	不耐	≤15,耐
氢氧化钠（%）	≤30,耐	耐	耐	≤20,耐	≤20,尚耐	≤30,尚耐	≤25,耐	不耐	≤15,耐
碳酸钠	耐	耐	耐	尚耐	尚耐	耐	耐	不耐	耐
氨水	耐	耐	耐	耐	耐	耐	耐	不耐	耐
尿素	耐	耐	耐	耐	耐	耐	耐	不耐	耐
氯化铵	耐	耐	耐	尚耐	尚耐	耐	耐	尚耐	耐
硝酸铵	耐	耐	耐	尚耐	尚耐	尚耐	耐	尚耐	耐

注：表 6-3-5-4、表 6-3-5-5 均摘自《工业建筑防腐蚀设计规范》GB 50046—2008。

树脂类材料的耐腐蚀性能（节选）　　　　　　表 6-3-5-5

介质名称	环氧类材料	酚醛类材料	不饱和聚酯类材料				乙烯基酯类材料	糠醇糠醛型呋喃类材料
			双酚A型	邻苯型	间苯型	二甲苯型		
硫酸（%）	≤60,耐	≤70,耐	≤70,耐	≤50,耐	≤50,耐	≤70,耐	≤70,耐	≤60,耐
盐酸（%）	≤31,耐	耐	耐	≤20,耐	≤31,耐	≤31,耐	耐	≤20,耐
醋酸（%）	≤10,耐	耐	≤40,耐	≤30,耐	≤40,耐	≤40,耐	≤40,耐	≤20,耐
铬酸（%）	≤10,尚耐	≤20,耐	≤20,耐	≤5,耐	≤10,耐	≤20,耐	≤20,耐	≤5,耐
氢氟酸（%）	≤5,尚耐	≤40,耐	≤40,耐	≤20,耐	≤30,耐	≤30,尚耐	≤30,耐	≤20,耐
氢氧化钠	耐	不耐	尚耐	不耐	尚耐	尚耐	尚耐	尚耐
碳酸钠（%）	耐	不耐	≤20,耐	不耐	不耐	耐	耐	耐
氨水	耐	不耐	不耐	不耐	不耐	不耐	尚耐	尚耐
尿素	耐	耐	耐	耐	耐	耐	尚耐	尚耐
氯化铵	耐	耐	耐	耐	耐	耐	耐	耐
硝酸铵	耐	耐	耐	耐	耐	耐	耐	耐
硫酸钠	耐	尚耐	尚耐	尚耐	尚耐	耐	耐	耐

3.5.3　基础防腐蚀

基础的腐蚀因素包括地下水和土壤的侵蚀性；生产中侵蚀性液体沿地面渗入

地下的污染；工业污水管或检查井中酸性污水的渗漏；杂散电流漏入地下引起对
金属的电化学腐蚀等；酸性介质渗入土壤造成地下水及土壤的酸化，对基础造成
腐蚀。

1. 基础材料的选择

受液相腐蚀建筑物的基础材料，应采用毛石混凝土、素混凝土或钢筋混凝
土；钢筋混凝土的强度等级不应低于C20，毛石混凝土和素混凝土的强度等级不
应低于C15。

2. 基础埋置深度的要求

（1）当地面上有较多的硫酸、氢氧化钠、硫酸钠等液体作用时，基础的埋置
深度不宜小于1.5m。

（2）基础附近有腐蚀性液体的贮槽或地坑时，基础底面宜低于其底面。

3. 基础、基础梁的防护（表6-3-5-6、表6-3-5-7、图6-3-5-1）

基础与垫层的防护要求　　　　　　　　　表 6-3-5-6

腐蚀性等级	垫层材料	普通水泥混凝土基础的表面防护
强	耐腐蚀材料	1. 环氧沥青或聚氨酯沥青涂层厚度 $500\mu m$ 2. 聚合物水泥砂浆，厚度 10mm 3. 玻璃鳞片涂层，厚度 $300\mu m$ 4. 环氧沥青贴玻璃布，厚度 1mm
中	耐腐蚀材料	1. 沥青冷底子油两遍，沥青胶泥涂层，厚度 $500\mu m$ 2. 聚合物水泥砂浆，厚度 5mm 3. 环氧沥青或聚氨酯沥青涂层，厚度 $300\mu m$
弱	混凝土 C20，厚度 100mm	1. 不作表面防护 2. 沥青冷底子油两遍，沥青胶泥涂层，厚度 $300\mu m$ 3. 聚合物水泥浆两遍

基础梁的防护　　　　　　　　　表 6-3-5-7

腐蚀性等级	普通水泥混凝土基础梁的表面防护
强	1. 环氧沥青、聚氨酯沥青贴玻璃布，厚度≤1mm 2. 树脂玻璃鳞片涂层，厚度≤$500\mu m$ 3. 聚合物水泥砂浆，厚度≤15mm
中	1. 环氧沥青或聚氨酯沥青涂层，厚度≤$500\mu m$ 2. 聚合物水泥砂浆，厚度≤10mm 3. 树脂玻璃鳞片涂层，厚度≤$300\mu m$
弱	1. 环氧沥青或聚氨酯沥青涂层，厚度≤$300\mu m$ 2. 聚合物水泥砂浆，厚度≤5mm 3. 聚合物水泥浆两遍

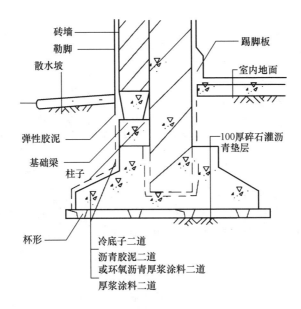

图 6-3-5-1　基础、基础梁的防护

3.5.4　设备基础的防护

设备基础应高出地面面层不小于 100mm。设备基础的地上部分，应根据介质的腐蚀性等级、设备安装、检修和使用要求，结合基础的形式及大小等因素，选择防腐蚀材料和构造。基础的防护面层宜与地面一致。泵基础宜采用整体的或大块石材等耐冲击、抗振动的面层材料。液态介质作用较多的设备基础，其基础顶面及四周地面宜采取集液、排液措施。设备基础锚固螺栓孔的灌浆材料，应局部或全部采用耐腐蚀材料。

基础材料的选择应符合下列规定：

1. 设备基础应采用素混凝土、钢筋混凝土或毛石混凝土。

2. 素混凝土和毛石混凝土的强度等级不应低于 C25。

3. 钢筋混凝土的混凝土强度等级需符合设计规范的要求。

3.5.5　防　腐　蚀　涂　料

1. 用于酸性介质环境时，可选用氯化橡胶、聚氨酯、环氧、聚氯乙烯、高氯化聚乙烯、氯磺化聚乙烯、环氧沥青、聚氨酯沥青和丙烯酸环氧树脂等。用于弱酸性介质环境时，可选用醇酸涂料。

2. 用于碱性介质环境时，宜选用环氧涂料，也可选用上面所列的其他涂料，但不得采用醇酸涂料。

3. 用于室外环境时，可选用氯化橡胶、脂肪族聚氨酯、氯磺化聚乙烯、高

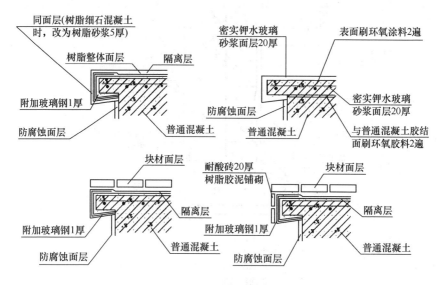

图 6-3-5-2   设备基础防腐蚀构造

氯化聚乙烯、聚氯乙烯、丙烯酸聚氨酯树脂和醇酸涂料，不应选用环氧、环氧沥青、聚氨酯沥青和芳香族聚氨酯涂料。

4. 用于地下工程时，可采用环氧沥青、聚氨酯沥青。

5. 对涂层的耐磨、耐久和抗渗性能有较高要求时，可选用玻璃鳞片涂料。

参 考 文 献

1. 建筑设计资料集（第二版）1~10 ［M］. 北京：中国建筑工业出版社.

2. 李雄飞，巢元凯. 快速建筑设计图集（上、中、下）［M］. 北京：中国建筑工业出版社.

3. （日）建筑资料研究社，朱首明等译. 建筑图解辞典（上、中、下）［M］. 北京：中国建筑工业出版社.

4. 国外建筑设计详图图集 1~4 ［M］. 北京：中国建筑工业出版社.

5. 杨善勤，郎四维，涂逢祥. 建筑节能 ［M］. 北京：中国建筑工业出版社.

6. （日）渡边邦夫、大泽茂树、近角真一. 钢结构设计与施工 ［M］. 北京：中国建筑工业出版社.

7. 韩建新. 建筑装饰构造 ［M］. 北京：中国建筑工业出版社.

8. 娄述渝，林夏. 法国工业化住宅设计与实践 ［M］. 北京：中国建筑工业出版社.

9. 中国建筑标准设计研究所. 03J930—1 住宅建筑构造 ［M］. 北京：中国建筑标准设计研究所.

10. 张建荣. 建筑结构选型 ［M］. 北京：中国建筑工业出版社.

11. 罗福午、张惠英、杨军. 建筑结构概念设计及案例 ［M］. 北京：清华大学出版社.

12. （德）英格伯格·弗拉格，李保峰译. 托马斯·赫尔佐格 建筑＋技术 ［M］. 北京：中国建筑工业出版社.

13. 颜宏亮. 建筑特种构造 ［M］. 上海：同济大学出版社.

14. 黄华生. 建筑外墙香港案例 ［M］. 北京：中国计划出版社. 广州：贝思出版有限公司.

15. 刘昭如. 建筑构造设计基础 ［M］. 北京：科学出版社.

16. 张道真. 建筑防水 ［M］. 北京：中国城市出版社.

17. 公安部天津消防研究所. GB 50016—2014 建筑设计防火规范 ［S］. 北京：中国计划出版社.

18. 中国建筑科学研究院. GB 50011—2010 建筑抗震设计规范 ［S］. 北京：中国建筑工业出版社.

19. 山西建筑工程（集团）总公司，浙江省长城建设集团股份有限公司等. GB 50345—2012 屋面工程技术规范 ［S］. 北京：中国建筑工业出版社.

20. 山西省住房和城乡建设厅. GB 50207—2012 屋面工程技术规范 [S]. 北京：中国建筑工业出版社.

21. 总参工程兵科三研. GB 50108—2008 地下工程防水技术规范 [S]. 北京：中国计划出版社.

22. 山西建筑工程（集团）总公司等. GB 50208—2011 地下防水工程质量验收规范 [S]. 北京：中国建筑工业出版社.

23. 北京市建筑设计研究院. GB 50763—2012 无障碍设计规范 [S]. 北京：中国建筑工业出版社.

24. 北京东方雨虹防水技术股份有限公司的施工现场实录.

25. 建工集团上海市建筑装饰工程有限公司的施工现场实录.

高校土木工程专业指导委员会规划推荐教材（经典精品系列教材）

征订号	书名	定价	作者	备注
V28007	土木工程施工（第三版）	78.00	重庆大学、同济大学、哈尔滨工业大学	21世纪课程教材、"十二五"国家规划教材、教育部2009年度普通高等教育精品教材
V28456	岩土工程测试与监测技术（第二版）	36.00	宰金珉 王旭东 等	"十二五"国家规划教材
V25576	建筑结构抗震设计（第四版）（赠送课件）	34.00	李国强 等	"十二五"国家规划教材、土建学科"十二五"规划教材
V22301	土木工程制图（第四版）（含教学资源光盘）	58.00	卢传贤 等	21世纪课程教材、"十二五"国家规划教材、土建学科"十二五"规划教材
V22302	土木工程制图习题集（第四版）	20.00	卢传贤 等	21世纪课程教材、"十二五"国家规划教材、土建学科"十二五"规划教材
V27251	岩石力学（第三版）	32.00	张永兴 许明	"十二五"国家规划教材、土建学科"十二五"规划教材
V20960	钢结构基本原理（第二版）	39.00	沈祖炎 等	21世纪课程教材、"十二五"国家规划教材、土建学科"十二五"规划教材
V16338	房屋钢结构设计	55.00	沈祖炎、陈以一、陈扬骥	"十二五"国家规划教材、土建学科"十二五"规划教材、教育部普通高等教育精品教材
V24535	路基工程（第二版）	38.00	刘建坤、曾巧玲 等	"十二五"国家规划教材
V20313	建筑工程事故分析与处理（第三版）	44.00	江见鲸 等	"十二五"国家规划教材、土建学科"十二五"规划教材、教育部普通高等教育精品教材
V13522	特种基础工程	19.00	谢新宇、俞建霖	"十二五"国家规划教材
V28723	工程结构荷载与可靠度设计原理（第四版）	37.00	李国强 等	面向21世纪课程教材、"十二五"国家规划教材
V28556	地下建筑结构（第三版）（赠送课件）	55.00	朱合华 等	"十二五"国家规划教材、土建学科"十二五"规划教材、教育部普通高等教育精品教材
V28269	房屋建筑学（第五版）（含光盘）	59.00	同济大学、西安建筑科技大学、东南大学、重庆大学	"十二五"国家规划教材、教育部普通高等教育精品教材

征订号	书　名	定价	作　者	备　注
V28115	流体力学（第三版）	39.00	刘鹤年	21世纪课程教材、"十二五"国家规划教材、土建学科"十二五"规划教材
V12972	桥梁施工（含光盘）	37.00	许克宾	"十二五"国家规划教材
V19477	工程结构抗震设计（第二版）	28.00	李爱群 等	"十二五"国家规划教材、土建学科"十二五"规划教材
V27912	建筑结构试验（第四版）（赠送课件）	35.00	易伟建、张望喜	"十二五"国家规划教材、土建学科"十二五"规划教材
V21003	地基处理	22.00	龚晓南	"十二五"国家规划教材
V20915	轨道工程	36.00	陈秀方	"十二五"国家规划教材
V28200	爆破工程（第二版）	36.00	东兆星 等	"十二五"国家规划教材
V28197	岩土工程勘察（第二版）	38.00	王奎华	"十二五"国家规划教材
V20764	钢-混凝土组合结构	33.00	聂建国 等	"十二五"国家规划教材
V19566	土力学（第三版）	36.00	东南大学、浙江大学、湖南大学 苏州科技学院	21世纪课程教材、"十二五"国家规划教材、土建学科"十二五"规划教材
V24832	基础工程（第三版）（赠送课件）	48.00	华南理工大学	21世纪课程教材、"十二五"国家规划教材、土建学科"十二五"规划教材
V28155	混凝土结构（上册）——混凝土结构设计原理（第六版）（赠送课件）	42.00	东南大学天津大学同济大学	21世纪课程教材、"十二五"国家规划教材、土建学科"十二五"规划教材、教育部普通高等教育精品教材
V28156	混凝土结构（中册）——混凝土结构与砌体结构设计（第六版）（赠送课件）	58.00	东南大学同济大学天津大学	21世纪课程教材、"十二五"国家规划教材、土建学科"十二五"规划教材、教育部普通高等教育精品教材
V28157	混凝土结构（下册）——混凝土桥梁设计（第六版）	52.00	东南大学同济大学天津大学	21世纪课程教材、"十二五"国家规划教材、土建学科"十二五"规划教材、教育部通高等教育精品教材
V11404	混凝土结构及砌体结构（上）	42.00	滕智明 等	"十二五"国家规划教材
V11439	混凝土结构及砌体结构（下）	39.00	罗福午 等	"十二五"国家规划教材

征订号	书 名	定价	作 者	备 注
V25362	钢结构（上册）——钢结构基础（第三版）（含光盘）	52.00	陈绍蕃	"十二五"国家规划教材、土建学科"十二五"规划教材
V25363	钢结构（下册）——房屋建筑钢结构设计（第三版）	32.00	陈绍蕃	"十二五"国家规划教材、土建学科"十二五"规划教材
V22020	混凝土结构基本原理（第二版）	48.00	张誉等	21世纪课程教材、"十二五"国家规划教材
V25093	混凝土及砌体结构（上册）（第二版）	45.00	哈尔滨工业大学、大连理工大学等	"十二五"国家规划教材
V26027	混凝土及砌体结构（下册）（第二版）	29.00	哈尔滨工业大学、大连理工大学等	"十二五"国家规划教材
V20495	土木工程材料（第二版）	38.00	湖南大学、天津大学、同济大学、东南大学	21世纪课程教材、"十二五"国家规划教材、土建学科"十二五"规划教材
V18285	土木工程概论	18.00	沈祖炎	"十二五"国家规划教材
V19590	土木工程概论（第二版）	42.00	丁大钧 等	21世纪课程教材、"十二五"国家规划教材、教育部普通高等教育精品教材
V20095	工程地质学（第二版）	33.00	石振明 等	21世纪课程教材、"十二五"国家规划教材、土建学科"十二五"规划教材
V20916	水文学	25.00	雏文生	21世纪课程教材、"十二五"国家规划教材
V22601	高层建筑结构设计（第二版）	45.00	钱稼茹	"十二五"国家规划教材、土建学科"十二五"规划教材
V19359	桥梁工程（第二版）	39.00	房贞政	"十二五"国家规划教材
V19338	砌体结构（第三版）	32.00	东南大学 同济大学 郑州大学 合编	21世纪课程教材、"十二五"国家规划教材、教育部普通高等教育精品教材